吉林大学本科教材出版资助项目

微 机 系 统

赵宏伟　刘萍萍　秦　俊　黄永平　编著

科 学 出 版 社

北 京

内 容 简 介

本书从微机系统整机角度，介绍微型计算机的工作原理、汇编语言及其程序设计、接口设计，主要涉及 Intel 8086/8088 微处理器结构与工作原理，32 位 Pentium 微处理器结构与流水线，指令系统，伪指令，汇编语言程序设计，Pentium 微处理器保护模式段页存储管理，输入输出及其控制方式，中断系统，并行通信、串行通信及其可编程接口芯片，A/D、D/A 模拟接口，人机交互接口。通过列举 I/O 接口及程序设计实例，使读者深入理解微机系统的组成及其工作过程。

本书可作为高等学校计算机科学与技术、物联网工程、网络工程、软件工程、通信工程、电气工程及其自动化、机电一体化等专业学生的教材，也可供从事计算机开发与应用工作的工程技术人员及其他自学者学习和参考。

图书在版编目（CIP）数据

微机系统 / 赵宏伟等编著. —北京：科学出版社，2021.10

ISBN 978-7-03-068397-7

Ⅰ.①微⋯　Ⅱ.①赵⋯　Ⅲ.①微型计算机-高等学校-教材　Ⅳ.①TP36

中国版本图书馆 CIP 数据核字（2021）第 047466 号

责任编辑：杨慎欣　董素芹 / 责任校对：王晓茜
责任印制：吴兆东 / 封面设计：无极书装

科学出版社 出版

北京东黄城根北街 16 号
邮政编码：100717
http://www.sciencep.com

北京九州迅驰传媒文化有限公司印刷
科学出版社发行　各地新华书店经销

*

2021 年 10 月第 一 版　开本：787×1092　1/16
2025 年 2 月第四次印刷　印张：23 1/4
字数：551 000

定价：80.00 元

（如有印装质量问题，我社负责调换）

前　言

微型计算机原理、汇编语言程序设计和微型计算机接口技术三部分内容是计算机科学与技术、通信工程、电气工程及其自动化等专业的核心课程。在通常的教学体系中，一些院校将其分成三门课。随着微型计算机技术的发展以及课程教学计划学时的压缩，将相关内容合为一体来讲授势在必行。

本书将"微型计算机原理""汇编语言程序设计""微型计算机接口技术"三门课程的内容有机地融为一体，是在将三门课程合为一门的教学实践基础上进行修改整理而成的，实际上也是我们多年来从事这些课程的教学总结。

本书以 Pentium 微处理器的实模式与保护模式为主线，用 Pentium 微处理器实模式的实现技术来替代 Intel 8086 微处理器的内容。通过分析 Pentium 微处理器的保护模式，把微机系统具有代表性的新设计、新技术、新思想展示给读者。本书列举了一定数量的 I/O 接口硬件及程序设计实例，帮助学生建立微机系统的整机概念，加深对微机工作过程的理解，使学生初步具有微机系统软件、硬件开发的能力。

作者编写的《微型计算机原理与接口技术》（科学出版社，2004 年 4 月第一版、2010 年 6 月第二版）和《微型计算机原理与汇编语言程序设计》（科学出版社，2004 年 3 月第一版、2012 年 3 月第二版）出版至今已十余年时间，这期间很多院校的师生选择其作为教材，并根据教学经验反馈了宝贵的教材修订建议。在此基础上，我们综合吸纳了各方面的意见，并根据课程体系和课程教学计划学时的变化，推出本书。

本书的主要工作涉及以下几个方面。

（1）教学组织。本书适合于理论教学计划 48～64 学时，最好能匹配 16～32 学时的实验计划。

（2）章节安排。按照微机系统的整机概念组织了本书的章节结构，删除冗余内容及实际应用中涉及较少的内容。根据课程性质和教学反馈信息，本书在技术原理性方面加大了说明力度，以期学生从根本上掌握所学技术。

（3）基础性实例。从教学经验出发，加强基础性实例演示，增强学生对技术内容的理解和掌握，避免内容复杂的项目实例，避免学生因理解项目内容而转移对技术本身的注意力，也避免因讲述复杂项目背景而浪费宝贵的教学学时。同时，在教学过程中，也希望教师能结合具体的科研项目实例，加强学生对技术的兴趣和对技术应用的理解。

本书在编写过程中，参考了有关的优秀教材、专著、应用成果，以及优秀的网络站点。本书编者赵宏伟、刘萍萍、秦俊、黄永平在此向所参考的文献资料的作者表示最真诚的谢意。

本书获得吉林大学本科"十三五"规划教材的立项支持，获得吉林大学本科教材出版资助项目的支持。编者在本书规划与立项过程中得到吉林大学计算机科学与技术学院的领导及教学委员会的大力支持，在写作与教学过程中得到秦贵和教授的亲自指导和诸多建议，得到张晋东、初剑峰、董劲男、孙铭会、陈海鹏、裴士辉的帮助，在出版过程中得到吉林大学教务处的协调与资助，在此一并表示感谢。

编者虽然从事计算机应用教学工作多年，但知识水平仍有限，书中难免存在不足之处，恳请读者斧正。

编 者

2020 年 12 月于吉林大学

目　录

第1章 绪 论

1.1 微处理器、微型计算机和微型计算机系统

计算机按体积、性能、价格通常分为巨型机、大型机、中型机、小型机和微型计算机（简称微机）五类。从系统结构和基本工作原理角度来看，微型计算机与其他几类计算机并没有本质上的区别，它们都由五大部分组成，也就是运算器、控制器、存储器、输入设备和输出设备。微型计算机与其他几类计算机所不同的是，微型计算机广泛采用了集成度相当高的器件和部件，因此微型计算机具有体积小、重量轻、耗电省、可靠性高、结构灵活、价格低廉、维护方便和应用面广等特点。

微型计算机中的运算器和控制器合起来称为中央处理器（central processing unit，CPU），CPU 已经能够集成在一块集成电路芯片上，这就是微处理器，又称微处理机。

微型计算机由 CPU、主存储器、输入/输出（input/output，I/O）接口电路和系统总线构成，如图 1.1.1 所示。CPU 如同微型计算机的心脏，它的性能决定了整个微型计算机的各项关键指标。主存储器一般由随机存储器和只读存储器构成。I/O 接口电路是外部设备和微型计算机之间传送信息的部件。系统总线是 CPU 与其他部件之间传输地址、数据和控制信息的通道。总线结构是微型计算机的一个结构特点。有了总线结构以后，系统中各功能部件之间的相互关系变为各个部件与总线的单一关系。一个部件只要符合总线标准，就可以连接到采用这种总线标准的系统中，便于系统功能的扩展。

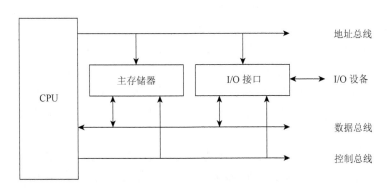

图 1.1.1 微型计算机的基本结构

尽管各种微型计算机的系统总线类型和标准有所不同，但它主要包含三种不同功能的总线，即数据总线（data bus，DB）、地址总线（address bus，AB）和控制总线（control bus，CB）。

数据总线用来传输数据。从结构上看，数据总线是双向的，数据既可以从 CPU 送到其他部件，也可以从其他部件送到 CPU。数据总线的位数（也称为宽度）是微型计算机

的一个重要指标。在微型计算机中，数据的含义是广义的，数据总线上传送的不一定是真正的数据，也可能是指令代码、状态量，有时还可能是一个控制量。

地址总线专门用来传送 I/O 接口电路和主存储器的地址信息。一般情况下，地址是从CPU 送出去的，所以地址总线一般是单向的。地址总线的位数决定了 CPU 可以直接寻址的主存地址范围。在 8086～Pentium 系列微型计算机系统中，主存储器以字节（即 8 位二进制数）为单位存储信息。每一字节单元有一个唯一的存储器地址，称为物理地址。主存储器的物理地址空间是线性的。地址一般用二进制数来表示，当然它是无符号整数，书写格式中一般用十六进制数表示。

最大可以访问的物理地址空间，由 CPU 地址线的位数决定，例如，一个微型计算机的地址总线为 16 位，最大主存空间（容量）为 64KB，8086 微处理器的地址总线为 20 位，所以，最大主存容量为 1MB。

控制总线用来传输控制信号，其中包括 CPU 送往主存储器和 I/O 接口电路的控制信号，如读信号、写信号、中断响应信号等，还包括其他部件送到 CPU 的信号，如时钟信号、中断请求信号、准备就绪信号等。

微型计算机系统（简称微机系统）由微型计算机、I/O 设备、系统软件、电源、面板和机架等组成。

1.2　CISC 与 RISC 结构的微处理器

1. CISC 和 RISC 技术

在计算机指令系统的优化发展过程中，出现过两个截然不同的优化方向：复杂指令集计算机（complex instruction set computer，CISC）技术和精简指令集计算机（reduced instruction set computer，RISC）技术。它们的区别在于不同的 CPU 设计理念和方法。计算机指令集指的是 CPU 能够直接识别的计算机底层的机器指令。随着计算机系统复杂度的不断提高，要求计算机指令系统的构造能使计算机的整体性能更快、更稳定。早期人们采用的优化方法是通过设置一些功能复杂的指令，把一些原来由软件实现的、常用的功能改用硬件指令实现，以此来提高计算机的执行速度，这样，指令就会比较繁杂，这种计算机系统就称为 CISC。早期的 CPU 全部是 CISC 结构，它的设计目标是要用尽量少的机器语言指令来完成所需的计算任务。

20 世纪 80 年代人们发展了另一种优化方法，其基本思想是尽量简化计算机指令，采用功能简单、能在一个时钟节拍内完成的基本指令，而把较复杂的功能用一段子程序来实现，这种计算机系统就称为 RISC。RISC 技术的精华就是通过简化计算机指令功能，缩短指令的平均执行周期，同时大量使用通用寄存器来提高子程序执行的速度，有利于并行计算应用和提高效率。

2. RISC 与 CISC 的主要区别

RISC 指令系统仅包含那些必要的、经常使用的指令，不经常使用的指令的功能往往通过基本指令组合来完成。所以，RISC 完成特殊功能时，效率可能比较低，不过由于其有利于流水技术和超标量技术的应用，因此可以弥补这个不足。相反，CISC 的指令系统比较丰富，一些特殊的功能都有对应的指令，因此处理特殊任务效率较高。

RISC 对存储器操作相对简单，简化了对存储器访问的控制。而 CISC 的存储器操作指令较多，对存储器的访问有更多的指令直接操作，要求的控制逻辑也较复杂。由于指令简单，RISC 汇编语言程序一般需要较大的主存空间，实现特殊功能时程序复杂，不易设计。相反，CISC 汇编语言程序编程相对简单，计算及复杂操作的程序设计相对容易，效率较高。

RISC CPU 的电路构成比 CISC CPU 简单，因此面积小，功耗也更低。CISC CPU 电路复杂，同水平比 RISC CPU 面积大、功耗大。RISC CPU 结构比较简单，布局紧凑规整，设计周期较短，比较容易采用一些并行计算的最新技术。CISC CPU 结构复杂，设计周期长，技术更新难度大。从使用角度看，RISC 微处理器结构简单，指令规整，性能容易把握，易学易用。CISC 微处理器结构复杂，功能强大，实现特殊功能较容易。

3. 典型的 RISC 与 CISC 微处理器

Intel 80x86 系列微处理器是典型的 CISC 体系结构。早期微处理器生产商一直在走 CISC 的发展道路，包括 Intel、AMD、TI、Cyrix 以及 VIA 等厂商。在 CISC 微处理器中，出发点是程序的各条指令是按顺序串行执行的，指令长度变化范围很大，实现并行机制比较困难，并且效率较低，执行速度比较慢，如 1985 年推出的 Intel 80386 和 1984 年推出的 MC 68020，指令条数分别为 111 条和 101 条，寻址方式分别为 11 种和 16 种，指令为变长格式。

到 20 世纪 80 年代后期，RISC 技术已经发展成为支持微处理器的主流技术，各厂商纷纷推出了 32 位 RISC 微处理器，如 IBM 公司的 PowerPC 和 Power2、Sun 公司的 SPARC、HP 公司的 PA-RISC 7000、MIPS 公司的 R 系列，以及基于 ARM（advanced RISC machine）技术方案架构、采用 ARM 技术的微处理器。

1.3 微处理器及微型计算机发展简况

由于计算机技术的发展和大规模集成电路于 1970 年研制成功，1971 年 10 月，美国 Intel 公司首先推出 Intel 4004 微处理器，这是实现 4 位运算的单片处理器，构成运算器和控制器的所有元件都集成在一片大规模集成电路芯片上，这是第一片微处理器。

从 1971 年第一片微处理器推出，微处理器经历了以下发展历程。

1. 4 位微处理器

20 世纪 70 年代初期出现 4 位微处理器，一般称为第一代微处理器，其典型产品有 Intel 4004，工作频率为 108kHz。

2. 8 位微处理器

1974～1977 年是 8 位微处理器时期，一般称为第二代微处理器，其典型产品有 Intel 公司的 8080、8085，Motorola 公司的 6502，Zilog 公司的 Z80。基于这些微处理器，人们开发出了一系列微型计算机系统，开始了真正的微型计算机时代。直到目前，8 位微处理器仍在一些领域应用，当然，其组成结构与早期的 8 位微处理器有了很大不同。

3. 16 位微处理器

1978～1980 年是 16 位微处理器时期，一般称为第三代微处理器，其典型产品有 Intel 公司的 8086/8088、Zilog 公司的 Z8000、Motorola 公司的 MC 68000。以 Intel 8086 为代表的 16 位微处理器的出现，使微处理器和微型计算机系统性能产生了本质性的提高，其寻址能力、运算能力可以支持较复杂的系统和应用软件。尤其是基于 8086 微处理器和磁盘操作系统（disk operating system，DOS）的 IBM 个人计算机（personal computer，PC）的出现，使微型计算机的应用迅速发展，同时也推动了微处理器和微型计算机相关软硬件技术与产业的迅速发展。

4. 32 位微处理器

20 世纪 80 年代初期开始出现 32 位微处理器，之后十余年 32 位微处理器迅速发展，32 位微处理器的发展又可分为几个阶段。

一般把 1981～1992 年这一阶段称为第四代微处理器的时期，这是最初的 32 位微处理器。32 位微处理器的出现，使微型计算机技术和微型计算机系统功能上了一个台阶，触发了一系列微型计算机技术的发展，使微型计算机信息处理能力大幅提高，进而可以支持更加方便的人机交互方式，使微型计算机迅速在办公等信息处理领域得到应用，功能上可与传统中小型计算机相比，形成了当前微型计算机系统软硬件的框架体系。其典型产品有 Zilog 公司的 Z80000、Motorola 公司的 MC 68020、Intel 公司的 80386 和 80486。

1993 年 Intel 公司推出了 32 位微处理器 Pentium，之后又推出 Pentium 系列的其他微处理器，通常认为其为第五代微处理器。其结构上与以往的微处理器有明显的变化，使微处理器的技术发展到了一个新的阶段，标志着微处理器完成了从 CISC 向 RISC 时代的过渡。Pentium 微处理器具有 64 位的外部数据总线和 32 位的地址总线，微处理器内部采用超标量超流水线技术。Pentium 芯片内采用双 Cache 结构（指令 Cache 和数据 Cache），数据 Cache 采用回写技术，节省了处理时间，采用 8 级流水线和部分指令固化技术，芯片内设置分支目标缓冲器，采用动态分支程序预测技术，提高了流水线处理速度。Pentium 系列处理器主频为 66MHz 时，其速度可达每秒 1 亿条指令。这一阶段的微处理器还有 IBM 公司的 RISC 微处理器 PowerPC，以及 AMD 公司的 K5/K6 和 Cyrix 公司的 M1 等。

Intel 公司在 2000 年推出的 Pentium 4 系列微处理器使微处理器整体性能进一步提升，主频可达 1.3～3.8GHz，前端总线速度为 400MHz，后又提升到 533MHz、800MHz。引入双核技术，在支持双倍数据速率（double data rate，DDR）主存的基础上引入 DDR2 主存技术，流水线级数增加到了 31 级，进一步完善了分支预测机制，引入了更快的指令执行单元和更先进的数据预取算法。

5. 64 位微处理器

2001 年 Intel 公司发布了其第一款 64 位微处理器 Itanium，在 Itanium 微处理器中体现了一种全新的设计思想，完全是基于平行并发计算而设计的。

2002 年 Intel 公司发布了 Itanium 2 微处理器。Itanium 2 微处理器是 Intel 公司的第二代 64 位系列产品，Itanium 2 微处理器是以 Itanium 架构为基础建立与扩充的产品，可与专为第一代 Itanium 微处理器优化编译的应用程序兼容，并大幅提升了 50%～100% 的效能。Itanium 2 微处理器系列以低成本、高效能提供高阶服务器、工作站的应用支持。

AMD 公司 2003 年推出了兼容 32 位 x86 微处理器架构的 AMD Opteron，是其第一款 64 位微处理器。AMD Opteron 微处理器有 40 位物理地址和 48 位虚拟地址，允许寻址高达 1TB 的物理主存空间和 256TB 的虚拟主存寻址空间。Opteron 微架构集成了一个双通道的 DDR DRAM 控制器，该控制器拥有能够支持多达 8 个双列直插存储器模块（dual in-line memory module，DIMM）的 128 位接口。采用 HyperTransport™技术，提高输入/输出的效率，进而提升系统整体性能。AMD 公司的 x86-64 技术与已有的 32 位架构兼容。

Intel 公司于 2006 年推出 Core 微处理器架构。Intel Core 微处理器架构是一个由零设计起的架构，是一个双核心的设计。其架构特色是低功耗、多核心、虚拟技术、扩展 64bit 内存技术（extended memory 64 technology，EM64T）及扩充 SSE3（supplemental streaming SIMD extensions 3，SSSE3）指令集。

这些微处理器在架构、性能等方面已经与传统微处理器的概念有很大差别，不但可用于台式机，而且更多地考虑移动版计算机、服务器、工作站等应用。

微处理器呈现以下几个方面的发展趋势。

（1）高性能化。随着计算机科学与技术的不断发展、半导体技术的不断发展，以及新的计算形式的出现，微处理器计算能力、存储能力将不断提升。

（2）形式多样化。便携式是一个发展方向，最典型的标志是笔记本电脑和个人数字助理（personal digital assistant，PDA）的流行，微处理器也会根据应用对象和目标的要求，出现各种各样形状、人机交互方式的微型计算机系统。

（3）多媒体化。出现了一些多媒体信息处理能力更强的微处理器以及辅助芯片，微型计算机多媒体和超媒体软硬件功能不断完善和标准化，虚拟现实技术和多媒体信息处理将得到更广泛的应用。

（4）网络化。不仅传统的台式微型计算机、笔记本电脑等完全是网络化的，各种便携式的微型计算机以及基于微型计算机的设备装置也在不断网络化，并连入公共互联网络。网络的强大通信功能，正在使微型计算机的存储和计算功能在网络环境下重新优化分工。

（5）多核结构。采用多核结构成为提高整体指令执行速度的重要手段。使用多核处理器后，多个独立任务可以由不同的处理单元执行，较单核而言，减少了切换任务浪费的 CPU 资源，体现出更高的效率和性能。

（6）嵌入式应用更加广泛、深入。微型计算机不断嵌入各种系统中，成为这些系统的核心部件之一，作为这个系统信息处理的中心，使传统方式无法实现的一些功能得以实现。

（7）智能化。智能化是微型计算机发展的一个重要方向，微型计算机将具有更高的智能水平。

习　　题

1.1　微处理器、微型计算机、微型计算机系统的区别是什么？

1.2　微型计算机由哪些基本部分构成？

1.3　说明 CISC、RISC 的概念及其主要区别。

1.4　多核结构有什么优点？

1.5　查找 2～3 款最新上市的微处理器，比较其性能。

第 2 章　16 位 Intel 8086 微处理器

Intel 公司 1978 年推出的 8086 是典型的 16 位微处理器，采用 CISC 结构，兼容 Intel 的 8 位微处理器 8085。8086 微处理器采用高性能金属氧化物半导体（high performance metal-oxide-semiconductor，HMOS）工艺技术制造，由单一＋5V 供电，典型时钟频率为 4.77MHz，最高时钟频率可达 10MHz。8086 微处理器内部数据总线和外部数据总线都是 16 位，地址总线为 20 位，可最大寻址 1MB 的存储空间。随后 Intel 公司于 1979 年推出了成本更低的 8088 微处理器芯片。8088 微处理器与 8086 微处理器相比，外部数据信号线降到 8 条，以使 8088 微处理器能够获得已开发的 8 位硬件的支持。8088 微处理器芯片于 1981 年用于 IBM PC/XT 中。

8086 微处理器采用双列直插式封装，共有 40 个引脚，外部数据总线与地址总线分时复用以减少芯片引脚。8086 微处理器的内存采用分段的管理方式。

2.1　8086 微处理器内部结构

图 2.1.1 是 8086 微处理器的内部结构框图，从中可以看出 8086 微处理器由两个既相

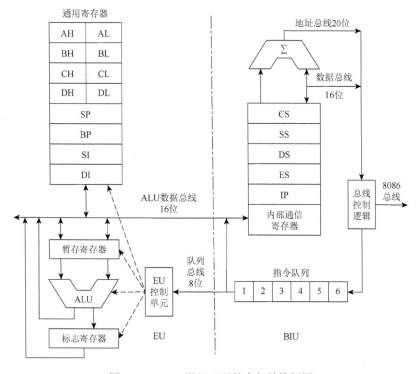

图 2.1.1　8086 微处理器的内部结构框图

互独立又相互配合的部件组成，一个是总线接口单元（bus interface unit，BIU），另一个是执行单元（execution unit，EU）。

2.1.1　总线接口单元

1. 总线接口单元的组成

BIU 由段寄存器、指令指针、指令队列、地址加法器和总线控制逻辑组成。段寄存器是为实现段式存储器管理而设置的寄存器，用于存放当前段的基址。指令指针给出当前指令在当前代码段中的偏移地址，代码段寄存器和指令指针给出当前指令的逻辑地址。指令队列存放预取的指令，8086 微处理器指令队列长度为 6B，8088 微处理器指令队列长度为 4B。8086 微处理器指令队列空 2B 以上、8088 微处理器指令队列空 1B 以上称为指令队列不满。20 位的地址加法器负责由段地址与偏移地址合成 20 位物理地址。总线控制逻辑是内部与外部总线的接口。

2. 总线接口单元的功能

BIU 是联系微处理器内部与外部的重要通道，其主要功能是负责微处理器内部与外部（存储器和 I/O 端口）的信息传递。BIU 完成以下主要任务。

（1）取指令。BIU 从内存取出指令送到指令队列中（这时 EU 可以取其中的指令来执行）。只要指令队列中不满，并且总线空闲，BIU 就通过总线控制逻辑从内存单元中取指令代码往指令队列中传送。当 EU 执行转移类指令时，指令队列立即清除，BIU 又重新开始从内存中取转移目标处的指令代码送往指令队列。

（2）形成物理地址。BIU 无论取指令，还是传送数据，都必须指出内存单元地址（取指或传送数据）或 I/O 端口地址（传送数据），这就需要指明具体的实际地址，这个任务由 BIU 完成。BIU 将 16 位段地址左移 4 位形成 20 位（相当于乘以 16）后，再与 16 位偏移地址通过地址加法器相加得到 20 位物理地址。

（3）传送数据。EU 在执行指令过程中需要内存或 I/O 端口的数据时，BIU 从外部（内存或 I/O 端口）取数据（读或输入）或把 EU 执行的结果送到外部（写或输出）。当 EU 需要 BIU 访问外部器件时，EU 就向 BIU 发总线请求，如果此时 BIU 空闲（即无取指操作），则 BIU 会立即响应 EU 的总线请求，进行数据传送。如果此时 BIU 正在忙于取指令，则 BIU 在完成当前的取指操作后才去响应 EU 的总线请求。

2.1.2　执行单元

1. 执行单元的组成

EU 由通用寄存器、标志寄存器、运算器和执行单元控制逻辑等组成。通用寄存器中暂存计算的中间结果，可以减少微处理器访问外部存储器的频率，有利于提高信息处理速度。标志寄存器保存指令执行过程和执行结果特征，以及存储程序设置的一些控制位。

2. 执行单元的功能

EU 完成控制器的功能，它负责执行指令并对相应的硬件部分进行控制，它的主要功能就是完成全部指令的执行。EU 完成以下主要任务。

（1）指令译码。EU 从 BIU 的指令队列中获得指令，将指令翻译成可直接执行的微命令。

（2）执行指令。译码后的指令，通过 EU 控制逻辑向各个相关部件发出与指令一致的控制信号，完成指令的执行。

（3）向 BIU 传送偏移地址信息。在执行指令的过程中，如果要与外部打交道，则会向 BIU 发总线请求，而 EU 此时就会自动计算出偏移地址，并通过 BIU 的内部暂存器传送给 BIU，以便 BIU 能求出物理地址。

（4）管理通用寄存器和标志寄存器。在执行指令时，需要通用寄存器的参与，运算时产生的状态标志将记录在标志寄存器中，这些寄存器都由 EU 统一管理。

2.2　8086 微处理器编程结构

在编程结构上，8086 微处理器有 14 个 16 位寄存器，如图 2.2.1 所示。这 14 个寄存器按照功能特点分为 3 大类，即通用寄存器、段寄存器、控制寄存器，其中，通用寄存器包括数据寄存器、指针和变址寄存器，控制寄存器包括指令指针、标志寄存器。这些寄存器中，除指令指针外，其他寄存器均可直接访问。

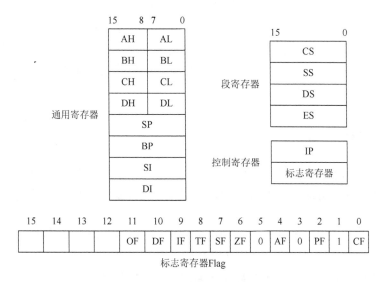

图 2.2.1　8086 微处理器的编程结构

2.2.1　通用寄存器

1. 数据寄存器

数据寄存器主要用于保存操作中使用的数据，包含 4 个 16 位寄存器，分别是累加器 AX、基址寄存器 BX、计数寄存器 CX 以及数据寄存器 DX。

每一个 16 位的数据寄存器可以分成两个 8 位寄存器，这 4 个 16 位数据寄存器 AX、BX、CX、DX 可依次分为高 8 位（AH、BH、CH 和 DH）和低 8 位（AL、BL、CL 和 DL），这两组 8 位寄存器能分别寻址。这样，可以把一个数据寄存器当作一个 16 位寄存器，也可用作两个 8 位寄存器。

2. 指针和变址寄存器

指针和变址寄存器包含以下 4 个 16 位寄存器。

SP：堆栈指针，存放堆栈栈顶地址的段内偏移量，对应的段为堆栈段。

BP：基址指针，往往用于对堆栈段进行间接寻址时存放段内偏移量，寻址时隐含段为堆栈段。

SI：源变址寄存器，存放源操作数的段内偏移地址，也可存放一般的数据，寻址时隐含段为数据段。

DI：目的变址寄存器，存放目标操作数的段内偏移地址，也可存放一般的数据。寻址时隐含段为数据段，在字符串操作中隐含段为附加段。

这 4 个 16 位寄存器只能按 16 位进行存取操作，主要用来形成操作数的地址，用于堆栈操作和变址运算中计算操作数和有效地址。其中 SP、BP 用于堆栈操作，SP 用来确定堆栈在内存中的地址，BP 用来存放在当前堆栈段的一个数据区的"基址"。SI、DI 用于变址操作，存放位于当前数据段中的某个地址的偏移地址。在字符串操作指令中，被处理的原始数据称为源操作数。源操作数所在单元的偏移地址存放在源变址寄存器 SI 中，字符串操作结果存放的地址称为目的地址，目的地址的偏移地址存放在目的变址寄存器 DI 中。这 4 个寄存器也可用作数据寄存器。

2.2.2　段寄存器

8086 CPU 的段寄存器共有 4 个 16 位寄存器，4 个段寄存器位于总线接口单元中，8086 CPU 可以直接访问这 4 个段寄存器，当前段的基址（即段的起始地址）存放在段寄存器中。

CS：代码段寄存器，指出当前代码段的基址，8086 微处理器执行的指令都是从这个段中取得的，也就是说，程序必须存放在代码段中。

SS：堆栈段寄存器，指出当前程序所使用的堆栈段的基址。

DS：数据段寄存器，指出当前程序使用的数据段的基址，一般情况下，程序中的变量存放在这个段中。

ES：附加段寄存器，指出当前程序使用的附加段，附加段用来存放数据或存放处理后的结果。

2.2.3　控制寄存器

1. 指令指针

指令指针 IP 是一个 16 位的寄存器，IP 指向当前代码段中下一条要取出的指令的偏移地址，即 IP 和 CS 一起指出了下一条要取出的指令的实际地址。它实质上相当于程序计数器 PC。IP 的内容由 BIU 来修改，程序员不能对 IP 进行存取操作，程序中的转移指令、返回指令以及中断指令能对 IP 进行操作。

2. 标志寄存器

标志寄存器 Flag 是一个 16 位寄存器，定义了 9 个标志位。其中 6 个为状态标志位，3 个为控制标志位。状态标志位分别是进位标志位 CF、溢出标志位 OF、零标志位 ZF、符号标志位 SF、奇偶标志位 PF 和辅助进位标志位 AF。控制标志位分别是中断允许标志位 IF、方向标志位 DF 和单步标志位 TF。

CF：进位标志，当进行加法运算时结果使最高位产生进位，或在减法运算时结果使最高位产生借位，则 CF = 1，否则 CF = 0。也有其他一些指令会影响 CF。

AF：辅助进位标志，当加法运算时，如果低 4 位向高位有进位，或减法运算时，如果低 4 位向高位借位，则 AF = 1，否则 AF = 0。AF 常用于二-十进制代码（binary coded decimal，BCD）的加法调整。

PF：奇偶标志，若运算结果低 8 位所含 1 的个数为偶数，则 PF = 1，否则 PF = 0。

ZF：零标志，当运算结果为零时 ZF = 1，否则 ZF = 0。

SF：符号标志，当运算结果为负时 SF = 1，否则 SF = 0。SF 的值就是有符号数的最高位（符号位）的值。

OF：溢出标志，有符号数运算时，当运算结果超出了本条指令数据长度所能表示的数据范围时，OF = 1，表示溢出，否则 OF = 0，表示不溢出。

DF：方向标志，数据串操作的地址变化方向控制标志，若 DF = 0，则地址递增，若 DF = 1，则地址递减。DF 的值可由指令设置。

IF：中断允许标志，如果 IF = 1，则允许微处理器响应可屏蔽中断，若 IF = 0，则禁止可屏蔽中断。IF 的值可由指令设置。

TF：单步标志，如果 TF = 1，则微处理器按单步方式执行指令，执行一条指令就产生一次类型为 1 的内部中断（单步中断），因此有时称它为跟踪标志。

2.3　8086 微处理器外部结构

8086 微处理器外部采用 40 引脚双列直插式封装，图 2.3.1 是 8086 微处理器和 8088 微处理器的引脚信号图，8086 微处理器有两种工作模式：最大模式、最小模式。有些引脚在不同的模式下功能有所不同。

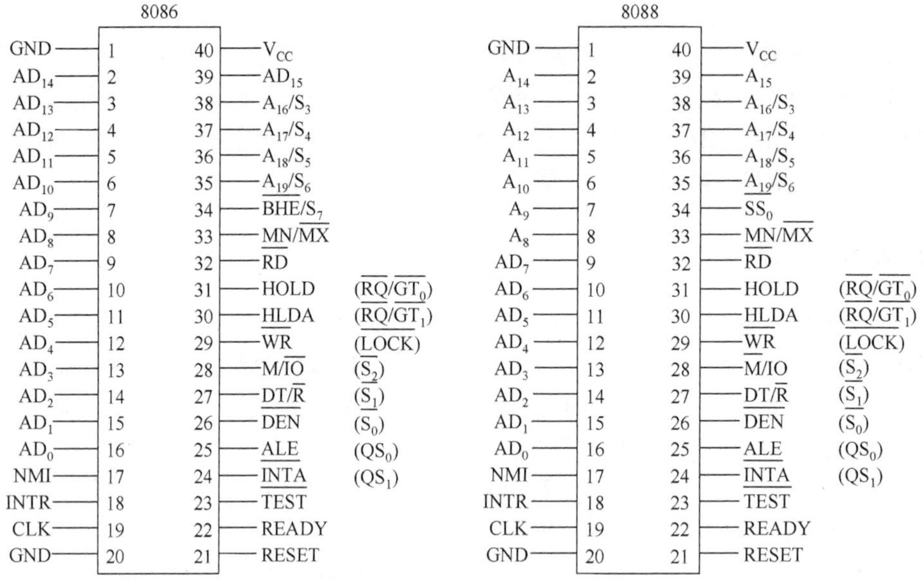

8086				8088			
GND	1	40	V_{CC}	GND	1	40	V_{CC}
AD_{14}	2	39	AD_{15}	A_{14}	2	39	A_{15}
AD_{13}	3	38	A_{16}/S_3	A_{13}	3	38	A_{16}/S_3
AD_{12}	4	37	A_{17}/S_4	A_{12}	4	37	A_{17}/S_4
AD_{11}	5	36	A_{18}/S_5	A_{11}	5	36	A_{18}/S_5
AD_{10}	6	35	A_{19}/S_6	A_{10}	6	35	A_{19}/S_6
AD_9	7	34	$\overline{BHE}/S_7$	A_9	7	34	SS_0
AD_8	8	33	$MN/\overline{MX}$	A_8	8	33	$MN/\overline{MX}$
AD_7	9	32	$\overline{RD}$	AD_7	9	32	$\overline{RD}$
AD_6	10	31	HOLD ($\overline{RQ/GT_0}$)	AD_6	10	31	HOLD ($\overline{RQ/GT_0}$)
AD_5	11	30	HLDA ($\overline{RQ/GT_1}$)	AD_5	11	30	HLDA ($\overline{RQ/GT_1}$)
AD_4	12	29	$\overline{WR}$ ($\overline{LOCK}$)	AD_4	12	29	$\overline{WR}$ ($\overline{LOCK}$)
AD_3	13	28	$M/\overline{IO}$ ($\overline{S_2}$)	AD_3	13	28	M/IO ($\overline{S_2}$)
AD_2	14	27	$DT/\overline{R}$ ($\overline{S_1}$)	AD_2	14	27	$DT/\overline{R}$ ($\overline{S_1}$)
AD_1	15	26	$\overline{DEN}$ ($\overline{S_0}$)	AD_1	15	26	$\overline{DEN}$ ($\overline{S_0}$)
AD_0	16	25	ALE (QS_0)	AD_0	16	25	ALE (QS_0)
NMI	17	24	$\overline{INTA}$ (QS_1)	NMI	17	24	$\overline{INTA}$ (QS_1)
INTR	18	23	$\overline{TEST}$	INTR	18	23	TEST
CLK	19	22	READY	CLK	19	22	READY
GND	20	21	RESET	GND	20	21	RESET

图 2.3.1　8086/8088 微处理器引脚

2.3.1　两种模式下功能相同的引脚

V_{CC}、GND：电源、接地引脚，8086 微处理器采用单一的 + 5V 电源，但有两个接地引脚。

$AD_{15} \sim AD_0$：地址/数据复用输入/输出引脚，共 16 条线，分时输出低 16 位地址及进行数据信号的传输。经地址锁存器输出对应的地址信号为 $A_{15} \sim A_0$。

$A_{19}/S_6 \sim A_{16}/S_3$：地址/状态复用输出引脚，分时输出地址的高 4 位及状态信息，其中 S_6 为 0 用以指示 8086 微处理器当前与总线连通，S_5 为 1 表明 8086 微处理器可以响应可屏蔽中断，S_4、S_3 共有 4 个组态，用以指明当前使用的段寄存器，00 为 ES，01 为 SS，10 为 CS，11 为 DS。

NMI、INTR：中断请求信号输入引脚、中断源向微处理器提出的中断请求信号。NMI 为非屏蔽中断请求信号，上升沿有效；INTR 为可屏蔽中断请求信号，高电平有效。

$\overline{RD}$：读控制输出信号引脚，低电平有效，用以指明要执行一个对内存单元或 I/O 端口的读操作，具体是读内存单元还是读 I/O 端口取决于 $M/\overline{IO}$ 控制信号。$M/\overline{IO}$ 为 1 表示读存储器，为 0 表示读 I/O 端口。

CLK：时钟信号输入引脚，时钟信号为 1/3 周期高电平、2/3 周期低电平的方波。

RESET：复位信号输入引脚，高电平有效。8086 微处理器要求复位信号至少维持 4 个时钟周期才能起到复位的效果，复位信号输入之后，微处理器结束当前操作，并对微处理器的标志寄存器、IP、DS、SS、ES 等寄存器进行清零操作，指令队列清空，CS 设置为 FFFFH。

READY：就绪状态信号输入引脚，高电平有效，用于主存或 I/O 接口向微处理器发送状态信号，表明内存单元或 I/O 端口已经准备好进行读写操作。该信号是协调微处理器与内存单元或 I/O 端口之间操作的联络信号。

$\overline{\text{TEST}}$：测试信号输入引脚，低电平有效。微处理器执行 WAIT 指令后，测试 $\overline{\text{TEST}}$ 信号，当 $\overline{\text{TEST}}$ 引脚为低电平时，脱离等待状态，继续执行指令。

MN/$\overline{\text{MX}}$：最小/最大模式设置信号输入引脚，该输入引脚电平的高、低决定了微处理器工作在最小模式还是最大模式，当该引脚接 + 5V 时，微处理器工作于最小模式，当该引脚接地时，微处理器工作于最大模式。

$\overline{\text{BHE}}$/S_7：高 8 位数据允许/状态复用信号输出引脚，分时输出 $\overline{\text{BHE}}$ 有效信号和 S_7 状态信号。$\overline{\text{BHE}}$ 表示高 8 位数据线 $D_{15} \sim D_8$ 上的数据有效，但 S_7 未定义任何实际意义。

利用 $\overline{\text{BHE}}$ 信号和 A_0 信号，可知系统当前的操作类型，具体规定如表 2.3.1 所示。

表 2.3.1　$\overline{\text{BHE}}$ 和 A_0 的代码组合和对应的操作

$\overline{\text{BHE}}$	A_0	操作	所用数据引脚
0	0	从偶地址单元开始读/写一个字	$AD_{15} \sim AD_0$
0	1	从奇地址单元或端口读/写一字节	$AD_{15} \sim AD_8$
1	0	从偶地址单元或端口读/写一字节	$AD_7 \sim AD_0$
1	1	无效	—
0	1	从奇地址单元开始读/写一个字：在第一个总线周期将低 8 位数据送到 $AD_{15} \sim AD_8$，下一个周期将高 8 位数据送到 $AD_7 \sim AD_0$	$AD_{15} \sim AD_0$
1	0		

在 8088 微处理器系统中，第 34 引脚为 $\overline{\text{SS}_0}$，用来与 DT/$\overline{\text{R}}$、$\overline{\text{M}}$/IO 一起决定 8088 微处理器芯片当前总线周期的读写操作，如表 2.3.2 所示。

表 2.3.2　$\overline{\text{M}}$/IO、DT/$\overline{\text{R}}$、$\overline{\text{SS}_0}$ 的代码组合和对应的操作

$\overline{\text{M}}$/IO	DT/$\overline{\text{R}}$	$\overline{\text{SS}_0}$	操作
1	0	0	中断响应
1	0	1	读 I/O 端口
1	1	0	写 I/O 端口
1	1	1	暂停
0	0	0	取指
0	0	1	读存储器
0	1	0	写存储器
0	1	1	无作用

2.3.2　两种模式下功能不同的引脚

8086 微处理器的 24～31 共 8 个引脚的名称及功能在最小模式、最大模式下是不同的。

第 24 脚 $\overline{\text{INTA}}$、QS_1：在最小模式下为 $\overline{\text{INTA}}$，中断响应信号输出引脚，低电平有效，该引脚是微处理器响应中断请求后，向中断源发出的应答信号，用以通知中断源，以便中断源提供中断类型码，在中断响应周期，该信号为两个连续的负脉冲。在最大模式下为 QS_1。

第 25 脚 ALE、QS_0：在最小模式下为 ALE，地址锁存允许输出信号引脚，高电平有效，微处理器通过该引脚向地址锁存器发出地址锁存允许信号，把当前地址/数据复用总线上输出的地址信息，锁存到地址锁存器中。在最大模式下为 QS_0。

在最大模式下 QS_1、QS_0 为指令队列状态信号输出引脚，这两个信号的组合给出了前一个 T 状态中指令队列的状态，以便于外部对微处理器内部指令队列的动作跟踪，其定义如表 2.3.3 所示。

表 2.3.3　QS_1 和 QS_0 的代码组合和对应的操作

QS_1	QS_0	指令队列状态
0	0	无操作
0	1	从指令队列的第一字节取走代码
1	0	队列为空
1	1	除第一字节外，还取走了后续字节中的代码

第 26 脚 $\overline{\text{DEN}}$、$\overline{\text{S}}_0$：在最小模式下为 $\overline{\text{DEN}}$，数据允许输出信号引脚，低电平有效，为总线收发器提供一个使能控制信号，表示微处理器当前准备发送或接收一个数据。在最大模式下为 $\overline{\text{S}}_0$。

第 27 脚 DT/$\overline{\text{R}}$、$\overline{\text{S}}_1$：在最小模式下为 DT/$\overline{\text{R}}$，数据收发控制信号输出引脚，微处理器通过该引脚发出控制数据传送方向的信号，当该信号为高电平时，表示数据由微处理器经总线收发器输出，否则，数据传送方向相反。在最大模式下为 $\overline{\text{S}}_1$。

第 28 脚 M/$\overline{\text{IO}}$、$\overline{\text{S}}_2$：在最小模式下为 M/$\overline{\text{IO}}$，存储器、I/O 端口选择信号输出引脚，用于说明当前微处理器访问存储器还是 I/O 端口。当该引脚输出高电平时，表明微处理器要进行存储器的读写操作，地址总线上出现的地址是访问存储器的地址；当该引脚输出低电平时，表明微处理器要进行 I/O 端口的读写操作，低位地址总线上出现的地址是 I/O 端口的地址。在最大模式下为 $\overline{\text{S}}_2$。

在最大模式下 $\overline{\text{S}}_2$、$\overline{\text{S}}_1$、$\overline{\text{S}}_0$ 是总线周期状态信号输出引脚，低电平信号输出。这些信号的组合指出当前总线周期中数据传输的类型，总线控制器利用这些信号来产生对存储器、I/O 端口的控制信号。$\overline{\text{S}}_2$、$\overline{\text{S}}_1$、$\overline{\text{S}}_0$ 与总线操作过程之间的对应关系如表 2.3.4 所示。

表 2.3.4　$\overline{S_2}$、$\overline{S_1}$、$\overline{S_0}$ 的代码组合和对应的操作

$\overline{S_2}$	$\overline{S_1}$	$\overline{S_0}$	操作
0	0	0	中断响应
0	0	1	读 I/O 端口
0	1	0	写 I/O 端口
0	1	1	暂停
1	0	0	取指
1	0	1	读存储器
1	1	0	写存储器
1	1	1	无作用

第 29 脚 $\overline{WR}$、$\overline{LOCK}$：在最小模式下为 $\overline{WR}$，写控制信号输出引脚，低电平有效，与 M/$\overline{IO}$ 配合实现对存储单元、I/O 端口所进行的写操作控制。在最大模式下为 $\overline{LOCK}$，总线封锁输出信号引脚，低电平有效，当该引脚输出低电平时，表示微处理器不希望系统中其他总线部件占用系统总线。

$\overline{LOCK}$ 信号是由指令前缀 LOCK 产生的，在执行带有 LOCK 前缀的指令时，$\overline{LOCK}$ 信号有效，执行完毕之后，便撤销 $\overline{LOCK}$ 信号。当一条指令有多个总线周期，在执行时希望这些总线周期连续完成时使用前缀 LOCK。此外，在 8086 微处理器的两个中断响应脉冲之间，$\overline{LOCK}$ 信号也自动变为有效，以防止其他总线部件在中断响应过程中占用总线。

第 30 脚 HLDA、$\overline{RQ}/\overline{GT_1}$：在最小模式下为 HLDA，总线保持响应信号输出引脚，高电平有效，表示微处理器让出总线控制权。在最大模式下为 $\overline{RQ}/\overline{GT_1}$。

第 31 脚 HOLD、$\overline{RQ}/\overline{GT_0}$：在最小模式下为 HOLD，总线保持请求信号输入引脚，高电平有效，用于微处理器接收其他总线部件发出的总线请求信号。在最大模式下为 $\overline{RQ}/\overline{GT_0}$。

在最大模式下 $\overline{RQ}/\overline{GT_1}$、$\overline{RQ}/\overline{GT_0}$ 为总线请求信号输入/总线允许信号输出引脚。这两个信号端可供微处理器接收其他总线部件的总线请求信号和发送应答信号。这两个引脚都是双向的，请求与应答信号在同一引脚上分时传输，方向相反。其中 $\overline{RQ}/\overline{GT_1}$ 比 $\overline{RQ}/\overline{GT_0}$ 的优先级高。

2.4　8086 微处理器的两种组成模式

可以用 8086 微处理器组成适用于不同环境下的微型计算机系统。当组成小型的微型计算机系统时，8086 微处理器处于一种最小结构下，称为最小模式。当组成大型的微型计算机系统时，8086 微处理器处于一种最大结构下，称为最大模式。

2.4.1 8086 微处理器的最小模式

当 8086 微处理器的 MN/$\overline{\text{MX}}$ 引脚接 + 5V 时，组成最小模式微型计算机系统，如图 2.4.1 所示。其中 8284 为时钟产生/驱动器，外接晶体的基本振荡频率为 15MHz。8284 对该频率进行三分频后，产生 5MHz 时钟信号 CLK。此时钟信号作为系统时钟，并经 CLK 引脚直接送至 8086，作为微处理器的时钟信号。

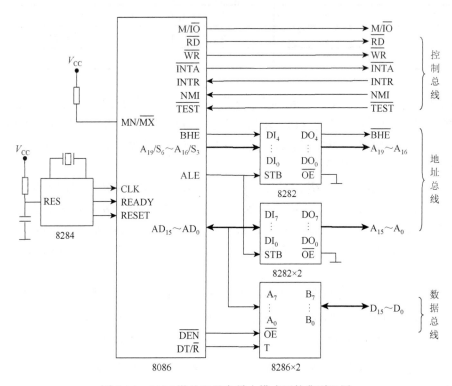

图 2.4.1　8086 微处理器在最小模式下的典型配置

8282 为 8 位的地址锁存器，8086 访问存储器和 I/O 设备时，在总线周期的 T_1 状态，送出地址信号，同时发出允许地址锁存信号 ALE。借助于允许地址锁存信号 ALE，将 A_{19}～A_{16}、AD_{15}～AD_0 的地址信号锁存到 8282 锁存器中，在 8086 微处理器访问存储器（或 I/O 设备）操作数期间，保持不变，为外部电路提供了一个稳定的地址信号。8086 系统有 20 位地址总线 A_{19}～A_0，其存储空间为 1MB（寻址范围是 00000H～FFFFFH）。

8286 为 8 位的具有三态输出的双向数据收发器，用于传输数据。在总线周期的 T_2～T_4 状态，总线 AD_{15}～AD_0 用来传输数据。地址总线的最低位 A_0 和总线高 8 位数据允许信号 $\overline{\text{BHE}}$ 分别读写存储器的偶体和奇体。

在最小模式下，由 8086 微处理器本身产生全部总线控制信号：DT/$\overline{\text{R}}$、$\overline{\text{DEN}}$、$\overline{\text{INTA}}$、ALE 和 M/$\overline{\text{IO}}$ 以及读写控制信号 $\overline{\text{RD}}$、$\overline{\text{WR}}$。

2.4.2　8086 微处理器的最大模式

若将 8086 微处理器的引脚 MN/$\overline{\text{MX}}$ 接地，则可组成 8086 微型计算机系统的最大模式。图 2.4.2 是 8086 微处理器最大模式典型的系统结构。在最大模式系统中，增加了总线控制器 8288。8288 总线控制器利用 CPU 送给它的状态信号 $\overline{S_2}$、$\overline{S_1}$、$\overline{S_0}$ 产生总线周期中所需要的全部控制信号，使总线控制功能更加完善。

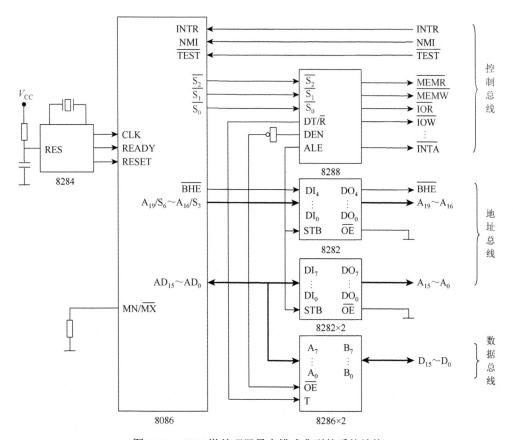

图 2.4.2　8086 微处理器最大模式典型的系统结构

2.5　8086 微处理器的总线周期

8086 微处理器最大模式与最小模式的总线周期不同，主要差别在于控制信号线。最小模式的所有控制信号直接由微处理器对应的引脚输出，最大模式的控制信号由 $\overline{S_2}$、$\overline{S_1}$、$\overline{S_0}$ 输出的信号经总线控制器 8288 产生，它生成 DT/$\overline{R}$、DEN、ALE 以及存储器读写控制信号 $\overline{\text{MEMR}}$、$\overline{\text{MEMW}}$ 和 I/O 读写控制信号 $\overline{\text{IOR}}$、$\overline{\text{IOW}}$。

2.5.1　基本概念

1）总线周期

通过微处理器外部总线执行信息的输入/输出过程，称为总线周期或总线操作周期。总线读操作包括取指令、读存储器、读 I/O 端口，总线写操作包括写存储器、写 I/O 端口。另外，还有一些特殊总线周期。

2）工作时序

工作时序是指令译码以后按时间顺序产生的确定的控制信号。为完成规定的目标，信号线传输信号的形式及功能随着时钟节拍的变化而改变。

3）时钟周期

时钟脉冲信号循环一次的时间称为一个时钟周期。一个时钟周期是微处理器工作的最小时间单位。

4）指令周期

指令周期是执行一条指令所需要的时间。

5）总线请求与总线响应

在总线控制部件要通过总线传输数据时，总线控制部件必须获得总线的控制权，总线请求是总线控制部件发出的请求占用总线的信号，总线响应是当前控制总线的部件在释放总线后给出的应答信号。

6）中断响应总线周期

中断响应是微处理器接受中断请求后的处理过程，在响应中断时，微处理器在当前指令结束后，插入两个中断响应总线周期，发出中断应答及通过总线获取中断类型码。

7）8086 微处理器时钟状态

8086 微处理器的总线周期至少由 4 个时钟周期组成，每个时钟周期称为一个 T 状态，用 T_1、T_2、T_3 和 T_4 表示。

在 T_1 状态，微处理器将存储器地址或 I/O 端口地址送上地址总线。在 T_1 期间，地址/状态复用信号线 $A_{19}/S_6 \sim A_{16}/S_3$ 和地址/数据复用信号线 $AD_{15} \sim AD_0$ 分别送出地址 $A_{19} \sim A_{16}$ 和 $A_{15} \sim A_0$，与此同时，送出地址锁存允许信号 ALE。外部电路利用 ALE 把这些地址信号锁存到地址锁存器中，因此，在地址锁存器的输出端可以得到完整的 20 位地址信号 $A_{19} \sim A_0$，在此后的时钟周期里，可以利用有关的控制信号完成对内存或外设的读写操作。

在 T_2 状态，进行读写准备，地址与数据、状态复用的信号在此期间切换，读写控制信号有效。在写总线周期中，微处理器从 T_2 开始把数据送到总线上并维持至 T_4。

在 T_3 状态，微处理器检测存储器或 I/O 端口是否准备就绪，若未就绪，则插入等待状态 T_w。若准备就绪，在读总线周期中，存储器或 I/O 端口应该在 T_3 期间把数据送到数据总线上并维持至 T_4。

在某些情况下，当存储器或 I/O 端口的速度比较慢，使得在 4 个时钟周期中不能完成读写操作时，可通过时钟发生器 8284 产生一个低电平信号送到 8086 微处理器的 READY 引脚。8086 微处理器在每个总线周期的 T_3 都要检查 READY 的状态。若 READY 为低电平，表示无效，说明存储器或 I/O 端口没有准备好，则微处理器不执行 T_4，而是在 T_3 之后插入一个等待时钟周期 T_w，以等待存储器或 I/O 端口完成读写操作的准备工作。在 T_w 周期，微处理器还要检查 READY 的状态，若仍为低电平，则再插入一个 T_w。此过程持续进行，直到在某个 T_w 周期检测到 READY 信号变为高电平为止，这时下一个时钟周期就是总线周期的最后一个时钟周期了。由此可见，利用 READY 信号，微处理器可以插入若干个 T_w，使总线周期延长，达到可靠地读写存储器和 I/O 端口的目的。

在 T_4 状态，完成数据读写，结束总线操作。微处理器的读或写是在 T_4 周期进行的，这时数据线上的数据已经达到稳定状态。

2.5.2　8086 微处理器总线读周期

图 2.5.1 是 8086 微处理器最小模式总线读周期时序。

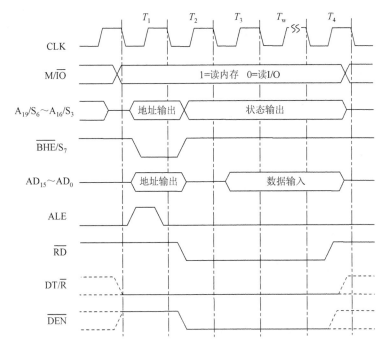

图 2.5.1　8086 微处理器最小模式总线读周期时序

在 T_1 期间，引脚 $A_{19}/S_6 \sim A_{16}/S_3$、$AD_{15} \sim AD_0$ 分别送出地址 $A_{19} \sim A_{16}$、$A_{15} \sim A_0$，$\overline{BHE}/S_7$ 输出 $\overline{BHE}$ 信号，同时 ALE 有效。可以利用 ALE 将地址信号锁存到地址锁存器中，在锁存器的输出端得到 20 位地址信号 $A_{19} \sim A_0$，一般 $\overline{BHE}$ 也被锁存。当引脚 $A_{19}/S_6 \sim A_{16}/S_3$、$AD_{15} \sim AD_0$ 信息变化时，地址锁存器仍输出地址信号。$M/\overline{IO}$ 的状态说明地址信号为存储器单元地址还是 I/O 端口地址。$DT/\overline{R}$ 变低，表示数据为读入微处理器。

在 T_2 状态，信号复用线进行功能切换，引脚 $A_{19}/S_6 \sim A_{16}/S_3$、$\overline{BHE}/S_7$ 分别输出 $S_6 \sim S_3$ 及 S_7（无定义）信号。引脚 $AD_{15} \sim AD_0$ 变为高阻状态，为切换到数据输入状态做准备。

$\overline{\text{DEN}}$ 、$\overline{\text{RD}}$ 变低，启动读操作。

在 T_3 状态，引脚 $AD_{15}\sim AD_0$ 作为数据输入线，存储器或 I/O 端口把 $A_{19}\sim A_0$ 指示的地址中的数据放到数据总线上。

在 T_4 状态，微处理器读入数据线上的数据，并使所有信号线处于无效状态。

最大模式下，在总线周期一开始就输出 $\overline{S_2}$、$\overline{S_1}$、$\overline{S_0}$，由总线控制器 8288 生成对应的控制信号，进而控制完成总线读周期。最大模式总线读周期主要过程如下。

在 T_1 状态，首先发送状态信号，并由总线控制器生成 ALE、DT/$\overline{\text{R}}$。其他与最小模式相同。

在 T_2 状态，读控制信号送到存储器或 I/O 端口。

在 T_3 状态，数据已读出，送上数据总线。若数据没能及时读出，则与最小模式一样自动插入 T_w。

在 T_4 状态，状态信号进入高阻，$\overline{S_2}$、$\overline{S_1}$、$\overline{S_0}$ 根据下一个总线周期的类型进行变化。

2.5.3　8086 微处理器总线写周期

图 2.5.2 是 8086 微处理器最小模式总线写周期时序。

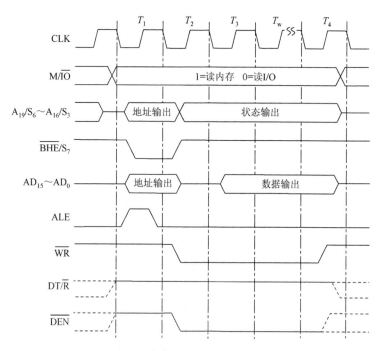

图 2.5.2　8086 微处理器最小模式总线写周期时序

在 T_1 状态，引脚 $A_{19}/S_6\sim A_{16}/S_3$、$AD_{15}\sim AD_0$、$\overline{\text{BHE}}/S_7$、ALE、M/$\overline{\text{IO}}$ 的操作与读周期一样。DT/$\overline{\text{R}}$ 变为高，表示数据为微处理器写。

在 T_2 状态，引脚 $AD_{15}\sim AD_0$ 输出数据。$\overline{\text{WR}}$ 变低，启动写操作。

在 T_3 状态，引脚 $AD_{15}\sim AD_0$ 维持数据输出。微处理器在 T_3 周期检测 READY 引脚状态，对 READY 信号的响应与读周期相同。

在 T_4 状态，完成写操作周期，并使所有信号线处于无效状态。

最大模式下，在总线周期一开始就输出 $\overline{S_2}$、$\overline{S_1}$、$\overline{S_0}$，由总线控制器 8288 生成对应的存储器或 I/O 写控制信号，其他过程与读周期类似。

2.6　8086 微处理器的存储器组织

2.6.1　存储器概述

在微型计算机系统中，存储器可分为内存储器（简称内存）和外存储器（简称外存）两大类，如图 2.6.1 所示。内存储器又称为主存储器（简称主存），内存通过系统总线与微处理器连接，用来存放正在执行的程序和处理的数据。外存储器又称为辅助存储器（简称辅存），外存需通过专门的接口电路与主机连接，用来存放暂不执行的程序或不被处理的数据。内存主要由半导体存储器组成，而外存的种类较多，通常包括磁盘存储器（如硬盘、软盘）、光盘存储器、U 盘存储器及磁带存储器等。如果没有特别说明，本节所述的存储器是指内存。

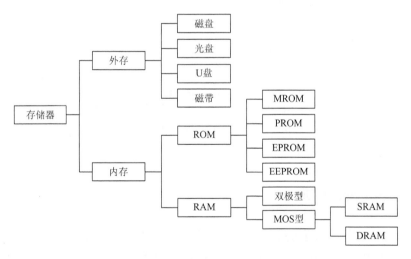

图 2.6.1　存储器分类

内存主要由半导体存储器组成，根据数据的存取方式可分为随机存储器（random access memory，RAM）和只读存储器（read only memory，ROM）。在所有微型计算机系统中几乎都包含随机存储器（也称为随机存取存储器）和只读存储器。当计算机工作时，随机存储器的内容可以随机读出或者写入。只读存储器用于存放系统软件和永久性系统数据，其内容事先写入，计算机工作时只能读出使用，而不能随机写入。

随机存储器按其电路形式可分为双极型和 MOS（metal-oxide-semiconductor）型。双极型存储器存取速度快，但是功耗大、集成密度小，一般作为容量较小的高速缓冲存储器。MOS 型存储器按 MOS 工艺制成，分为静态随机存储器（static random access memory，SRAM）和动态随机存储器（dynamic random access memory，DRAM）两种。

只读存储器按其制作工艺和使用特性可分为掩模只读存储器（mask read only memory，MROM）、可编程只读存储器（programmable read only memory，PROM）、可擦除可编程只读存储器（erasable programmable read only memory，EPROM）和电可擦除可编程只读存储器（electrically erasable programmable read only memory，EEPROM）。

半导体存储器的存储容量是指存储器能存放二进制代码的总数，即存储容量 = 存储单元个数×每单元二进制位数，单位一般用二进制位（bit）或字节（B）表示，也经常使用千字节 KB（1KB = 1024B）、兆字节 MB（1MB = 1024KB）、吉字节 GB（1GB = 1024MB）这样的单位。

2.6.2　存储器组织

8086 微处理器有 20 位地址线，按照字节单元进行编址，直接寻址能力为 2^{20}B，即 1MB，地址范围为 00000H～FFFFFH。每个地址单元中都可存储 1B，每个存储单元对应一个 20 位的地址，这个直接通过微处理器地址线给出的地址称为内存单元的物理地址。

8086 微处理器的基本存储单元为字节单元，即每个存储单元存 1B，但支持对任意地址的字节数据、字（16 位二进制数，2B）数据的存取。字节数据可以存放在任意单元，这个字节单元的地址就是字节数据的地址。字数据存放在任意连续的两个单元中，字数据的低位字节存放在低地址单元中，低字节单元对应的地址是这个字数据的地址。字数据的低位字节可以在奇数地址中存放，也可以在偶数地址中存放，在偶数地址中开始存放时，称数据是对齐的，在奇数地址中开始存放时，称数据是非对齐的。读写对齐的字时，只需一个总线周期，而读写非对齐的字时，需要两个总线周期。把字数据存储到偶地址开始的连续两个单元中，访问时有利于提高存取速度。

2.6.3　存储器的分段管理

8086 微处理器的内部总线是 16 位，寄存器、指针也是 16 位，16 位指示的范围为 2^{16}，但 8086 微处理器的直接寻址能力为 2^{20}（20 条地址线）。这样就产生了一个矛盾，即 16 位地址寄存器如何寻址 20 位的存储器的物理地址。解决这个问题的办法是依靠 8086 微处理器对存储器采用的分段式管理。

如图 2.6.2（a）所示，对 1MB 的主存空间，从 16 的倍数的地址开始（段的基址），以最大 64KB 为单位划分为一些连续的区域，称为段。由于段的基址是 16 的倍数，最低 4 位二进制位总是 0，所以，只需存储高 16 位，16 位寄存器就可以存段基址，这些存放段基址的寄存器称为段寄存器。

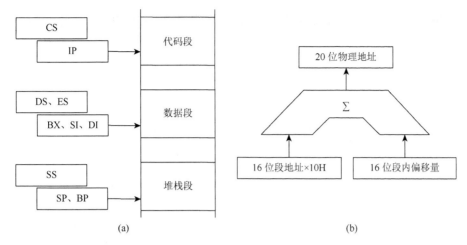

图 2.6.2　存储器的分段与物理地址计算

在对存储器进行管理时，内存一般可分成 4 个逻辑段，分别称为代码段、数据段、堆栈段、附加段。代码段存放程序，数据段存放当前程序的数据，堆栈段定义了堆栈所在区域，附加段是一个扩展的数据段。系统中可能同时存在多个同一类型的段，当前使用的 4 个逻辑段的段基址分别放在代码段寄存器 CS、堆栈段寄存器 SS、数据段寄存器 DS 和附加段寄存器 ES 中。

8086 微处理器编程使用的存储器地址是由段基址和段内偏移量组成的两维地址，这种在编程结构里使用的地址称为逻辑地址，表示为

段地址：段内偏移量

指令中一般只给出偏移量信息，其称为有效地址，偏移地址为 16 位的无符号数。而对应的段地址保存在段寄存器中。

微处理器对物理存储器系统进行访问时，通过地址线给出在 1MB 地址空间中每一个存储单元的唯一 20 位地址，称为该存储单元的物理地址。

微处理器通过指令的逻辑地址访问物理地址时，按照以下方式计算物理地址：

物理地址 =（段寄存器）×16 + 偏移量

8086 微处理器在 BIU 完成逻辑地址到物理地址的转换，图 2.6.2（b）所示为物理地址的计算逻辑。

2.6.4　典型的存储器芯片

1. SRAM

SRAM 利用触发器存储信息，因此即使信息读出后，它仍保持其原状态。但电源掉电时，原存信息丢失，所以它属于易失性半导体存储器。因不需考虑刷新问题，在使用时支持的软硬件相对简单。

Intel 62 系列是典型的 SRAM 电路，如 6264 为 8K×8 位的 SRAM，编号的后两位 64 表示存储容量为 64K 位。图 2.6.3 所示为 6264 的引脚结构及其读写控制逻辑，共有 28 根

引线（图中的"×"表示无论是 0 还是 1，都不影响相应的逻辑状态，本书后面的图中含义相同）。

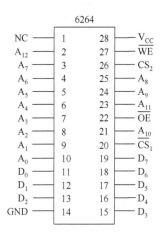

6264读写控制逻辑

$\overline{CS_1}$	CS_2	$\overline{WE}$	$\overline{OE}$	$D_7 \sim D_0$
0	0	×	×	三态
0	1	0	1	写入
0	1	1	0	读出
1	0	×	×	三态
1	1	×	×	三态

图 2.6.3　6264 引脚结构及其读写控制逻辑

（1）$A_{12} \sim A_0$：地址线。13 根地址线上的信号经过芯片内部译码，可以选择 8K 个存储单元。

（2）$D_7 \sim D_0$：数据线。6264 芯片的每个存储单元可存储 8 位二进制数。通常数据线的根数决定了芯片上一次可读写的二进制位数。

（3）$\overline{CS_1}$、CS_2：片选信号线。$\overline{CS_1}$ 低电平有效，CS_2 高电平有效。

（4）$\overline{OE}$：输出允许信号，低电平有效。有效时，CPU 从存储器芯片中读出数据。

（5）$\overline{WE}$：写允许信号，低电平有效，允许数据写入存储器芯片。

（6）V_{CC} 为 + 5V 电源，GND 是接地端，NC 表示空端。

2. EPROM

通常所说的 EPROM 是指可由用户进行编程并可用紫外光擦除的 ROM 芯片。这种芯片的显著特征是，顶部开有一个圆形的石英窗口，通过紫外光的照射可将片内的原有信息擦除。因为它既能长期保存信息，又可多次擦除和重新编程，所以在微型机产品的研制、开发和生产中得到广泛应用。其编程一般通过专门的编程器（也称"烧写器"）来实现，编程后信息可保存 10 年以上。

典型的 EPROM 芯片，包括 2716（2K×8 位）、2732（4K×8 位）、2764（8K×8 位）、27128（16K×8 位）、27256（32K×8 位）、27512（64K×8 位）、27010（128K×8 位）、27020（256K×8 位）、27040（512K×8 位）、27080（1M×8 位）等，这些芯片多采用Ⅳ型金属-氧化物-半导体（Ⅳ-metal-oxide-semiconductor，NMOS）工艺制造，若采用互补金属-氧化物-半导体（complementary metal-oxide semiconductor，CMOS）工艺，其功耗要比前者小得多，多用于便携式仪器场合，如 27C64。

2764 的容量为 8K×8 位，采用 NMOS 工艺制造，读出时间为 200～450ns。图 2.6.4 为 2764 的引脚结构及其控制逻辑，它有 13 条地址线 $A_{12} \sim A_0$、8 条数据线 $D_7 \sim D_0$、电源

V_{CC} 和编程电源 V_{pp}，并有一个编程控制端 $\overline{PGM}$。编程时，$\overline{PGM}$ 引脚需加 50ms 宽的负脉冲，正常读出时，该引脚应无效。另外，它还有一个片选端 $\overline{CE}$ 和一个输出允许控制端 $\overline{OE}$。

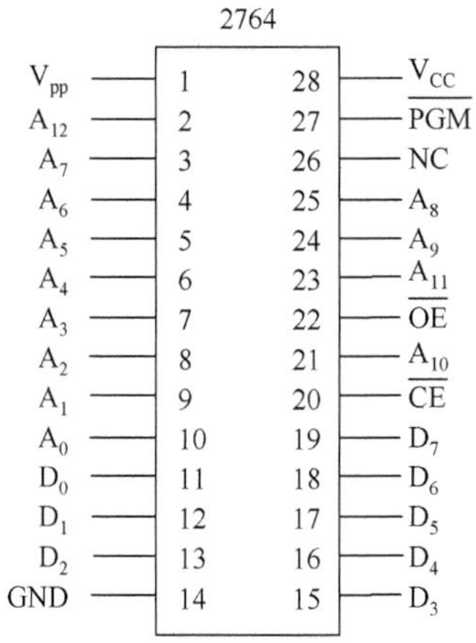

2764

V_{pp}	1	28	V_{CC}
A_{12}	2	27	$\overline{PGM}$
A_7	3	26	NC
A_6	4	25	A_8
A_5	5	24	A_9
A_4	6	23	A_{11}
A_3	7	22	$\overline{OE}$
A_2	8	21	A_{10}
A_1	9	20	$\overline{CE}$
A_0	10	19	D_7
D_0	11	18	D_6
D_1	12	17	D_5
D_2	13	16	D_4
GND	14	15	D_3

2764 控制逻辑

方式	$\overline{CE}$	$\overline{OE}$	$\overline{PGM}$	V_{pp}	$D_7 \sim D_0$
读出	0	0	1	5V	读出
维持	1	×	×	5V	三态
编程	0	1	负脉冲	12.5V	写入
编程校验	0	0	1	12.5V	读出
编程禁止	1	×	×	12.5V	三态

图 2.6.4　2764 引脚结构及其控制逻辑

2764 主要有五种工作方式，前两种要求 V_{pp} 接 +5V 电源，为正常工作状态，后三种要求 V_{pp} 接 +12.5V 电源，为编程状态。其工作方式如下。

（1）读出方式：当 $\overline{CE}$ 和 $\overline{OE}$ 均有效时，读出指定存储单元中的内容。

（2）维持方式：当 $\overline{CE}$ 为 1 时，芯片未被选中，此时，功耗将从 525mW 下降到 132mW。

（3）编程方式：该方式要求 V_{pp} 接 12.5～25V 电源，$\overline{OE}$ 无效。待地址、数据就绪，由 $\overline{PGM}$ 送入宽（50±5）ms 的 TTL 负脉冲。于是，1B 的数据被写入指定单元。重复这一过程，则整个芯片在几分钟就可完成编程写入。

（4）编程校验方式：编程状态下的读出。在编程中，当 1B 被写入后，总是随即进行读出校验，判断读出数据是否与写入相同。除 V_{pp} 接 12.5～25V 电源外，该方式的其他信号与读出方式相同。

（5）编程禁止方式：禁止对芯片进行编程。

应注意的是，在 EPROM 芯片的编程中，不同厂家及类型的 EPROM 芯片所要求的 V_{pp} 可能不同，有的为 +25V，有的为 +21V，有的为 +12.5V，而新型的 EPROM 芯片由于片内已安排电压提升电路，所以只要求 +5V。如果 EPROM 芯片编程时没有对应提供 V_{pp} 电压，可能会烧坏芯片。此外，在 V_{pp} 加电时，用户不应插拔 EPROM 芯片。

3. EEPROM

EEPROM 是一种新型的 ROM 器件，可用加电的方法来进行在线的擦除和编程（简称擦写，编程时擦除和写入常一次完成），其擦写次数大于 1 万次，数据可保存 10 年以上，比紫外光擦除的 EPROM 使用更方便。

各种 EEPROM 芯片提供了不同的擦写手段，有的芯片具有字节擦除和整片擦除两种擦除方式。有的芯片具有状态输出引脚 $\overline{RDY}$ /BUSY，用户通过它，可采用查询或中断方式来检测擦写过程是否完成。有的芯片具有页缓冲功能，编程时，可向片内缓冲器连续写入一页数据（16B），然后由芯片自动完成一页的擦写，其所用时间与字节擦写差不多。

典型的并行 EEPROM 有 Intel 公司的 28 系列芯片，其中 2817 带有查询端 $\overline{RDY}$ /BUSY，2816 和 2864 不带查询端。

2864 具有 28 脚双列直插封装形式，如图 2.6.5 所示，容量为 8K×8 位，采用 + 5V 供电，最大工作电流为 160mA，维持电流为 60mA，最大写入时间为 10ms，典型读出时间为 250ns，片内设有 16B 的 SRAM 页缓冲器，支持页写入和查询。

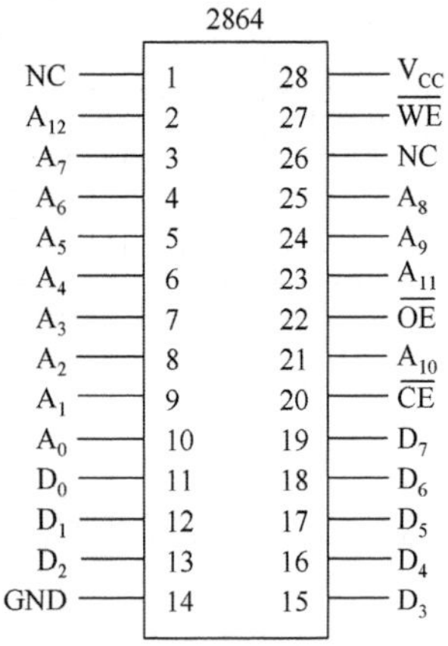

| 2864 |
NC	1	28	V_{CC}
A_{12}	2	27	$\overline{WE}$
A_7	3	26	NC
A_6	4	25	A_8
A_5	5	24	A_9
A_4	6	23	A_{11}
A_3	7	22	$\overline{OE}$
A_2	8	21	A_{10}
A_1	9	20	$\overline{CE}$
A_0	10	19	D_7
D_0	11	18	D_6
D_1	12	17	D_5
D_2	13	16	D_4
GND	14	15	D_3

2864 控制逻辑

方式	$\overline{CE}$	$\overline{OE}$	$\overline{WE}$	$D_7 \sim D_0$
读出	0	0	1	读出
维持	1	×	×	三态
写入	0	1	负脉冲	写入
数据查询	0	0	1	读出

图 2.6.5　2864 引脚结构及其控制逻辑

页写入和查询的具体做法是：当用户启动写入后，应以 3～20μs/B 的速度连续向有关地址写入 16B 的数据，其中，页内字节地址由 $A_3 \sim A_0$ 确定，页地址由 $A_{12} \sim A_4$ 确定，整个芯片可分 512 页写入，这一过程被称为"页加载"。如果在芯片规定的 20μs 的"窗口时间"内，用户不再进行写入，则芯片会自动将页缓冲器内的数据转存到指定的存储单元，这一过程被称为"页存储"，在页存储期间芯片将不再接收外部数据。CPU 可通过读出最后一字节来查询写入是否完成，若读出数据的最高位与写入前相反，说明写入尚未完成，否则，写入已经完成。

2.6.5　微处理器与存储器芯片连接时应处理的问题

在微型计算机中，微处理器对存储器进行读/写操作时，首先要由地址总线给出存储单元的地址信号，然后要发出相应的读/写控制信号，最后才能通过数据总线读/写数据、交换信息。所以微处理器与存储器的连接应包括以下内容：与地址总线的连接、与数据总线的连接、与相应控制线的连接，同时，还涉及总线驱动、时序配合等相关问题。

1. 总线驱动

微处理器的总线驱动能力是指可以直接驱动的标准门电路器件的数量。通常微处理器的总线负载能力为一个晶体管晶体管逻辑（transistor transistor logic，TTL）器件（在 0.4V 下可吸收 1.8mA 电流）或 20 个 MOS 器件，当总线上挂接的器件超过上述负载时，就需要在微处理器的地址总线、数据总线以及某些控制信号线的输出端加接总线驱动器，以提高微处理器的负载能力。

地址总线是单向的，可以采用单向缓冲器（如 74LS244）或三态锁存器（如 74LS373、8282）。数据总线是双向的，可以采用双向缓冲器（如 74LS245、8286）。控制信号一般由微处理器的控制信息组合而成，对控制信号的驱动，需要根据组合后的逻辑关系来选用合适的逻辑门电路。

2. 时序配合

时序配合主要是微处理器的读写时序与存储器芯片的存取时序的配合问题。存储器芯片与微处理器连接时，要保证微处理器对存储器进行正确、可靠的存取，必须考虑存储器的工作速度是否能与微处理器速度匹配及与时序信号兼容。

微处理器与存储器交换一次数据所用的时间，称为总线周期。包括存储器读周期和存储器写周期，基本的总线周期由 4 个时钟周期（又称 T 状态）组成。可见存储器读/写操作时间是一定的。

对于存储器而言，微处理器访问内存（对内存进行读/写操作）时，存储器接到有效地址信号后，要进行译码，选择被寻址的存储单元，这需要时间，接到存储器访问请求和读/写控制信号后，也要经过一段时间的延迟，随后才能把选中单元的信息送到数据总线，或者从数据总线上接收信息，这都需要时间。那么这些工作能否在一个总线周期的 T_4 周期之前完成呢？这取决于存储器的性能。如果存储器的速度跟不上微处理器的速度，就需要考虑更换芯片或在正常的微处理器总线周期中插入等待状态 T_w。

3. 数据线的连接

Intel 80x86 微型计算机系统中存储器的物理地址均为字节编址结构（每个存储单元存放 8 位数据），每组芯片（或称存储体）的数据线是 8 根，芯片的数据线应与系统对应的 8 位数据总线相连。而 Intel 80x86 微型计算机系统的数据总线分别有 8 位、16 位、32 位、64 位，它们的数据线宽度不同，所需连接的存储器分组（或称存储体）数也不同。

4. 地址线的连接

我们知道，微处理器有微处理器的地址线，存储器有存储器的地址线。微处理器的地址线反映了微处理器的寻址能力，表明它可以直接寻址多少个存储单元，8086 微处理器有 20 条地址线（$A_{19} \sim A_0$），这 20 条地址线可直接寻址 $2^{20} = 1M$ 个存储单元地址，其中每一个存储单元的地址可以由 00000H～FFFFFH 中的相应数来表示。而存储器的地址线则反映了存储器的存储容量，表明它具有多少个可寻址的存储单元。很明显，存储器芯片不同，它所具有的存储单元的个数也不尽相同，则存储器芯片的地址线的根数也不同。例如，具有 8K 个存储单元的芯片，需要 13 根地址线；具有 4K 个存储单元的芯片，需要 12 根地址线，等等。

一般来说，一个微型计算机系统的内存是由几个甚至几十个存储器芯片组成的。因此，内存的构成原理实质上就是用多个存储器芯片构成存储器系统，并使之与微处理器总线正确连接。为了简化存储器地址译码电路设计，应尽量选择存储容量相同的芯片。

微处理器的地址信号与存储器连接时，从地址线产生作用的角度，地址线的连接情况可以分为低位、中间位、高位分别描述。那么，这里的低位地址线、中间位地址线、高位地址线具体的地址线根数分别是多少呢？这要看存储器组成结构的具体情况，它是根据微处理器数据线宽度、存储器芯片存储容量等实际情况而变化的。

1）低位地址信号：体选

低位地址用于对存储器体的选择，称为体选。用于体选的低位地址线的根数通常与微处理器数据线的宽度有关。

在 Intel 80x86 的存储器系统中，存储器单元是按字节编址的，也就是说，每一个存储器单元可以提供 8 位数据 $D_7 \sim D_0$。存储器是由若干个存储器芯片组成的，一个存储器芯片包含很多存储单元，每一个存储单元都是一个可寻址的存储部件，对于存储器按字节编址方式，这个存储部件保存 8 位二进制数（这是最常见的一种情况，本书涉及存储器相关的分析与设计，也都是基于这种配置）。可见，存储器单元也就是指存储器中某个存储器芯片的存储单元，存储器单元的 8 位数据是由具体的存储器芯片来提供的。在按字节编址的存储器系统中，微处理器的数据线的宽度不同，其与存储器连接的方式也有较大的差异。

（1）8088 微处理器是 8 位机，有 8 位数据线 $D_7 \sim D_0$，其数据线的宽度是 8 位，8088 微处理器的 8 位数据 $D_7 \sim D_0$ 可以直接由存储器芯片 $D_7 \sim D_0$ 提供，所以不需要体选，因此，也不存在讨论"低位地址信号"的问题，其地址选择只有两种情况，一是高位地址信号，二是除了高位地址信号以外，都归于中间位地址信号。

（2）8086 微处理器是 16 位机，有 16 位数据线 $D_{15} \sim D_0$，其数据线的宽度是 16 位。由于每一个存储器芯片只能提供 8 位数据，所以 8086 微处理器的 16 位数据 $D_{15} \sim D_0$ 需要由两个存储器芯片来提供，其中一个存储器芯片 $D_7 \sim D_0$ 提供给 8086 微处理器的 16 位数据中的低 8 位 $D_7 \sim D_0$，另一个存储器芯片 $D_7 \sim D_0$ 提供给 8086 微处理器的 16 位数据中的高 8 位 $D_{15} \sim D_8$。

由于每一个存储器芯片的容量都是有限的，为了扩展存储器容量，就需要使用多个存储器芯片。所以，连接到 8086 微处理器低 8 位数据线 $D_7 \sim D_0$ 的存储器芯片可能有很多个，这些存储器芯片具有相同的数据线连接方式，具有相似的选择控制方法，由具有这些特点的存储器芯片组成的存储区域，我们称其为存储器体，简称存储体。通常在存储器接口设计中，用地址线 $A_0 = 0$ 来选择这个存储体，致使这个存储体中的所有存储器单元的地址都为偶数，所以这个存储体也称为偶体。

类似的情况，连接到 8086 微处理器高 8 位数据线 $D_{15} \sim D_8$ 的存储器芯片也可能有很多个，这些存储器芯片也同样具有相同的数据线连接方式，具有相似的选择控制方法，所以，这些存储器芯片也组成一个存储体。在存储器接口设计中，理论上用地址线 $A_0 = 1$ 来选择这个存储体，所以这个存储体中的所有存储器单元的地址都为奇数，我们称它为奇体。但在实际存储器接口设计中，由于 $A_0 = 0$ 和 $A_0 = 1$ 无法同时存在，无法实现同时操作 16 位数据，为此，8086 微处理器内部控制器将 $A_0 = 1$ 的控制意图转换为 $\overline{BHE} = 0$ 信号并在引脚上输出。在存储器接口设计中，使用 $\overline{BHE} = 0$ 来选择奇体。当 $A_0 = 0$、$\overline{BHE} = 0$ 的时候，同时选择偶体和奇体，8086 微处理器进行 16 位的数据操作。

（3）80386 微处理器是 32 位机，有 32 位数据线 $D_{31} \sim D_0$，其数据线的宽度是 32 位。由于每一个存储器芯片只能提供 8 位数据，所以，80386 微处理器的 32 位数据 $D_{31} \sim D_0$ 需要由 4 个存储器芯片来提供，如前所述，需要对应 4 个存储体：存储体 0 ～存储体 3，其中存储 0 提供 $D_7 \sim D_0$ 的 8 位数据，存储体 1 提供 $D_{15} \sim D_8$ 的 8 位数据，存储体 2 提供 $D_{23} \sim D_{16}$ 的 8 位数据，存储体 3 提供 $D_{31} \sim D_{24}$ 的 8 位数据。低位地址信号 A_1A_0 的组合用于选择 4 个存储体，$A_1A_0 = 00$ 选择存储体 0，$A_1A_0 = 01$ 选择存储体 1，$A_1A_0 = 10$ 选择存储体 2，$A_1A_0 = 11$ 选择存储体 3。与 8086 微处理器选择存储体类似，为了能够同时选择 4 个存储体，80386 CPU 内部控制器将 A_1A_0 的组合控制意图转换为 $\overline{BE_0}$、$\overline{BE_1}$、$\overline{BE_2}$、$\overline{BE_3}$ 信号并在引脚上输出，其中 $A_1A_0 = 00$ 对应 $\overline{BE_0} = 0$，$A_1A_0 = 01$ 对应 $\overline{BE_1} = 0$，$A_1A_0 = 10$ 对应 $\overline{BE_2} = 0$，$A_1A_0 = 11$ 对应 $\overline{BE_3} = 0$。在存储器接口设计中，使用 $\overline{BE_0}$、$\overline{BE_1}$、$\overline{BE_2}$、$\overline{BE_3}$ 信号来选择存储体。当 $\overline{BE_0} = 0$、$\overline{BE_1} = 0$、$\overline{BE_2} = 0$、$\overline{BE_3} = 0$ 的时候，同时选择 4 个存储体，80386 微处理器进行 32 位的数据操作。

（4）Pentium 微处理器是 32 位机，但有 64 位数据线 $D_{63} \sim D_0$，其数据线的宽度是 64 位。由于每一个存储器芯片只能提供 8 位数据，所以，Pentium 微处理器的 64 位数据 $D_{63} \sim D_0$ 需要由 8 个存储器芯片来提供，如前所述，需要对应 8 个存储体：存储体 0 ～存储体 7，其中存储体 0 提供 $D_7 \sim D_0$ 的 8 位数据，存储体 1 提供 $D_{15} \sim D_8$ 的 8 位数据，…，存储体 7 提供 $D_{63} \sim D_{56}$ 的 8 位数据。低位地址信号 $A_2A_1A_0$ 的组合用于选择 8 个存储体，$A_2A_1A_0 = 000$ 选择存储体 0，$A_2A_1A_0 = 001$ 选择存储体 1，…，$A_2A_1A_0 = 111$ 选择存储体 7。与 80386 微处理器选择存储体类似，为了能够同时选择 8 个存储体，Pentium 微处理器内部控制器将 $A_2A_1A_0$ 的组合控制意图转换为 $\overline{BE_0}$、$\overline{BE_1}$、…、$\overline{BE_7}$ 信号并在引脚上输出，其中 $A_2A_1A_0 = 000$ 对应 $\overline{BE_0} = 0$，…，$A_2A_1A_0 = 111$ 对应 $\overline{BE_7} = 0$。在存储器接口设计中，使用 $\overline{BE_0} \sim \overline{BE_7}$ 信号来选择存储体。当 $\overline{BE_0} \sim \overline{BE_7}$ 的 8 个信号同时为 0 的时候，同时选择 8 个存储体，Pentium 微处理器进行 64 位的数据操作。

2）中间位地址信号：字选

中间位地址用于对存储器芯片内部的存储单元进行选择，称为字选。用于字选的中间位地址线的根数通常与存储器芯片内部的存储单元的数量有关。

在微处理器提供的地址信号中，除去用作体选的低位地址信号和用作片选的高位地址信号，剩余的就是中间位地址信号。中间位地址信号一般直接与存储器芯片的地址线连接。

例如，在 8086 微处理器存储器系统中，如果使用的是具有 2K 个存储单元的存储器芯片，则该芯片具有 11 根地址线 $A_{10} \sim A_0$，由于在存储器接口设计中需要使用 A_0 和 $\overline{BHE}$ 来选择存储体，因此，应该用 8086 微处理器的地址线 $A_{11} \sim A_1$ 来连接存储器芯片的地址线 $A_{10} \sim A_0$。如果使用的是具有 8K 个存储单元的存储器芯片，则该芯片具有 13 根地址线 $A_{12} \sim A_0$，此时，应该用 8086 微处理器的地址线 $A_{13} \sim A_1$ 来连接存储器芯片的地址线 $A_{12} \sim A_0$。

又如，在 Pentium 微处理器存储器系统中，如果使用的是具有 8K 个存储单元的存储器芯片，则该芯片具有 13 根地址线 $A_{12} \sim A_0$，由于在存储器接口设计中需要使用 $A_2A_1A_0$ 的组合（相应的组合产生对应的 $\overline{BE_0} \sim \overline{BE_7}$ 信号）来选择存储体，因此，应该用 Pentium 微处理器的地址线 $A_{15} \sim A_3$ 来连接存储器芯片的地址线 $A_{12} \sim A_0$。

字选信号由存储器芯片的内部译码电路产生，这部分译码电路不需要用户设计。

3）高位地址信号：片选

高位地址用于对存储体中不同的存储器芯片进行选择，称为片选。参与片选的高位地址线的根数通常与整体存储器设计的容量有关，其最大数值 = 微处理器地址线根数−低位地址线根数−中间位地址线根数。

在需要进行存储器容量扩展时，高位地址一般用作存储器芯片的选择。片选信号由微处理器发出的地址信号经译码电路产生。在存储器系统中，实现片选控制的方法有三种，即全译码、部分译码和线选。

（1）全译码方法。这种方法除了将低位地址线用于体选、中间位地址线直接连至各存储器芯片的地址线外，将余下的高位地址线全部译码输出，作为各存储器芯片的片选信号。采用这种方法，存储器芯片中的任意单元都有唯一确定的地址，因此，这种片选控制方法称为全译码方法。

（2）部分译码方法，也称局部译码方法。这种方法除了将低位地址线用于体选、中间位地址线直接连至各存储器芯片的地址线外，将余下的高位地址线中的一部分（而不是全部）进行译码，以产生各存储器芯片的片选控制信号。例如，8086 微处理器有 20 条地址线 $A_{19} \sim A_0$，A_0、$\overline{BHE}$ 用于体选，$A_{15} \sim A_1$ 直接连至各存储器芯片的地址线，A_{17}、A_{16} 进行译码作为片选控制信号，A_{19}、A_{18} 不参加译码，则地址范围为 00000H～3FFFFH。由于 A_{19}、A_{18} 不参加译码，与存储器芯片也没有任何形式的连接，所以这两根地址线的状态不会影响存储器芯片的选择结果，而实际上这两根地址线会有 4 种组合状态，所以，在这个例子中，一个存储单元可以有 4 个地址，即一个存储单元可以被 4 个地址选中，出现了存储单元地址重叠的情况，这种情况浪费了有效的存储地址空间，这种片选控制方法称为部分译码方法。

（3）线选方法。这种方法除了将低位地址线用于体选、中间位地址线直接连至各存储器芯片的地址线外，将余下的高位地址线分别直接作为各个存储器芯片的片选信号，即用单根地址线来选择存储器芯片。要注意的是，这些片选地址线每次寻址时只能有 1 位有效（为低电平），不允许同时有几位有效，否则不能保证每次只选中一个存储器芯片。在线选方法中，当用于片选信号的高位地址线根数大于 2 时，存储单元的地址码会产生不连续的情况，这种方法浪费存储地址空间比较严重。如果在一个微型计算机应用系统中，所要求的存储器容量较小，而且以后也不要求扩充系统的存储容量，可选用线选方法。

5. 控制线的连接

读/写控制信号用于控制对存储器的读/写操作。对于工作速度与微处理器相匹配的存储器芯片，只需将存储器芯片的读/写控制线直接连到微处理器总线或系统总线提供的读/写控制线即可。当存储器芯片的工作速度与微处理器不匹配时，存储器芯片的接口电路就必须具有向 CPU 发出等待命令的控制信号，以使微处理器根据需要在正常的读/写周期之外再插入 1 个或几个等待周期。

6. ROM 与 RAM 在存储器中的地址分配

因为 RAM 存放临时数据和当前的应用软件，而非易失的 ROM 存放核心系统软件，如 Boot 程序和永久性系统数据，所以微型计算机加电或复位后开始运行的程序要存在 ROM 中，因此，在微型计算机加电或复位后开始运行的第一条指令所对应的物理地址空间应当为 ROM。Intel 80x86 系列微处理器复位后从物理地址高端开始运行，所以总是在物理地址空间的高地址位置使用 ROM。

2.6.6　8086 微处理器与存储器芯片的连接

8086 是典型的 16 位微处理器，但其可以访问字节数据单元。因此，要求存储器系统接口的设计能保证一次访问一个字，也能一次只访问一字节。8086 微处理器有 20 根地址线，可直接寻址 1MB 的内存储器地址空间，而这 1MB 的存储器地址空间是按字节顺序排列的，为了能满足一次访问一个整字又能访问一字节的要求，8086 系统可以把 1MB 的存储器地址空间分成两个 512KB 的存储体，如图 2.6.6 所示。偶存储体与 8086 系统的低 8 位数据总线 $D_7 \sim D_0$ 相连接，奇存储体与 8086 系统的高 8 位数据总线 $D_{15} \sim D_8$ 相连接。地址总线的 $A_{19} \sim A_1$ 与两个存储体中的地址线 $A_{18} \sim A_0$ 相连接。地址总线的 A_0 与高 8 位数据总线允许信号 $\overline{BHE}$ 用于选择存储体，其存储体选择的编码如表 2.6.1 所示。

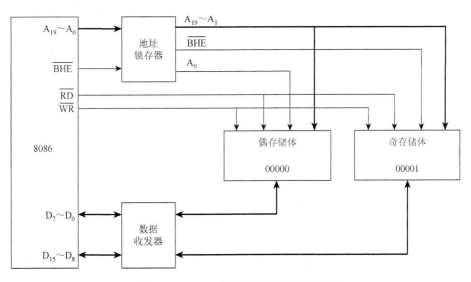

图 2.6.6　8086 系统存储器的奇偶分体

表 2.6.1　存储体选择编码表

$\overline{BHE}$	A_0	传送的字节	所用的数据引脚
0	0	从偶地址开始，两字节读/写	$AD_{15} \sim AD_0$
0	1	奇地址的一字节读/写	$AD_{15} \sim AD_8$
1	0	偶地址的一字节读/写	$AD_7 \sim AD_0$
1	1	不传送	—

需要说明的是，图 2.6.6 中 8086 系统地址线 A_0 未直接与存储器地址线相连，若 A_0 和 $\overline{BHE}$ 分别与存储体的地址线 A_0 相连，则每个存储体将每隔一个存储单元被使用，这就意味着会浪费存储器的一半空间。

存储体选择的方法是，用 A_0 和 $\overline{BHE}$ 分别与偶存储体和奇存储体的片选端相连，读写控制信号 $\overline{RD}$、$\overline{WR}$ 则分别与偶存储体和奇存储体的读写端相连。读写偶地址字节数据时，$A_0 = 0$ 选通偶存储体。读写奇地址字节数据时，$\overline{BHE} = 0$ 选通奇存储体。读写字数据时，A_0 和 $\overline{BHE}$ 同时有效，奇偶存储体都被选中。

如果存储系统部分不采用分体的结构，而是按照字节单元顺序统一排列的结构，为支持 8086 微处理器对存储器任意地址字节数据和字数据的读写，必须在存储系统与微处理器之间加入一个缓冲逻辑。在读写字节数据时，根据 A_0 和 $\overline{BHE}$ 的状态确定微处理器数据总线的低字节还是高字节与存储器交换数据。在读字数据时，把地址线指向的连续两个单元的字节数据读出，并且合并成字数据传给微处理器数据线。在写字数据时，把数据拆分成两字节分别写入地址线指向的连续两个单元。

图 2.6.7 是 8086 微处理器与存储器连接的例子。其中，利用三片 8K×8 位的 DRAM 存储器芯片构成 24KB 的奇存储体，利用另外三片 8K×8 位的 DRAM 存储器芯片构成 24KB 的偶存储体。在此结构下，如果要使用更大的存储容量，简单地增加存储器芯片即可。

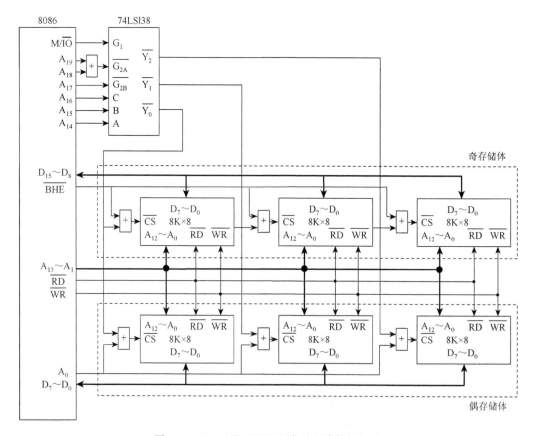

图 2.6.7　8086 微处理器与存储器连接的例子

在微型计算机系统中，微处理器与存储器连接时，一般采用译码器芯片作为高位地址产生片选信号的地址译码。常用的译码器芯片是 74LS138，这是一个 3/8 译码器芯片，有三个选择输入端 C、B、A，三个控制端 G_1、$\overline{G_{2A}}$、$\overline{G_{2B}}$ 及八个输出端 $\overline{Y_0} \sim \overline{Y_7}$，其引脚结构及控制逻辑如图 2.6.8 所示。

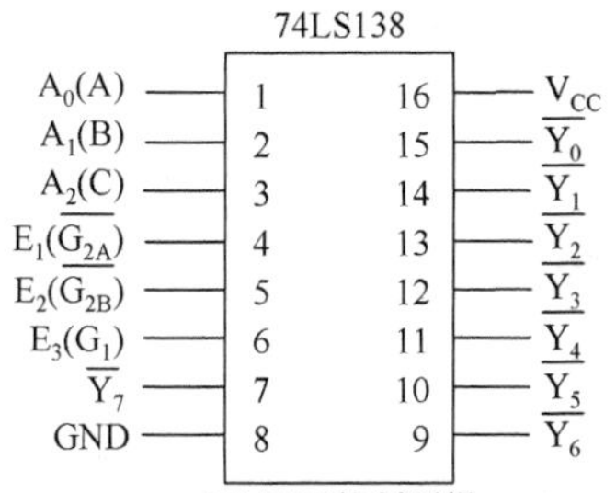

74LS138

$A_0(A)$ —	1	16 — V_{CC}
$A_1(B)$ —	2	15 — $\overline{Y_0}$
$A_2(C)$ —	3	14 — $\overline{Y_1}$
$E_1(\overline{G_{2A}})$ —	4	13 — $\overline{Y_2}$
$E_2(\overline{G_{2B}})$ —	5	12 — $\overline{Y_3}$
$E_3(G_1)$ —	6	11 — $\overline{Y_4}$
$\overline{Y_7}$ —	7	10 — $\overline{Y_5}$
GND —	8	9 — $\overline{Y_6}$

74LS138控制逻辑

输入						输出							
控制			选择										
G_1	$\overline{G_{2A}}$	$\overline{G_{2B}}$	C	B	A	$\overline{Y_7}$	$\overline{Y_6}$	$\overline{Y_5}$	$\overline{Y_4}$	$\overline{Y_3}$	$\overline{Y_2}$	$\overline{Y_1}$	$\overline{Y_0}$
1	0	0	0	0	0	1	1	1	1	1	1	1	0
1	0	0	0	0	1	1	1	1	1	1	1	0	1
1	0	0	0	1	0	1	1	1	1	1	0	1	1
1	0	0	0	1	1	1	1	1	1	0	1	1	1
1	0	0	1	0	0	1	1	1	0	1	1	1	1
1	0	0	1	0	1	1	1	0	1	1	1	1	1
1	0	0	1	1	0	1	0	1	1	1	1	1	1
1	0	0	1	1	0	0	1	1	1	1	1	1	1
不是100组合			×	×	×	1	1	1	1	1	1	1	1

图 2.6.8　74LS138 引脚结构及其控制逻辑

2.7　8086 微处理器的 I/O 端口组织

8086 系统和外部设备之间都是通过 I/O 芯片来联系的。每个 I/O 芯片都有一个端口或几个端口，一个端口往往对应芯片内部的一个寄存器或者一组寄存器。微型计算机系统要为每个端口分配一个地址，此地址也称为端口号或 I/O 端口地址。

当 8086 微处理器的 M/$\overline{IO}$ 引脚为低时，表示地址线给出的是 I/O 端口地址。8086 微处理器使用低 16 位地址线（即地址线 $A_{15} \sim A_0$）对 I/O 端口进行编址，最多允许有 65536 个 8 位的 I/O 端口，两个编号相邻的 8 位端口可以组合成一个 16 位端口。8086 微处理器采用独立的端口编址方式，指令系统中既有访问 8 位端口的输入/输出指令，也有访问 16 位端口的输入/输出指令。

2.8　8086 微处理器的中断系统

8086 微处理器中断系统可以处理 256 种不同类型的中断，其中每一种中断都规定一个唯一的中断类型码。8086 微处理器根据中断类型码来识别中断源。8086 微处理器的中断可以由外部设备申请，也可以由内部软件中断指令产生，或者在某些特定条件下，由微处理器本身触发产生。

2.8.1　中断的基本概念与分类

1. 中断和中断源

中断描述了一种 CPU 处理程序的过程。在 CPU 正常执行当前程序时，由某个事件引起 CPU 暂时停止正在执行的程序，进而转去执行请求 CPU 暂时停止的相应事件的服务程序，待该服务程序处理完毕后又返回继续执行被暂时停止的程序，这一过程称为中断。通常将为实现中断功能而采取的硬件和软件措施，称为中断系统。

中断是计算机技术领域中的一项非常重要的技术。最初，中断仅仅是为了解决因 I/O 接口查询而使 CPU 效率变低的弊端，以及确保在运行过程中能够实时处理外部设备的各种服务要求而采用的一种措施。这种中断就是通常所说的外部中断。但是随着计算机体系结构的发展和应用技术的日益提高，中断技术发展非常迅速，中断的概念随之延伸，中断的应用范围也随之扩大。除了传统的外部事件引起的硬件中断，又出现了内部的软件中断概念。Pentium 微处理器中进一步丰富了软件中断的种类，延伸了中断的内涵，它把许多在执行指令过程中产生的错误也归并到了中断处理的范畴，并将它们和通常意义上的内部软件中断一起统称为异常中断（或简称为异常），而将传统的外部中断简称为中断。外部中断和内部软件中断构成了一个完整的中断系统。

中断和异常对于 Pentium 微处理器来说是有区别的，它们的主要区别在于：中断用来处理 CPU 以外的请求事件，而异常则用来处理在执行指令期间由 CPU 本身对检测出来的某些异常事情做出的响应。异常的产生与当前执行的程序或数据有关，而由外部事件引起的硬件中断，一般来说与当前的执行程序无关。

中断请求的来源非常多，不管由于外部事件而引起的外部中断，还是由于软件执行过程而引发的内部软件中断，凡是能够提出中断请求的设备或异常故障，均称为中断源。常见的中断源有以下几种。

（1）一般的 I/O 设备，如键盘、打印机等。

（2）数据通道，如磁带、磁盘等。

（3）实时时钟，如定时器芯片 8253 等。

（4）硬件故障，如电源掉电、RAM 奇偶校验错等。

（5）软件故障，如执行除数为 0 的除法运算、地址越界、使用非法指令等。

（6）软件设置，如在程序中用中断指令而产生的中断。

2. 中断优先级

在实际系统中，常常遇到多个中断源同时请求中断的情况，这时 CPU 必须确定首先为哪一个中断源服务以及服务的次序。通常采用中断优先排队的处理方法解决这一问题。根据中断源要求的轻重缓急，排好中断处理的优先次序，即优先级（又称优先权）。先响应优先级最高的中断请求。

通常，解决中断优先级的方法有两种：软件查询确定优先级、硬件优先级排队电路确定优先级。

在软件查询确定优先级方式中，询问的次序即为优先级的次序。其缺点是在中断源较多的情况下，由询问到转至相应的中断服务程序的入口时间较长。

菊花链法是硬件优先级排队电路确定优先级的一个简单方法。

图 2.8.1 给出了一个采用菊花链法确定优先级的中断接口电路，图 2.8.2 给出了菊花链逻辑电路。从图 2.8.1 中不难看出，当各个接口中均无中断请求时，其中断请求线的信号均为 0，该信号经两级反相器后送给 CPU 中断请求 INTR 端的信号为 0，表示无中断请求，而此时 CPU 的中断响应信号 $\overline{\text{INTA}}=1$，表示无效。中断响应信号 $\overline{\text{INTA}}$ 为 1 的信号经或门传递到各个接口中，并使各个接口中的或门输出的中断响应信号为 1，表示无效。

假设在设备 2 接口中有中断请求线信号被设置为 1，CPU 如果允许中断，则会发出低电平有效的 $\overline{\text{INTA}}$ 信号。由于设备 1 接口没有发中断请求信号，那么设备 1 接口的中断优先级逻辑电路会允许 $\overline{\text{INTA}}$ 原封不动地向后传递，这样，$\overline{\text{INTA}}$ 信号就可以送到发出中断请求的设备 2 接口。另外，设备 2 接口发出了中断请求为 1 的信号，那么本级的中断逻辑电路就对后面的中断逻辑电路实行阻塞，因而 $\overline{\text{INTA}}$ 的"0"状态信号不再传到后面的接口。这样的电路设计下，发出有效中断请求信号的接口可以截取 $\overline{\text{INTA}}=0$ 的信号。

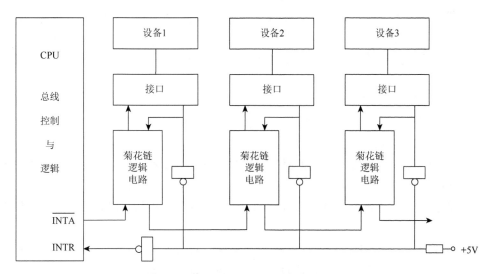

图 2.8.1　菊花链确定优先级的中断接口电路

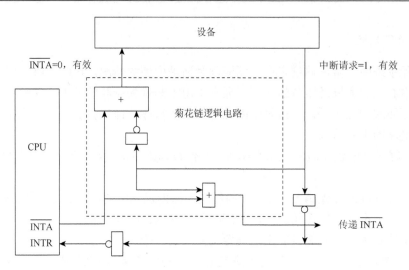

图 2.8.2　菊花链逻辑电路

当设备 1 接口和设备 2 接口同时发中断请求信号时，按上述原理，显然在菊花链中最接近 CPU 的设备 1 接口先得到有效的 $\overline{INTA}$，而排在后面的设备 2 接口收不到有效的 $\overline{INTA}$，从而一直保持中断请求状态。

从上面的分析可以看到，有了菊花链以后，各个外设接口就不会竞争中断响应信号 $\overline{INTA}$。因为菊花链已经根据接口在链中的位置，从硬件的角度决定了它们的优先级。越靠近 CPU 的接口，优先级越高。硬件优先级排队电路确定优先级的优点是速度快，其缺点是各个中断源的优先级固定不变。

3. CPU 响应外部中断的条件

一条指令执行结束后，CPU 检测中断请求输入端 INTR 是否有中断请求信号，若无中断请求信号，则转取下一条指令，若有中断请求信号，则检测中断允许触发器的状态，若为关中断，则转取下一条指令，若为开中断，则进行中断处理。

4. 中断处理

（1）关中断。CPU 在响应中断后，发出中断响应信号，同时内部自动地关中断，以禁止接受其他的中断请求。

（2）保护现场。为了使中断处理程序不影响主程序的运行，要把断点处的标志位的状态推入堆栈保护起来。

（3）保护断点。把断点处的程序计数器 PC 的内容压入堆栈，以备中断处理完后能正确地返回主程序断点。

（4）形成中断服务程序入口地址。CPU 要对中断请求进行处理，必须要找到相应的中断服务程序的入口地址。不同类型的微处理器的中断处理过程基本相似，在形成中断服务程序入口地址的方式上有所区别。

（5）转入中断服务程序。将中断服务程序入口地址送入程序计数器 PC。

需要说明的是，上述过程是微处理器硬件自动完成的。

5. 中断服务程序

（1）保护现场。中断服务程序像子程序一样，在执行过程中，要使用 CPU 中的寄存器。所以，就应该将中断服务程序中要使用的各个寄存器的内容保护起来，即保护现场。保护现场的程序段一般放置在中断服务程序的开头，要保护多少个寄存器的内容，根据程序的需要而定。

（2）中断服务。这是中断服务程序的核心部分，为中断源完成特定的功能。

（3）恢复现场。在中断服务程序结束之前，应恢复现场，即把保护现场时所保存的各个寄存器的内容从堆栈弹出，送回原各个寄存器中。这样使原来被中断的程序能够正确地继续执行。否则，即使程序能够正确地返回被中断的断点，但是由于某些寄存器的内容已被破坏，不再是程序被中断时的状态，也会导致主程序产生错误的结果。恢复现场的程序段应设置在中断服务程序的末尾，在返回指令之前。

（4）开中断。在中断服务程序结束时，要开中断，以便 CPU 能响应新的中断请求。

（5）返回断点。在中断服务程序结束的最后，要安排一条中断返回指令，将在中断处理中压入堆栈内的保护标志状态和保护断点的内容弹出，就可以返回断点执行主程序并能继续准备响应新的中断请求。

综上所述，在编制中断服务程序时，先保护现场，然后开始执行实质性的中断服务程序处理。由于在中断处理中已由硬件关中断，所以在本次服务过程中不再响应新的中断请求。

6. 中断的分类

8086 微处理器的中断分类如图 2.8.3 所示，它最多能处理 256 个中断源，每个中断源都有一个 8 位二进制数的中断类型码（0～255），以供微处理器识别。8086 微处理器的 256 个中断源可分成两大类，即内部中断和外部中断；内部中断来自微处理器内部，包括软件中断 INT n、除法错中断 INT 0、单步中断 INT 1、断点中断 INT 3、溢出中断 INT 4；外部中断包括可屏蔽中断 INTR、非屏蔽中断 NMI 两类。

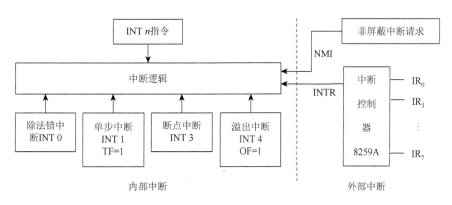

图 2.8.3　8086 微处理器的中断分类

2.8.2　中断向量表

中断类型码通过一个地址指针表与中断服务程序入口地址相连，该表称为中断向量表。

中断向量就是中断服务程序的入口地址，而中断向量表则是存放中断服务程序入口地址的表格。中断向量表位于存储器地址空间的低地址端，共 1KB，地址为 00000H～003FFH，每 4B 存放一个中断服务程序的入口地址（一共可存放 256 个中断服务程序的入口地址）。较高地址的两字节存放中断服务程序入口的段地址，较低地址的两字节存放入口地址的段内偏移量，这 4 个单元的最低地址称为中断向量地址，其值为对应的中断类型码乘以 4。

8086 微处理器的中断向量表结构如图 2.8.4 所示。前 5 个中断向量在 8086～Pentium 的所有 Intel 系列微处理器中都是相同的。Intel 保留前 32 个中断向量为 Intel 各种微处理器系列成员专用，最后 224 个向量可作为用户中断向量。80x86 系统使用的中断类型如表 2.8.1 所示。

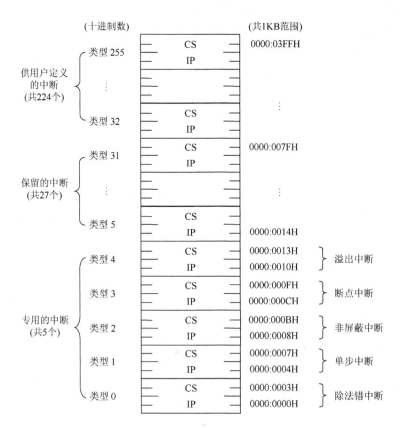

图 2.8.4　8086 微处理器的中断向量表结构

表 2.8.1　80x86 系统使用的中断类型

CPU 中断类型及功能		提供用户的中断类型及功能	
0	除法错中断	1B	Ctrl-Break 控制的软中断
1	单步（用于 DEBUG）	1C	定时器控制的软中断
2	非屏蔽中断（NMI）	数据表指针中断类型及功能	
3	断点中断（用于 DEBUG）	1D	视频参数块
4	溢出中断	1E	软盘参数块
5	打印屏幕	1F	图形字符扩展码
6，7	保留		
8259A 中断类型及功能		DOS 中断类型及功能	
8	定时器（IRQ$_0$）	20	DOS 中断返回
9	键盘（IRQ$_1$）	21	DOS 系统功能调用
A	彩色/图形（IRQ$_2$）	22	程序终止时 DOS 返回地址 （用户不能直接调用）
B	串行通信 COM2（IRQ$_3$）	23	Ctrl-Break 处理地址 （用户不能直接调用）
C	串行通信 COM1（IRQ$_4$）	24	严重错误处理（用户不能直接调用）
D	硬磁盘（IRQ$_5$）	25	绝对磁盘读功能
E	磁盘控制器中断（IRQ$_6$）	26	绝对磁盘写功能
F	并行打印机（IRQ$_7$）	27	终止并驻留程序
BIOS 中断类型及功能		28	DOS 安全使用
10	视频显示 I/O	29	快速写字符
11	设备检验	2A	Microsoft 网络接口
12	测定存储器容量	2E	基本 SHELL 程序装入
13	磁盘 I/O	2F	多路服务中断
14	RS-232-C 串行口 I/O	30～3F	DOS 保留
15	系统描述表指针	BASIC 中断类型及功能	
16	键盘 I/O	40～5F	保留
17	打印机	60～67	用户软中断
18	ROM BASIC 入口代码	68～85	保留
19	引导装入程序	86～F0	BASIC 中断
1A	日时钟	F1～FF	保留

2.8.3　可屏蔽中断

可屏蔽中断请求线 INTR 通常由 8259A 中断控制器驱动，该控制器可由软件命令来控制其工作方式。8259A 的主要任务是：接收与其相连的外部设备的中断请求，确定优先级，向 INTR 引脚发中断请求，通过数据总线向 CPU 发中断类型码。

当 CPU 在 INTR 引脚上接收到一个高电平的中断请求信号，并且当前的中断允许标志位 IF = 1 时，CPU 就会在当前指令执行结束后，响应 INTR 引脚的中断请求。

CPU 对 INTR 中断请求的响应过程是执行两个中断响应总线周期，如图 2.8.5 所示。

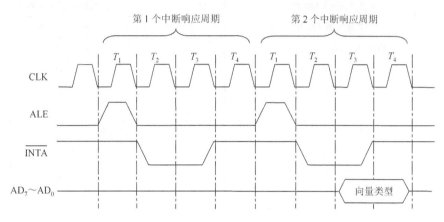

图 2.8.5　中断响应总线周期

在第一个中断响应总线周期内 $\overline{\text{INTA}}$ 信号通知 8259A，中断请求已被接受。

在第二个中断响应总线周期内 $\overline{\text{INTA}}$ 信号有效时，8259A 必须把请求服务的那个设备的中断类型码（0～255）送到数据总线，该中断类型码是 8259A 在初始化过程中由微处理器写入的。微处理器读入该中断类型码，将其存入内部暂存器，到内存 0000 段的中断向量表中找到中断向量，再根据中断向量转入相应的中断服务程序。

例如，若中断类型码为 0CH，则此中断对应的中断向量的首字节在 0CH×4 = 30H 处，于是微处理器在 0 段的 0030H、0031H、0032H、0033H 这 4 字节中取得中断向量，并将前两字节中的内容装入 IP，将后两字节中的内容装入 CS。这样，微处理器要执行的下一条指令就是中断服务程序的第一条指令，也就是说，微处理器转入了中断服务程序的执行。

2.8.4　非屏蔽中断

非屏蔽中断请求信号 NMI 用来通知微处理器发生了"重大故障"的事件，如电源掉电、存储器读写出错、总线奇偶位出错等。

NMI 中断请求不受中断允许标志 IF 的影响。当 NMI 引脚上出现有效的中断请求信号时，不管微处理器当前正在做什么事情，都不会影响这个中断请求进入对应的中断处理，可见 NMI 中断优先级非常高。正因为如此，除了系统有十分紧急的情况以外，应该尽量避免引起这种中断。

8086 微处理器要求非屏蔽中断请求信号是一个上升沿触发信号，并且在上升沿之后，能够维持两个时钟周期的高电平。响应 NMI 请求时，微处理器的动作和响应 INTR 请求时的动作基本相同，只有一个差别，就是在响应非屏蔽中断请求时，并不从外部设备读取中断类型码。这是因为从 NMI 进入的中断请求的中断类型码固定为 2，微处理器直接从中断向量表中 0000:0008H、0009H、000AH、000BH 这 4 个单元内读取中断向量。微处理器将 0008H、0009H 两个单元的内容装入 IP，将 000AH、000BH 两个单元的内容装入 CS，于是就转入了非屏蔽中断服务程序的执行。

2.8.5　软件中断

软件中断包括软件中断指令 INT n、除法错中断 INT 0、单步中断 INT 1、断点中断 INT 3、溢出中断 INT 4。

软件中断指令 INT n 的特点如下。

（1）软件中断指令是程序员人为设置在程序中的。

（2）中断类型码包含在指令中，所以不执行中断响应总线周期。

（3）中断返回地址指向软件中断指令的下一条指令。

执行软件中断指令 INT n 时，将使微处理器进入中断类型码 n 所对应的中断服务程序。

除法错中断的中断类型码为 0。若执行除法指令后结果溢出或遇到除数为 0 的情况，则微处理器会自动产生类型为 0 的中断，转入相应的中断处理程序。

单步中断的中断类型码为 1。单步中断也称为陷阱中断，当标志寄存器中的单步中断标志位 TF 为 1 时，每执行一条指令，就进入一次类型 1 的中断服务程序，此中断服务程序用来显示出一系列寄存器的值，并且告示一些附带的信息。因此，单步中断一般用在调试程序中逐条执行用户程序。8086 微处理器没有直接对 TF 标志置"1"或置"0"的指令，可以通过修改存放在堆栈中标志的内容或其他间接方法来改变 TF 的值。

断点中断的中断类型码为 3。执行 INT 3 指令将使 CPU 进入类型为 3 的中断服务程序。断点中断服务程序实际上是调试程序的一部分，它的主要功能就是显示一系列寄存器的值，并给出一些重要信息。程序员由此可以判断在断点以前的用户程序运行是否正常。此外，断点中断服务程序还负责恢复进入中断以前在用户程序中被 INT 3 所替换掉的那条指令。在中断返回之前，还必须修改堆栈中的断点地址，以便能正确返回到曾经被替换掉的那条指令所在的单元。

溢出中断的中断类型码为 4。溢出中断指令 INT 4（一般写为 INTO）通常跟在有符号数的加法运算或减法运算指令的后面。当运算指令使溢出标志 OF 为 1 时，执行 INTO 指令就会进入类型为 4 的溢出中断服务程序，此时中断服务程序给出出错标志。如果运算指令使 OF 为 0，那么，接着执行 INTO 指令时，也会进入中断服务程序，但此时中断服务程序仅仅是对标志进行测试，然后很快返回主程序。

2.8.6　中断处理过程

8086 微处理器对中断的基本处理过程如图 2.8.6 所示。

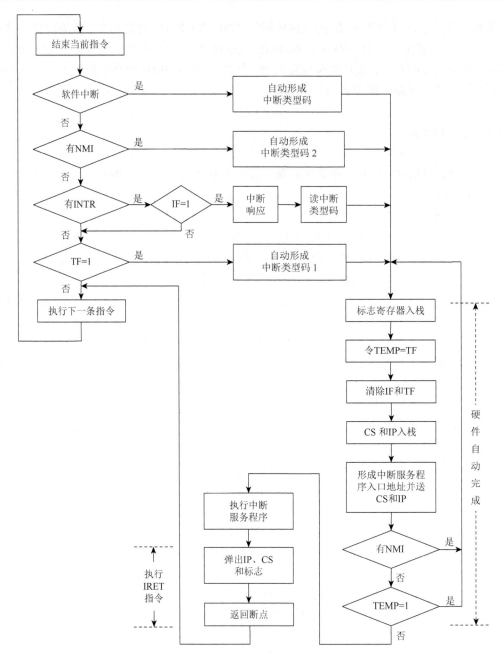

图 2.8.6　8086 微处理器对中断的基本处理过程

1. 中断响应

（1）8086 微处理器在执行指令的最后一个总线周期的最后一个 T 状态，查询是否有中断发生。

（2）若有软件中断，则响应软件中断；若没有，则查询 NMI 引线上是否有非屏蔽中断请求。

（3）如果在 NMI 引线上出现了中断请求信号，微处理器就进入 NMI 中断处理过程；如果没有非屏蔽中断请求信号，则查询 INTR 端上是否有中断请求。

（4）如果有 INTR 中断请求，则微处理器接着就去检查中断允许标志位 IF 的状态。若 IF = 1，微处理器连续执行两个中断响应总线周期，读取中断类型码，将其存入内部暂存器，然后进入中断处理过程；若 IF = 0，则微处理器不响应 INTR 端的中断请求。

（5）如果没有可屏蔽中断请求信号或 IF = 0，则接着查询单步中断标志位 TF 的状态。若 TF = 1，则微处理器进入单步中断处理过程；若 TF = 0，则不产生单步中断。

之后，微处理器继续执行下一条指令。下一条指令执行完之后，微处理器又按上述顺序查询有无中断发生。微处理器每执行完一条指令之后就重复上述过程。

需要注意的是，软件中断、NMI 中断、单步中断都没有中断响应总线周期，在中断响应之后，可以直接进入中断处理过程。当查询到 INTR 端上有中断请求并且 IF = 1 时，微处理器连续执行两个中断响应总线周期，读取中断类型码，然后进入中断处理过程。

2. 保护现场和断点

8086 微处理器在响应中断之后，首先进行现场保护和断点保护。这里的现场保护是：首先将状态标志寄存器的内容压入堆栈，堆栈指针 SP 减 2。然后，将当前单步中断标志位 TF 的状态赋给微处理器中的暂存寄存器 TEMP（即 TEMP = TF）。再清除 IF 和 TF，清除 IF 的目的是执行中断服务程序的过程中不被外界的其他中断所打断。清除 TF 的目的是避免进入中断处理程序后按单步执行。也就是说在响应中断以后，进入中断服务程序之前，微处理器自动关中断并处于非单步方式下工作。最后将主程序断点处的 CS 和 IP 的内容压入堆栈，同时，堆栈指针 SP 减 4。

3. 中断服务程序入口地址的形成

根据中断向量表的结构，中断类型码的 4 倍就是中断向量的存放地址。因此，由中断类型码乘以 4 得到一个单元地址，由此地址开始的前两个单元存放的就是中断处理程序入口地址的偏移量，后两个单元存放的就是中断处理程序入口地址的段地址。将中断服务程序入口地址的段地址和偏移量分别送入 CS 和 IP 之后，即形成了中断服务程序的入口地址。

4. NMI 的再次查询

中断服务程序入口地址送入 CS 和 IP 之后，微处理器再次查询在 NMI 引脚上是否有中断请求。若有，则微处理器重新进入上述现场和断点的保护过程。

为什么还要查询是否有 NMI 非屏蔽中断请求？若原来的中断就是 NMI 非屏蔽中断，在再次查询 NMI 中断时，会不会产生一个死循环？在现场保护之后，再次出现的 NMI 中断是否就是原来的非屏蔽中断？

对上述问题的说明是：若原来的中断不是 NMI 非屏蔽中断，再次查询 NMI 中断的目的是，使在中断响应到中断服务程序入口地址送入 CS 和 IP 期间的 NMI 非屏蔽中断请求能得到响应。NMI 的中断请求是由边沿触发的，其请求信号已由 CPU 锁存起来；NMI 的中断请求一旦被响应，锁存的信息随即被清除，不可能再有原来的中断请求。即使在 CPU 响应了 NMI 中断请求之后，加在 NMI 引脚上的信号仍然存在，但是 CPU 中被锁存的信号已被清除，没有发生变化的电位是不能启动一个非屏蔽中断的。因此，加在 NMI 引线上的中断请求信号只能被 CPU 识别一次，所以也不会产生一个死循环。

5. TEMP 的查询

中断服务程序入口地址送入 CS 和 IP 之后，将查询 TEMP，若此时 TEMP = 1，则控制又传递给单步中断服务程序（标志、CS 和 IP 被压入堆栈）。当单步中断服务程序结束时，控制又返回原先的中断服务程序。若本次响应的中断是单步中断，则单步中断服务程序将执行两次，但不会产生一个死循环。因在设置了 TEMP = TF 之后，微处理器自动将单步中断标志位清除（是为了避免微处理器以单步方式执行中断服务程序），所以不会产生对单步中断的死循环。

需要说明的是，上述 1～5 种操作都是由微处理器自动完成的，是由 8086 微处理器的硬件来实现的。而下面的操作则是由程序员编写的程序来完成的，或者说是由软件来实现的。

6. 中断服务程序

与 2.8.1 节中所述的中断服务程序相同。

7. 中断返回

所有的中断服务程序的末尾是一条中断返回指令 IRET，它使程序返回到被中断程序的断点处。IRET 指令通过弹出当前堆栈栈顶的三个字，并将它们分别送至 IP、CS 和状态标志寄存器而使程序返回。

要特别注意：返回地址（在 CS 和 IP 中）在中断期间压入堆栈。有时，返回地址指向程序中的下一条指令，有时指向程序中发生中断的地方，依据中断类型确定。

习　　题

2.1　8086 微处理器由哪两大部分组成？简述它们的主要功能。

2.2　8086 微处理器有哪些类型的寄存器？

2.3　8086 微处理器段寄存器的作用是什么？

2.4　通用寄存器中，8 位寄存器与对应 16 位寄存器有什么关系？如果 AX = 1234H，AH、AL 的内容各是多少？

2.5　标志寄存器各个位的作用是什么？

2.6　指令指针的作用是什么？如果 CS 内容为 2000H，IP 内容为 0500H，下一条执行的指令码存放的对应物理地址是多少？

2.7　什么是段基址？什么是偏移量？如何根据段基址和偏移量计算存储单元的物理地址？

2.8　什么是堆栈？堆栈有什么用途？堆栈指针的作用是什么？

2.9　怎么区分 8086 微处理器主存地址空间和 I/O 地址空间？

2.10　什么是总线复用？在 8086 系统总线结构中，为什么要有地址锁存器？

2.11　复位信号的作用是什么？为保证正确复位，复位信号应满足哪些要求？

2.12　什么是物理地址、逻辑地址？逻辑地址 1000:2345H 对应的物理地址是多少？

2.13　8086 微处理器怎么实现对存储器任意地址的字节数据和字数据的访问？

2.14　8086 微处理器最大模式和最小模式有什么区别？为什么设置不同的模式？

2.15　什么是时钟周期、总线周期、指令周期？它们有什么关系？

2.16　8086 微处理器一个总线周期包括哪些时钟状态？什么时候插入等待时钟 T_{w}？

2.17　DRAM 有什么特点？什么叫刷新？为什么要刷新？说明刷新有几种方法。

2.18　SRAM 有什么特点？什么情况适合使用 SRAM？

2.19　一个 SRAM 芯片一般有哪些类型的引脚？一个 8K×8 位的存储器芯片有几条数据线？几条地址线？

2.20　ROM 有哪些类型？存储什么类型的信息适合使用 ROM？各种类型的 ROM 适合在哪些情况下使用？

2.21　存储器芯片的片选（使能）引脚的作用是什么？

2.22　微处理器与存储器连接时主要应考虑哪些问题？

2.23　微处理器地址线一般怎么与存储器连接？

2.24　一个微型计算机的主存空间哪些部分适合使用 ROM？哪些空间适合使用 RAM？

2.25　选用合适的存储芯片和译码芯片为 8086 微处理器（工作于最小模式）设计一个 32KB 的 ROM 和 16KB 的 RAM 的存储器系统。要求支持对任意地址的字节和字进行访问。

2.26　一个有 16 位地址线的 8 位微处理器，采用全译码方式与存储器连接。用下列芯片构成存储系统，各需要多少 RAM 芯片？需要多少位地址作为片外地址译码？

（1）8K×8 位 SRAM 芯片构成 32KB 的存储系统。

（2）64K×1 位 SRAM 芯片构成 128KB 的存储系统。

（3）16K×4 位 SRAM 芯片构成 64KB 的存储系统。

（4）16K×8 位 SRAM 芯片构成 256KB 的存储系统。

2.27　80x86 系统中，使用对齐的数据和非对齐的数据对数据的访问速度有什么影响？

2.28　什么叫中断？在微型计算机系统中为什么要使用中断？

2.29　什么叫中断源？中断嵌套的含义是什么？

2.30　8086 微处理器内部有哪几类中断？简要说明各类的特点。

2.31　通常微处理器响应外部中断的条件有哪些？

2.32　简述微处理器响应中断后中断处理的过程，用流程图表示。

2.33　什么情况下需要有中断判优机构？软件查询确定优先级和硬件优先级排队电路确定优先级两种中断源识别与判优方案各有什么特点？

2.34　什么是中断向量表？8086 系统中的中断向量表的作用是什么？中断类型码为 20H 的中断的服务程序入口地址（中断向量）应存到中断向量表的什么位置？

2.35　说明 8086 微处理器可屏蔽中断是怎样获得中断向量，从而进入中断程序的。

2.36　8086 微处理器响应可屏蔽中断 INTR 与响应其他类型的中断相比，有什么特点？

2.37　说明 8086 微处理器的一个完整的中断过程。

第3章 32位 Pentium 微处理器

3.1 Pentium 微处理器内部结构

Pentium 是 Intel 公司于 1993 年 3 月推出的第五代 80x86 系列微处理器，简称 P5 或 80586，中文译名为"奔腾"，其集成度已超过 100 万只晶体管/片。Pentium 微处理器的内部结构如图 3.1.1 所示。

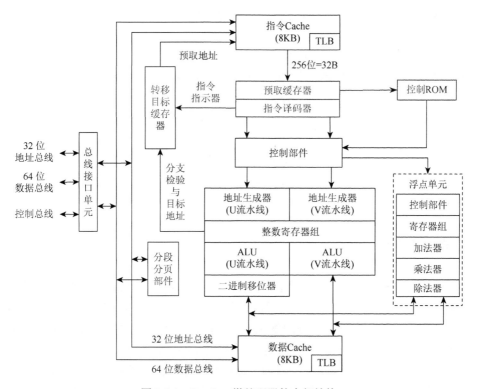

图 3.1.1 Pentium 微处理器的内部结构

3.1.1 总线接口单元

总线接口单元包括全部总线控制信号、独立的 32 位地址总线和独立的 64 位数据总线。在 Pentium 微处理器芯片内部，总线接口单元借助于 32 位地址总线和 64 位数据总线与指令 Cache 和数据 Cache 进行通信。当访问 Cache 出现没命中或需更改系统存储器内容或需向 Cache 写入某些信息时，就要通过总线接口从外部存储器系统中取出一批数据。在填充

Cache 时总线接口使用的是突发传送方式。

总线接口单元根据优先级高低协调数据的传送、指令的预取等操作,在微处理器的内部部件和外部系统间提供控制。在芯片外部,总线接口单元负责提供总线信号。除时钟周期所规定的信号外,所有的外部总线周期如存储器读周期、指令预取周期、Cache 行的填充周期等,与所有时钟周期一样都有相同的总线定时。Pentium 微处理器的总线接口单元拥有以下结构特征。

(1)地址收发器和驱动器。地址总线驱动器不仅驱动地址总线上的 A_{31}~A_3 地址信号,同时也要驱动与地址信号相对应的字节允许信号 $\overline{BE_7}$~$\overline{BE_0}$。A_{31}~A_3 地址信号是一种双向信号,这样就允许芯片外部逻辑将 Cache 的无效地址驱动到微处理器内。

(2)数据总线收发器。数据总线收发器控制数据信号 D_{63}~D_0 在 Pentium 微处理器数据总线上的双向传输。

(3)总线宽度控制。外部数据总线宽度有 4 种可供选用,即 64 位宽、32 位宽、16 位宽和 8 位宽。

(4)写缓冲。总线接口单元配备一个暂时存储器,用来暂时存放欲写到主存中的 4 个 32 位的数据,它起到缓冲器的作用。这个暂时存储器对地址、数据甚至控制信息都可以进行缓冲,其操作速度非常快,每个时钟就可以接收一次存储器写操作。由于采用了这项技术,多个芯片内部操作可以在不等待写周期的情况下,继续去完成它们在总线上的操作。

(5)总线周期和总线控制。总线接口单元对总线周期的选择和控制功能给予支持。

(6)Cache 控制。总线接口单元对 Cache 操作的控制和一致性操作提供支持。允许外部系统对存放在片内 Cache 中的数据的一致性实施控制。

3.1.2　流水线操作

Pentium 微处理器为了实现性能增强目标,在体系结构上进行了某些必要的改进。其内部的两条指令流水线以及浮点单元都可以独立地进行操作,经常是每条流水线在单个时钟内发出所用的指令。而且,这两条流水线可以在一个时钟周期内发出两条整数指令,或者是在一个时钟周期内发出一条浮点指令,甚至在某些情况下,在一个时钟周期内可以发出两条浮点指令。Pentium 微处理器为了提高其整机性能,除在几条流水线操作步骤中集成了某些辅助性硬件外,在其流水线操作机构中又配置了超标量执行机构和转移预测判断逻辑机构。

1. 超标量执行

一个处理器中有多条指令执行单元时,称为超标量机构。而 Pentium 微处理器有两个执行单元,这些执行单元也称为流水线,用以执行程序指令。每个执行单元都有其自己的 ALU、地址生成电路以及数据高速缓存接口。Pentium 整数指令的执行要经过流水线中 5 个操作步骤,如图 3.1.2 所示。流水线中的 5 个操作步骤分别是:指令预取(prefetch stage,

PF）、指令译码（decode stage 1，D1）、地址生成（decode stage 2，D2）、执行指令（execution stage，EX）、写回（writeback stage，WB）。

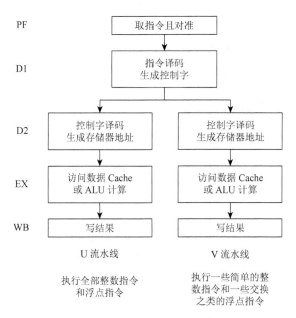

图 3.1.2　流水线与超标量执行

2. 转移预测判断

Pentium 微处理器内采用了转移预测技术，为了支持这项技术的实施，芯片内设置了两个缓冲存储器，一个称为预取缓存器，以线性方式来预取代码，另一个称为转移目标缓冲存储器（branch target buffer，BTB），是一个小容量的 Cache，动态地预测程序的分支操作。当某条指令导致程序分支时，BTB 记忆下条指令和分支目标的地址，并用这些信息预测该条指令再次产生分支时的路径，预先从该处预取，保证流水线的指令预取步骤不会空置。

由于 Pentium 微处理器配备了一个转移目标缓冲存储器，在处理转移类指令时，微处理器性能有了明显的改进。当首次出现转移指令时，微处理器就在转移目标缓冲存储器中指定一个登记项与转移指令的地址建立联系。当指令被译码后，微处理器就对转移目标缓冲存储器内容进行检索，以确定其内是否保存着一个与一条转移指令相对应的登记项。若有，再由微处理器确定是否应该进行转移处理。若要进行转移处理，微处理器就用目标地址取指令且译码。由于是早在写回步骤之前就对转移做出的判断，若转移预测判断不正确，微处理器会立即对流水线进行刷新处理，且沿着正确的通路重新再取指令。转移目标缓冲存储器可保存 256 个预测的转移登记项，微处理器在写回步骤期间对登记项进行修改。由于 Pentium 微处理器采用了这项技术，可以在无延迟的情况下正确地预测各种转移。

3. 整数流水线

从 Pentium 微处理器的逻辑结构中可以看出，Pentium 微处理器配备了两条指令流水线：U 流水线和 V 流水线。在 U 流水线上能够执行全部整数指令和浮点指令，而在 V 流水线上则仅能执行一些简单的整数指令和一些交换之类的浮点指令。

在 Pentium 微处理器的两条流水线上，并行发生两条指令的过程称为"配对"过程。U 流水线可以执行 Intel 体系结构中的任何指令，而 V 流水线则只能执行"指令配对规则"所规定的简单指令。在指令配对时，发送给 V 流水线的指令总是发送给 U 流水线指令之后的下一条指令。

1）指令预取

Pentium 微处理器设置一个预取缓存器，其中包括两个具体的各自独立大小为 32B 的预取缓存器。当总线接口单元不执行总线周期时，就去执行一个取指令周期，预取缓存器就去预取指令。

指令流水线的第一个操作步骤是指令预取操作，即从片内的指令 Cache 或主存中预取指令。在指令预取操作期间，由于 Pentium 微处理器配备有各自独立的指令 Cache 和数据 Cache，因此到指令 Cache 内预取指令时，就不会出现与预取数据的冲突问题。如果所需要的 Cache 行不在指令 Cache 内，此时就会到主存内取所需的指令。在指令的指令预取操作阶段，两个各自独立大小为 32B 的预取缓存器和转移目标缓冲存储器一起操作，这样就允许一个预取缓存器顺序地预取指令，而另一个按照转移目标缓冲存储器的预测结果预取指令。预取缓存器交替地变换预取路径。

指令预取在任一时刻，只有一个预取缓存器要求预取操作，要求的预取操作是顺序预取，直至取到一条转移指令。当一条转移指令被取出来时，转移目标缓冲存储器就要预测是否需要进行分支转移。若预测不需要进行分支转移，预取就会继续顺序进行。当预测到需要进行分支转移时，另一个预取缓存器就被允许开始预取工作，就如同出现了分支转移一样进行预取。如果发现一个分支转移被错误预测，则刷新该指令流水线，并且重新开始预取工作。

2）指令译码

指令流水线的第 2 个操作步骤是指令译码操作。在指令译码操作期间，由两个并行译码器进行译码，并发出紧挨着的两条指令。译码器根据"指令配对规则"所规定的原则，决定是发送出 1 条指令还是发送出 2 条指令。Pentium 微处理器需要一个额外的指令译码时钟来对指令前缀进行译码。在这种情况下，Pentium 微处理器以每个时钟发出一个前缀的速率将前缀发送到 U 流水线，且不需要配对。在所有指令前缀都发出之后，再发送基本指令，并且还要根据配对原则进行配对。

Pentium 微处理器每个时钟可以发出 1 条或 2 条指令。要同时发出 2 条指令，必须满足下列配对规则。

（1）配对 2 条指令必须是下面所定义的那种"简单"指令：

```
MOV  REG,REG/MEM/IMM
MOV  MEM,REG/IMM
```

```
ALU   REG,REG/MEM/IMM
ALU   MEM,REG/IMM
INC   REG/MEM
DEC   REG/MEM
PUSH  REG/MEM
POP   REG
LEA   REG,MEM
近转移的 JMP/CALL/JCC
NOP
```

简单指令完全是硬件化的,它们不需要任何微代码控制,而且是在 1 个时钟周期内执行,但算术运算和逻辑运算指令分别需用 2 个时钟和 3 个时钟的时间操作。

此外,条件分支转移和无条件分支转移指令只有当作为配对中的第二条指令时才可以配对。它们不可以与下一条顺序指令进行配对。

(2)两条指令之间不得存在"写后读"或"写后写"这样的寄存器相关性。

(3)1 条指令不能同时既包含立即数又包含位移量。

(4)带前缀的指令只能出现在 U 流水线中。

3)地址生成

指令流水线的第 3 个操作步骤是地址生成操作。在地址生成操作期间进行的是操作数在内存中地址的计算,生成存储器操作数地址,并按保护模式的规定检查是否有保护违约。不需要存储器操作数的指令也要经历地址生成阶段,而且两条配对指令要同时离开地址生成阶段进入执行指令阶段。另外,转移指令的目标地址计算也是在地址生成阶段完成的。

4)执行指令

指令流水线的第 4 个操作步骤是执行指令操作。Pentium 微处理器利用流水线操作步骤中的执行指令操作,进行 ALU 的操作和数据 Cache 的存取操作。所以,在执行指令期间,由这些指令所规定的 ALU 操作和对数据 Cache 进行的存取操作大都需要一个以上的时钟周期。在执行指令期间,除了条件分支转移指令之外,其他所有的 U 流水线指令和 V 流水线指令都要验证分支预测的正确性。在 Pentium 微处理器内,已把微代码设计成能够充分利用这两条流水线。

5)写回

Pentium 微处理器流水线操作的最后一个操作步骤是写回操作。在写回操作期间,要完成指令规定的操作,还可以修改微处理器的标志寄存器状态、指令指针状态。在此操作步骤中,V 流水线上的条件分支转移也要验证分支预测的正确性。

4. 浮点流水线

Pentium 微处理器的浮点流水线是由浮点单元接口、控制部件及寄存器组、浮点指数功能部件、浮点乘法部件、浮点加法部件、浮点除法部件以及浮点舍入处理部件共 7 个部件组成的。在运行期间各部件进行的均是专项操作。

Pentium 微处理器的浮点流水线由指令预取、指令译码、地址生成、读取操作数(EX)、首次执行（X1）、二次执行（X2）、写浮点数（WF）和出错报告（ER）共 8 个操作步骤组成。其中指令预取和指令译码这两个操作步骤与整数流水线中的前两个操作步骤共用同一硬件资源。而浮点流水线中的第三个操作步骤是开始激活浮点指令的执行逻辑，其实浮点流水线中的前五个操作步骤与整数流水线中的五个操作步骤是同步执行的，只是多出了后面的三个操作步骤。

3.1.3　Cache

　　Pentium 微处理器片内有两个 8KB 的 Cache，一个是指令 Cache，一个是数据 Cache。在每一个 Cache 内，都装备有一个专用的转换旁视缓冲器（translation lookaside buffer，TLB），用来快速地将线性地址转换成物理地址。

　　Pentium 微处理器的指令 Cache、转移目标缓存存储器以及预取缓存器将原始指令正确、完整无误地送到 Pentium 微处理器的执行部件中，指令通常是取自指令 Cache 或外部总线。转移地址通常存放在转移目标缓存存储器内。

　　Pentium 微处理器的数据 Cache 支持 U 流水线和 V 流水线的二元访问。当访问数据 Cache 出现冲突时，总是先让 U 流水线访问数据 Cache，而让 V 流水线的访问暂停一个时钟周期。

　　1. Cache 及主存地址的组成

　　主存由 2^n 个可编址的字节组成，每字节有唯一的 n 位地址。为了与 Cache 映射，Cache 和主存都被机械地划分为尺寸（容量大小）相同的块，每块由 2B、4B、8B、16B、32B 等组成，并且将块有序地编号。主存地址 nm 由主存块号 nmb 和块内地址 nmr 表示。类似地，Cache 地址 nc 由 Cache 块号 ncb 和块内地址 ncr 表示，如图 3.1.3 所示。

图 3.1.3　主存地址 nm 与 Cache 地址 nc

　　2. Cache 的基本结构

　　Cache 的基本结构及工作过程示意图如图 3.1.4 所示，它由 Cache 存储体、地址映像变换机构和替换机构等模块组成。

　　1）Cache 存储体

　　Cache 存储体以块为单位与主存交换信息，为加速 Cache 与主存之间的信息交换，主存大多采用多体结构，且 Cache 具有最高的访问内存优先级。

　　2）地址映像变换机构

　　对于 Cache 存储器而言，由于主存容量远大于 Cache 的容量，所以其地址的映像就是将每个主存块按某种规则（方法）装入（定位于）Cache 之中，而地址的变换就是当主存中的块按照这种映像方法装入 Cache 之后，每次访问 Cache 时怎样将主存地址变换成对应的 Cache 地址。由于主存和 Cache 的块大小相同，块内地址都是相对于 Cache 块的起始地址的偏移量（即低位地址相同），因此地址变换主要是按一定的地址映像方式进行主存的块号（高位地址）与 Cache 块号之间的转换。

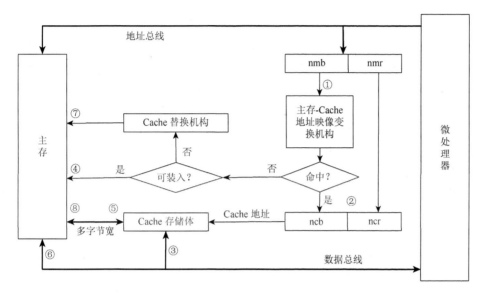

图 3.1.4　Cache 的基本结构及工作过程示意图

3）替换机构

当 Cache 内容已满，无法接收来自主存块的信息时，就由替换机构按一定的替换算法来确定将 Cache 内哪个块回送主存，而把新的主存块调入 Cache。在替换过程中以块为单位，而不是以单一字节或字为单位。特别需要指出的是，Cache 对用户是透明的，即用户编程时所用到的地址是主存地址，用户根本不知道这些主存块是否已调入 Cache 内。因此，将主存块调入 Cache 的任务全由机器硬件自动完成。

3. Cache 的工作过程

（1）微处理器访问存储器是通过主存地址进行的，首先进行主存与 Cache 的地址变换（图 3.1.4 中①）。

（2）变换成功（Cache 块命中），就得到 Cache 块号 ncb，并由 nmr 直接送 ncr 以拼接成 nc（图 3.1.4 中②），这样，微处理器就直接访问 Cache（图 3.1.4 中③）。

（3）Cache 块未命中，就通过相关的 Cache 块表，查看有无空余的 Cache 块空间，若有空余的 Cache 块空间（图 3.1.4 中④），就从多字节通路把所需信息所在的一个块调入 Cache（图 3.1.4 中⑤），同时把被访问的内容直接送给微处理器（图 3.1.4 中⑥）。

（4）Cache 中无空余空间，就需根据一定的块替换算法（图 3.1.4 中⑦），把 Cache 中一个块送回主存（图 3.1.4 中⑧），再把所需信息从主存送入 Cache。

4. 地址映像

从 Cache 的地址和主存的地址可以看出，Cache 的容量远远小于主存，一个 Cache 块要对应许多主存块，因此需要按某种规则把主存块装入 Cache 中，这就是 Cache 的地址映像，地址映像通常有三种方式，分别是全相联映像、直接映像、组相联映像。

1）全相联映像

主存中的任意一个块可装入 Cache 中的任意块，这种方式称为全相联映像。在 Cache 内，除了必须存放每一个数据块的内容外，还要将每一块的主存地址全部记下。在微处理器要存取一项数据时，Cache 的地址映像变换机构将该项数据的地址与存放在 Cache 的标记部分中的所有地址逐个相比。若找到相同的，就将那个 Cache 位置的内容送给微处理器。

图 3.1.5 给出的是 Cache 容量为 128 个块，而主存容量为 16MB 的全相联映像的例子。该例子以 4B 为一个块，因此在图中，不论主存还是 Cache，其每一块（即每一行）均代表 4B。每一个主存块的地址均为 4 的倍数。由图 3.1.5 可以看出，Cache 的第 0 个数据块所存储的是主存地址为 FFFFF8H 的数据块内容（这个数据块的实际内容为 23456789H）。因此，Cache 的第 0 个数据块的标记位置内必须存入实际主存地址 FFFFF8H 的高 22 位。

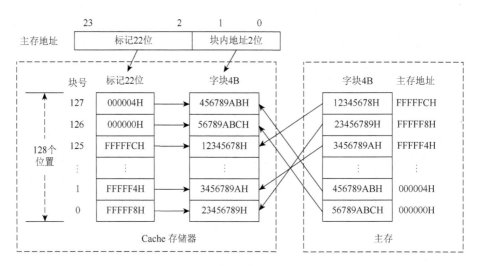

图 3.1.5　全相联映像示意图

Cache 存储器中"标记 22 位"为表示方便，直接写出主存地址，而实际上保存的是主存地址的高 22 位，例如，FFFFF8H 是 24 位，只保存高 22 位，最低 2 位不保存

2）直接映像

主存中每一块只能装入 Cache 中唯一的特定块位置，这种方式称为直接映像。若要确定微处理器所要的数据是否已在 Cache 中，地址只需比较一次即可。直接映像的 Cache 地址包括两部分，一部分称为索引字段，用以选出 Cache 中的一个块位置，另一部分则称为标记字段，用以区分可能被存放在同一 Cache 块上的所有主存块。

3）组相联映像

组相联映像是全相联映像与直接映像的一种折中方法。在直接映像中只有一个 Cache（或称一路 Cache），如果把 Cache 增加到 N 路，且在主存的区与 Cache 的路之间实行全相联映像，在块之间实行直接映像，这就是 N 路组相联映像。目前通常采用 2 路或 4 路组相联映像结构，分别称为双路组相联或四路组相联结构。

3.1.4　分段与分页部件

所谓段，就是一个被保护的独立的 Pentium 微处理器的存储地址空间。分段的目的就是在各应用程序间实行强制性的隔离，并为此提供物质基础。

Pentium 微处理器的分段部件是片内存储管理功能的一个组成部分，配备有段描述符寄存器以及用来计算有效地址和线性地址所必需的电路，还配备了一种面向分段的执行逻辑，进行保护规则测试。为了加快分段装入操作，在一个时钟周期内可以从 Cache 传送出 64 位数据。

分段部件的功能是将程序提供的逻辑地址转换成一种线性地址。段的起始地址被存放在一种称为段描述符的数据结构中。分段部件使用段描述符以及从指令中提取出来的偏移量计算出所需线性地址，然后把线性地址传送给分页部件。

Pentium 微处理器的分页部件采用二级分页管理机制，同时还配备了一个包括 32 个登记项的转换旁视缓冲存储器。分页部件也设置了一个面向分页的执行逻辑，用来对分页规则进行检测。

分页部件将线性地址空间分成大小为 4KB 的若干页，也就是说，Pentium 微处理器将 4KB 定义为一页，分页部件使用页表将线性地址转换成物理地址。

3.2　Pentium 微处理器编程结构

对汇编语言程序员而言，在编写程序和研究任何指令前，掌握所用微处理器的寄存器结构是至关重要的。在这些寄存器中，有的寄存器是在程序设计期间必须使用的，称为程序可见的寄存器。有的寄存器在应用程序设计期间，不能直接寻址，称为程序不可见的寄存器，但这些寄存器在系统运行程序期间可能间接使用到，用来控制和操作保护模式下的存储器系统。

Pentium 微处理器的寄存器组主要包括基本结构寄存器、系统级寄存器、调试寄存器、模型专用寄存器和浮点寄存器。本节主要介绍基本结构寄存器和系统级寄存器。

3.2.1　基本结构寄存器

Pentium 微处理器有 16 个基本结构寄存器，如图 3.2.1 所示。这 16 个寄存器按其用途可分为通用寄存器、专用寄存器和段寄存器三类。

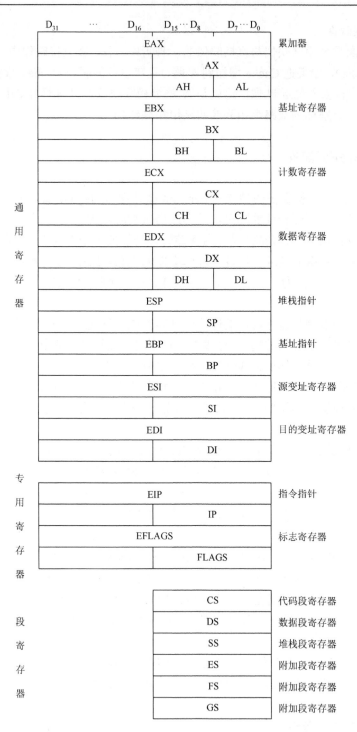

图 3.2.1　Pentium 基本结构寄存器

1. 通用寄存器

通用寄存器有 8 个，即累加器 EAX、基址寄存器 EBX、计数寄存器 ECX、数据寄存器 EDX、堆栈指针 ESP、基址指针 EBP、源变址寄存器 ESI 以及目的变址寄存器 EDI。

通用寄存器中，32 位寄存器 EAX、EBX、ECX、EDX、EBP、ESP、ESI 和 EDI 既可保存算术和逻辑运算中的操作数，也可保存地址（ESP 寄存器不能用作变址寄存器）。这些寄存器的名称源于 8086 微处理器的通用寄存器 AX、BX、CX、DX、BP、SP、SI 和 DI。所以，这些通用寄存器的低 16 位可按原来的名字访问。16 位寄存器 AX、BX、CX、DX 的每字节均另有一个名字。字节寄存器命名为 AH、BH、CH 及 DH（高字节）和 AL、BL、CL 和 DL（低字节），这些 8 位通用寄存器也可按原来的名字访问。

2. 专用寄存器

专用寄存器有指令指针和标志寄存器。

1）指令指针

EIP：指令指针，是 32 位寄存器，它的低 16 位称为 IP，与 16 位微处理器兼容，其内容是下一条要取入微处理器的指令在内存中的偏移地址。当一个程序开始运行时，系统把 EIP 清零，每取入一条指令，EIP 自动增加取入微处理器的字节数目，所以称 EIP 为指令指针。

2）标志寄存器

EFLAGS：标志寄存器，是 32 位寄存器，各位的标志如图 3.2.2 所示（图中 S 表示状态标志，C 表示控制标志，X 表示系统标志，0 或 1 是 Intel 保留位），可分为三类：状态标志、控制标志和系统标志。EFLAGS 的低 12 位与 8086 微处理器标志寄存器的低 12 位同名、同作用，其他标志如下。

IOPL：输入/输出特权级标志，00～11 依次表示最高优先级到最低优先级。IOPL 用于保护模式操作时，为 I/O 设备选择优先级。如果程序的当前特权级（current privilege level，CPL）不低于 IOPL 特权级，即 CPL 数值上小于等于 IOPL，则 I/O 指令和中断允许标志位操作指令（CLI、STI）才能执行，否则产生异常。只有特权级为 00 级的程序才能修改 IOPL。

NT：嵌套任务标志。在保护模式下当前执行的任务嵌套于另一个任务中时，这个标志置位。

RF：恢复标志。它与调试寄存器断点一起使用，断点处理前在指令边界上检查该位，当 RF 被置位 1 时，下一条指令的任何调试故障都被忽略。然后，在每条指令成功地执行完毕（未通知出现故障）后 RF 位自动被复位（但 IRET、POPF 以及引起任务切换的 JMP、CALL 和 INT 指令除外，这些指令将 RF 置成存储器映像指定的值）。

VM：虚拟 8086 方式标志。当该位置位时，微处理器工作在虚拟 8086 模式，在这种模式下运行 8086 微处理器的程序就好像是在 8086 微处理器上运行一样。

AC：对齐检查标志。将该位置成 1，同时也将控制寄存器 CR0 中的对齐屏蔽位 AM 置成 1，在进行存储器访问时就允许进行对齐校验。当对存储器进行访问时，若被访问的是一个未对齐的操作数，就会产生一次对齐校验异常。但只有在优先级为 3 级的用户方式下才会产生对齐校验异常。

VIF：虚拟中断标志。在虚拟方式下中断允许标志位的副本。

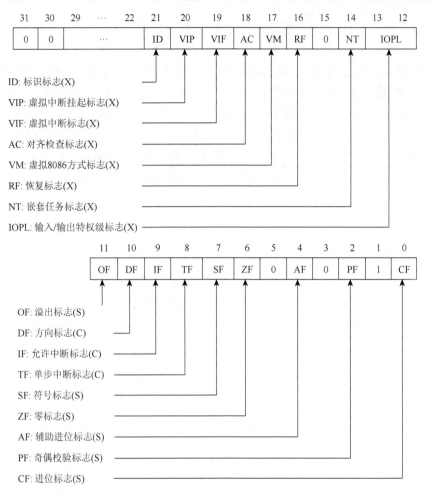

图 3.2.2　Pentium 标志寄存器 EFLAGS

VIP：虚拟中断挂起标志。这个虚拟中断挂起标志与虚拟中断标志联合在一起，给多任务环境的每个应用程序提供了一个虚拟化的系统允许中断标志副本。

ID：标识标志。指示 Pentium 微处理器支持 CPUID 指令，CPUID 指令为系统提供有关 Pentium 微处理器的信息，如它的版本号和制造商。

图 3.2.2 中标为 0 或 1 的位是保留位。

3. 段寄存器

段寄存器包括两个部分，一部分是编程可见的 6 个 16 位段选择符寄存器 CS、DS、SS、ES、FS 和 GS，其中 CS、DS、SS、ES 与 8086 对应的段寄存器相同。通常，在编程环境下，段寄存器指的就是段选择符寄存器；另一部分是编程不可见的 6 个 64 位的段描述符寄存器，段描述符寄存器也称段高速缓存器。段寄存器结构如图 3.2.3 所示。

段寄存器	段选择符16位	段描述符64位		
		段基址32位	段限20位	属性12位
CS				
DS				
SS				
ES				
FS				
GS				

图 3.2.3　Pentium 微处理器段寄存器

每一个段寄存器都有一个与之相对应的段描述符寄存器，用来描述一个段的段基址、段限（段的范围、长度）和段的属性。段寄存器是程序员可见的，而段描述符寄存器对程序员是透明的。当一个段寄存器的值确定后，相应的段描述符寄存器的内容就自动地修正成正确的信息。保护方式下，段基址、段限和属性按段选择符所指向的段描述符内容进行修改。段基址是线性地址或物理地址计算中的一个分量，段限用于段长检查操作，属性则对照所要求的存储器访问类型进行检验。

CS 称为代码段寄存器。代码段是一个保存程序代码的存储器区域，代码段寄存器定义存放代码的存储器段的起始地址。在实模式下工作，CS 定义一个 64KB 存储器段的起点。在保护模式下工作，CS 选择一个段描述符，这个段描述符包含了代码存储器的起始地址和长度。

DS 称为数据段寄存器。数据段是包含程序使用的大部分数据的存储区域，可以通过偏移地址或者其他含有偏移地址的寄存器的内容寻址数据段内的数据。

SS 称为堆栈段寄存器。堆栈段寄存器定义堆栈用的存储区，由堆栈段和堆栈指针寄存器确定堆栈段内当前的入口地址，BP 寄存器也可以寻址堆栈段内的数据。

ES 称为附加段寄存器。附加段是为某些串指令存放目的数据而附加的一个数据段。

FS 和 GS 称为附加段寄存器，作用与 ES 相同。

3.2.2　系统级寄存器

系统级寄存器包括 4 个系统地址寄存器和 5 个控制寄存器。

1. 系统地址寄存器

Pentium 微处理器由于系统存储管理的需要，配备了 4 个系统地址寄存器，用于控制分段存储器管理中数据结构的位置，所以也称为存储管理寄存器。它们分别是全局描述符表寄存器 GDTR、中断描述符表寄存器 IDTR、局部描述符表寄存器 LDTR 和任务状态寄存器 TR，如图 3.2.4 所示。系统地址寄存器只能在保护方式下使用，所以又称其为保护方式寄存器。Pentium 微处理器用这 4 个寄存器保存在保护方式下使用的数据结构的基址、界限以及相关属性，以便快速访问。

为了访问这 4 个系统地址寄存器，Pentium 微处理器提供了专用指令。GDTR 和 IDTR 的内容可以用指令装入，这两个寄存器都可以从存储器得到 6B 的数据块。LDTR 和 TR 的内容也可以用指令装入，这两个寄存器被装入的是 16 位的段选择符，这两个寄存器剩下的那些字节则由 Pentium 微处理器根据操作数引用的描述符信息自动装入。

	47 段基址 16	15 段限 0
GDTR	32 位	16 位
IDTR	32 位	16 位

	15 段选择符 0	63 段基址 32	31 段限 12	11 属性 0
LDTR	16 位	32 位	20 位	12 位
TR	16 位	32 位	20 位	12 位

图 3.2.4 系统地址寄存器

1）GDTR

GDTR 是 48 位的寄存器，用来保存全局描述符表（global descriptor table，GDT）的 32 位线性段基址和 16 位段限。全局描述符表中不仅包括操作系统使用的描述符，而且包括所有任务使用的公用描述符。在对存储器中的数据进行存取操作时，首先要用段选择符到全局描述符表或局部描述符表（local descriptor table，LDT）中查找这个段的描述符，因为在这个段描述符中保存着这个段的基址及其他一些有关这个段的信息。

2）IDTR

IDTR 是 48 位寄存器，它用来保存中断描述符表（interrupt descriptor table，IDT）的 32 位线性基址和 16 位的中断描述符表的段长。Pentium 为每个中断或异常都定义了一个中断描述符，中断描述符表中所有内容都是与中断描述符有关的，如中断或异常服务程序的首地址等信息。中断描述符表的首地址和段长等都存放在 IDTR 中。当出现中断时，就把中断向量当成索引从中断描述符表内得到一个门描述符。在这个门描述符内含有用来启动中断处理程序的指针。

3）LDTR

LDTR 保存局部描述符表 32 位的线性段基址、20 位的段限、12 位的描述符属性以及 16 位的局部描述符表的段选择符。

4）TR

TR 保存当前正在执行任务状态段的 16 位段选择符、32 位的线性基址、20 位的段限、12 位的描述符属性。

2. 控制寄存器

Pentium 微处理器由于控制管理的需要，配备了 CR0、CR1、CR2、CR3 和 CR4 控制寄存器。这 5 个控制寄存器保存全局性的与任务无关的机器状态。这 5 个控制寄存器连同系统地址寄存器一起，保存着影响系统所有任务的机器状态。图 3.2.5 展示了 Pentium 微处理器配置的 5 个控制寄存器。大多数系统都会阻止应用程序通过各种手段装载控制寄存器，但应用程序可以读这些寄存器信息。例如，可以通过读控制寄存器 CR0 的信息，以确定浮点部件是否存在。

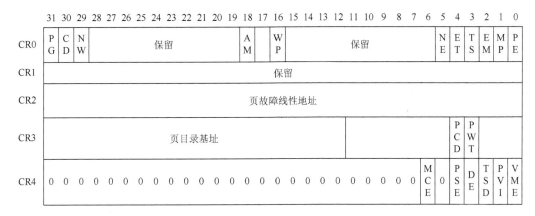

图 3.2.5　控制寄存器

1）控制寄存器 CR0

CR0 中有 11 个标志，分别表示或控制机器的状态。CR0 寄存器 11 个标志的定义、作用和名称分述如下。

PE：保护方式允许位，用于启动 Pentium 微处理器的保护方式。若把 PE 位置成 1，则允许实施保护，在这种情况下微处理器才能在保护方式下运行。若 PE 位被清零，则微处理器在实模式方式下运行。

MP：监视浮点部件位。在 80286 微处理器和 80386DX 微处理器上，这一位控制着微处理器 WAIT 指令的功能，用这一位达到与浮点部件同步的目的。在 Pentium 微处理器上运行 80286 和 80386 的程序时，就要将这一位置成 1。

EM：模拟浮点部件位。EM 位用以确定浮点指令是被自陷还是被执行。当该位置 1 时，所有浮点指令将会产生一个浮点部件不能使用的异常事故。在 Pentium 系统内若没有配备浮点部件，则必须将 EM 位置成 1。

TS：任务转换位。每次任务转换时，该位置 1，清除任务切换标志指令 CLTS 可将该位清零。

ET：处理器扩展类型位。ET 位用于 80386 微处理器，标志系统中所采用的协处理器的类型。该位置 1，表示配置 80387 协处理器；该位置 0，表示配置 80287 协处理器。大多数 80386 系统以及 80486 以上系统中 ET 置 1。该位在 Pentium 微处理器内被保留。

NE：数值异常事故位。用该位来控制处理浮点部件中未被屏蔽的异常事故，该位置 1，则允许标准机构报告浮点数值错。

WP：写保护位。该位用来净化 Pentium 微处理器的页写保护机构。当该位置 1 时，保护的是用户级的那些页，禁止来自管理程序级的写操作写到用户级的页上。当该位置 0 时，通过管理进程可以对用户级的只读页进行写操作。

AM：对齐屏蔽位。该位控制标志寄存器中的对齐校验标志位（AC）是否允许对齐校验。当 AM 位为 1，AC 位也为 1，且 CPL = 3 时（即用户方式）才可以执行对齐校验。若 AM = 0，则禁止对齐校验。

NW：不透明写位，也称为不是写直达。用来控制 Cache 操作模式，该位清零时，所有命中 Cache 的写操作将按写直达方式写入 Cache，同时写入主存；该位置 1 时，只写入 Cache 存储器，而不写入主存。

CD：禁止 Cache 位。用来控制允许或禁止向片内 Cache 填充新数据。该位清零，允许使用内部 Cache，此时若不命中，可对片内 Cache 填充新数据。该位置 1，又不命中时，则不进行填充 Cache 操作。但若访问 Cache 时命中，则 Cache 正常运行。

PG：允许分页位。该位置 1，则允许分页；该位清零，则禁止分页。

2）控制寄存器 CR1

Pentium 微处理器未使用 CR1 寄存器，该寄存器保留，用于以后扩充兼容。

3）控制寄存器 CR2

Pentium 微处理器的 CR2 为页故障线性地址寄存器，用来保存发生页故障中断（异常 14）之前所访问的最后一个页面的线性页地址。只有当控制寄存器 CR0 中位 31（PG）允许分页位被置成 1 时，CR2 才是有效的。

4）控制寄存器 CR3

CR3 是页目录基址寄存器，用来存放页目录表的物理基址。由于页目录表是按页对齐的（4KB），因而控制寄存器 CR3 中的高端 20 位（位 31～位 12）表示的是页目录的地址（即一级页表），而在低端 12 位中定义了 PWT 和 PCD。

PWT：页面写直达。PWT 用于指示是页面通写还是写回。当该位置 1 时，外部 Cache 对页目录进行写直达。当该位置 0 时，进行写回。

PCD：页面 Cache 禁止。PCD 用于指示页面 Cache 工作情况。当该位置 1 时，不能对页进行高速缓冲操作。当该位置 0 时，可以进行高速缓冲操作。

5）控制寄存器 CR4

CR4 是 Pentium 以上微处理器中新增加的控制寄存器，其内共设置了 8 个控制位，目的是扩展 Pentium 微处理器的某些体系结构。VME 是虚拟 8086 方式扩充位，PVI 是保护方式下的虚拟中断位，TSD 是禁止定时标志位，DE 是调试扩充位，PSE 是页大小扩充位，MCE 是机器检查允许位。

3.3　Pentium 微处理器外部结构

本节介绍 Pentium 微处理器的主要引脚及其功能。

1. 地址线及控制

$A_{31}\sim A_3$：地址总线，$A_{31}\sim A_3$ 与字节使能 $\overline{BE_7}\sim\overline{BE_0}$ 信号配合，用于寻址 Pentium 存储系统中 4GB 存储空间。注意 A_2、A_1、A_0 在字节使能 $\overline{BE_7}\sim\overline{BE_0}$ 中被编码，用于选

择 64 位宽存储单元中的任意或全部 8B。

$\overline{A20M}$：地址线 A_{20} 屏蔽输入信号，用于在实模式中通知 Pentium 微处理器进行地址回转，就像在 8086 微处理器中一样。

$\overline{ADS}$：地址数据选通输出信号，当 Pentium 微处理器发出一个有效的存储器地址或 I/O 地址时，该信号就变为有效。

AP：地址校验输出/输入信号，为所有的 Pentium 系统存储和 I/O 传送提供地址偶校验位。

$\overline{APCHK}$：地址校验检查输出信号，当 Pentium 微处理器检查到地址校验错时，该信号变为逻辑 0。

2. 数据线及控制

$D_{63} \sim D_0$：数据总线，在微处理器、内存和 I/O 系统间进行字节、字、双字和四字数据的传送。

$\overline{BE_7} \sim \overline{BE_0}$：字节允许输出信号，用于选择访问单字节、字、双字或四字数据。这些信号在微处理器内由地址 A_2、A_1、A_0 产生。

$DP_7 \sim DP_0$：数据奇偶校验信号，双向。每一位依次对应数据线上一字节的偶校验。例如，DP_0 为最低有效字节的偶校验位。

$\overline{PCHK}$：奇偶校验检查输出信号，给出从存储器或 I/O 读数据时奇偶校验检查结果。

$\overline{PEN}$：奇偶校验异常允许输入信号。当其有效，并且 CR4 的 MCE 位有效，出现奇偶校验错时将触发异常处理。

3. 总线周期控制

$D/\overline{C}$：数据/控制输出信号，为逻辑 1 时表明数据总线上含有来自存储器/外设或往存储器/外设写的数据。如果 $D/\overline{C}$ 为逻辑 0，则表明微处理器或者处于停机状态，或者正在执行一个中断请求。

$M/\overline{IO}$：存储器/输入输出地址指示输出信号。该信号为逻辑 1 时，表示地址线上的信息是存储器地址。当其为逻辑 0 时，表示地址线上的信息是 I/O 端口地址。

$W/\overline{R}$：写/读输出信号，为高时，表示当前总线周期为写操作；为低时，总线周期为读操作。

$\overline{BRDY}$：突发就绪输入信号。在写周期，该信号通知 Pentium 微处理器外部系统已从数据总线上读取数据。在读周期，该信号通知 Pentium 微处理器外部系统已向数据总线提供了数据。此信号可用于在 Pentium 时序中插入等待状态。

$\overline{NA}$：下一个地址允许输入信号，表明外部存储器系统已准备好接收下一个总线周期，用于形成流水线式总线周期。外部存储系统在 $\overline{NA}$ 引脚输入低电平，通知微处理器在当前总线周期完成之前，将下一个地址输出到总线上，以便开始一个新的总线周期。Pentium 微处理器最多可支持两个未完成的总线周期。

$\overline{LOCK}$：总线锁定输出信号，用来指示现行总线周期不能被打断。指令带有 LOCK

前缀时，该信号变为有效（逻辑 0）。

SCYC：分割周期输出信号，指示锁定了两个以上的总线周期。

4. Cache 控制

$\overline{\text{CACHE}}$：可高速缓存输出信号，在读操作时，指示当前 Pentium 微处理器周期支持 Cache 方式读入，在写操作时，指示当前 Pentium 微处理器周期是一个突发式写回周期。

PCD：页缓存禁止输出信号，反映了 CR3 的 PCD 位的状态，有效时表示内部的页缓存被禁止。

PWT：页写直达输出信号，反映了 CR3 的 PWT 位的状态。

$\overline{\text{FLUSH}}$：清 Cache 输入信号，使 Pentium 微处理器将数据 Cache 中修改过的行进行写回操作，并使其置于无效状态。

$\overline{\text{KEN}}$：Cache 允许输入信号，指示外部是否允许高速缓存操作。如果 $\overline{\text{CACHE}}$ 有效，并且 $\overline{\text{KEN}}$ 有效，则总线周期为一个突发的行填充周期。

WB/$\overline{\text{WT}}$：写回/通写输入信号，控制 Pentium 微处理器数据 Cache 修改后写回主存的操作模式。

$\overline{\text{EADS}}$：外部地址有效输入信号，指示地址总线有一个由外部驱动的地址。CPU 将其读入后，在片内 Cache 中寻找该地址，若找到，则执行 Cache 行无效周期，使片内 Cache 中的该行数据无效。

$\overline{\text{HIT}}$：查询命中输出信号。在查询周期，向外部表明内部 Cache 有正在查找的行。

$\overline{\text{HITM}}$：查询命中修改行输出信号，表明在查询周期中发现了一个修改过的 Cache 行，此输出信号用于在已修改过的 Cache 行写回到存储器之前禁止其他单元访问这些数据。

INV：Cache 行状态输入信号，给出查询周期命中的 Cache 行设置的状态。

AHOLD：地址保持输入信号，使 Pentium 微处理器在下一个时钟周期开始不再驱动地址和 AP 信号。

$\overline{\text{EWBE}}$：外部写缓冲器空输入信号。当 $\overline{\text{EWBE}} = 1$（无效）时，说明写周期在外部系统挂起，表示通写周期尚未完成。当 Pentium 微处理器要进行写操作，$\overline{\text{EWBE}}$ 处于无效状态时，Pentium 微处理器暂停所有向数据 Cache 的 E（互斥）和 M（修改）状态行的写入，直到 $\overline{\text{EWBE}}$ 变为有效，指示外部所有写操作已经完成。

5. 系统控制

CLK：时钟输入。

INIT：初始化输入信号。该信号可作为中断输入信号使用，其功能与 RESET 信号类似，用于初始化 CPU。但 INIT 信号不初始化 Cache、写回缓冲区和浮点寄存器，该信号不能取代加电后的 RESET 信号对处理器的复位。

RESET：复位信号。初始化 Pentium 微处理器，使其从内存地址 FFFFFFF0H 处开始执行程序，Pentium 微处理器被复位为实模式，最高位的 12 位地址线保持逻辑 1（FFFH），直至执行一个远调用或远跳转。这使它与早期微处理器兼容。硬件复位后，Pentium 微处理器的状态如表 3.3.1 所示。

表 3.3.1　复位后部分寄存器的值

寄存器	RESET 值
EAX	0
EDX	0500×××× H
EBX、ECX、ESP、EBP、ESI、EDI	0
EFLAGS	2
EIP	0000FFF0H
CS	F000H
DS、ES、SS、FS、GS	0
GDTR、TR	0
CR0	60000010H
CR2、CR3、CR4	0

6. 总线控制

HOLD：总线请求输入信号，请求 Pentium 微处理器停止总线驱动。

HLDA：总线请求响应输出信号，指示 Pentium 微处理器让出总线控制，输出引脚已经处于悬空状态。

BREQ：总线请求输出信号，指示 Pentium 微处理器内部已产生了一个总线请求。

$\overline{\text{BOFF}}$：总线释放输入信号。该信号用来中止所有未完成的总线周期，并使 Pentium 微处理器的总线悬浮直到 $\overline{\text{BOFF}}$ 为低电平，当 $\overline{\text{BOFF}}$ 为低电平后，Pentium 微处理器就重新启动中止的总线周期。

INTR：可屏蔽中断请求输入信号。输入外部中断的请求信号，与 8086 微处理器相同。

NMI：非屏蔽中断输入信号。请求一个非屏蔽中断，与 8086 微处理器相同。

3.4　Pentium 微处理器的总线周期

Pentium 微处理器的总线接口具有较好的通用性，支持多种数据传送总线周期，包括单数据传送方式、突发数据传送方式，非缓存式、缓存式，非流水线式、流水线式。表 3.4.1 列出了总线周期指示信号以及与之对应的总线活动。

表 3.4.1　总线周期类型

M/$\overline{\text{IO}}$	D/$\overline{\text{C}}$	W/$\overline{\text{R}}$	$\overline{\text{CACHE}}$	$\overline{\text{KEN}}$	总线周期
0	0	0	1	×	中断响应周期（两个锁定周期）
0	0	1	1	×	特殊总线周期

续表

M/$\overline{\text{IO}}$	D/$\overline{\text{C}}$	W/$\overline{\text{R}}$	$\overline{\text{CACHE}}$	$\overline{\text{KEN}}$	总线周期
0	1	0	1	×	I/O 读，小于等于 32 位，非缓冲
0	1	1	1	×	I/O 写，小于等于 32 位，非缓冲
1	0	0	1	×	代码读，64 位，非缓冲
1	0	0	×	1	代码读，64 位，非缓冲
1	0	0	0	0	代码读，256 位，突发式数据行填充
1	0	1	×	×	保留
1	1	0	1	×	存储器读，小于等于 64 位，非缓冲
1	1	0	×	1	存储器读，小于等于 64 位，非缓冲
1	1	0	0	0	存储器读，256 位，突发式数据行填充
1	1	1	1	×	存储器写，小于等于 64 位，非缓冲
1	1	1	0	×	256 位，突发式写回

Pentium 微处理器总线操作有 6 种时钟状态。

T_i 表示总线空闲状态，这时总线上没有信息传送。

T_1 表示总线周期的第一个时钟状态，在这个时钟，总线控制器把地址和状态信息送上总线，总线上正在进行一个总线周期操作。

T_2 表示第一个未完成的总线周期 T_1 时钟状态后的第二个时钟状态，在 T_2 期间启动传输数据，测试 BRDY 引脚的状态，总线上正在进行一个总线周期操作。

T_{12} 表示总线上有两个正在进行的总线周期，在第一个总线周期传输数据的时候启动了第二个总线周期。T_{12} 对于第一个总线周期是 T_2，对于第二个总线周期是 T_1。

T_{2P} 表示总线上有两个正在进行的总线周期，两个总线周期都处于 T_2 或后续的时钟状态。

T_D 表示总线上有一个正在进行的总线周期。这个总线周期的地址和状态信息在前面 T_{12} 时钟送上总线，但由于从读操作到写操作，或者从写操作到读操作需要一个时钟的缓冲，或者前一个总线周期的操作占用了数据线和 $\overline{\text{BRDY}}$，使数据和 $\overline{\text{BRDY}}$ 信号不能在第二个周期在 T_1 之后的时钟状态进入 T_2，这时插入一个时钟状态 T_D。

3.4.1　非流水线式读写总线周期

图 3.4.1 是非流水线式单数据读写总线周期的主要信号波形图。单数据传送读/写操作最少要占用两个时钟周期，在图 3.4.1 中标为 T_1 和 T_2。当地址随着 $\overline{\text{ADS}}$ 信号线上的地址选通脉冲输出到地址总线上时，读总线周期开始。与此同时，W/$\overline{\text{R}}$ 信号变为逻辑 0，表示要进行读数据传送，$\overline{\text{NA}}$ 和 $\overline{\text{CACHE}}$ 信号在整个总线周期中一直为逻辑 1，这

表明该总线周期是非流水线式及非缓存式的。如果 Pentium 微处理器在 T_2 时钟周期内对 $\overline{\text{BRDY}}$ 信号进行采样，并发现 BRDY 信号为有效电平逻辑 0，就执行读数据传送，总线周期结束。否则，总线周期会延长，直到 $\overline{\text{BRDY}}$ 信号为逻辑 0 并被微处理器检测到。图 3.4.1 中 T_i 为总线空闲，地址和状态可被驱动为不确定的值，或者可将总线浮空为高阻抗状态。

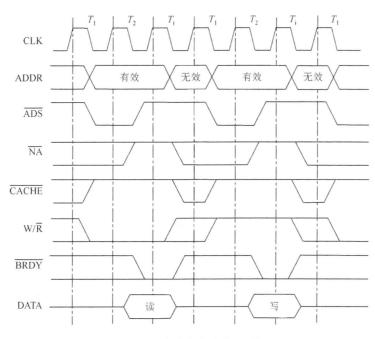

图 3.4.1　非流水线式读写周期

3.4.2　突发式读写总线周期

Pentium 微处理器有三类突发式总线周期，称为代码读突发式行填充、数据读突发式行填充、突发式写回。每种总线周期分别代表一种高速缓存的数据修改方式。另外，突发式总线周期传送 256 位数据。

图 3.4.2 和图 3.4.3 分别是突发式读总线周期和突发式写总线周期的时序。由于所有的缓存式总线周期都是突发式周期，所以在整个周期中，$\overline{\text{CACHE}}$ 信号一直为逻辑 0。对突发式读总线周期，为了传送第一个数据，在第二个时钟内，$\overline{\text{KEN}}$ 信号必须将逻辑 0 送入微处理器，这表明存储器子系统将当前的读总线周期设为突发式行填充周期。在突发式写总线周期中 $\overline{\text{KEN}}$ 信号无效。在总线周期开始时，CPU 与 $\overline{\text{ADS}}$ 信号上的脉冲一起输出第一个被访问的四倍数据字的地址及字节允许信号，该地址在整个总线周期中一直保持有效。因此，外部电路必须将地址递增，以指出后续三个四倍数据字的存储位置，在突发式读/写操作中，第一个 64 位数据的操作占用两个时钟周期，而后续三个数据每个只占用一个时钟周期。

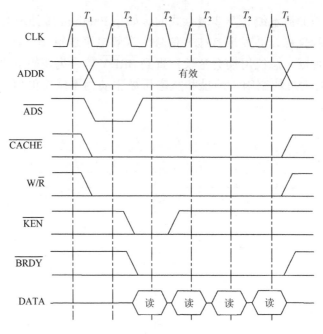

图 3.4.2　突发式读总线周期

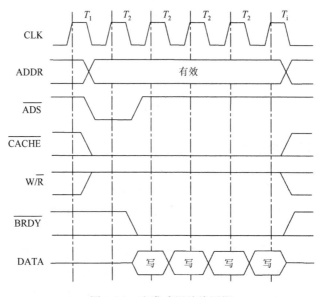

图 3.4.3　突发式写总线周期

3.4.3　流水线式读写总线周期

Pentium 微处理器通过"下一个地址"信号 $\overline{\text{NA}}$ 输入来形成流水线式总线周期。在流水线式总线周期中，下一个总线周期的地址在前一个总线周期的数据传送时产生。单数据传送总线周期和突发式总线周期均可以是流水线式的。

图 3.4.4 给出了流水线式突发式读总线周期。缓存式突发读操作由地址 a 开始，当 $\overline{\text{BRDY}}$ 信号变为逻辑 0 时，$\overline{\text{NA}}$ 信号也变为有效。$\overline{\text{NA}}$ 信号为逻辑 0 通知微处理器将下一个地址输出到地址总线上，微处理器将在下一个总线状态开始使 $\overline{\text{ADS}}$ 变低电平，将下一个地址（图 3.4.4 中 ADDR 的 b）输出到地址总线上。也就是说，通过 $\overline{\text{NA}}$ 变低电平，使下一个总线周期的地址和总线周期定义信号提前到当前总线周期的 T_{2P} 有效。实际上，流水线方式是总线周期在时间上的重叠。在流水线式总线周期中，当前突发式读总线周期结束之前，下一个缓存式突发式读总线周期对存储器的操作已经开始，因此，地址有效时间大大提前，存储器可以使用访问时间较长的存储器芯片。

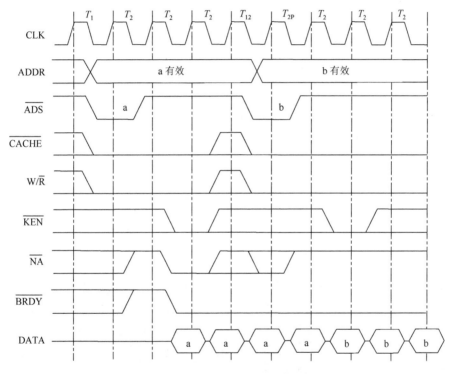

图 3.4.4 流水线式突发式读总线周期

3.5 Pentium 微处理器的操作模式

Pentium 微处理器有两种操作模式，一种是实地址模式，另一种是保护虚拟地址模式，两种操作模式在微处理器运行过程中可以转换。

3.5.1 实地址模式

在实地址模式（简称实地址方式或实方式）下，Pentium 微处理器与 8086 微处理器兼容，所以为 8086 和 80286 编写的程序不需要进行任何修改，就可以在 Pentium 微处理器的实地址模式下运行，且速度更高。除此之外，在实地址模式下，还能有效地使用 8086 微处理器所没有的寻址方式、32 位寄存器和大部分指令。在实地址模式下，Pentium 微处理器具有与 8086 微处理器同样的基本体系结构。

1. 存储空间及实地址模式下的编址

实地址模式下的存储空间为 1MB。在实地址方式下分页功能是不允许的，所以线性地址就是物理地址。

物理地址是这样形成的：段寄存器内容左移 4 位加上有效地址（也称偏移地址或偏移量），或写成：

$$段地址 \times 16 + 偏移地址 = 物理地址$$

图 3.5.1 是这种寻址方式的图示。在实地址模式下，所有的段总是起始于 16B 的边界。

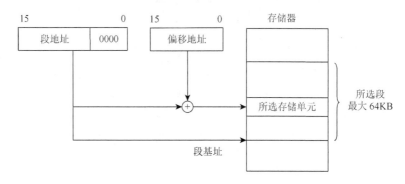

图 3.5.1　实地址模式存储器寻址

在实地址模式存储器寻址时，程序员只要在程序中给出存放在段寄存器中的段地址，并在指令中给出偏移地址，机器就会自动用段地址左移 4 位再加上偏移地址的方法，求得所选存储单元的物理地址，从而取得所要的存储单元的内容。因此，程序员在编程时并未直接指定所选存储单元的物理地址，而是给出了一个逻辑地址（即段地址:偏移地址），机器自动用某种方法来取得所选的物理地址。

2. 保留的地址空间

在实地址方式下，有两个物理存储空间是需要保留的。地址 0000:0000H～0000:03FFH 是中断向量区，每个中断向量占用 4B。地址 FFFF:0000H～FFFF:000FH 为系统初始化区，当加电或复位时，物理地址自动置为 FFFF:0000H，程序就从此地址开始运行。在实地址模式下，可以把 Pentium 微处理器的工作模式设置为保护模式。

3.5.2　保护虚拟地址模式

Pentium 微处理器工作在保护虚拟地址模式（简称保护模式或保护方式）时，充分发挥了 Pentium 微处理器所具有的存储管理功能以及硬件支撑的保护机制，这就为多用户操作系统的设计提供了有力的支持。与此同时，在保护方式下，Pentium 微处理器也允许运行已有的 8086、80286 和 80386 的软件。在保护模式存储器寻址中，仍然要求程序员在程序中指定逻辑地址，只是机器采用另一种比较复杂或者说比较间接的方法来求得相应的物理地址。因此，对程序员编程来说，并未增加复杂性。在保护模式下，逻辑地址由选择符和偏移地址两部分组成，选择符存放在段寄存器中，但它不能直接表示段基址，需要通过一定的方法取得段基址，再和偏移地址相加，从而求得所选存储单元的物理地址。图 3.5.2 为保护模式存储器寻址的示意图。由图 3.5.2 可以看出，它和实地址模式寻址的另一个区别是：偏移地址为 32 位，最大段长可从 64KB 扩大到 4GB。

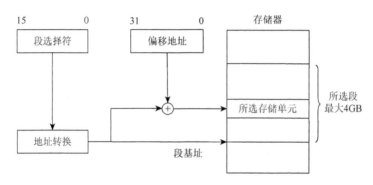

图 3.5.2　保护模式存储器寻址

1. 保护的概念

在程序运行过程中，应防止应用程序破坏系统程序、某一应用程序破坏其他应用程序、错误地把数据当作程序运行等情形的出现。为避免出现这些情形所采取的措施称作"保护"。

Pentium 微处理器有多种保护方式，其中最突出的是环保护方式。环保护是在用户程序与用户程序之间以及用户程序与操作系统之间实行隔离。Pentium 微处理器的环保护功能是通过设立特权级实现的，特权级分为 4 级（0~3），数值最低的特权级最高。0 级被分配给操作系统的核心部分，如果操作系统被破坏了，则整个计算机系统都会瘫痪，因此它所得到的保护级最高。1 级和 2 级被分配给系统服务及接口，3 级被分配给应用程序。Pentium 微处理器的特权规则有两条：存储在某个段上的特权级为 P 的数据，只能由不低于 P 级的特权级进行访问；具有特权级 P 的程序或过程只能由在不高于 P 级上执行的任务调用。

2. 存储空间

由于 Pentium 微处理器有 32 条地址线，所以在保护方式下，Pentium 微处理器可为每一个任务提供 4GB 的物理空间，并允许程序在 64TB 的逻辑空间内运行。

3. 虚拟 8086 环境

Pentium 微处理器允许在实方式和保护方式下执行 8086 的应用程序。有了虚拟 8086 方式，Pentium 微处理器允许同时执行 8086 操作系统和 8086 应用程序，以及 Pentium 操作系统和 Pentium 应用程序，因此，在一台多用户的 Pentium 微处理器的计算机中，多个用户都可以同时使用计算机。在虚拟 8086 方式下，还可以用与实方式相同的形式使用段寄存器，以形成线性基址。

3.6　Pentium 微处理器的存储器组织

Pentium 微处理器具有 64 位的外部数据线，其要求能对存储器任意地址的字节、字、双字和四倍字进行访问。

图 3.6.1 是 Pentium 微处理器与各种数据宽度存储器的接口逻辑，如果不采用 64 位存储系统，在微处理器与主存之间需要加入一些转换逻辑。采用分体的 64 位存储器系统时，Pentium 微处理器的 64 位数据总线需要 8 个 8 位存储体连接。

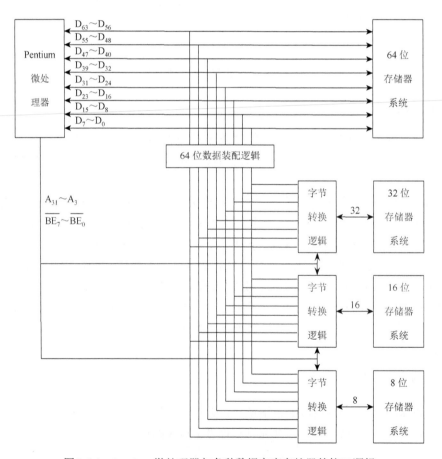

图 3.6.1　Pentium 微处理器与各种数据宽度存储器的接口逻辑

　　图 3.6.2 描述了 Pentium 微处理器的存储器组织及其 8 个存储体。访问时也有数据对准问题，不对准数据的访问会增加数据读写的总线周期。

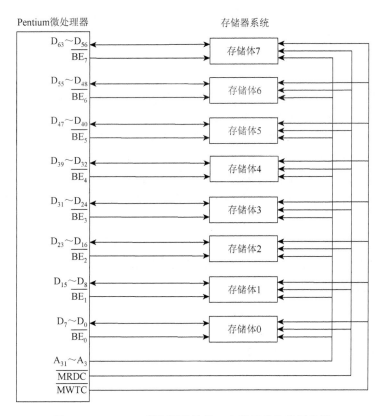

图 3.6.2　Pentium 存储器系统的 8 个存储体结构示意图

习　　题

　　3.1　Pentium 微处理器主要由哪些部分构成？简要说明各部分的功能。

　　3.2　简要说明超标量、转移预测、流水线、指令配对技术，以及其对提高微处理器性能的作用。

　　3.3　Pentium 微处理器的寄存器组包括哪些类型的寄存器？简要说明基本结构寄存器、系统级寄存器的用途。

　　3.4　说明寄存器 EAX、AX、AH、AL 之间的关系。

　　3.5　IP/EIP 寄存器的用途是什么？

　　3.6　说明标志位 NT、IOPL 的作用。

　　3.7　Pentium 微处理器段寄存器由哪几部分构成？与 8086 微处理器段寄存器有什么区别？

　　3.8　简述 Pentium 微处理器控制寄存器的作用。

　　3.9　Pentium 微处理器有哪几个系统地址寄存器？为什么设置这些寄存器？

3.10　说明 Pentium 微处理器引脚 $\overline{\text{ADS}}$、$\overline{\text{BRDY}}$、$\overline{\text{BE}}_7 \sim \overline{\text{BE}}_0$、$\overline{\text{CACHE}}$、$\overline{\text{KEN}}$、$\overline{\text{NA}}$ 的作用。

3.11　说明 INIT、RESET 信号的作用，设置 INIT 的目的是什么？Pentium 微处理器复位后从什么位置开始执行程序？

3.12　Pentium 微处理器总线操作有几种时钟状态？T_{12}、T_{2P}、T_D 与一般的时钟状态有什么区别？

3.13　简要说明 Pentium 微处理器非流水式读总线周期的基本操作过程。

3.14　简要说明 Pentium 微处理器突发式读总线周期的基本操作过程。

3.15　简要说明 Pentium 微处理器流水线式读总线周期的基本操作过程。

3.16　说明 Pentium 微处理器实地址模式的特点，8086 微处理器的工作模式、Pentium 微处理器实地址模式、Pentium 微处理器虚拟 8086 模式之间有什么异同？

3.17　说明 Pentium 微处理器保护虚拟地址模式的特点，为什么引入保护机制？有几个特权级？

3.18　Intel 80x86 系列微处理器与存储器连接时，存储器采用分体结构有什么优缺点？Pentium 微处理器的引脚 $\overline{\text{BE}}_7 \sim \overline{\text{BE}}_0$ 的作用是什么？

3.19　什么是高速缓存？计算机中设置 Cache 的作用是什么？能不能把 Cache 的容量扩大，最后取代主存？

3.20　简述 Cache 的工作原理及访问过程。

3.21　Cache 地址映像解决的是什么问题？简述直接映像、全相联映像、组相联映像的基本过程。

第4章　汇编语言及其程序设计

4.1　汇编语言概述

微型计算机本身并不知道如何处理数据，必须告诉它怎么做，从哪儿取得数据，怎么处理数据，结果放在何处。微型计算机系统中的软件就是完成这个工作的。

告诉微型计算机怎么做的命令序列称为程序。程序中每个命令就是一条指令。微型计算机运行时，程序中的指令，一条接着一条取出并执行。任务就在程序指令的引导下一步一步地完成。软件是运行于计算机中各种程序的总称。

机器语言是计算机所能直接识别的语言。程序在微型计算机中执行前必须按机器语言编码。用机器语言写出的程序称为机器代码。机器代码是二进制 0 和 1 的序列，一条指令要用一个或几个字节代码表示。虽然微型计算机只能直接识别机器代码，但几乎不再用机器语言编写程序。因此，程序通常是用其他计算机语言编写出来的，如汇编语言或 C 语言等。

汇编语言用字符记号代替机器指令的 0、1 序列。程序中每条指令可以用汇编语言的语句代替。一般每条指令分为两部分——操作码和操作数，所以汇编语言的语句指定要完成何种操作和要处理的数。

汇编语言是一种介于机器语言和高级语言之间的计算机编程语言，它既不像机器语言那样直接使用计算机所认识和理解的二进制代码构成，也不像高级语言那样独立于机器之外直接面向用户。用汇编语言编写的程序称为汇编语言源程序或汇编语言源代码，汇编语言的源代码是用很像英文缩写的助记符编写而成的。还要用汇编程序把这些助记符翻译成二进制的 0 和 1，就变成了微处理器可以直接执行的机器语言（机器代码）。汇编程序实际上是一种翻译程序，与高级语言的编译程序所完成的任务类似。

在建立及处理汇编语言程序的过程中，首先用编辑程序编写汇编语言的源程序（属性为.asm 的源文件），源程序就是用汇编语言的语句编写的程序。经过汇编程序把源文件汇编（转换）成用二进制代码表示的浮动目标文件（称为.obj 文件）。在汇编过程中，汇编程序将对源程序进行扫视检查；检测出源程序中的语法错误，并给出出错的信息（若有错误，再用编辑程序来修改）；产生源程序的浮动目标程序，并可给出列表文件（同时列出汇编语言和机器语言的文件，称为.lst 文件）；将宏指令展开。

.obj 文件虽然已经是二进制文件，但它还不能直接上机运行，必须经过连接程序把浮动目标文件与库文件或其他目标文件连接在一起形成可执行文件即.exe 文件。这个文件可以通过操作系统装入存储器，并在机器上运行，如在 DOS 下执行。在 DOS 环境下可运行的程序主要有两种结构，一种为.exe 文件，另一种为.com 文件。为得到.com 程序，必须先把一个程序汇编（MASM）和连接（LINK）生成.exe 文件，再经 EXE2BIN 程序来建立.com文件。

由上述可知，在计算机上运行汇编语言程序的步骤如下。

（1）用编辑程序建立.asm 源文件。

（2）用汇编程序 MASM 把.asm 文件转换成.obj 文件。

（3）用连接程序 LINK 把.obj 文件转换成.exe 文件或再用 EXE2BIN 程序把.exe 文件转换成.com 文件。

（4）在操作系统下直接启动.exe 文件或.com 文件就可执行该程序。

就其实质来说，汇编语言还是一种面向机器的语言，只不过是它将机器语言符号化了，用助记符代替了机器语言指令的二进制代码。用汇编语言编写的源程序与其经过汇编程序汇编之后所产生的机器语言程序之间具有一一对应的关系。正因为这样，当用汇编语言编写程序时，允许程序设计人员直接使用存储器、寄存器、I/O 端口和 CPU 的各种硬件资源和功能（如中断系统等），直接对一个位、字节、字、双字数据或寄存器、存储单元、I/O 端口进行处理，同时也能直接使用微处理器的指令系统及其所提供的各种寻址方式，编制出高质量的程序。所以用汇编语言编写的程序可以比用其他等效的高级语言程序生成的目的代码精简得多，占用的内存空间少，执行的速度也快。

用汇编语言编写程序的最主要缺点是，所编写的程序与所要解决问题的数学模型之间的关系不直观，编制程序的难度加大，而且编写出的程序可读性也差，导致出错的可能性增大，程序设计和调试的时间较长。另外，一般来说由于不同系列的微处理器具有不同的指令系统，所以其汇编语言也不相同，因此汇编语言程序在不同机器间的可移植性差。

由于汇编语言的上述特性，所以它主要用于一些对内存容量和执行速度要求比较高的情况，如系统软件、实时控制软件、I/O 接口驱动程序等设计中，其他应用场合（如数据处理等）多采用高级语言编制程序完成更复杂的任务。

目前常用的汇编程序有 Microsoft 公司推出的宏汇编程序 MASM 和 Borland 公司推出的 TASM 两种。本章采用 MASM 5.0 版来说明汇编程序所提供的伪操作和操作符，如果读者使用的是 MASM 的其他版本或是 TASM 等其他汇编程序，由于它们之间在多数情况下是兼容的，不会造成很大的影响。如果遇到细微差别，请读者查阅有关手册。

4.2　汇编语言语句格式

汇编语言程序实际上就是一个汇编语言语句的序列。语句是构成汇编程序的最基本的单位，80x86 微处理器的汇编语言语句由 4 部分（又称 4 个字段）组成。它们分别是名字字段、操作符字段、操作数字段和注释字段，汇编语句格式如下：

[名字]　操作符　操作数；[注释]

其中，格式中方括号[ ]内的内容为可选项。程序中每条汇编语句之间以及一条汇编语句内的四个字段（名字、操作符、操作数和注释）之间都必须用分隔符分隔。宏汇编程序规定使用如下的分隔符：冒号是标号与指令之间的分隔符号，空格是名字与伪指令之间的分隔符号，空格也是操作符和操作数之间的分隔符号，逗号是多个操作数之间的分隔符号，分号是注释开始的分隔符号，回车是一条汇编语句的结束符号。为制作出格式清晰的源程序，宏汇编程序规定 Tab 制表符的作用与空格相同，并允许有空语句，它可能仅有回车符号，也可能仅有注释。

1）名字字段

名字是程序员按一定规则定义的标识符，可由下列字符组成：英文字母 A～Z、a～z，数字 0～9，专用符号？、.、@、_、$。

名字的定义有如下限制。

（1）名字的第一个字符不能是数字。

（2）名字中如果用到".",则必须是第一个字符。

（3）名字的长度任意，但只有前 31 个字符有效。

（4）汇编语言中已定义的保留字、指令助记符、伪指令助记符、寄存器名等，不能作为名字使用。

一般来说，在代码段中指令语句的名字字段称为标号，在数据段或堆栈段中伪指令语句的名字字段称为变量。它们都用来表示本语句的符号地址，都是可有可无的，只有当要用符号地址来访问该语句时，才有必要加这个字段。

2）操作符字段

操作符字段可以是指令、伪指令或宏指令的助记符。对于指令，汇编程序将其翻译为机器语言指令代码。对于伪操作，汇编程序将根据其所要求的功能进行处理。对于宏指令，则将根据其定义展开。

3）操作数字段

操作数字段用来指定参与操作的数据，它们可以由零个、一个或多个常数、寄存器、标号、变量或表达式组成。对于指令，操作数字段一般给出立即数或操作数地址。对于伪指令或宏指令，则给出它们所要求的参数。

4）注释字段

注释字段用来说明一段程序、一条或几条指令的功能，其作用是增加程序的可读性。注释应该写出本条（或本段）指令在程序中的功能和作用，而不应该只写指令的动作。汇编程序对注释通常是不做任何处理的，只有在为源代码开列清单时才给予显示。

4.3 指 令 格 式

Pentium 微处理器指令的一般格式如图 4.3.1 所示，Pentium 微处理器的所有指令都是图中指令格式的子集。由图 4.3.1 可知，一条指令是由前缀、操作码、寻址方式编码、位移量/偏移量、立即数五部分组成的。

1. 前缀

前缀分成 4 类，它们分别是指令前缀（如 REP、REPE/REPZ、REPNE/REPNZ、LOCK）、段超越前缀（如 CS、SS、DS、ES、FS、GS）、操作数大小前缀和地址大小前缀。

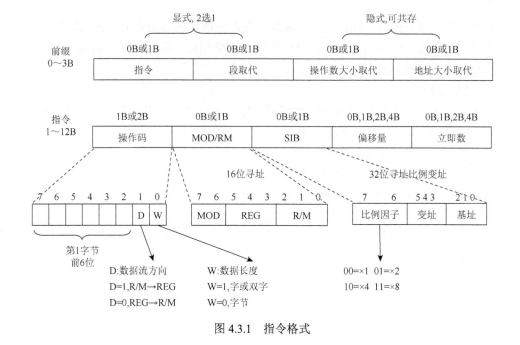

图 4.3.1   指令格式

　　Pentium 微处理器指令的头给每一类前缀都留出 0～1B，它们是可有可无的。前缀在指令中出现的次序可以任意排列。

　　Pentium 微处理器允许程序用段超越前缀（即段取代）来改变系统所指定的缺省段。

　　下面列出的是 Pentium 微处理器可以允许的段超越前缀、操作数大小前缀、地址大小前缀及对应的机器码。

　　2EH：CS 段超越前缀。

　　36H：SS 段超越前缀。

　　3EH：DS 段超越前缀。

　　26H：ES 段超越前缀。

　　64H：FS 段超越前缀。

　　65H：GS 段超越前缀。

　　66H：操作数大小前缀。

　　67H：地址大小前缀。

　　当 Pentium 微处理器执行一条指令时，它可以用 16 位的地址进行寻址，也可以用 32 位的地址进行寻址。16 位指令一般采用 16 位地址，这包括用 16 位位移量和 16 位偏移地址来计算有效地址。32 位指令一般采用 32 位位移量和 32 位偏移地址来计算有效地址。

　　Pentium 微处理器在实方式下或在虚拟 8086 方式下运行的程序，其缺省地址和操作数是 16 位的。程序在保护方式下运行时，在被执行段的段描述符中的 D 位规定了地址大小规模和操作数大小规模的缺省属性，这些缺省属性适用于段内所有指令。如果把段描述符中的 D 位清零，其缺省地址大小规模和操作数大小规模被认为是 16 位的。如果把 D 位置成 1，其缺省地址大小规模和操作数大小规模被认为是 32 位的。

　　加操作数大小前缀和地址大小前缀表示本条指令使用的地址或操作数大小与默认值不同。如果程序已指定用 16 位指令格式，但其中某条指令希望使用 32 位地址，此时，该指令前应加地址长度前缀（67H）。若程序已指定用 32 位指令格式，而其中某条指令希望用 16 位地址，则该指令前也应加地址长度前缀。操作数长度前缀（66H）的使用方法与地址长度前缀类似。16 位指令的隐含操作数长度为 16 位，32 位指令的隐含操作数长度为 32 位。若程序已指定使用 16 位指令格式，但其中某条指令要用 32 位操作数，则该指令前要加操作数长度前缀。若程序指定用 32 位指令，而某条指令要用 16 位操作数，则在该指令前也应加操作数长度前缀。地址长度前缀和操作数长度前缀的加入是由汇编程序完成的，不必由程序员指定。

　　2．操作码

　　操作码规定了微处理器执行的操作，如加、减、传送等，具体操作采用编码表示。Pentium 微处理器指令的操作码长度为 1B 或 2B。第一字节的前 6 位是操作码，其余两位中的 D 位用来指示数据流的方向，W 位用来指示数据的长度是字节还是字或双字。

　　如果方向位 $D = 1$，数据从 R/M 域流向寄存器（REG）域。如果操作码中 $D = 0$，数据从 REG 域流向 R/M 域。如果 $W = 1$，数据的长度是字或双字，如果 $W = 0$，数据的长度是字节。W 位出现在大多数指令中，而 D 位只出现在 MOV 或其他一些指令中。

　　3．寻址方式编码

　　寻址方式用来指出微处理器获取操作数的方式，如寄存器寻址、直接寻址、寄存器间接寻址等。具体方式采用编码表示。

　　1）MOD 域

　　MOD 域规定所选指令的寻址方式，还用于选择寻址类型及所选的类型是否有位移量。表 4.3.1 列出了 16 位/32 位指令模式 MOD 域可用的操作数的组成。如果 MOD 域的内容是 11，它选择寄存器寻址模式。寄存器寻址用 R/M 域指定一个寄存器而不是存储单元。如果 MOD 域的内容是 00、01 或 10，R/M 域选择数据存储器寻址方式之一。当 R/M 域选择了数据存储器寻址方式时，它指出寻址方式没有位移量(00)，包含 8 位有符号扩展的位移量(01)，或者包含 16 位/32 位的位移量（10）。注意，如果选择 8 位的位移量，在计算有效地址时，按有符号数扩展为 16 位（16 位指令）或 32 位（32 位指令）的位移量。

表 4.3.1　指令模式中的 MOD 域

模式	16 位指令功能	32 位指令功能
00	没有位移量	没有位移量
01	8 位符号扩展的位移量	8 位符号扩展的位移量
10	16 位的位移量	32 位的位移量
11	R/M 是寄存器	R/M 是寄存器

2）REG 域

REG 域采用三位编码表示 8 个寄存器，如表 4.3.2 所示，表中列出了 REG 域和 R/M 域（当 MOD = 11 时）寄存器的分配。这个表包含三种寄存器分配：一种为 W = 0（字节），其他两种为 W = 1（字或双字），双字寄存器只能用于 80386 以上的微处理器。

表 4.3.2　REG 域和 R/M 域的分配（当 MOD = 11 时）

代码	W = 0（字节）	W = 1（字）	W = 1（双字）
000	AL	AX	EAX
001	CL	CX	ECX
010	DL	DX	EDX
011	BL	BX	EBX
100	AH	SP	ESP
101	CH	BP	EBP
110	DH	SI	ESI
111	BH	DI	EDI

3）R/M 域

R/M 域表示寄存器或存储器，由 MOD 域指定。如果 MOD = 11，则为寄存器，R/M 域的分配与 REG 域的分配相同。如果 MOD 不是 11，则为存储器寻址，此时又分为 16 位指令模式和 32 位指令模式两种情况。

16 位指令模式的存储器寻址由表 4.3.3 确定。32 位指令模式的存储器寻址方式只能用于 80386 以上微处理器的 32 位寻址方式或带地址长度前缀 67H 的 16 位指令模式，具体方式可查阅有关手册。

表 4.3.3　16 位的 R/M 存储器寻址方式

R/M	MOD		
	00	01	10
000	$(BX) + (SI)$ DS	$(BX) + (SI) + D_8$ DS	$(BX) + (SI) + D_{16}$ DS
001	$(BX) + (DI)$ DS	$(BX) + (DI) + D_8$ DS	$(BX) + (DI) + D_{16}$ DS
010	$(BP) + (SI)$ SS	$(BP) + (SI) + D_8$ SS	$(BP) + (SI) + D_{16}$ SS
011	$(BP) + (DI)$ SS	$(BP) + (DI) + D_8$ SS	$(BP) + (DI) + D_{16}$ SS
100	(SI) DS	$(SI) + D_8$ DS	$(SI) + D_{16}$ DS
101	(DI) DS	$(DI) + D_8$ DS	$(DI) + D_{16}$ DS
110	D_{16}（直接寻址） DS	$(BP) + D_8$ SS	$(BP) + D_{16}$ SS
111	(BX) DS	$(BX) + D_8$ DS	$(BX) + D_{16}$ DS

4. 位移量/偏移量及立即数

位移量/偏移量：允许指令中直接给出寻址方式所需的位移量/偏移量。

立即数：允许指令中直接给出操作数。

4.4　寻　址　方　式

指令的寻址方式是指在指令中操作数的表示方式。大多数情况下，指令中并不直接给出操作数的数值，而是给出操作数存放的寄存器或存放的存储单元的地址，或给出计算操作数地址的方法。

微处理器执行程序时，根据指令给出的寻址方式，计算出操作数的地址，然后从该地址中取出操作数进行指令的操作，或者把操作结果送入某一操作数地址中。本节将用 MOV（数据传送）指令说明数据的寻址方式，用 JMP 指令说明怎样修改程序流程，用 PUSH 和 POP 指令说明堆栈的操作。

很多微处理器使用多种数据类型，Pentium 系统中使用字节、字、双字和 4 倍字，各种数据类型的规定如下。

一字节由 8 个二进制位组成，位的编号从 D_0 位到 D_7 位，D_0 位是最低位。

一个字占用两个连续地址的字节，共 16 位，字的编号从 D_0 位到 D_{15} 位，D_0 位是最低位。字中含 $D_0 \sim D_7$ 位的字节称为低序字节，含 $D_8 \sim D_{15}$ 位的字节为高序字节。低序字节存放在低位地址，高序字节存放在高位地址，将低序字节地址作为该字的地址。

一个双字占用 4 个连续地址的字节，共 32 位，双字的编号从 D_0 位到 D_{31} 位，D_0 位是最低位。双字中含 $D_0 \sim D_{15}$ 位的字为低序字，含 $D_{16} \sim D_{31}$ 位的字为高序字。低序字对应较低的地址，也将低序字中的低序字节地址作为该双字的地址。

一个 4 倍字由 8 个连续地址的字节构成，共 64 位，其编号从 D_0 位到 D_{63} 位，其中 D_0 位为最低位。含 $D_0 \sim D_{31}$ 位的双字称为低序双字，含 $D_{32} \sim D_{63}$ 位的双字称为高序双字。低序双字对应较低的地址，也将低序双字中的低序字节地址作为该 4 倍字的地址。

与数据有关的寻址方式有立即寻址、寄存器寻址、直接寻址、寄存器间接寻址、基址变址寻址、寄存器相对寻址、相对基址变址寻址和带比例因子的变址寻址，共 8 种寻址方式。在数据寻址方式的讨论中均以传送指令 MOV D，S 为例，D 为目的操作数，S 为源操作数，指令功能是把 S 送入 D。

1. 立即寻址

操作数包含在本条指令中，是指令的一部分，完整地取出该条指令之后也就获得了操作数。这种操作数称为立即数。在立即寻址中，立即数为一个常量，在 8086、80286 微处理器中，可以是字节（8 位数）或字（16 位数），而在 80386 以上的微处理器中，立即数还可以是双字（32 位数）。

为便于表示，指令一般写成汇编语言格式。汇编语言规定，立即数必须以数字开头，以字母开头的十六进制数前必须以数字 0 做前缀。数制用后缀表示，B 表示二进制数，H 表示十六进制数，D 或者缺省表示十进制数，Q 表示八进制数。汇编程序在汇编时，对于不同进制的立即数一律汇编成等值的二进制数，有符号数以补码表示。

立即寻址的例子如下：

```
MOV  AL,01010101B
MOV  BX,1234H
```

2. 寄存器寻址

操作数在 CPU 的某个寄存器中，指令指定寄存器号。寄存器寻址是最通用的数据寻址方式。对于 8 位操作数，寄存器有 AH、AL、BH、BL、CH、CL、DH 和 DL。对于 16 位操作数，寄存器可以是 AX、BX、CX、DX、SP、BP、SI 和 DI。在 80386 以上的微处理器中，还可以是 32 位操作数，寄存器有 EAX、EBX、ECX、EDX、ESP、EBP、EDI 和 ESI。有些用寄存器寻址的 MOV、PUSH 和 POP 指令可寻址 16 位的段寄存器（CS、ES、DS、SS、FS 和 GS）。

寄存器寻址的例子如下：

```
MOV  DS,AX
MOV  DL,BH
```

3. 存储器寻址

存储器寻址的指令操作数在存储器中，微处理器要访问存储器操作数，必须先计算操作数的物理地址。在 16 位系统和 32 位系统中物理地址的形成是不同的，操作数的物理地址是由段基址和偏移地址计算得到的。段基址在实模式和保护模式下可从不同途径取得。在寻址方式中，要解决的问题是如何取得操作数的偏移地址。在 8086～Pentium 微处理器中，把操作数的偏移地址称为有效地址 EA，所以下述各种存储器寻址方式即为表示有效地址 EA 的方式。

有效地址的计算可以用下式表示：

$$EA = 基址 + （变址 \times 比例因子） + 位移量$$

由上式可以看出，有效地址由以下 4 部分组成。

（1）基址：基址是存放在基址寄存器中的内容，它是有效地址中的基址部分，通常用来指向数据段中数组或字符串的首地址。对于 16 位寻址，基址寄存器可以是 BX、BP。对于 32 位寻址，基址寄存器可以是包括 ESP 在内的任何 32 位通用寄存器。

（2）变址：变址是存放在变址寄存器中的内容，它通常用来访问数组中的某个元素或字符串中的某个字符。对于 16 位寻址，变址寄存器可以是 SI、DI。对于 32 位寻址，变址寄存器可以是除 ESP 以外的任何 32 位通用寄存器。

（3）比例因子：比例因子是 80386 以上微处理器新增加的寻址方式，其值可为 1、2、4 或 8。在寻址中，可用变址寄存器的内容乘以比例因子来取得变址值。这类寻址方式对访问元素长度为 2B、4B、8B 的数组特别有用。

（4）位移量：位移量是存放在指令中的一个 0 位、8 位、16 位或 32 位的数，但它不是立即数，而是一个地址。对于 16 位寻址，位移量可以是 0 位、8 位或 16 位。对于 32 位寻址，位移量可以是 0 位、8 位或 32 位。

在这 4 个部分中，除比例因子是固定值外，其他 3 个部分都可正可负，以保证指针移动的灵活性。

在有效地址计算的 4 个部分中，比例因子只能与变址寄存器同时使用，这样可以得到 9 种不同组合的存储器寻址方式，如表 4.4.1 所示。

表 4.4.1　存储器寻址方式

寻址方式	基址	变址	比例因子	位移量
直接寻址				√
寄存器间接寻址	√*	√*		
寄存器相对寻址	√*	√*		√
基址变址寻址	√	√		
相对基址变址寻址	√	√		√
比例变址寻址		√	√	
基址比例变址寻址	√	√	√	
相对基址比例变址寻址	√	√	√	√
相对比例变址寻址		√	√	√

注：√*表示基址与变址任取一个。

存储器寻址时规定，如果使用寄存器 BP、EBP 和 SP、ESP 参与寻址，则微处理器默认为访问堆栈段 SS。若使用除寄存器 BP、EBP 和 SP、ESP 以外的所有通用寄存器参与寻址，则微处理器默认为访问数据段 DS。反之，如果使用寄存器 BP、EBP 和 SP、ESP 参与寻址，但程序员真正想访问的是堆栈段之外的其他逻辑段，那么地址表达式中必须明确写出相关逻辑段的段超越前缀，否则将出现寻址错误。例如，MOV AL，DS:[BP]，表示用 BP 间址访问数据段。

若使用除寄存器 BP、EBP 和 SP、ESP 以外的所有通用寄存器参与寻址数据段 DS 以外的其他逻辑段，必须明确写出相关逻辑段的段超越前缀。例如，MOV AL，CS:[BX]，用 BX 间址访问代码段。

为提高程序的可读性和效率，要尽量少使用段超越前缀。

4. 转移地址的寻址方式

控制转移指令使程序不再顺序执行，而是按指令中给出的操作数转移到相应的目的地址，控制转移指令中的操作数是转移的目的地址，称为转移地址。转移地址有两种基本类型，第一种称为段内转移，其地址只限于当前代码段之中，这种转移只需要修改 IP/EIP 值。第二种称为段间转移，允许从一个代码段转移到另一个代码段，实现段间转移需要修改 CS 和 IP/EIP 的值。转移地址的寻址方式有四种，即段内相对寻址、段内间接寻址、段间直接寻址和段间间接寻址。

1）段内相对寻址

16 位指令模式转移的有效地址是当前 IP 寄存器的内容和指令中指定的 8 位或 16 位位移量之和，32 位指令模式转移的有效地址是当前 EIP 寄存器的内容和指令中指定的 8 位或 32 位位移量之和。这种方式的转移有效地址用相对于当前 IP/EIP 值的位移量来表示，所以它是一种相对寻址方式。指令中的位移量是转移的有效地址与当前 IP/EIP 值（当前 IP 或 EIP 值是指相对转移指令的下一条指令的地址）之差，所以当这一程序段在内存中的不同区域运行时，这种寻址方式的转移指令的目标在程序中的位置不会发生变化，这是符合程序的再定位要求的。这种寻址方式适用于条件转移及无条件转移指令，但是当它用于条件转移指令时，对于 16 位指令模式，位移量只允许 8 位，而对于 32 位指令模式，位移量可为 8 位或 32 位。对于 16 位指令模式，无条件转移指令在位移量为 8 位时称为短跳转，位移量为 16 位时则称为近跳转。对于 32 位指令模式，无条件转移指令在位移量为 8 位时称为短跳转，位移量为 32 位时称为近跳转。

例如：

```
JMP  NEAR PTR A1
JMP  SHORT A2
```

其中，A1 和 A2 均为转移的符号地址（也称标号），在机器指令中，用位移量来表示。在汇编指令中，如果位移量为 16 位或 32 位，则在符号地址前加操作符 NEAR PTR。如果位移量为 8 位，则在符号地址前加操作符 SHORT。

由于位移量本身是个带符号数，所以 8 位位移量的跳转范围为 $-128 \sim +127$。16 位位移量的跳转范围为 $\pm 32K$，32 位位移量的跳转范围为 $\pm 2G$。

2）段内间接寻址

在段内间接寻址中，寻址目标的有效地址是一个寄存器或一个存储单元的内容。这个寄存器或存储单元的内容可以用数据寻址方式中除立即数以外的任何一种寻址方式取得，用所得到的转移的有效地址来取代 IP/EIP 的内容。

这种寻址方式以及以下两种段间寻址方式都不能用于条件转移指令。也就是说，条件转移指令只能使用段内相对寻址，而 JMP 指令则可用四种寻址方式中的任何一种。

例如：

```
JMP  BX
JMP  WORD PTR[BX+A1]
```

其中，WORD PTR 为操作符，用以指出其后的寻址方式所取得的转移地址是一个字长的地址。

3）段间直接寻址

在段间直接寻址中，指令直接提供了目标的段地址和偏移地址，所以只要用指令中指定的偏移地址取代 IP/EIP 寄存器的内容，用指令中指定的段地址取代 CS 寄存器的内容就完成了从一个段到另一个段的转移操作。例如，JMP FAR PTR A1，其中 A1 为转移的符号地址，它包含一个段地址和段内偏移，FAR PTR 表示段间转移的操作符。

4）段间间接寻址

段间间接寻址方式用相继的存储器单元中的内容来取代 IP/EIP 和 CS 中的原有内容，

以达到段间转移的目的。这里，存储单元的地址由指令指定的除立即数寻址方式和寄存器寻址方式以外的任何一种数据寻址方式取得。例如，JMP DWORD PTR [SI]，指令中，[SI]说明数据寻址方式为寄存器间接寻址方式，DWORD PTR 为双字操作符，说明转移地址需取双字为段间转移指令。[SI]指向的字送入 IP，[SI + 2]指向的字送入 CS。

5. 堆栈地址寻址

堆栈是以"先进后出"方式工作的一个特定的存储区。它的一端是固定的，称为栈底，另一端是浮动的，称为栈顶，它只有一个出入口。堆栈用于参数传递及寄存器内容、现场和返回地址的保存。堆栈必须存在于堆栈段 SS 中。使用 PUSH 指令将操作数压入堆栈，使用 POP 指令从堆栈中弹出操作数。使用堆栈的指令也隐含着堆栈地址大小属性，其地址大小属性或者是 16 位的或者是 32 位的。使用 16 位堆栈地址大小属性的指令，它所用的堆栈指针 SP 寄存器也是 16 位的。使用 32 位堆栈地址大小属性的指令，它所用的堆栈指针 ESP 寄存器也是 32 位的。堆栈的地址大小属性是由堆栈段 SS 寄存器内的数据段描述符中的 B 位控制的，若 B 位的值为 0，说明所选择的堆栈地址大小属性是 16 位的。若 B 位的值为 1，则说明所选择的堆栈地址大小属性是 32 位的。

在 16 位指令模式下，堆栈栈顶地址为（SS）×10H +（SP）形式。在 32 位指令模式下，段寄存器 SS 存放段选择符，通过段选择符访问段描述符，获取 32 位段址。ESP 存放 32 位的堆栈指针。

Intel 80x86 系列微处理器规定，堆栈向小地址方向增长，压入数据时先修改指针，再按照指针指示的单元存入数据。弹出时，先按照指针指示的单元取出数据，再修改指针。压入和弹出的数据类型（数据长度）不同，堆栈指针修改的数值不同，如堆栈压入一个字，则指针减小 2，压入一个双字，则指针减小 4。

4.5 指 令 系 统

Pentium 微处理器的指令系统按功能可分为数据传送指令、算术运算指令、BCD 码调整指令、逻辑运算指令、移位循环指令、控制转移指令、条件设置指令、串操作指令、处理器控制指令和保护模式系统控制指令。Pentium 微处理器兼容 8086 微处理器的指令系统。本节简要介绍 8086 微处理器指令系统中编程常用的一些指令，其他指令请查阅有关手册。

4.5.1 数据传送指令

数据传送指令的功能是，把源操作数传送到目标寄存器或目标存储单元中。指令执行后，源操作数不变，不影响状态标志（标志寄存器传送指令除外）。

1. MOV（传送指令）

格式：MOV DST,SRC

功能：（DST）←（SRC），DST 为目的操作数，SRC 为源操作数。

说明：源操作数可采用各种数据寻址方式。目的操作数可采用除代码段寄存器 CS 和立即数以外的各种数据寻址方式。立即数不能直接送到段寄存器。不允许在两个段寄存器间直接传送信息。源操作数和目的操作数不能同时为内存操作数。源操作数和目的操作数长度应该相等。若源操作数为立即数而目的操作数为内存操作数，则应用 PTR 运算符说明其属性。数据传送示意图如图 4.5.1 所示。

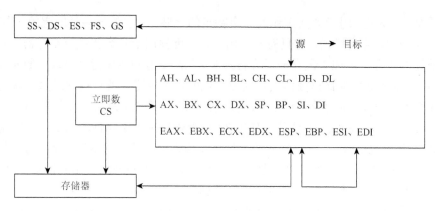

图 4.5.1　数据传送示意图

例如：

```
MOV  DS,AX                ;寄存器 AX 内容传送给段寄存器 DS
MOV  WORD PTR [BX],10H    ;立即数 0010H 送入 BX 指向的字存储单元
```

2. PUSH（进栈指令）

格式：PUSH SRC

功能：堆栈←（SRC）

说明：进栈数据可以是 16 位或 32 位的通用寄存器、内存操作数和 16 位或 32 位的立即数（自 286 起有）或段寄存器内容。如果是内存操作数，则应用 PTR 运算符说明其属性。

例如：

```
PUSH  AX                 ;寄存器 AX 的内容进栈
PUSH  WORD PTR [BX]      ;一个字进栈
```

3. POP（出栈指令）

格式：POP DST

功能：（DST）←堆栈栈顶内容

说明：目的操作数可以是 16 位或 32 位的通用寄存器、内存单元和除 CS 之外的段寄存器。如果是内存单元，则应用 PTR 运算符说明其属性。

例如：

```
POP  BX                  ;栈顶一个字送寄存器 BX
POP  DWORD PTR [SI]      ;栈顶一个双字送 DS:[SI]的 4 个单元
```

4. PUSHF/POPF（16 位标志寄存器进栈/出栈指令）

格式：PUSHF

　　　　POPF

功能：执行 PUSHF 时，标志寄存器低 16 位压入堆栈；执行 POPF 时，从栈顶弹出 2B 送标志寄存器低 16 位。

5. XCHG（交换指令）

格式：XCHG　OPR1,OPR2

功能：（OPR1）↔（OPR2）

说明：其中 OPR 表示该指令的两个等长操作数，它可以是通用寄存器操作数或除立即数外任何寻址方式的内存操作数，但不能同时为内存操作数，因此它可以在寄存器之间或者在寄存器与存储器之间交换信息，但不允许使用段寄存器。指令允许字节、字或双字操作。

6. LEA（有效地址送寄存器指令）

格式：LEA　REG,SRC

功能：（REG）←（SRC）的有效地址

说明：指令把源操作数的有效地址送到指定的寄存器中。该指令的目的操作数可使用 16 位或 32 位的通用寄存器，但不能使用段寄存器。源操作数可使用除立即数和寄存器外的任一种存储器寻址方式所得的有效地址。有效地址长度和目的寄存器长度可以相等也可以不相等，若 32 位有效地址送 16 位寄存器，则截取低 16 位存入 16 位目的寄存器。若 16 位有效地址送 32 位寄存器，则零扩展后存入 32 位目的寄存器。

7. LDS、LES、LFS、LGS 和 LSS（指针送寄存器和段寄存器指令）

格式：LDS　REG,SRC

功能：（REG）←[SRC]

　　　　（DS）←[SRC + 2]或（DS）←[SRC + 4]

说明：LDS、LES、LFS、LGS 和 LSS 指令中，其后两位字母代表段寄存器，它们是隐含的段寄存器，而 LFS、LGS 和 LSS 自 80386 起开始设置。该组指令的源操作数只能用存储器寻址方式，根据任何一种存储器寻址方式找到一个存储单元。当指令指定的是 16 位寄存器时，把该存储单元中存放的 16 位数装入该寄存器中，然后把（SRC + 2）中的 16 位数装入指令指定的段寄存器中。当指令指定的是 32 位寄存器时，把该存储单元中存放的 32 位数装入该寄存器中，然后把（SRC + 4）中的 16 位数装入指令指定的段寄存器中。

例如：

　　　　LES　SI,[BX]

如果指令执行前（DS）= 9000H,（BX）= 0800H,[90800H] = 05AEH,[90802H] = 4000H,

则指令执行后（SI）= 05AEH，（ES）= 4000H。

8. XLAT（换码指令）

格式：XLAT

功能：（AL）←[（BX）+（AL）]或（AL）←[（EBX）+（AL）]

说明：隐含地使用 BX/EBX 和 AL 寄存器。把有效地址为（BX）+（AL）或（EBX）+（AL）的内存字节复制到 AL 中。

9. IN/OUT（输入/输出指令）

在 Pentium 微处理器中，外部设备最多可有 65536 个 I/O 端口，端口号（即外部设备的端口地址）为 0000H～FFFFH。所有 I/O 端口与 CPU 之间的通信都由 IN 和 OUT 指令来完成。其中 IN 完成从 I/O 到 CPU 的信息传送，OUT 则完成从 CPU 到 I/O 的信息传送，CPU 只能用累加器（AL 或 AX 或 EAX）接收或发送信息。

1）IN（输入指令）

格式：IN AL,PORT

功能：（AL）←（PORT）（字节）

说明：AL 为累加器，PORT 为输入端口地址，当端口地址为 00H～FFH 时，可以以立即数方式直接在指令中指定。当端口地址≥256 时，必须先把端口号放到 DX 寄存器中（端口地址可以为 0000～FFFFH）。必须注意，这里的端口号或 DX 的内容均为地址（不需要由任何段寄存器来修改它的值），而传送的是端口中的信息。

例如：

```
IN  AL,88H
MOV DX,88H
IN  AL,DX
```

2）OUT（输出指令）

格式：OUT PORT,AL

功能：（PORT）←（AL）（字节）

说明：AL 为累加器，PORT 为输出端口地址，PORT 的用法与 IN 指令相同。

4.5.2 算术运算指令

Pentium 微处理器提供了一套二进制数的加、减、乘、除指令，其运算对象可以是 8 位、16 位、32 位的有符号数或无符号数，另外，还提供了若干调整指令，使运算对象可以是压缩的 BCD 码数或非压缩的 BCD 码数。这类指令执行后会影响标志寄存器中的状态标志。

1. 加法、减法指令

格式：

```
ADD DST,SRC ;加法指令,(DST)←(SRC)+(DST)
```

```
ADC  DST,SRC  ;带进位加法指令,(DST)←(SRC)+(DST)+CF
SUB  DST,SRC  ;减法指令,(DST)←(DST)-(SRC)
SBB  DST,SRC  ;带借位减法指令,(DST)←(DST)-(SRC)-CF
```

说明：上述 4 条指令，目的操作数可以是 8 位、16 位或 32 位的通用寄存器及各种寻址的内存操作数。源操作数是与目的操作数等长的立即数、通用寄存器或各种寻址的内存操作数。但源操作数和目的操作数不能同时为内存操作数。如果源操作数是单字节或双字节立即数，而目的操作数是各种寻址的内存操作数，则目的操作数前面必须用 PTR 运算符说明是字节型还是字型，否则汇编时会出错。指令执行后，影响 AF、CF、OF、PF、SF、ZF 这 6 个标志位。

2. 加 1、减 1 指令

格式：

```
INC  OPR                    ;加 1 指令,(OPR)←(OPR)+1
DEC  OPR                    ;减 1 指令,(OPR)←(OPR)-1
```

说明：以上两条指令，其目的操作数可以是 8 位、16 位或 32 位的通用寄存器及各种寻址的内存操作数。如果目的操作数是各种寻址的内存操作数，则目的操作数前面必须用 PTR 运算符说明是字节型还是字型，否则汇编时会出错。执行 INC、DEC 指令后影响 AF、OF、PF、SF、ZF 这 5 个标志位，但对 CF 标志位没有影响。

例如：

```
INC  [BX]             ;错误
INC  BYTE PTR [BX]    ;对 DS:[BX]字节单元加 1
INC  WORD PTR [BX]    ;对 DS:[BX]字单元加 1
INC  DWORD PTR [BX]   ;对 DS:[BX]双字单元加 1
```

3. CMP（比较指令）

格式：CMP OPR1,OPR2
功能：（OPR1）-（OPR2）
说明：该指令与 SUB 指令一样执行减法操作，但结果不回送目的操作数，影响标志位。

4. MUL（无符号数乘法指令）

格式：MUL SRC
功能：字节乘　（AX）←（AL）×（SRC）
　　　字乘　　（DX:AX）←（AX）×（SRC）
　　　双字乘　（EDX:EAX）←（EAX）×（SRC）
说明：乘数和被乘数必须是等长的无符号二进制数，乘积为双倍长。指令格式中的 SRC 可以是 8 位、16 位或 32 位的通用寄存器操作数或任一种存储器寻址方式的内存操作数。默认被乘数在 AL、AX 或 EAX 中。若乘积的高半部分结果为 0，则 CF 和 OF 置 0；

否则，CF 和 OF 置 1。标志位 AF、PF、ZF、SF 无定义（即标志位的状态不定）。

5. DIV（无符号数除法指令）

格式：`DIV SRC`

功能：字节除　（AL）←（AX）/（SRC）的商，（AH）←（AX）/（SRC）的余数

　　　　字除　　（AX）←（DX:AX）/（SRC）的商，（DX）←（DX:AX）/（SRC）的余数

　　　　双字除　（EAX）←（EDX:EAX）/（SRC）的商，（EDX）←（EDX:EAX）/（SRC）的余数

说明：被除数默认在 AX、DX 和 AX、EDX 和 EAX 寄存器中，被除数应当是除数的双倍字长。除数可以是 8 位、16 位或 32 位的通用寄存器或任一种寻址方式的内存操作数。所有标志位无定义。

4.5.3　BCD 码调整指令

计算机能识别和处理的是二进制数，而人们习惯用的是十进制数。这样，当用计算机进行计算时，必须先把十进制数转换成二进制数，然后进行二进制数的计算，计算结果再转换成十进制数输出。为了便于十进制数的计算，微处理器提供了一组十进制数调整指令，这组指令在二进制计算的基础上，给予十进制调整，可以直接得到十进制数的结果。

BCD 码是一种用 4 位二进制数来表示一位十进制数的编码。BCD 码有多种，在计算机中常用的是 4 位二进制数的权为 8421 的 BCD 码，所以 BCD 码又称为 8421 码。

在 Pentium 微处理器中，表示十进制数的 BCD 码可以用压缩的 BCD 码和非压缩的 BCD 码两种格式来表示。压缩的 BCD 码，每 4 位二进制数表示一位十进制数，每字节存 2 个 BCD 码，对于 n 位十进制数，则需用 $4 \times n$ 位二进制数。非压缩的 BCD 码，每字节用低 4 位表示 1 位 BCD 码，而高 4 位无意义。

由于机器所提供的 ADD、ADC 以及 SUB、SBB 指令只适用于二进制数加减法。当我们使用 ADD、ADC 以及 SUB、SBB 指令对 BCD 码进行运算后，必须经过调整才能得到正确的结果。为了理解调整指令的工作原理，我们给出加法的调整规则：任意两个用 BCD 码表示的十进制数位相加，其结果为 1010B～1111B 或者向高位产生了进位，则在其上再加 6 就可得到正确的结果。

1. DAA（压缩 BCD 码加法调整指令）

格式：`DAA`

功能：如果 AL 的低 4 位大于 9 或 AF = 1，则（AL）+6→（AL）和 1→AF。

　　　　如果 AL 的高 4 位大于 9 或 CF = 1，则（AL）+60H→（AL）和 1→CF。

说明：将两个压缩 BCD 码相加后在 AL 中的结果调整到压缩的 BCD 码格式。指令执行后，影响 AF、CF、PF、SF、ZF 这 5 个标志位，而 OF 无定义。

例如：

```
MOV  AL,54H      ;54H 代表十进制数 54
MOV  BL,37H      ;37H 代表十进制数 37
ADD  AL,BL       ;AL 中的和为十六进制数 8BH
DAA              ;执行 DAA 指令后,(AL)=91H,AF=1,CF=0,91 恰为 54、
                 ;37 的和
```

2. DAS（压缩 BCD 码减法调整指令）

格式：DAS

功能：如果 AL 的低 4 位大于 9 或 AF＝1，则（AL）–6→（AL）和 1→AF。

如果 AL 的高 4 位大于 9 或 CF＝1，则（AL）–60H→（AL）和 1→CF。

说明：将两个压缩 BCD 码相减后在 AL 中的结果调整到压缩的 BCD 码格式。指令执行后，影响 AF、CF、PF、SF、ZF 这 5 个标志位，而 OF 无定义。

例如：

```
MOV  AL,86H      ;86H 代表十进制数 86
MOV  BL,07H      ;07H 代表十进制数 07
SUB  AL,BL       ;AL 中的和为十六进制数 7FH
DAS              ;执行 DAS 指令后,(AL)=79H,AF=1,CF=0,79 恰为 86、
                 ;07 的差
```

3. AAA（非压缩 BCD 码加法调整指令）

格式：AAA

功能：

（1）如果 AL 的低 4 位小于等于 9，并且 AF＝0，则转步骤（3）。

（2）（AL）＋6→AL，1→AF，（AH）＋1→AH。

（3）AL 高 4 位清零。

（4）AF→CF。

说明：把两个非压缩 BCD 码相加后在 AL 中的结果调整到非压缩的 BCD 码格式。指令执行后，影响 AF 和 CF，而 PF、SF、ZF、OF 无定义。

4. AAS（非压缩 BCD 码减法调整指令）

格式：AAS

功能：

（1）如果 AL 的低 4 位小于等于 9，并且 AF＝0，则转步骤（3）。

（2）（AL）–6→AL，1→AF，（AH）–1→AH。

（3）AL 高 4 位清零。

（4）AF→CF。

说明：把两个非压缩 BCD 码相减后在 AL 中的结果调整到非压缩的 BCD 码格式。指令执行后，影响 AF 和 CF，而 PF、SF、ZF、OF 无定义。

4.5.4　逻辑运算指令

逻辑运算指令对操作数按位进行计算，操作数可以是字节或字，也可以是双字。

1. 与、或、异或、比较逻辑运算指令

格式：

```
AND  DST,SRC      ;按位逻辑与运算指令,(DST)←(DST) ∧ (SRC)
OR   DST,SRC      ;按位逻辑或运算指令,(DST)←(DST) ∨ (SRC)
XOR  DST,SRC      ;按位逻辑异或运算指令,(DST)←(DST) ⊕ (SRC)
TEST OPR1,OPR2    ;按位逻辑比较运算指令,(OPR1) ∧ (OPR2)
```

说明：上述 4 条指令，目的操作数可以是 8 位、16 位或 32 位的通用寄存器及各种寻址方式的内存操作数。源操作数是与目的操作数等长的立即数、通用寄存器或各种寻址方式的内存操作数。但源操作数和目的操作数不能同时为内存操作数。指令执行后，影响 SF、ZF 和 PF，使 CF 和 OF 置 0，AF 无定义。

2. NOT 按位取反指令

格式：NOT　OPR

功能：$(OPR) \leftarrow \overline{OPR}$

说明：目的操作数可以是 8 位、16 位或 32 位的通用寄存器及各种寻址方式的内存操作数。NOT 指令不影响标志位。

4.5.5　移位循环指令

1. 移位指令

格式：

```
SHL  OPR,CNT     ;逻辑左移
SHR  OPR,CNT     ;逻辑右移
SAL  OPR,CNT     ;算术左移
SAR  OPR,CNT     ;算术右移
```

2. 循环指令

格式：

```
ROL  OPR,CNT     ;循环左移
ROR  OPR,CNT     ;循环右移
RCL  OPR,CNT     ;带进位循环左移
RCR  OPR,CNT     ;带进位循环右移
```

说明：上述 8 条移位、循环指令功能如图 4.5.2 所示，其操作数 OPR 可以是 8 位、16 位或 32 位的通用寄存器及各种寻址方式的内存操作数。

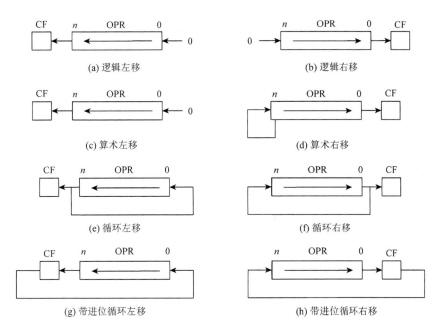

(a) 逻辑左移　　(b) 逻辑右移
(c) 算术左移　　(d) 算术右移
(e) 循环左移　　(f) 循环右移
(g) 带进位循环左移　　(h) 带进位循环右移

图 4.5.2　移位、循环指令功能示意图

（1）操作数为内存操作数，应用 PTR 运算符说明其属性。

（2）移位次数由 CNT 决定，CNT 可以是 8 位的立即数或者是预先存放在 CL 寄存器中的移位次数。立即数指定范围为 1～31 的移位次数（在 8086 微处理器中立即数只能取 1）。

（3）它们对条件码的影响是：CF 位根据各条指令的规定设置。OF 位只有当 CNT＝1 时才是有效的，否则该位无定义。当 CNT＝1 时，在移位后最高有效位的值发生变化时（原来为 0，移位后为 1；或原来为 1，移位后为 0），OF 位置 1，否则置 0。图 4.5.2（e）～图 4.5.2（h）的循环指令不影响除 CF 和 OF 以外的其他标志位，图 4.5.2（a）～图 4.5.2（d）的移位指令则根据移位后的结果设置 SF、ZF 和 PF 位，AF 位则无定义。

4.5.6　控制转移指令

1. 无条件段内相对短转移指令

格式：JMP　SHORT OPR

功能：(IP)←(IP)＋8 位位移量或(EIP)←(EIP)＋8 位位移量

说明：SHORT 是汇编语言提供的属性运算符，表明是短距离转移。其中 8 位位移量是由目标地址 OPR 确定的。IP 或 EIP 是机器执行时的当前值（即 JMP 指令的下一条指令的地址）。8 位位移量是一个带符号数，这种转移格式只允许在−128～＋127B 的范围内转移。

2. 无条件段内相对近转移指令

格式：JMP　NEAR PTR OPR

功能：（IP）←（IP）+ 16 位位移量或（EIP）←（EIP）+ 32 位位移量

说明：NEAR 是汇编语言提供的属性描述符，表明是近距离转移。其中 16 位或 32 位位移量是由目标地址 OPR 确定的。IP 或 EIP 是机器执行时的当前值（即 JMP 指令的下一条指令的地址）。16 位或 32 位位移量是一个带符号数。

3. 无条件段内间接转移指令

格式：JMP　OPR

功能：（IP）←（OPR）或（EIP）←（OPR）

说明：OPR 操作数可以使用除立即数方式以外的任一种寻址方式。如果指定的是寄存器，则把寄存器的内容送到 IP 或 EIP 寄存器中。如果指定的是存储器中的一个字或双字，则把该存储单元的内容送到 IP 或 EIP 寄存器中。

4. 无条件段间直接转移指令

格式：JMP　FAR PTR OPR

功能：（IP/EIP）←OPR 的段内偏移地址

　　　（CS）←OPR 所在段的段地址

说明：OPR 为汇编语言中的标号。

5. 无条件段间间接转移指令

格式：JMP　DWORD PTR OPR

功能：（IP/EIP）←[EA]

　　　（CS）←[EA+2]/[EA+4]

说明：EA 由 OPR 确定的任何内存寻址方式给出。

6. 条件相对转移指令

条件相对转移指令根据当前标志位来决定程序执行的流程，若满足指令规定的条件，则程序转移执行指定标号 OPR 处的指令，否则程序顺序执行。

条件相对转移指令的转移寻址方式可以是段内相对短转移或段内相对近转移，不允许段间转移。在 8086 微处理器和 80286 微处理器中只提供短转移方式，转移偏移值范围为 8 位带符号数。在 80386 及其后继微处理器中，除短转移方式外，还提供了近转移方式，在 16 位指令模式下转移偏移值范围为 16 位带符号数，在 32 位指令模式下转移偏移值范围为 32 位带符号数。

1）单条件相对转移指令

格式：

```
    JZ/JE  OPR      ;ZF=1 转移,结果为零或相等转移
```

```
    JNZ/JNE  OPR        ;ZF=0 转移,结果不为零或不相等转移
    JS  OPR             ;SF=1 转移,结果为负转移
    JNS  OPR            ;SF=0 转移,结果为正转移
    JO  OPR             ;OF=1 转移,结果溢出转移
    JNO  OPR            ;OF=0 转移,结果不溢出转移
    JP/JPE  OPR         ;PF=1 转移,结果为偶转移
    JNP/JPO  OPR        ;PF=0 转移,结果为奇转移
    JC  OPR             ;CF=1 转移,有借位或有进位转移
    JNC  OPR            ;CF=0 转移,无借位或无进位转移
```

2）无符号数比较条件相对转移指令（$A–B$）

格式：

```
    JB/JNAE/JC  OPR     ;CF=1,A<B 转移
    JAE/JNB/JNC  OPR    ;CF=0,A≥B 转移
    JBE/JNA  OPR        ;(CF∨ZF)=1,A≤B 转移
    JA/JNBE  OPR        ;(CF∨ZF)=0,A>B 转移
```

3）有符号数比较条件相对转移指令（$A–B$）

格式：

```
    JL/JNGE  OPR        ;(SF⊕OF)=1,A<B 转移
    JGE/JNL  OPR        ;(SF⊕OF)=0,A≥B 转移
    JLE/JNG  OPR        ;((SF⊕OF)∨ZF)=1,A≤B 转移
    JG/JNLE  OPR        ;((SF⊕OF)∨ZF)=0,A>B 转移
```

7. LOOP（循环控制相对转移指令）

格式：LOOP OPR

功能：（CX/ECX）←（CX/ECX）–1，（CX/ECX）≠0 转移

说明：转移地址为（IP/EIP）←（IP/EIP）+ 8 位带符号数，8 位位移量是由目标地址 OPR 确定的。

8. 子程序调用与返回指令

子程序结构相当于高级语言中的过程。为便于模块化程序设计，经常把程序中某些具有独立功能的部分编写成独立的程序模块，称为子程序（或称过程）。程序中可由调用程序（或称主程序）调用这些子程序，而在子程序执行完后又返回调用程序继续执行。

1）段内相对调用指令

格式：CALL DST

```
      CALL  NEAR PTR DST
```

功能：当操作数长度为 16 位时，　（SP）–2→SP，（IP）→[SP]

IP←（IP）+ 16 位位移量

当操作数长度为 32 位时，　　（ESP）−4→ESP，（EIP）→[ESP]

$$EIP←（EIP）+ 32 位位移量$$

说明：IP 或 EIP 压栈是将机器执行时的当前值（即 CALL 指令的下一条指令的地址）压入堆栈以便子程序返回用。NEAR 为汇编语言提供的属性描述符，表明是近距离转移。其中 16 位或 32 位位移量是由目标地址 DST（即子程序的入口地址）确定的。16 位或 32 位位移量是一个有符号数。

2）段内间接调用指令

格式：CALL　DST

功能：当操作数长度为 16 位时，　　（SP）−2→SP，（IP）→[SP]

　　　　　　　　　　　　　　　　　（IP）←（EA）

　　　当操作数长度为 32 位时，　　（ESP）−4→ESP，（EIP）→[ESP]

　　　　　　　　　　　　　　　　　（EIP）←（EA）

说明：它同样是先保护返回地址，然后转移到由 DST 指定的转移地址。有效地址 EA 值由 DST 的寻址方式确定。它可以使用除立即数方式以外的任一种寻址方式。如果指定的是寄存器，则把寄存器的内容送到 IP 或 EIP 寄存器中。如果指定的是存储器中的一个字或双字，则把该存储单元的内容送到 IP 或 EIP 寄存器中。

3）段间直接调用指令

格式：CALL　DST

功能：当操作数长度为 16 位时，（SP）−2→SP，（CS）→[SP]

　　　　　　　　　　　　　　　　（SP）−2→SP，（IP）→[SP]

　　　　　　　　　　　　　　　　IP←DST 的偏移地址，CS←DST 所在段的段地址

　　　当操作数长度为 32 位时，（ESP）−2→ESP，（CS）→[SP]

　　　　　　　　　　　　　　　　（ESP）−4→ESP，（EIP）→[ESP]

　　　　　　　　　　　　　　　　EIP←DST 的偏移地址，CS←DST 所在段的段地址

说明：该指令先把 CS、IP 或 EIP 压栈，保护返回地址，然后转移到由 DST（DST 为汇编语言中的过程名）指定的转移地址。

4）段间间接调用指令

格式：CALL　DST

功能：当操作数长度为 16 位时，　　（SP）−2→SP，（CS）→[SP]

　　　　　　　　　　　　　　　　　（SP）−2→SP，（IP）→[SP]

　　　　　　　　　　　　　　　　　IP←（EA），CS←（EA+2）

　　　当操作数长度为 32 位时，　　（ESP）−2→ESP，（CS）→[SP]

　　　　　　　　　　　　　　　　　（ESP）−4→ESP，（EIP）→[ESP]

　　　　　　　　　　　　　　　　　EIP←（EA），CS←（EA+4）

说明：它同样是先保护返回地址，然后转移到由 DST 指定的转移地址。EA 由 DST 确定的任何内存寻址方式给出。

5）段内返回指令

格式：RET

功能：当操作数长度为 16 位时，IP←栈弹出 2 字节，（SP）+ 2→SP

　　　　当操作数长度为 32 位时，EIP←栈弹出 4 字节，（ESP）+ 4→ESP

6）段内带参数返回指令

格式：RET　N

功能：当操作数长度为 16 位时，IP←栈弹出 2 字节，（SP）+ 2→SP，SP←（SP）+ N

　　　　当操作数长度为 32 位时，EIP←栈弹出 4 字节，（ESP）+ 4→ESP，ESP←（ESP）+ N

说明：N 是一个 16 位的常数（偶数），该指令是将返回地址弹入 IP 或 EIP 后再执行 SP/ESP + N→SP/ESP。该指令允许返回地址出栈后修改堆栈的指针，这就便于调用程序在用 CALL 指令调用子程序以前把子程序所需要的参数入栈，以便子程序运行时使用这些参数。当子程序返回后，这些参数已不再有用，就可以修改指针使其指向参数入栈以前的值。

7）段间返回指令

格式：RET

功能：当操作数长度为 16 位时，　　IP←栈弹出 2 字节，（SP）+ 2→SP

　　　　　　　　　　　　　　　　CS←栈弹出 2 字节，（SP）+ 2→SP

　　　　当操作数长度为 32 位时，　　EIP←栈弹出 4 字节，（ESP）+ 4→ESP

　　　　　　　　　　　　　　　　CS←栈弹出 2 字节，（ESP）+ 2→ESP

8）段间带参数返回指令

格式：RET　N

功能：当操作数长度为 16 位时，　　IP←栈弹出 2 字节，（SP）+ 2→SP

　　　　　　　　　　　　　　　　CS←栈弹出 2 字节，（SP）+ 2→SP

　　　　　　　　　　　　　　　　SP←（SP）+ N

　　　　当操作数长度为 32 位时，　　EIP←栈弹出 4 字节，（ESP）+ 4→ESP

　　　　　　　　　　　　　　　　CS←栈弹出 2 字节，（ESP）+ 2→ESP

　　　　　　　　　　　　　　　　ESP←（ESP）+ N

9. 中断指令

中断指令用来调用中断服务程序或称中断处理程序。在实模式下，中断向量以 4B 的形式存放在中断向量表中，中断向量表为 1KB（00000H～003FFH），中断向量表允许存放 256 个中断向量，每个中断向量包含一个中断服务程序入口地址（段值和 16 位偏移地址），中断向量地址由中断类型码乘以 4 得到。

1）INT 中断指令

格式：INT　n

功能：

（1）SP←（SP）−2

（2）PUSH（FR）　　；标志寄存器进栈

（3）SP←（SP）−2

（4）PUSH（CS）　　；断点段地址进栈

（5）SP←（SP）−2

（6）PUSH（IP）　　 ；断点地址指针进栈

（7）TF←0　　　　 ；禁止单步

（8）IF←0　　　　 ；禁止中断

（9）IP←[$n \times 4$]　　 ；转向中断服务程序

（10）CS←[$n \times 4 + 2$]

说明：FR 为标志寄存器；n 为中断类型码，为 0～255 的正整数，可进行 256 种中断服务，该指令不影响标志位。

2）IRET 中断返回指令

格式：IRET

功能：

（1）IP←栈弹出 2 字节　　 ；断点地址出栈

（2）SP←（SP）+2

（3）CS←栈弹出 2 字节

（4）SP←（SP）+2

（5）FR←栈弹出 2 字节　　 ；标志寄存器出栈

（6）SP←（SP）+2

说明：标志位随标志寄存器出栈操作而变。

3）INT 21H 系统功能调用指令

系统功能调用是 DOS 为系统程序员及用户提供一组常用的中断服务程序。DOS 规定用中断指令 INT 21H 作为进入各功能调用中断服务程序的总入口，再为每个功能调用规定一个功能号，以便进入相应各个中断服务程序的入口。程序员使用系统功能调用的过程是：把功能调用编号置于寄存器 AH 中，设置入口参数，CPU 执行 INT 21H，最后给出出口参数。

DOS 提供的主要功能调用见表 4.5.1。

（1）功能号：1。

格式：

```
MOV  AH,1  ;功能号 01H→(AH)
 INT  21H   ;调用 21H 号软中断
```

功能：等待键盘输入，并回送显示器。

说明：等待按键。出口参数（AL）= 键入字符的美国信息交换标准代码（American Standard Code for Information Interchange，ASCII）。

表 4.5.1　DOS 功能调用（INT 21H）

AH	功能	调用参数	返回参数
00	程序终止（同 INT 20H）	CS = 程序段前缀	
01	键盘输入并回显		AL = 输入字符
02	显示输出	DL = 输出字符	
03	异步通信输入		AL = 输入数据

续表

AH	功能	调用参数	返回参数
04	异步通信输出	DL＝输出数据	
05	打印机输出	DL＝输出字符	
06	直接控制台 I/O	DL＝FF（输入） DL＝字符（输出）	AL＝输入字符
07	键盘输入（无回显）		AL＝输入字符
08	键盘输入（无回显） 检测 Ctrl-Break		AL＝输入字符
09	显示字符串	DS:DX＝串地址 字符串以'$'结束	
0A	键盘输入到缓冲区	DS:DX＝缓冲区首地址 （DS:DX）＝缓冲区最大字符数	（DS:DX＋1）＝实际输入的字符数
0B	检验键盘状态		AL＝00 有输入 AL＝FF 无输入
0C	清除输入缓冲区并 请求指定的输入功能	AL＝输入功能号（1，6，7，8，A）	
0F	打开文件	DS:DX＝FCB 首地址	AL＝00 文件找到 AL＝FF 文件未找到
10	关闭文件	DS:DX＝FCB 首地址	AL＝00 目录修改成功 AL＝FF 目录中未找到文件
25	设置中断向量	DS:DX＝中断向量 AL＝中断类型号	
2A	取日期		CX＝年 DH:DL＝月:日（二进制）
2B	设置日期	CX:DH:DL＝年:月:日	AL＝00 成功 AL＝FF 无效
2C	取时间		CH:CL＝时:分 DH:DL＝秒:1/100 秒
2D	设置时间	CH:CL＝时:分 DH:DL＝秒:1/100 秒	AL＝00 成功 AL＝FF 无效
35	取中断向量	AL＝中断类型	ES:BX＝中断向量
4C	带返回码结束	AL＝返回码	

（2）功能号：2。

格式：

```
MOV  AH,2  ;功能号 02H→(AH)
INT  21H   ;调用 21H 号软中断
```

功能：输出字符送显示器。

说明：（DL）＝输出字符的 ASCII 码，无出口参数。

（3）功能号：4CH。

格式：

```
    MOV   AH,4CH   ;功能号 4CH→(AH)
    INT   21H      ;调用 21H 号软中断
```
功能：终止程序，返回。

4.5.7　串操作指令

　　串操作指令处理连续存放在存储器中的一些字节、字或双字数据。串操作指令可分为串传送（MOVS）、串装入（LODS）、串存储（STOS）、串比较（CMPS）、串扫描（SCAS）等 5 个存储器相关的串操作，以及串输入（INS）、串输出（OUTS）等两个 I/O 相关的串操作。本节主要介绍 5 个存储器相关的串操作。

　　串操作指令中的源串和目的串的存储及寻址方式都有隐含规定，即通常以 DS:SI/ESI 来寻址源串，以 ES:DI/EDI 来寻址目的串。对于源串允许段超越前缀。

　　SI/ESI 或 DI/EDI 这两个地址指针在每次串操作后，都自动进行修改，以指向串中下一个串元素。元素做这样的约定：在字节串中，1B 就是一个元素；在字串中，2B 为一个元素；在双字串中，4B 为一个元素。

　　地址指针修改是增量还是减量，由方向标志位 DF 的状态来规定。当 DF 为 0 时，SI/ESI 及 DI/EDI 的修改为增量。当 DF 为 1 时，SI/ESI 及 DI/EDI 的修改为减量。根据串元素类型的不同，地址指针增减量也不同。在串操作时，字节类型 SI、DI 加 1 或减 1；字类型 SI、DI 加 2 或减 2；双字类型 ESI、EDI 加 4 或减 4。

　　如果需要连续进行串操作，通常加重复前缀。

1. MOVS（串传送指令）

格式：MOVS   DST,SRC
　　　MOVSB(字节)
　　　MOVSW(字)
　　　MOVSD(双字)(自 386 起有)
功能：　　　ES:[DI/EDI]←DS:[SI/ESI]
字节传送：　(DI/EDI) ← (DI/EDI) ±1
　　　　　　(SI/ESI) ← (SI/ESI) ±1
字传送：　　(DI/EDI) ← (DI/EDI) ±2
　　　　　　(SI/ESI) ← (SI/ESI) ±2
双字传送：　(DI/EDI) ← (DI/EDI) ±4
　　　　　　(SI/ESI) ← (SI/ESI) ±4

　　说明：上述四种格式中，后三种格式明确地注明是传送字节、字或双字，第一种格式中的 DST、SRC 是对应的目的、源数据串变量，汇编程序根据数据串变量的属性汇编出字节、字或双字的传送格式。该指令不影响标志位。

　　例如：

　　　MOVS   BYTE1,BYTE2;如果 BYTE1 和 BYTE2 是字节变量,则汇编成 MOVSB

2. LODS（串装入指令）

格式：　LODS　SRC
　　　　LODSB（字节）
　　　　LODSW（字）
　　　　LODSD（双字）（自 386 起有）

功能：
字节装入：　AL←DS:[SI/ESI]
　　　　　　（SI/ESI）←（SI/ESI）±1
字装入：　　AX←DS:[SI/ESI]
　　　　　　（SI/ESI）←（SI/ESI）±2
双字装入：　EAX←DS:[SI/ESI]
　　　　　　（SI/ESI）←（SI/ESI）±4

说明：上述四种格式的用法与 MOVS 指令相同。该指令不影响标志位。

3. STOS（串存储指令）

格式：　STOS　DST
　　　　STOSB（字节）
　　　　STOSW（字）
　　　　STOSD（双字）（自 386 起有）

功能：
字节存储：　ES:[DI/EDI]←AL
　　　　　　（DI/EDI）←（DI/EDI）±1
字存储：　　ES:[DI/EDI]←AX
　　　　　　（DI/EDI）←（DI/EDI）±2
双字存储：　ES:[DI/EDI]←EAX
　　　　　　（DI/EDI）←（DI/EDI）±4

说明：上述四种格式的用法与 MOVS 指令相同。该指令不影响标志位。

4. CMPS（串比较指令）

格式：　CMPS　DST,SRC
　　　　CMPSB（字节）
　　　　CMPSW（字）
　　　　CMPSD（双字）（自 386 起有）

功能：　DS:[SI/ESI]−ES:[DI/EDI]
字节比较：　（DI/EDI）←（DI/EDI）±1
　　　　　　（SI/ESI）←（SI/ESI）±1

字比较:　　（DI/EDI）← （DI/EDI）±2

　　　　　　　（SI/ESI）← （SI/ESI）±2

双字比较:　（DI/EDI）← （DI/EDI）±4

　　　　　　　（SI/ESI）← （SI/ESI）±4

说明:上述四种格式的用法与 MOVS 指令相同。该指令影响标志位。

5. SCAS（串扫描指令）

格式:　SCAS DST

　　　　SCASB(字节)

　　　　SCASW(字)

　　　　SCASD(双字) (自 386 起有)

功能:

字节扫描:　（AL）−ES:[DI/EDI]

　　　　　　　（DI/EDI）← （DI/EDI）±1

字扫描:　　（AX）−ES:[DI/EDI]

　　　　　　　（DI/EDI）← （DI/EDI）±2

双字扫描:　（EAX）−ES:[DI/EDI]

　　　　　　　（DI/EDI）← （DI/EDI）±4

说明:上述四种格式的用法与 MOVS 指令相同。该指令影响标志位。

6. REP（计数重复串操作指令）

格式:REP OPR

功能:

（1）如果（CX）= 0,则退出 REP,否则往下执行。

（2）（CX）← （CX）−1。

（3）执行其后的串指令。

（4）重复（1）～ （3）。

说明:其中 OPR 可以是 MOVS、LODS、STOS、INS 和 OUTS 指令。

4.5.8　处理器控制指令

格式:

```
CLC  ;CF←0,进位位置 0 指令
STC  ;CF←1,进位位置 1 指令
CLD  ;DF←0,方向标志位置 0 指令
STD  ;DF←1,方向标志位置 1 指令
CLI  ;IF←0,允许中断标志置 0 指令
STI  ;IF←1,允许中断标志置 1 指令
```

```
NOP  ;无操作指令,该指令不执行任何操作,其机器码占有一个字节单元
HLT  ;暂停指令,停止软件的执行。有三种方式退出暂停:中断、硬件复位、
     ;DMA 操作
```

4.6　伪　指　令

伪指令又称伪操作，它们不像机器指令那样是在程序运行期间由微处理器来执行的，而是在汇编程序对源程序编译期间由汇编程序处理的操作，它们可以完成定义程序模式、定义数据、分配存储区、指示程序结束等功能。

1. END（源程序结束伪指令）

格式：END　[标号]

功能：源程序文件到此为止，其后语句不予汇编。其中标号指示程序开始执行的起始地址。若无标号时，代码段的第一条指令的地址为程序开始执行的起始地址。

2. SEGMENT 和 ENDS（段定义伪指令）

Pentium 存储器的物理地址是由段地址和偏移地址组合而成的。汇编程序在把源程序转换为目标程序时，必须确定标号和变量（代码段和数据段的符号地址）的偏移地址，并且需要把有关信息通过目标模块传送给连接程序，以便连接程序把不同的段和模块连接在一起，形成一个可执行程序。因此，需要用段定义伪指令。

格式：

　　段名 SEGMENT[定位类型][组合类型][字长类型]['类别']

　　……

　　段名 ENDS

功能：指出段名及段的各种属性，并表示段的开始和结束位置。

说明：SEGMENT 和 ENDS 伪指令必须成对出现，而且伪指令前面的段名也要相同，段名是用户定义段的标识符，用于指明段的基址。其中省略号部分，对于数据段、附加段和堆栈段来说，一般是存储单元的定义、分配等伪指令；对于代码段则是指令及伪指令。SEGMENT 后面有 4 个可供选择的参数，它们分别代表段的 4 种属性。

（1）定位类型用于指定该段起始地址边界值的类型，有 5 种可供选择的类型。

BYTE：该段起始地址可以从任何地址开始。

WORD：该段起始地址必须从字的边界开始，即段起始地址必须为偶数。

DWORD：该段起始地址必须从双字的边界开始，即段起始地址的最后 2 位二进制数必须为 0。

PARA：该段的起始地址必须从 16 的倍数的边界开始，即段起始地址的最后 4 位二进制数必须为 0。

PAGE：该段的起始地址必须从 256 的倍数的边界开始，即段起始地址的最后 8 位二

进制数必须为 0。

定位类型的缺省项是 PARA。

（2）组合类型用来告诉连接程序 LINK，本段与其他模块中同名段的组合连接关系，它有 5 种可供选择的组合类型。

PUBLIC：该段连接时，连接程序 LINK 将不同模块中具有该类型且相同段名的段连接到同一物理存储段中，共用一个段地址。其连接次序由连接命令指定。

STACK：指定该段在连接后的段为堆栈段。与 PUBLIC 的处理方式一样，只是连接程序 LINK 在连接过程中自动将新段的段地址送到堆栈段寄存器 SS，将新段的长度送到堆栈指针寄存器 SP/ESP。如果在定义堆栈时没有将其说明为 STACK 类型，在这种情况下就需要在程序中用指令给堆栈段寄存器 SS、堆栈指针寄存器 SP 置值，这时连接程序 LINK 会给出一个警告信息。

COMMON：该段在连接时，将相同段名的段设置为相同的起始地址，即产生一个覆盖段。段的长度取决于最长的 COMMON 段的长度。段的内容为所连接的最后一个模块中 COMMON 段的内容及没有被覆盖到的前面 COMMON 段的部分内容。

MEMORY：连接程序 LINK 将 MEMORY 与 PUBLIC 类型同等对待。

PRIVATE：该段为独立段，在连接时将不与其他模块中的同名段合并。

AT 表达式：将 AT 类型的段装在表达式所计算出来的 16 位值的地址边界上，但它不能用来指定代码段。

组合类型的缺省项为 PRIVATE。

（3）字长类型只适用于 80386 及其后继微处理器，它用来说明使用 16 位寻址方式还是 32 位寻址方式。它有两种可供选择的字长类型。

USE16：使用 16 位寻址方式，段长不超过 64KB，地址的形式是 16 位段地址和 16 位偏移地址。

USE32：使用 32 位寻址方式，当使用 32 位寻址方式时，段长可达 4GB，地址的形式是 16 位段地址和 32 位偏移地址。

在实模式下，应该选用 USE16。该类型的缺省项是 USE16。

（4）类别是用单引号括起来的字符串。连接程序在连接时会把类别相同的所有段（它们可能不同名）放在连续的内存区域中。其中，先出现的在前，后出现的在后。它有 4 种可供选择的类别。

DATA：段类别是数据段。

CODE：段类别是代码段。

STACK：段类别是堆栈段。

EXTRA：段类别是附加数据段。

3. ASSUME（段分配伪指令）

汇编语言源程序中由 SEGMENT 定义的段与段寄存器 CS、SS、DS、ES、FS 和 GS 之间有直接联系。ASSUME 伪指令就是用来设定汇编语言源程序中各实际段与各段寄存器之间的关系，即确定各实际段的类型，给汇编程序提供必要的信息。汇编程序用这一信息检查程序中使用的变量和标号是否可以通过段寄存器来寻址。

格式：ASSUME　段寄存器名:段名,段寄存器名:段名,……

功能：指定某个段分配给哪一个段寄存器。

说明：格式中，段寄存器名为 CS、SS、DS、ES、FS 和 GS 中的一个，而段名则是由 SEGMENT 伪指令定义的段名。该伪指令一般放在 SEGMENT 伪指令之后。

由于 ASSUME 伪指令只是指定某个段分配给哪一个段寄存器，并没有给各段寄存器装入实际的值，因此，在代码段中，还必须把段地址用指令（MOV 指令）装入相应的段寄存器 SS、DS、ES、FS 和 GS 中，但代码段 CS 的值由系统自动装入。

4. ORG（地址计数器设置伪指令）

在汇编程序对源程序进行汇编的过程中，使用地址计数器（或称偏移计数器）来记录当前指令在内存的段内偏移值。在每个段的开始时把偏移计数器设置为 0，汇编每条指令时偏移计数器增值，所有数据定义伪指令也使偏移计数器增值。当前偏移计数器的值可用$来表示，汇编程序允许用户直接用$符号来引用偏移计数器的值。当$用在指令中时，它表示本条指令的第一字节的地址。当$出现在伪指令参数表中时，它表示地址计数器当前值。

格式：ORG　数值表达式

功能：将地址计数器设置为数值表达式的值。

说明：数值表达式取值范围为0~65535。例如，ORG 200H。

5. EVEN（使地址计数器成为偶数伪指令）

格式：EVEN

功能：使下一个变量或指令开始于偶数字节地址。

说明：为了提高存取速度，一个字的地址最好从偶地址开始。为保证字数组从偶地址开始，可以在其前面用 EVEN 伪指令来达到这一目的。

6. 数据定义伪指令

格式：[变量名]　操作符　操作数,操作数 [;注释]

功能：为操作数分配存储单元，并用变量与存储单元相联系。

说明：变量名和注释是可有可无的。操作符是定义操作数类型的，常用操作符如下。

DB：一个操作数占有 1 个字节单元（8 位），定义的变量为字节变量。

DW：一个操作数占有 1 个字单元（16 位），定义的变量为字变量。

DD：一个操作数占有 1 个双字单元（32 位），定义的变量为双字变量。

操作数可以是常数、表达式、字符串、? 等。

例如：

```
      ORG  200H
DATA1  DB  12H,2+6,34H
      EVEN
```

```
DATA2    DW    789AH
DATA3    DD    12345678H
DATA4    DW    $,6699H
```

7. PROC 和 ENDP（过程定义伪指令）

在模块化程序设计中，按照功能把程序划分成多个具有一定独立功能的模块，按模块来编制和调试程序，最后再把它们组合，形成一个程序。

格式：

```
过程名　PROC　[属性]
    ……　(过程体)
过程名　ENDP
```

功能：定义一段程序的入口（过程名）及属性。

说明：PROC 和 ENDP 伪指令是一对语句符号，必须成对出现，而且伪指令前面的过程名也要相同，过程名是该过程（子程序）的入口。其中，省略号部分就是过程体。属性可以选 FAR（远调用或称段间调用）或选 NEAR（近调用或称段内调用），如果缺省则为NEAR。汇编程序在汇编时将根据过程的属性生成远调用、近调用和远返回、近返回的目标指令代码。

8. EQU（赋值伪指令）

格式：符号常数名　EQU　表达式

功能：将表达式的值赋给符号常数。

说明：表达式可以是有效的操作数格式，也可以是任何可求出数值常数的表达式，还可以是任何有效的符号（如操作符、寄存器名、变量名等）。注意，该伪指令定义的一个符号常数名在程序中只能定义一次。

例如：

```
DATA1    EQU    88
AAA1     EQU    CX
```

9. 返回值运算符

返回值运算符有返回变量或标号的段地址运算符（SEG）、返回变量或标号的偏移地址运算符（OFFSET）、返回变量或标号的类型值运算符（TYPE）、返回变量的单元数运算符（LENGTH）、返回变量的字节数运算符（SIZE）。

（1）SEG。

格式：操作数　SEG　变量/标号

功能：将变量/标号对应内存地址所在段的段地址值赋给操作数。

（2）OFFSET。

格式：操作数　OFFSET　变量/标号

功能：将变量/标号对应内存地址所在段中的偏移地址值赋给操作数。

（3）TYPE。

格式：操作数　TYPE　变量/标号

功能：将代表变量/标号类型的值赋给操作数。

说明：如果是变量，则汇编程序将根据变量对应的数据定义伪指令回送类型值（即变量类型代表的字节数）：DB（字节）为 1、DW（字）为 2、DD（双字）为 4。如果是标号，则汇编程序将回送代表该标号类型的数值：NEAR 为–1、FAR 为–2。

（4）LENGTH。

格式：操作数　LENGTH　变量

功能：将变量所在语句第一个数占用的单元数赋给操作数。

说明：对于变量中使用 DUP 的情况，汇编程序将回送分配给该变量的单元数（按类型 TYPE 算），其他情况则均送 1。

（5）SIZE。

格式：操作数　SIZE　变量

功能：将变量所在语句第一个数占用的字节数赋给操作数。

说明：汇编程序将回送分配给该变量的字节数（即 LENGTH 值与 TYPE 值的乘积）。

上述五个返回值运算符涉及变量或标号，其含义如下。

（1）变量是数据存放单元的符号地址，它一般在数据段或附加数据段中定义。变量有段、偏移、类型、单元数（也称长度）和字节数五种属性。

段属性：变量的段属性定义该变量所在段的段地址。

偏移属性：变量的偏移属性就是变量的偏移地址，偏移地址是从段的起始地址到定义该变量的位置之间的字节数。对于 16 位段，是 16 位无符号数。对于 32 位段，则是 32 位无符号数。

类型属性：变量的类型属性定义该变量一个数据的字节数。

长度属性：变量的长度属性表示该变量在数据区中的单元数。

字节数属性：变量的字节数属性表示该变量在数据区中分配给该变量的字节数。

在同一个程序中，相同的变量或标号名只允许定义一次，否则，汇编时汇编程序会指出错误。

（2）标号是用来表示某条指令所存放单元的符号地址，这个地址一定在代码段中，它可用作转移、调用指令的目标操作数。标号是可有可无的，只有需要用符号地址来访问该指令时，它才被设定。

标号在代码段中定义时，在指令操作符之前，标号后跟着冒号“:”。此外，它还可以作为过程名定义。标号有三种属性：段、偏移及类型。

段属性：标号的段属性是标号所在段的段地址。

偏移属性：标号的偏移属性就是标号的偏移地址，它是从段起始地址到定义标号的位置之间的字节数。对于 16 位段，是 16 位无符号数。对于 32 位段，则是 32 位无符号数。

类型属性：用来指出该标号是在本段内引用还是在段间引用。若在段内引用，则类型属性为 NEAR。若在段间引用，则类型属性为 FAR。

10. PTR（临时改变类型属性运算符）

格式：类型　PTR　变量/标号

功能：将 PTR 前面的类型临时赋给变量/标号，而原有段属性和偏移属性保持不变，其本身并不分配存储单元。

说明：对于变量，可以指定的类型是字节（BYTE）、字（WORD）、双字（DWORD）。对于标号，可以指定的类型是段内引用型也称近类型（NEAR）、段间引用型也称远类型（FAR）。

例如：

```
DATA1   DW  1234H,5678H
DATA2   DB  99H,88H,77H,66H
DATA3   EQU  BYTE PTR DATA1    ;DATA1 与 DATA3 具有相同的段地址
                               ;和偏移量,但它们的类型值分别为 2、1
MOV   AX,WORD PTR DATA2        ;若无 WORD PTR 则类型错误
MOV   BL,BYTE PTR DATA1        ;34H→(BL),若无 BYTE PTR 则类型错误
MOV   BL,DATA3                 ;34H→(BL),类型正确
MOV   DX,DATA1+2               ;5678H→(DX)
MOV   [BX],8                   ;汇编程序分不清是存入字单元,还是字节单元
MOV   BYTE PTR [BX],8          ;存入字节单元
MOV   WORD PTR [BX],8          ;存入字单元
```

4.7　汇编语言源程序的结构

8086 及其以上系列微处理器都是采用分段存储器管理，其汇编语言都是以逻辑段为基础，按段的概念来组织代码和数据，因此用汇编语言编写的源程序，其结构上具有以下特点。

（1）一个程序由若干逻辑段组成，各逻辑段由伪指令语句定义和说明。

（2）整个源程序以 END 伪指令结束。

（3）每个逻辑段由语句序列组成，各语句可以是指令语句、伪指令语句、宏指令语句。

每个源程序在其代码段中都应当含有返回操作系统的指令语句，以使程序执行完后能自动返回系统，以便继续执行其他命令或程序。

在 DOS 环境下可运行的程序主要有两种结构，一种为.exe 文件，另一种为.com 文件。.com 文件和.exe 文件的结构及加载过程有明显的区别。为运行汇编语言程序，至少需要在系统上建立以下文件：EDIT.exe 文本编辑程序、MASM.exe 汇编程序、LINK.exe 连接程序、DEBUG.com 调试程序。

1．.com 文件结构

.com 文件的长度限制为一个段长（64KB），且在加载过程中没有段重定位，因此结构紧凑、装入速度快。通常称.com 为映像加载文件，它适宜小型程序。

.com 文件的结构有如下特点。

（1）整个程序逻辑段可以有几个，但物理段只能有一个，即整个程序（包括数据和代码）在一个段（64KB）的范围内，且不准建立堆栈段。

（2）段的偏移量必须从 100H 开始使用，且在偏移量 100H 处是一条可执行指令。

（3）该程序被加载的起始标号必须由 END 伪指令说明为起始地址。

（4）若.com 文件是由几个不同的目标模块连接生成的，则要求所有目标模块必须具有同一代码段名和类别名且赋予公共属性，而主模块应具有 100H 的入口指针并优先连接。

（5）该程序中的各个子程序的属性必须为 NEAR。

例 4.7.1 编制在阴极射线管（cathode ray tube，CRT）显示器上显示 ABCDE 的源程序。

```
CODE    SEGMENT              ;只指定一个段
        ORG  100H            ;设置起始偏移量
        ASSUME  CS:CODE,DS:CODE  ;只指定一个段
START:  MOV  AX,CS
        MOV  DS,AX           ;设置数据段地址
        LEA  BX,BUF
        MOV  CX,7
A1:     MOV  DL,[BX]
        MOV  AH,2
        INT  21H
        INC  BX
        LOOP  A1
        MOV  AH,4CH          ;返回
        INT  21H
BUF     DB  0AH,0DH,'ABCDE'  ;被显示的数据串
CODE    ENDS
        END  START
```

程序数据定义中使用的"0AH、0DH"是换行、回车的 ASCII 字符，参见表 4.7.1。

表 4.7.1 ASCII 码表

低位		高位							
		0	1	2	3	4	5	6	7
		000	001	010	011	100	101	110	111
0	0000	NUL	DLE	SP	0	@	P	、	p
1	0001	SOH	DC1	!	1	A	Q	a	q

低位		高位							
		0	1	2	3	4	5	6	7
		000	001	010	011	100	101	110	111
2	0010	STX	DC2	"	2	B	R	b	r
3	0011	ETX	DC3	#	3	C	S	c	s
4	0100	EOT	DC4	$	4	D	T	d	t
5	0101	ENQ	NAK	%	5	E	U	e	u
6	0110	ACK	SYN	&	6	F	V	f	v
7	0111	BEL	ETB	'	7	G	W	g	w
8	1000	BS	CAN	(	8	H	X	h	x
9	1001	HT	EM	)	9	I	Y	i	y
A	1010	LF	SUB	*	:	J	Z	j	z
B	1011	VT	ESC	+	;	K	[	k	{
C	1100	FF	FS	,	<	L	\	l		
D	1101	CR	GS	-	=	M	]	m	}
E	1110	SO	RS	.	>	N	^	n	~
F	1111	SI	US	/	?	O	_	o	DEL

表 4.7.1 中符号说明如表 4.7.2 所示。

表 4.7.2　符号说明

符号	说明	符号	说明	符号	说明
NUL	空	FF	走纸控制	ETB	信息块传送结束
SOH	标题开始	CR	回车	CAN	作废（取消）
STX	正文结束	SO	移位输出	EM	纸尽
ETX	本文结束	SI	移位输入	SUB	替换
EOT	传输结束	SP	空格	ESC	换码（退出）
ENQ	询问	DLE	数据链换码	FS	文字分隔符
ACK	应答	DC1	设备控制 1	GS	组分隔符
BEL	响铃	DC2	设备控制 2	RS	记录分隔符
BS	退格	DC3	设备控制 3	US	单元分隔符
HT	横向列表	DC4	设备控制 4	DEL	删除
LF	换行	NAK	未回答		
VT	纵向列表	SYN	同步闲置符		

2. .exe 文件结构

.exe 文件的长度仅受当前可用内存空间的限制，在加载过程中需要段重定位，因而，占用盘空间大，装入速度慢。通常称.exe 为段重定位文件，它适宜中、大型程序。

.exe 文件的结构有如下特点。

（1）程序允许建立若干个不同名的代码段或数据段或附加段或堆栈段。

（2）程序的长度仅受当前内存可用空间的限制。

（3）程序的入口随应用而定，只需起始标号与 END 语句说明的起始地址一致即可。

（4）程序中的各个子程序的属性既可为 NEAR，也可为 FAR，它们随段内或段间调用而定。

（5）连接程序 LINK 根据被连接的目标模块的不同连接参数，相应地生成一个"控制信息块"（或称"重定位信息块"），并将其安装在程序的前头（故俗称"文件头"）。该文件头的大小依程序加载时需重定位的段的指令条数而变化，通常是 512B 的整数倍。换言之，至少占 1 个扇区的长度。

（6）由几个不同的目标模块连接生成的.exe 文件，可按应用要求将每个模块内代码段、数据段或附加段取同名或独立命名。其中，只有主模块的 END 语句指出程序入口的起始标号，并至少有一个具有 STACK 属性的堆栈段。

例 4.7.2　编制在 CRT 显示器上显示 ABCDE 的源程序。

```
DATA1   SEGMENT              ;数据段定义开始
BUF     DB  0AH,0DH,'ABCDE'  ;被显示的数据串
DATA1   ENDS                 ;数据段定义结束
DATA2   SEGMENT              ;附加数据段定义开始
        ......
DATA2   ENDS                 ;附加数据段定义结束
STACK   SEGMENT              ;堆栈段定义开始
        DW 88  DUP(0)
STACK   ENDS                 ;堆栈段定义结束
CODE    SEGMENT              ;段定义开始
        ASSUME  CS:CODE,DS:DATA1,ES:DATA2,SS:STACK
START:  MOV  AX,DATA1
        MOV  DS,AX           ;设置 DS 的值
        MOV  AX,DATA2
        MOV  ES,AX           ;设置 ES 的值
        LEA  BX,BUF
        MOV  CX,7
A1:     MOV  DL,[BX]
        MOV  AH,2
        INT  21H
```

```
        INC  BX
        LOOP A1
        MOV  AH,4CH              ;返回
        INT  21H
CODE    ENDS
        END  START
```

4.8　汇编语言程序设计

　　汇编语言是一种面向机器的语言，它是与计算机硬件密切关联的，因而熟悉计算机硬件是汇编语言程序员必须具备的条件。与用高级语言编写程序相比较，汇编语言编写的程序具有更高的效率，它的程序执行时间短且占用内存少，这在计算机实时控制和实时处理中是十分重要的，因而在实时领域得到广泛的应用。

　　汇编语言程序设计的基本步骤包括描述问题、确定算法、绘制流程图、分配存储空间和工作单元、编写程序、上机调试。

　　从 80286 微处理器开始，微处理器有实模式和保护模式两种基本工作模式。为了解决 80286 微处理器中不能在保护模式下运行 8086/8088 应用程序的问题，从 80386 微处理器开始，在保护模式中引入了虚拟 8086 工作方式，因此提供了三种工作模式。为了简明有效地学习汇编语言程序设计的基本知识和技能，这里重点通过实模式 DOS 环境下的汇编程序设计说明其基本过程、方法和特点。有了实模式下的编程基础，在了解保护模式的编程环境后，转向保护模式编程将不会很困难。就编程而言，这两种工作模式并无实质上的区别，但它们所用的环境和某些实现方法还是有些差异的。

　　（1）8086/80286 微处理器的实模式程序是纯 16 位模块，其特性为：所有段长都小于或等于 64KB，数据项主要是 8 位或 16 位的，指向代码或数据的指针只有 16 位偏移地址，只在 16 位段之间传送控制。

　　（2）80386 及其后继微处理器的保护模式程序是纯 32 位模块，其特性为：段长为 0～4GB，数据项主要是 8 位或 32 位的，指向代码或数据的指针具有 32 位偏移地址，在 32 位段之间传送控制。

　　（3）80386 及其后继微处理器的实模式程序是一种混合的 16 位和 32 位模块，其特性如下。

　　①除了可访问 8086/80286 微处理器所提供的 8 位和 16 位寄存器外，还提供了 8 个 32 位通用寄存器，所有这些寄存器在实模式下都可以被访问。字长的增加除有利于提高运算精度外，还能提高编程效率。

　　②除了 8086/80286 微处理器提供的 4 个段寄存器外，还增加两个附加数据段寄存器 FS 和 GS，在实模式下也都可以使用。而指令指针寄存器 EIP 和标志寄存器 EFLAGS 在实模式下只能用低 16 位。在实模式下，段的大小最大可到 64KB，EIP 的高 16 位应为 0。

　　③在同一模块中，允许同时使用 16 位和 32 位操作数和寻址方式。在 16 位寻址时，

16 位通用寄存器中仍然只有 BX、BP 可以作为基址寄存器，以及 SI、DI 可以作为变址寄存器，位移量为 0 位、8 位、16 位，没有比例因子有关的寻址方式。在使用 32 位寻址时，32 位通用寄存器可以作为基址或变址寄存器使用，位移量为 0 位、8 位、32 位，有比例因子有关的寻址方式。

在实模式下，段的大小被限制于 64KB，这样，段内的偏移地址范围应为 0000H～FFFFH，所以当把 32 位通用寄存器用作指针寄存器时，应该注意它们的高 16 位应为 0。

（4）以 MOV MEM，REG 指令为例进一步阐述混合模块的工作方式，地址长度前缀和操作数长度前缀支持这种混合的工作方式。

①在 32 位段中，微处理器对 MOV MEM，REG 指令可以使用以下 4 种解释。

a. 从一个 32 位寄存器传送一个 32 位数据到一个使用 32 位有效地址的存储单元中。

b. 如果指令前有操作数长度前缀（66H），则解释为：从一个 16 位寄存器传送一个 16 位数据到一个使用 32 位有效地址的存储单元中。

c. 如果指令前有地址长度前缀（67H），则解释为：从一个 32 位寄存器传送一个 32 位数据到一个使用 16 位有效地址的存储单元中。

d. 如果指令前既有地址长度前缀又有操作数长度前缀，则解释为：从一个 16 位寄存器传送一个 16 位数据到一个使用 16 位有效地址的存储单元中。

②在 16 位段中，微处理器对 MOV MEM，REG 指令可以使用以下 4 种解释。

a. 从一个 16 位寄存器传送一个 16 位数据到一个使用 16 位有效地址的存储单元中。

b. 如果指令前有操作数长度前缀，则解释为：从一个 32 位寄存器传送一个 32 位数据到一个使用 16 位有效地址的存储单元中。

c. 如果指令前有地址长度前缀，则解释为：从一个 16 位寄存器传送一个 16 位数据到一个使用 32 位有效地址的存储单元中。

d. 如果指令前既有地址长度前缀又有操作数长度前缀，则解释为：从一个 32 位寄存器传送一个 32 位数据到一个使用 32 位有效地址的存储单元中。

该例说明，无论在 16 位段还是 32 位段中，任何指令都可以有任意的操作数长度和地址长度的组合。实模式规定必须使用 16 位段，而段中的指令则可以是混合的 16 位和 32 位代码。

机器指令前缀是由汇编程序在编译时产生的，程序员只需掌握混合代码的编程方法就可以了。在实模式下，即使有地址长度前缀，也不允许访问超过 64KB 的地址，若地址超过 FFFFH，则将引起保护异常。

程序有顺序、分支、循环和子程序四种基本结构形式。顺序结构程序是指完全按顺序逐条执行的指令序列，这种结构是一些操作步骤的简单排列。

4.8.1　分支程序设计

分支程序就是根据不同的情况或条件执行不同功能的程序，它具有判断和转移功能，在程序中利用条件转移指令对运算结果的状态标志进行判断实现转移。

分支程序结构有两种基本形式，即二路分支结构和多路分支结构，两种结构的共同特点是在某一特定条件下，只执行多个分支中的一个分支。

1. 二路分支程序设计方法

例 4.8.1　有一个函数，任意给定自变量 X 值（$-128 \leqslant X \leqslant +127$），当 $X \geqslant 0$ 时函数值 $Y=1$，当 $X<0$ 时 $Y=-1$。设给定的 X 值存入变量 X_1 单元，函数 Y 值存入变量 Y_1 单元。求函数 Y 值的程序如下所示：

```
DATA    SEGMENT
X1      DB  X
Y1      DB?
DATA    ENDS
CODE    SEGMENT
        ASSUME  CS:CODE,DS:DATA
START:  MOV  AX,DATA
        MOV  DS,AX
        MOV  AL,X1      ;取 X
        CMP  AL,0       ;判 0
        JNS  A1         ;X≥0 转 A1
        MOV  AL,0FFH    ;否则(X<0),AL=-1
        JMP  A2
A1:     MOV  AL,1
A2:     MOV  Y1,AL      ;存结果
        MOV  AH,4CH
        INT  21H
CODE    ENDS
        END  START
```

2. 多路分支程序设计方法

常用的多路分支程序设计有三种方法，即逻辑分解法、地址表法和段内转移表法。

例 4.8.2　某工厂有 5 种产品的加工程序 1～5，分别存放在 WORK1，WORK2，…，WORK5 为首地址的内存区域中，分别键入 1，键入 2，…，键入 5 选择其对应的加工程序。下面用不同的方法编制其功能程序。

（1）逻辑分解法。

```
CODE    SEGMENT
        ASSUME  CS:CODE
START:  MOV  AH,1
        INT  21H
        CMP  AL,31H
        JZ  WORK1       ;为 1,转 WORK1
```

```
        CMP  AL,32H
        JZ   WORK2        ;为 2,转 WORK2
        CMP  AL,33H
        JZ   WORK3        ;为 3,转 WORK3
        CMP  AL,34H
        JZ   WORK4        ;为 4,转 WORK4
        CMP  AL,35H
        JZ   WORK5        ;为 5,转 WORK5
        JMP  WORK0        ;都不是,退出
WORK1:  ……
WORK2:  ……
WORK3:  ……
WORK4:  ……
WORK5:  ……
WORK0:  MOV  AH,4CH
        INT  21H
CODE    ENDS
        END  START
```

（2）地址表法。

$$表地址 = 表首址 + （键号-1）×2$$

```
DATA    SEGMENT
TABLE   DW  WORK1,WORK2,WORK3,WORK4,WORK5;地址表
DATA    ENDS
CODE    SEGMENT
        ASSUME  CS:CODE,DS:DATA
START:  MOV  AX,DATA
        MOV  DS,AX
        LEA  BX,TABLE        ;取 EA
        MOV  AH,1            ;键盘输入
        INT  21H
        AND  AL,0FH          ;屏蔽高 4 位
        DEC  AL              ;键号减 1
        ADD  AL,AL           ;键号乘 2
        SUB  AH,AH           ;AH 清零
        ADD  BX,AX           ;形成表地址
        JMP  WORD PTR[BX]    ;间接转移
WORK1:  ……
WORK2:  ……
```

```
WORK3: ……
WORK4: ……
WORK5: ……
       ……
       MOV  AH,4CH
       INT  21H
CODE   ENDS
       END  START
```

（3）段内转移表法。

段内短转移表中每条段内短转移指令占用 2B，其表地址为

$$表地址 = 表首址 + （键号-1）\times 2$$

段内近转移表中每条段内近转移指令占用 3B，其表地址为

$$表地址 = 表首址 + （键号-1）\times 3$$

段内近转移表法程序如下所示：

```
CODE    SEGMENT
        ASSUME  CS:CODE
START:  LEA  BX,WORK          ;转移表首址送 BX
        MOV  AH,1              ;键盘输入
        INT  21H
        AND  AL,0FH
        DEC  AL               ;键号减 1
        MOV  AH,AL
        ADD  AL,AL            ;键号乘 2
        ADD  AL,AH            ;键号乘 3
        SUB  AH,AH
        ADD  BX,AX            ;形成地址表
        JMP  BX               ;转移到列表
WORK:   JMP  NEAR PTR WORK1   ;转移表
        JMP  NEAR PTR WORK2
        JMP  NEAR PTR WORK3
        JMP  NEAR PTR WORK4
        JMP  NEAR PTR WORK5
WORK1:  ……
WORK2:  ……
WORK3:  ……
WORK4:  ……
WORK5:  ……
        ……
```

```
          MOV  AH,4CH
          INT  21H
CODE      ENDS
          END  START
```

4.8.2　循环程序设计

在程序中，凡是有重复执行某一段程序的结构，则称其为循环程序。在程序设计时，循环程序是经常采用的一种结构形式，它不仅能缩短代码长度，而且能简化设计。

循环程序由以下五部分组成。

（1）初始化部分：这是循环的准备部分，为程序操作、地址指针、循环计数、结束条件等设置初始值。

（2）循环工作部分：这是循环程序的核心部分，它以初始化部分设置的初值为基础，动态地执行功能相同的操作。

（3）循环修改部分：与循环工作部分协调配合，修改循环工作部分的变量、指针等，为下次重复操作做准备。

（4）循环控制部分：修改控制量用以判断和控制循环的走向，即根据控制量的状态标志条件，决定是继续循环还是退出循环。

（5）循环结束部分：退出循环后，对循环结果进行处理。

循环程序五部分中的（1）、（5）部分，分别在程序的头和尾，而（2）、（3）、（4）部分在循环程序中间的不同排序就使循环程序有多种结构形式，但常用的基本结构形式有两种，如图 4.8.1 所示。

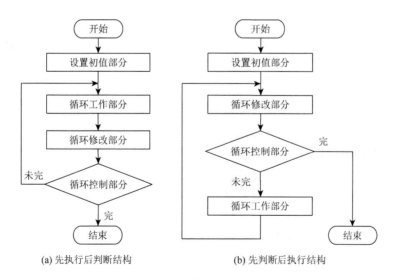

(a) 先执行后判断结构　　　　　　　　(b) 先判断后执行结构

图 4.8.1　循环程序结构

图 4.8.1（a）先执行后判断结构形式的特点是先执行循环工作部分，然后判断循环是

否结束。所以这种循环结构称为不允许零次循环结构，即不论循环是否满足，至少要执行一次循环体工作部分。

图 4.8.1（b）先判断后执行结构形式的特点是先判断循环是否结束，若未结束就执行循环工作部分，否则退出循环。因为这种循环结构有可能循环工作部分一次也不执行，所以这种循环结构称为允许零次循环结构。

例 4.8.3 循环程序的设计方法：计数控制、条件控制、变量控制。

某个数据段中，偏移地址 1000H 单元开始连续存放 255 个 8 位无符号整数 x_1、x_2、$\cdots$、x_{254}、x_{255}。编写程序求这些数据的和，并将其存入 SUM1 单元中。

8 位无符号数在 0～255 范围内，255 个数的和一定是一个不超过 16 位二进制的数，所以存放和的单元取字单元。求和运算采取 16 位累加求和方式，即先把 0 送 DH，AX 为累加和，每次将内存的数取入 DL 中后进行 AX 与 DX 相加。

1. 计数控制循环

本例是对 255 个数相加求和，取 255 为计数控制循环条件。

（1）先执行后判断结构形式的计数控制循环。

```
DATA    SEGMENT
        ORG  1000H
NUMBER1 DB  x1,x2,…,x254,x255
SUM1    DW?
DATA    ENDS
CODE    SEGMENT
        ASSUME  CS:CODE,DS:DATA
START:  MOV  AX,DATA
        MOV  DS,AX
        LEA  BX,NUMBER1
        MOV  AX,0
        MOV  DH,0
        MOV  CL,255    ;计数初值
A1:     MOV  DL,[BX]   ;取数
        ADD  AX,DX     ;求和
        INC  BX        ;修改地址指针
        SUB  CL,1      ;计数
        JNZ  A1        ;判转
        MOV  SUM1,AX   ;存和
        MOV  AH,4CH
        INT  21H
CODE    ENDS
        END  START
```

（2）先判断后执行结构形式的计数控制循环。

```
DATA      SEGMENT
          ORG  1000H
NUMBER1   DB   x1,x2,…,x254,x255
SUM1      DW?
DATA      ENDS
CODE      SEGMENT
          ASSUME  CS:CODE,DS:DATA
START:    MOV  AX,DATA
          MOV  DS,AX
          LEA  BX,NUMBER1-1
          MOV  AX,0
          MOV  DH,0
          MOV  CL,0        ;计数初值 256
A1:       INC  BX          ;修改地址指针
          SUB  CL,1        ;第一次(CL)-1=255,即 FFH
          JZ   A2          ;判转
          MOV  DL,[BX]     ;取数
          ADD  AX,DX       ;求和
          JMP  A1
A2:       MOV  SUM1,AX     ;存和
          MOV  AH,4CH
          INT  21H
CODE      ENDS
          END  START
```

计数控制循环程序可分为正计数法和倒计数法，上述程序采用的是倒计数法。当编制计数控制循环程序时，这两种结构的计数初始值差 1。上述程序的循环控制是通过判断 ZF 标志位实现的。若将各计数初值减 1，则循环控制可通过判断 CF 标志位来实现，这是用 SUB 实现 CL 减 1，而不用 DEC 的原因。

2. 条件控制循环

本例中，如果末尾的数与其他数均不相同，则可取 x_{255} 为结束循环的控制条件。

（1）先执行后判断结构形式的条件控制循环。

```
DATA      SEGMENT
          ORG  1000H
NUMBER1   DB   x1,x2,…,x254,x255
SUM1      DW?
DATA      ENDS
```

```
CODE    SEGMENT
        ASSUME  CS:CODE,DS:DATA
START:  MOV  AX,DATA
        MOV  DS,AX
        LEA  BX,NUMBER1
        MOV  AX,0
        MOV  DH,0
A1:     MOV  DL,[BX]      ;取数
        ADD  AX,DX        ;求和
        INC  BX           ;修改地址指针
        CMP  DL,x255
        JNZ  A1           ;判转
        MOV  SUM1,AX      ;存和
        MOV  AH,4CH
        INT  21H
CODE    ENDS
        END  START
```

（2）先判断后执行结构形式的条件控制循环。

```
DATA    SEGMENT
        ORG  1000H
NUMBER1 DB   x1,x2,…,x254,x255
SUM1    DW?
DATA    ENDS
CODE    SEGMENT
        ASSUME  CS:CODE,DS:DATA
START:  MOV  AX,DATA
        MOV  DS,AX
        LEA  BX,NUMBER1-1
        MOV  AX,x255
        MOV  DH,0
A1:     INC  BX           ;修改地址指针
        MOV  DL,[BX]
        CMP  DL,x255
        JZ  A2            ;判转
        ADD  AX,DX        ;求和
        JMP  A1
A2:     MOV  SUM1,AX      ;存和
        MOV  AH,4CH
```

```
                INT  21H
CODE    ENDS
        END  START
```

本例结束循环的控制条件是 x_{255}，对于先判断后执行结构形式的循环程序，满足条件的数据 x_{255} 在循环中没有加，所以累加和 AX 的初值设为 x_{255}。而对于先执行后判断结构的循环程序，满足条件的数据 x_{255} 在判断前已经加到和中，不需要特殊考虑。可见，先判断后执行结构形式的结束循环条件，是不被循环工作部分处理的。而先执行后判断结构形式的结束循环条件，是被循环工作部分处理的。

3. 变量控制循环

本例数据偏移地址 1000H 为首地址，那么，尾数 x_{255} 的偏移地址应为 10FEH，可以取变量偏移地址 10FFH 为结束循环的控制条件。

（1）先执行后判断结构形式的变量控制循环。

```
DATA    SEGMENT
        ORG  1000H
NUMBER1  DB  x1,x2,…,x254,x255
SUM1    DW?
DATA    ENDS
CODE    SEGMENT
        ASSUME  CS:CODE,DS:DATA
START:  MOV  AX,DATA
        MOV  DS,AX
        LEA  BX,NUMBER1
        MOV  AX,0
        MOV  DH,0
A1:     MOV  DL,[BX]    ;取数
        ADD  AX,DX      ;求和
        INC  BX         ;修改地址指针
        CMP  BX,10FFH
        JNZ  A1         ;判转
        MOV  SUM1,AX    ;存和
        MOV  AH,4CH
        INT  21H
CODE    ENDS
        END  START
```

（2）先判断后执行结构形式的变量控制循环。

```
DATA    SEGMENT
        ORG  1000H
```

```
NUMBER1   DB   x1,x2,…,x254,x255
SUM1      DW?
DATA      ENDS
CODE      SEGMENT
          ASSUME  CS:CODE,DS:DATA
START:    MOV  AX,DATA
          MOV  DS,AX
          LEA  BX,NUMBER1-1
          MOV  AX,0
          MOV  DH,0
A1:       INC  BX              ;修改地址指针
          CMP  BX,10FFH
          JZ  A2
          MOV  DL,[BX]         ;判转
          ADD  AX,DX           ;求和
          JMP  A1
A2:       MOV  SUM1,AX         ;存和
          MOV  AH,4CH
          INT  21H
CODE      ENDS
          END  START
```

本例变量控制循环结束的条件是尾数 x_{255} 的偏移地址 10FEH 的下一个地址 10FFH，对于两种循环结构形式，均是不被循环工作部分处理。

对于循环程序设计，同一问题可采用不同的循环结构，同一循环结构可采用不同的控制方法，同一控制方法可采用不同的状态标志作为控制条件。在上例中，分别编制了计数控制循环、条件控制循环和变量控制循环程序。在编制不同问题的循环程序过程中，还会有其他控制方法，但各种控制方法实质上均可归结为一种，即条件控制循环法，只是条件的特点不同而已。

设计循环程序时，一般有以下几个步骤。

（1）根据问题，确定是选取先执行后判断结构形式，还是先判断后执行结构形式。

（2）必须选择恰当的循环条件来控制循环的运行和结束。其中，计数器控制法适用于循环次数已知的情况，条件控制法适用于循环次数未知的情况。

（3）根据重复执行的任务，确定适合循环的工作部分。

（4）根据循环程序控制方法的不同来设置循环参数的初值。

（5）考虑循环参数的修改部分，分析并确定参数的每次修改方法。

例 4.8.4 多重循环程序设计。

从首地址 NUMBER1 开始存放 N 个无符号字节数据，用冒泡法编制将数据按由大到小重新排序的源程序。

　　冒泡法排序的算法是：从第一个数开始依次对相邻两个数进行比较，如果次序不对（由大到小排序时，即前小后大；而由小到大排序时，即前大后小），则两数交换位置，否则不变。按照这个交换原则，进行第一个数和第二个数比较，第二个数和第三个数比较，…，第 $N-1$ 个数和第 N 个数比较。全部数据比较一遍以后，必将使一个最小数（由大到小排序时）或一个最大数（由小到大排序时）交换到最后一个单元中。这样再经过第二遍、第三遍、…、第 $N-1$ 遍的比较，将会使第二个、第三个、…、第 $N-1$ 个较小或较大数交换到相应位置上，从而实现数据按由大到小或由小到大的顺序重新排序。即经过 $N-1$ 遍，每遍比较 $N-1$ 次便可实现排序功能。

　　（1）采用 $N-1$ 遍，每遍比较 $N-1$ 次。

```
DATA      SEGMENT
NUMBER1   DB  100,3,90,80,99,77,44,66,50          ;数据
N         EQU  $-NUMBER1-1                         ;数据个数减 1
DATA      ENDS
CODE      SEGMENT
          ASSUME  CS:CODE,DS:DATA
START:    MOV  AX,DATA
          MOV  DS,AX
          MOV  DX,N              ;外循环计数初值,即遍数
A1:       LEA  BX,NUMBER1        ;数据首址
          MOV  CX,N              ;内循环计数初值,即比较次数
A2:       MOV  AL,[BX]
          CMP  AL,[BX+1]         ;比较
          JNC  A3                ;前大后小转
          XCHG AL,[BX+1]         ;前小后大交换
          MOV  [BX],AL
A3:       INC  BX                ;形成下一个比较地址
          LOOP A2                ;内循环计数判转,即比较次数
          DEC  DX                ;外循环计数,即计遍数
          JNZ  A1                ;外循环判转
          MOV  AH,4CH
          INT  21H
CODE  ENDS
          END  START
```

　　由于每遍比较都将一个小数（由大到小排序时）或一个大数（由小到大排序时）交换到相应单元中，所以下一遍的比较次数可以比上一遍少 1，以提高速度。

　　（2）采用 $N-1$ 遍，每遍比较次数少 1。

```
DATA      SEGMENT
NUMBER1   DB  100,3,90,80,99,77,44,66,50          ;数据
```

```
N            EQU  $-NUMBER1-1                              ;数据个数减1
DATA         ENDS
CODE         SEGMENT
             ASSUME  CS:CODE,DS:DATA
START:       MOV  AX,DATA
             MOV  DS,AX
             MOV  DX,N                ;外循环计数初值,即遍数
A1:          LEA  BX,NUMBER1          ;数据首址
             MOV  CX,DX               ;内循环计数初值,即比较次数
A2:          MOV  AL,[BX]
             CMP  AL,[BX+1]           ;比较
             JNC  A3                  ;前大后小转
             XCHG AL,[BX+1]           ;前小后大交换
             MOV  [BX],AL
A3:          INC  BX                  ;形成下一个比较地址
             LOOP A2                  ;内循环计数判转,即比较次数
             DEC  DX                  ;外循环计数,即计遍数
             JNZ  A1                  ;外循环判转
             MOV  AH,4CH
             INT  21H
CODE         ENDS
             END  START
```

在很多情况下，数据并不需要 $N-1$ 遍就已经排序完毕。为提高效率，可在每遍（外循环）开始时设置一个交换标志为 0。在内循环比较时，若有交换就将交换标志置 1，在每次内循环结束后测试交换标志，若该标志为 1，则再一次进入外循环。若该标志为 0，则退出外循环，结束排序操作。上述两种算法程序均可设置交换标志。

（3）有交换标志的 $N-1$ 遍，每遍比较次数少 1。

```
DATA         SEGMENT
NUMBER1      DB  100,3,90,80,99,77,44,66,50                ;数据
N            EQU  $-NUMBER1-1                              ;数据个数减1
DATA         ENDS
CODE         SEGMENT
             ASSUME  CS:CODE,DS:DATA
START:       MOV  AX,DATA
             MOV  DS,AX
             MOV  DX,N                ;外循环计数初值,即遍数
A1:          LEA  BX,NUMBER1          ;数据首址
             SUB  AH,AH               ;设置交换标志初值0
```

```
            MOV   CX,DX              ;内循环计数初值,即比较次数
A2:         MOV   AL,[BX]
            CMP   AL,[BX+1]          ;比较
            JNC   A3                 ;前大后小转
            XCHG  AL,[BX+1]          ;前小后大交换
            MOV   [BX],AL
            MOV   AH,1               ;设置有交换标志 1
A3:         INC   BX                 ;形成下一个比较地址
            LOOP  A2                 ;内循环计数判转,即比较次数
            OR  AH,AH                ;交换标志的反码送 ZF 标志位
            JZ  A4                   ;无交换转
            DEC   DX                 ;外循环计数,即计遍数
            JNZ   A1                 ;外循环判转
A4:         MOV   AH,4CH
            INT   21H
CODE        ENDS
            END   START
```

4.8.3 子程序设计

在程序设计过程中,经常会遇到一些功能结构相同,仅是某些变量的值不同的程序段在程序中的不同部分多次出现,为了避免编制程序的重复劳动及减少调试程序的时间,在设计程序时,可把这些程序段独立出来,按一定的格式编写,成为可以被其他程序多次调用的程序。我们把这种可以被多次反复调用的、能完成指定操作功能的程序段称为子程序或称过程;相对而言,把调用子程序的程序称为主程序,把主程序调用子程序的过程称为调用子程序。子程序执行完后,应返回到主程序的调用处,继续执行主程序,这个过程称为返回主程序。主程序和子程序是相对而言的,子程序还可调用其他的子程序。

调用子程序的关键是如何保存返回地址,返回主程序的关键是如何找到调用时保存的返回地址。在 Pentium 系列微处理器汇编语言中,用 CALL 指令可以实现正确地转向子程序地址,用 RET 指令可以实现正确地返回到主程序调用的位置。这些操作主要是通过堆栈操作来完成的。

在程序设计时,子程序也是经常采用的一种结构形式。采用子程序结构具有简化程序设计过程、节省程序设计时间、缩短程序的长度、节省存储空间、增加程序的可读性、便于对程序进行修改和调试、方便程序的模块化和结构化设计等优点。

1. 子程序的定义

为了使所编制的子程序具有通用性,以便用户调用,在设计子程序时,同时要建立子

程序的文档说明，使用户看此说明能清楚该子程序的功能和调用方法。

子程序的说明文件一般应包括以下几项内容。

（1）子程序名：一般取具有象征意义的标识符，供调用子程序时使用。

（2）子程序的功能：说明子程序完成的具体任务。

（3）子程序占用的寄存器和工作单元：说明子程序执行时需要使用哪些寄存器，子程序执行后，哪些寄存器的内容被改变，哪些寄存器的内容保持不变。

（4）子程序的输入参数：说明子程序运行所需的参数以及存放位置。

（5）子程序的输出参数：说明子程序运行结束的结果参数及存放的位置。

（6）子程序的运行时间：说明子程序运行所需的时钟周期数。

（7）子程序的计算精度：说明子程序处理数据的位数。

（8）子程序调用示例：说明子程序的调用格式。

（9）可递归和可重入性：如果子程序能够调用其本身，则称其为可递归调用的。如果子程序可被中断，在中断处理中又被中断服务程序调用，并且能为中断服务程序和中断的子程序两者都提供正确的结果，那么称该子程序是可重入的。为使子程序具有可递归和可重入性，应当利用堆栈和寄存器作为中间结果的暂存器，而不能用固定的存储单元作为暂存器。

子程序由子程序定义（即子程序入口）、保护现场、取入口参数、子程序体、存输出参数、恢复现场和返回七部分组成。

子程序调用指令 CALL 和返回指令 RET 都有 NEAR 和 FAR 的属性，段内调用时用NEAR 属性，段间调用时用 FAR 属性。汇编程序对源程序进行汇编时，根据 PROC 伪指令的类型属性来确定 CALL 和 RET 指令的属性。即若过程是 FAR 属性的，则 CALL 和RET 指令就确定为 FAR 属性；若过程是 NEAR 属性的，则 CALL 和 RET 指令就确定为NEAR 属性；属性缺省时默认为 NEAR。这样，用户只需在定义过程时考虑它的属性，而CALL 和 RET 指令的属性可以由汇编程序来确定。

用户对过程属性的确定原则是：主程序和过程在同一个代码段中，则用 NEAR 属性。主程序和过程不在同一个代码段中，则用 FAR 属性。一般可将主程序定义为 FAR 属性，因为我们将程序的主过程看作 DOS 调用的一个子过程，而 DOS 对主过程的调用和返回都是 FAR 属性。

2. 现场的保存与恢复

由于主程序和子程序经常是分别编制的，所以它们所使用的寄存器往往会发生冲突。如果主程序在调用子程序之前的某个寄存器内容在从子程序返回后还有用，而子程序又恰好使用了同一个寄存器，这就破坏了该寄存器的原有内容，会造成程序运行错误，为避免这种错误的发生，就需要对这些寄存器的内容加以保护，这就称为保护现场。子程序执行完毕后再恢复这些被保护的寄存器的内容，称为恢复现场。

在子程序中保护现场和恢复现场通常采用下述方法。

（1）利用堆栈指令进行现场的保存与恢复。用入栈指令 PUSH 将寄存器的内容保存在堆栈中，恢复时再用出栈指令 POP 从堆栈中取出。这种方法较为方便，尤其在设计嵌套子程序和递归子程序时，由于入栈和出栈指令会自动修改堆栈指针，保护和恢复现场层次清晰，只要注意堆栈操作的先进后出的特点，就不会出错，这是经常采用的一种方法。

（2）利用数据传送指令进行现场的保存与恢复。利用数据传送指令 MOV 将寄存器的内容保存在指定的内存单元中，恢复现场时再用数据传送指令，从指定的内存单元取回到对应的寄存器中。这种方法使用时不方便，较少使用。

需要说明的是，在子程序设计时，有时并非所有寄存器都需要保存。程序设计者应考虑哪些寄存器是必须保存的，哪些寄存器是不需要保存的。其保存原则是，子程序中用到的寄存器是应该保存的。但是，在主程序和子程序之间传送参数的寄存器，就不一定需要保存，特别是用来向主程序回送结果的寄存器，就更不应该因保存和恢复寄存器而破坏了向主程序传送的信息。

3. 子程序的参数传送

主程序在调用子程序前，必须把需要子程序加工处理的数据传送给子程序，这些加工处理的数据就称为输入参数。当子程序执行完返回主程序时，应该把最终结果传送给主程序，这些加工处理所得的结果称为输出参数。这种主程序和子程序之间的数据传送称为参数传送。通常进行主程序和子程序间参数传送的方法有两种：通过寄存器传送参数、通过堆栈传送参数或参数表地址。

1）通过寄存器传送参数

这种方法是在主程序中预先将输入参数置于规定的寄存器中，进入子程序后，可直接从规定的寄存器中取出数据进行加工处理。子程序执行后又将结果存到指定的寄存器中，返回主程序后就可从指定的寄存器中取出输出参数。这种方法最简单方便，实际上也是用得最多的一种方法。但由于 CPU 中的寄存器数量有限，该方法仅适合于传送参数个数较少的情况。

例 4.8.5　用寄存器传送参数方式，编制键入 5 位十进制数的加法程序。

程序说明：

（1）S1 子程序把由键盘输入的 5 位以内的十进制数转换成二进制数，并存入 CX，键入非数字字符时返回主程序。

（2）S2 子程序把 CX 中的二进制数转换成十进制数，并显示在 CRT 显示器上。

（3）主程序 MAIN 对数据求和，假设两数之和小于等于 65535。

（4）主程序 MAIN 和子程序 S1、S2 在同一代码段中。

```
CODE    SEGMENT
        ASSUME  CS:CODE
MAIN    PROC  FAR        ;主程序定义为 FAR 属性
        CALL  S1         ;取被加数
        MOV  BX,CX       ;保存被加数
```

```
        CALL  S1              ;取加数
        ADD   CX,BX           ;求和
        CALL  S2              ;显示和
        MOV   AH,4CH
        INT   21H
S1      PROC  NEAR            ;键入十化二子程序S1定义为NEAR属性
        PUSH  AX
        PUSH  BX
        PUSH  DX
        XOR   CX,CX           ;零送CX为每次键入值乘10做准备
A1:     MOV   AH,1
        INT   21H             ;等待键入
        CMP   AL,30H
        JC    A2              ;小于0键的代码则返回主程序
        CMP   AL,3AH
        JNC   A2              ;大于9键的代码则返回主程序
        ADD   CX,CX           ;(CX)×2→(CX)
        MOV   BX,CX           ;(CX)×2→(BX)
        ADD   CX,CX           ;(CX)×2→(CX)
        ADD   CX,CX           ;(CX)×2→(CX)
        ADD   CX,BX           ;CX原内容(上次键入值)乘10目的
        AND   AX,0FH          ;取本次键入值
        ADD   CX,AX           ;以前键入值逐乘10的值加本次值
        JMP   A1              ;转取下次键
A2:     POP   DX
        POP   BX
        POP   AX
        RET                  ;返回主程序
S1      ENDP
S2      PROC  NEAR            ;二化十并显示子程序S2定义为NEAR属性
        PUSH  AX
        PUSH  BX
        PUSH  DX
        CMP   CX,10000
        JNC   A3              ;判是否有万位,避免最高位显0
        CMP   CX,1000
        JNC   A5              ;判是否有千位,避免最高位显0
        CMP   CX,100
```

```
            JNC   A7              ;判是否有百位,避免最高位显 0
            CMP   CX,10
            JNC   A9              ;判是否有十位,避免最高位显 0
            JMP   A11
A3:         MOV   DL,-1
A4:         SUB   CX,10000
            INC   DL              ;万位累计
            JNC   A4
            ADD   CX,10000        ;多减一次,则补加
            OR    DL,30H
            MOV   AH,2            ;显示万位
            INT   21H
A5:         MOV   DL,-1
A6:         SUB   CX,1000
            INC   DL              ;千位累计
            JNC   A6
            ADD   CX,1000         ;多减一次,则补加
            OR    DL,30H
            MOV   AH,2            ;显示千位
            INT   21H
A7:         MOV   DL,-1
A8:         SUB   CX,100
            INC   DL              ;百位累计
            JNC   A8
            ADD   CX,100          ;多减一次,则补加
            OR    DL,30H
            MOV   AH,2            ;显示百位
            INT   21H
A9:         MOV   DL,-1
A10:        SUB   CX,10
            INC   DL              ;十位累计
            JNC   A10
            ADD   CX,10           ;多减一次,则补加
            OR    DL,30H
            MOV   AH,2            ;显示十位
            INT   21H
A11:        MOV   DL,CL
            OR    DL,30H
```

```
          MOV   AH,2              ;显示个位
          INT   21H
          POP   DX
          POP   BX
          POP   AX
          RET                     ;返回主程序
S2        ENDP
MAIN      ENDP
CODE      ENDS
          END  MAIN
```

2）通过堆栈传送参数或参数表地址

通过堆栈传送参数或参数表地址方法是在主程序中将输入参数或参数表地址压入堆栈内，在子程序中从堆栈中取出参数或参数表地址。子程序执行后又将结果或结果地址压入堆栈内。返回主程序后再由主程序从堆栈中取出结果或结果地址。如果传送参数较多，或在子程序内部多次访问参数，该方法是行之有效的手段。但其缺点是执行 CALL 指令时也要压栈保存返回地址，因此使用堆栈中的参数应注意避免破坏返回地址。

例 4.8.6 用堆栈传送参数和参数表地址方式，编制键入 8 位的非压缩 BCD 码加法并显示的源程序。

程序说明：

（1）NUMBER1、NUMBER2 分别是两个 8 位的非压缩 BCD 码数的最低位地址。最高位地址分别为 NUMBER1 + 7、NUMBER2 + 7。NUMBER3 是和的最低位地址，和的最高位地址为 NUMBER3 + 8。

（2）S1、S2 子程序和主程序在同一程序模块中。主程序完成 8 位的非压缩 BCD 码加法运算。

（3）为简化程序，显示时不考虑最高位为 0 的情况。

（4）S1 子程序采用堆栈传送参数方式与主程序传送参数，把键入的 8 位以内的非压缩 BCD 码及其个数压入堆栈，键入非数字键返回主程序。

（5）S2 子程序采用堆栈传送参数表地址方式与主程序传送参数，在 CRT 显示器上显示 8 位非压缩 BCD 码加法运算结果。

```
DATA      SEGMENT
NUMBER1   DB   8 DUP(0)          ;被加数参数表
NUMBER2   DB   8 DUP(0)          ;加数参数表
NUMBER3   DB   9 DUP(0)          ;和参数表
DATA      ENDS
CODE      SEGMENT
          ASSUME  CS:CODE,DS:DATA
MAIN      PROC  FAR              ;主程序定义为 FAR 属性
          MOV   AX,DATA
```

```
            MOV  DS,AX
            CALL  S1              ;调 S1 非压缩 BCD 码接收子程序
            POP  CX               ;取被加数位数
            LEA  BX,NUMBER1       ;取被加数参数表地址
    A1:     POP  AX               ;取被加数个位、十位、百位…
            MOV  [BX],AL          ;被加数存入参数表
            INC  BX               ;形成下位地址
            LOOP  A1              ;计数控制
            CALL  S1              ;调 S1 非压缩 BCD 码接收子程序
            POP  CX               ;取加数位数
            LEA  BX,NUMBER2       ;取加数参数表地址
    A2:     POP  AX               ;取加数个位、十位、百位…
            MOV  [BX],AL          ;加数存入参数表
            INC  BX               ;形成下位地址
            LOOP  A2              ;计数控制
            LEA  SI,NUMBER1       ;取被加数参数表地址
            LEA  DI,NUMBER2       ;取加数参数表地址
            LEA  BX,NUMBER3       ;取和参数表地址
            MOV  CX,8             ;加位数计数器初值
            OR  CX,CX             ;0→CF
    A3:     MOV  AL,[SI]          ;取被加数
            ADC  AL,[DI]          ;非压缩 BCD 码加
            AAA                   ;调整
            MOV  [BX],AL          ;存和
            INC  SI               ;形成下位地址
            INC  DI               ;形成下位地址
            INC  BX               ;形成下位地址
            LOOP  A3              ;计数控制
            ADC  CL,CL            ;最高位送 CL
            MOV  [BX],CL          ;存最高位
            LEA  AX,NUMBER3+8     ;取和参数表最高位地址
            PUSH  AX              ;向子程序提供和参数表最高位地址
            CALL  S2              ;非压缩 BCD 码显示子程序
            MOV  CX,16
            LEA  BX,NUMBER1       ;取被加数参数表地址
            XOR  AL,AL
    A4:     MOV  [BX],AL          ;清被加数和加数参数表,使之具有重复性
            INC  BX
```

```
              LOOP  A4
              MOV   AH,4CH          ;返回 DOS
              INT   21H
    S1        PROC  NEAR            ;非压缩 BCD 码接收子程序
              POP   BX              ;保存返回地址
              SUB   CX,CX           ;键入位数计数器清零
    A5:       MOV   AH,1
              INT   21H             ;等待键入
              CMP   AL,30H
              JC    A6              ;小于 0 键的代码则返回主程序
              CMP   AL,3AH
              JNC   A6              ;大于 9 键的代码则返回主程序
              INC   CX              ;键入位数计数器加 1
              PUSH  AX              ;非压缩 BCD 码压栈
              JMP   A5
    A6:       PUSH  CX              ;键入位数压栈
              PUSH  BX              ;返回地址压栈
              RET                   ;返回主程序
    S1        ENDP
    S2        PROC  NEAR            ;非压缩 BCD 码显示子程序
              POP   AX              ;保存返回地址
              POP   BX              ;取和参数表最高位地址
              PUSH  AX              ;返回地址压栈
              MOV   CX,9            ;显示和计数初值
    A7:       MOV   DL,[BX]         ;取和最高位、次高位、…、个位
              ADD   DL,30H          ;形成 ASCII 码
              MOV   AH,2
              INT   21H             ;显示
              DEC   BX              ;形成下位地址
              LOOP  A7              ;计数控制
              RET                   ;返回主程序
    S2        ENDP
    MAIN      ENDP
    CODE      ENDS
              END   MAIN
```

习　题

4.1　设 DS = 3000H，SS = 2000H，AX = 2A2BH，BX = 1200H，CX = 889AH，BP = 1200H，SP = 1352H，SI = 1354H，（31350H）= 35H，（31351H）= 3CH，（31352H）= 8FH，（31353H）= 86H，（31354H）= 52H，（31355H）= 97H，（326A4H）= 98H，（326A5H）= 86H，（21350H）= 88H，（21351H）= 31H，（21352H）= 99H，（21353H）= 77H。

在 8086 系统中，下列各指令在上述存储器状态下执行，将各小题的执行结果填入相应的横线上。

（1）MOV AX,1352H　　　　　　　　;AX=_____

（2）MOV AX,[1352H]　　　　　　　;AX=_____

（3）MOV 0150H [BX],CH　　　　　; (31350H)=_____ , (31351H)=_____

（4）MOV AX,0150H [BP]　　　　　;AX=_____

（5）POP AX　　　　　　　　　　　;AX=_____ , SP=_____

（6）ADD [SI],CX　　　　　　　　 ; (31354H)=_____ , (31355H)=_____ ,
　　　　　　　　　　　　　　　　　;SF=___ , ZF=_____ , PF=_____ , CP=_____ ,
　　　　　　　　　　　　　　　　　;OF=____

（7）SUB BH,0150H [BX] [SI]　　 ;BH=____ , SF=_____ , ZF=_____ , PF=_____ ,
　　　　　　　　　　　　　　　　　;CF=_____ , OF=_____

（8）INC BYTE PTR 0152H [BX] ; (31352H)=____ , (31353H)=____ , CF=____

（9）INC WORD PTR 0152H [BX] ; (31352H)=____ , (31353H)=____ , CF=____

4.2　阅读下列各程序段，将执行结果填入后面的横线上。

（1）MOV　BL,98H
　　　MOV　AL,29H
　　　ADD　AL,BL
　　　DAA
　　　AL =___ , BL =___ , CF =_____

（2）MOV　AX,0FE60H
　　　STC
　　　MOV　CX,98
　　　XOR　CH,0FFH
　　　SBB　AX,CX
　　　AX =___ , CF =_____

（3）MOV　DX,0FFEEH
　　　MOV　CL,2
　　　SAR　DX,CL
　　　DX= _____ , CF =_____

4.3　指出下列指令中源操作数的寻址方式。

（1）ADC　CX，35 [BX] [SI]

（2）MOV　AX，[3300H]

（3）AND　BX，[BX]

（4）INC　WORD PTR [BX]

4.4　按下列题意要求，分别为每个小题写出相应的汇编语言指令。

（1）以寄存器 BX 和 SI 作为基址变址寻址方式把存储器的一个字传送到 CX 寄存器。

（2）以寄存器 BX 和偏移量 25H 作为寄存器相对寻址方式把存储器的一个字和 AX 相加，把结果送回那个字单元中。

（3）将一个字节立即数 B6H 与偏移地址为 867H 的存储器字节单元内容相比较。

（4）清除寄存器 SI 间接寻址的存储器字单元，同时清零 CF 标志位。

4.5　设 X、Y、R、S、Z 均为 16 位无符号数的变量。按已给定的表达式 $Z(X+Y)/(R-S) \to Z$ 有程序如下，试在横线上填入适当的指令（注：在加减过程中均无进位和借位）。

```
MOV  AX,X

_____

MOV  CX,R
SUB  CX,S

_____

_____

MOV  Z,AX
MOV  Z+1,DX
```

4.6　解释 PUSH [DI] 指令的执行过程。

4.7　Pentium 微处理器在指令码中怎么区分数据是字（16 位字）还是双字（32 位字）？

4.8　8086 微处理器存储单元寻址时，段的使用是怎么规定的？

4.9　子程序远返回和近返回的指令助记符都为 RET，怎么确定其为远返回还是近返回？

4.10　8086 微处理器中，中断指令和子程序调用指令有什么区别？设置中断指令有什么用途？

4.11　简述汇编语言上机编程的基本过程。

4.12　汇编语句包括哪些部分？各个部分的主要功能是什么？

4.13　汇编语言中伪指令的作用是什么？

4.14　一个汇编语言源程序一般应当包含哪些段？

4.15　说明汇编语言中地址计数器的作用。

4.16　怎么确定子程序的类型？不同类型的子程序，调用时有什么区别？

4.17　变量和标号有哪些属性？这些属性是怎么规定的？

4.18　假设 VAR1 和 VAR2 为字变量，LAB 为标号，试指出下列指令的错误之处。

（1）ADD VAR1，VAR2

（2）SUB AL，VAR1

（3）JMP LAB [DI]

（4）JNZ VAR1

4.19 画图说明下列语句所分配的存储空间及初始的数据值。

（1）X1 DB 'BYTE'，12，5 DUP（0，？，4）

（2）X2 DW 0，1，3，255，-8

4.20 对于下面的数据定义，各条 MOV 指令单独执行后，有关寄存器的内容是什么？

```
T1   DB ?
T2   DW  20 DUP(? )
T3   DB  'ABCD'
T4   DW  10 DUP(? )
T5   DB  20 DUP(? )
T6   DB  '1234'
```

（1）MOV AX，TYPE T1

（2）MOV AX，TYPE T2

（3）MOV CX，LENGTH T2

（4）MOV DX，SIZE T2

（5）MOV CX，LENGTH T3

（6）MOV AX，LENGTH T4

（7）MOV BL，LENGTH T5

（8）MOV CL，LENGTH T6

4.21 设已知语句为：

```
ORG  0024H
DATA1  DW  4,12H,$+4
```

则执行指令 MOV AX，DATA1 + 4 后 AX 的值是多少？

4.22 已知定义了两个整数变量 A 和 B，试编写一个源程序完成如下功能。

（1）若两数中有 1 个是偶数，则将奇数存入 A 中，偶数存入 B 中。

（2）若两数均为奇数，则把变量 A 和 B 交换。

（3）若两数均为偶数，则两数除以 2 后再存入原变量中。

4.23 编写统计 AX 中 1、0 个数的源程序。1 的个数存入 CH，0 的个数存入 CL。

4.24 编写比较两个字符串变量 STRING1 和 STRING2 所含字符是否完全相同的源程序，若相同则显示 MATCH，若不同则显示 NO MATCH。

4.25 编写从键盘上接收一个 4 位的十六进制数，并在 CRT 显示器上显示出与它等值的二进制数的源程序。

4.26 设从 STRING 开始存放一个以$为结束标志的字符串，试编写把字符串中的字符进行分类的源程序，数字字符存入 NUM 开始的内存区中，大写字母存入 BCHAR 开始的内存区中，小写字母存入 LCHAR 开始的内存区中，其他字符存入 OTHER 开始的内存区中。

4.27 编写找出首地址为 BUF 数据块中的最小偶数（该数据块中有 100 个带符号字节数），并以十六进制形式显示在 CRT 显示器上的源程序。

4.28 已知数据块 BUFA 中存放 15 个互不相等的字节数据，BUFB 中存放 20 个互不相等的字节数据，试编写将既在 BUFA 中出现，又在 BUFB 中出现的数据存放到 BUFC 开始的缓冲区中的源程序。

4.29　编写由键盘输入一个以回车作为结束的字符串，将其按 ASCII 码由大到小的顺序输出到 CRT 显示器上的源程序。

4.30　设从 BUFFER 开始存放若干个以$为结束标志的带符号字节数据，试编写将其中的正数按由大到小的顺序存入 PLUS 开始的缓冲区中的源程序。

4.31　编写一个源程序，要求能从键盘接收一个个位数 N，然后响铃 N 次（响铃的 ASCII 码为 07）。

4.32　编写一个源程序，要求将一个包含 40 个数据的数组 M 分成两个数组：正数数组 P 和负数数组 N，并分别把这两个数组中数据的个数在 CRT 显示器上显示出来。

4.33　在 STRING～STRING + 99 单元中存放着一个字符串，试编制一个程序测试该字符串中是否存有数字。若有，则把 CL 置 0FFH，否则将 CL 置 0。

4.34　编制一个源程序，把 DX 中的十六进制数转换为 ASCII 码，并将对应的 ASCII 码依次存放到 MEM 数组中的 4 字节中。例如，当 DX = 2A49H 时，程序执行完后，MEM 中的 4 字节内容为 39H、34H、41H 和 32H。

4.35　下面的程序段实现从键盘输入十个一位十进数后累加，最后累加和以非压缩 BCD 码形式存放在 AH（高位）和 AL（低位）中。试把程序段中所空缺的指令填上。

```
        XOR  DX,DX

        _____
A1: MOV  AH,01H    ;键盘字符输入
    INT  21H
    MOV  AH,DH
    ADD  AL,DL

        _____
    MOV  DX,AX
    LOOP A1
```

4.36　下面程序段的功能是把 DA12 数据区的数 0～9 转换为对应的 ASCII 码。试完善本程序段。

```
DA12     DB  0,1,2,3,4,5,6,7,8,9
ASCII2   DB  10 DUP(? )
CUNT     EQU ASCII2-DA12
         LEA SI,DA12
         LEA DI,ASCII2

         _____
A1:      MOV AL,[SI]

         _____
         MOV [DI],AL
         INC SI
```

```
            INC   DI
            ADD   CL,0FFH
            JNZ   A1
```

4.37　下列程序段完成什么功能？

```
        MOV   CL,04
        SAL   DX,CL
        MOV   BL,AH
        SAL   AX,CL
        SHR   BL,CL
        OR    DL,BL
```

4.38　某班有 30 名学生，现需将"微机系统"课程的考试成绩通过键盘输入，存放到内存数据区以 A1 为首址的连续单元中（得分范围为 50～99 分），采用子程序结构编程，找出最高得分送显示器输出。

要求：

（1）编写一个键盘输入子程序。

（2）编写一个将两位分数数字的 ASCII 码转换成一个压缩的 BCD 码的子程序。

（3）编写一个将一个压缩的 BCD 码转换成 ASCII 码的子程序。

（4）编写一个 CRT 显示输出子程序。

（5）写出主程序的调用方式。

4.39　用子程序结构编程计算：$S = 1! + 2! + 3! + \cdots + 7!$。

4.40　编写一个递归子程序，完成自然数 1～100 的求和运算。

4.41　分析下列程序，指出程序完成的功能，并画出主程序调用子程序时，堆栈的变化示意图。

```
MAIN      PROC  FAR
            ......
            MOV  SI,OFFSET SOUCE1
            PUSH SI
            MOV  DI,OFFSET DEST1
            PUSH  DI
            MOV  CX,100
            PUSH  CX
            CALL  REMOV1
A1:         ......
RET
MAIN      ENDP
REMOV1    PROC  FAR
            ......
            MOV  BP,SP
```

```
        MOV  CX,[BP+4]
        MOV  DI,[BP+6]
        MOV  SI,[BP+8]
        CLD
        REP  MOVSB
        RET
REMOV1  ENDP
```

第5章　Pentium 微处理器保护模式存储管理

5.1　虚拟存储器及其工作原理

虚拟存储器又称为虚拟存储系统。虚拟存储器是为满足用户对存储空间不断扩大的要求而提出的，随着用户程序复杂性的增加，占用存储空间越来越大。其解决办法是扩大主存，但是造价高，空间利用率很低，并不是好的途径。采用虚拟存储器，可较好地解决这个问题。

虚拟存储器这个概念是 1961 年由英国曼彻斯特大学的 Kilburn 等提出的，并于 20 世纪 70 年代广泛应用于大中型计算机之中，现在的微型计算机也都采用了这种技术。

虚拟存储器是由主存、辅存、辅助硬件和操作系统管理软件组成的一种存储体系。它把辅存作为主存的扩充，对应用程序员来说，相当于计算机系统有一个容量很大的主存。虚拟存储系统的目标是增加存储器的存储容量，它的速度接近于主存，单位造价接近于辅存，因此性能价格比很高。

虚拟存储器和 Cache 存储器是存储系统中两个不同的存储层次，它们在功能、结构、操作过程等方面的比较如表 5.1.1 所示。

表 5.1.1　虚拟存储器和 Cache 存储器的比较

存储体系	虚拟存储器	Cache 存储器
存储层次	主存-辅存	Cache-主存
主要功能	主存速度，辅存容量	CPU 速度，主存容量
信息传送单位	信息块（如段、页），有多种划分，长度较大	信息块（如块、行），长度较小，并且固定
结构差别	CPU → 主存 → 辅存 主存不命中，进行辅存调度，而 CPU 程序换道	CPU → Cache → 主存 在 CPU 与主存之间具有直接访问通路
操作过程	由部分硬件和操作系统存储管理软件实现，对应用程序员透明，对存储管理软件程序员不透明	全部用硬件实现，对各类程序员透明

5.1.1　地址空间及地址

我们知道，微处理器只能执行已经装入主存的那一部分程序块，与此同时，为了提高主存的空间利用率，还应及时释放已不使用的信息在主存中所占用的空间，以便装入其他有用的信息。这样，随着程序的运行，各种信息就会在主存与辅存之间不断地调进、调出。

在虚拟存储器中有三种地址空间及对应的三种地址。三种地址空间分别是虚拟地址空间、主存地址空间、辅存地址空间。

虚拟地址空间又称为虚存地址空间，是应用程序员用来编写程序的地址空间，与此相对应的地址称为虚地址或逻辑地址。

主存地址空间又称为实存地址空间，是存储、运行程序的空间，其相应的地址称为主存物理地址或实地址。

辅存地址空间也就是磁盘存储器的地址空间，是用来存放程序的空间，相应的地址称为辅存地址或磁盘地址。

5.1.2　虚拟存储器工作原理

虚拟存储器中，信息的调度和管理由硬件和软件（操作系统）共同完成，其工作过程如图 5.1.1 所示。

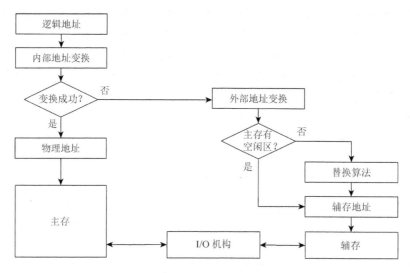

图 5.1.1　虚拟存储器工作过程示意图

应用程序访问虚拟存储器时，必须首先给出逻辑地址，然后进行内部地址变换。如果要访问的信息在主存中（也就是内部地址变换成功），则根据变换所得到的物理地址访问主存；如果内部地址变换失败，则要根据逻辑地址进行外部地址变换，得到辅存地址。与此同时，还需检查主存中是否有空闲区，如果没有，就要根据替换算法，把主存中暂时不用的某个（或某些）块信息通过 I/O 机构调出，送往辅存，再把得到的辅存地址中的信息块送往主存；如果主存中有空闲区域，则直接把辅存中有关的信息块送往主存。

由于采用的存储映像算法不同，形成了不同的存储管理方式，其中主要有段式、页式和段页式三种。尽管使用的存储管理方式不同，但虚拟存储器的基本原理、工作过程及有关技术问题还是有许多相似之处。

Pentium 微处理器支持分段存储管理、分页存储管理和段页式存储管理。Pentium 微处理器片内存储管理部件负责对物理存储器实施安全可靠且行之有效的存储管理操作。当存储管理部件正常运转时，程序是不能直接对物理存储器进行寻址操作的，只能对一个被称为虚拟存储器的存储器模型进行寻址操作。

Pentium 微处理器的存储管理部件由分段部件和分页部件组成。分段部件可以提供多个各自独立的地址空间,而分页部件可以使用少量的随机存储器和磁盘存储器去支持一个很大的地址空间模型。Pentium 微处理器的分段部件和分页部件既可以单独使用其中的一种,也可以两种同时使用。

由程序提供的地址叫作逻辑地址。分段部件的功能之一就是将逻辑地址转换成一个连续的不分段的地址空间,这个地址空间的地址叫作线性地址。而分页部件的主要功能就是将线性地址转换成物理地址。

5.2　分段存储管理

5.2.1　分段存储管理的基本思想

通常,一个程序由多个模块组成,特别是在结构化程序设计思想提出之后,程序的模块性就更强了。一个复杂的大程序总可以分解成多个在逻辑上相对独立的模块,模块间的界面和调用关系是可以清楚定义的。这些模块可以是主程序、各种能赋予名称的子程序或过程,也可以是表格、数组、树、向量等某类数据元素的集合。模块的大小可以各不相同,有的甚至事先无法确定。但每一个模块都是一个特定功能的独立的程序段,都以该段的起点为 0 相对编址。当某一程序段(模块)从辅存调入主存时,只要由系统赋予该段一个基址,就可以把基址和每个单元在段内的相对位移量组合起来,形成这些单元在主存中各自的实际地址。

主存按段分配的存储管理方式称为段式管理。程序进入内存时,各程序段要求占据相对独立的内存区间。因此,现代微机系统把物理空间分成相对独立的许多内存段,每个内存段放置一个程序段,至此内存段与程序段统一,统称为段。一个程序拥有多个段,不同程序占据不完全相同的几个段。而且管理系统所需要的信息放置在属于系统所有的段中。

分段管理后,系统必须知道每个段的必要信息(段信息)才能完善地管理各段,这些信息包括段在物理空间的开始地址、段的界限、段是数据型还是程序型、内存标志等多方面的内容。

32 位机把每个段的段信息放入一个数据结构中,称作段描述符(或简称描述符)。又把所有的段描述符分类,组成顺序排列的表,称作段描述符表(或简称段表)。每个段描述符表都放在内存中备用。显然每个段描述符表占据的物理空间也形成一个段。每个段描述符表也有自己的描述符,称作描述表描述符。

1. 分段存储管理工作过程

图 5.2.1 给出了分段存储管理的示意图。一个程序 A 具有 4 个模块,程序 A 对应的段描述符表中有 4 个段描述符,每个模块对应一个段描述符。段描述符表的一行为一个

段描述符，段描述符内容包括基址、界限和属性等。基址是装入模块的首地址，界限指出该段的长度。

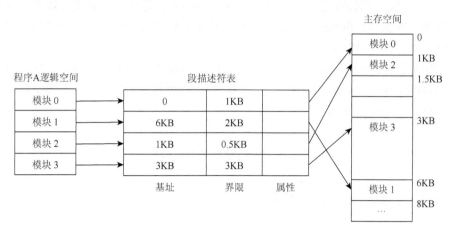

图 5.2.1　分段存储管理的示意图

由图 5.2.1 不难看出，当需要访问某程序中的一个信息时，需要进行以下几个步骤。

（1）从内存中找到段描述符表。

（2）从段描述符表中找到相应的段描述符，由段描述符中的内存标志指出该段目前是否在内存中。若内存标志不成立，系统就知道该段目前不在内存中，系统去外存寻找此程序段，若找到就把它调入内存，然后修改段描述符以便与内存段统一。

（3）从段描述符找到段在内存的位置。

（4）从段中找到信息所在内存的物理地址。

（5）访问该物理地址。

由此可知，只要系统建立了一个程序段的描述符，系统就开始管理此程序段，无论该段内容是否真正在内存中。也就是说，此标志位使系统可以把外存的一部分作为内存的延伸，与内存统一管理。这一复合存储空间称为虚拟内存。程序段只要进入虚拟内存就可以被系统管理，自动调入内存执行。因此程序员编程时使用虚拟空间即可，无须考虑物理空间大小。通常称虚拟空间为编程空间。

2. 虚拟地址和虚拟地址空间

Pentium 微处理器在保护模式下的存储器管理单元使用 48 位的存储器指针，如图 5.2.2 所示。它分为段选择符（或简称选择符）和偏移量两部分。该 48 位存储器指针称为虚拟地址，它在程序中用于规定指令或数据的存储器位置。段选择符为 16 位，偏移量为 32 位。段选择符可放在 Pentium 微处理器段寄存器中。若要访问存储器中的代码，则段选择符应放在 CS 中。若要访问存储器中的数据，则段选择符应放在 DS、ES、FS、GS、SS 中的任意一个。

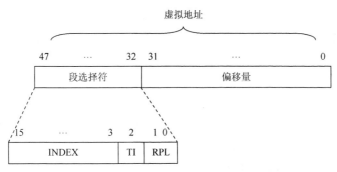

图 5.2.2　保护模式下的存储器指针及段选择符格式

　　偏移量放在 Pentium 微处理器的用户可访问的寄存器中。若要访问存储器中的代码，则偏移量放在 EIP 寄存器中。若要访问存储器中的数据，则偏移量放在 EAX、EBX、ECX、EDX、ESI、EDI 等寄存器中。由于偏移量是 32 位长，所以段大小可达 4GB。我们说段大小可达 4GB 是因为段大小实际上是可变的，它可从 1B 到 4GB。

　　16 位的段选择符分为 3 个字段：13 位索引字段 INDEX、1 位表选择字段 TI 和 2 位的请求特权级（request privilege level，RPL）字段。2 位的 RPL 并不用于存储器段选择，因此，16 位中只有 14 位用于寻址，这样虚拟地址空间可容纳 2^{14}（16K）个存储器段，每个段最大可达 4GB。这些段就是 Pentium 微处理器存储器管理部件所管理的虚拟地址空间的基本元素。

　　另外一种计算虚拟地址空间大小的办法是将 14 位段选择符和 32 位偏移量结合起来，得到 46 位虚拟地址，从而 Pentium 微处理器的虚拟地址空间可包含 2^{46}（64T）B。

3. 虚实地址转换

　　Pentium 微处理器的分段存储管理机制允许将 46 位虚拟地址映射到硬件所需的 32 位物理地址。该地址转换大致过程如图 5.2.3 所示。首先由虚拟地址（也称逻辑地址）段选择符部分的 13 位索引字段确定段描述符在段描述符表的位置，然后取出段描述符中的 32 位基址并与偏移量相加，得到 32 位的线性地址。如果不启用分页功能，则线性地址就直接作为物理地址。

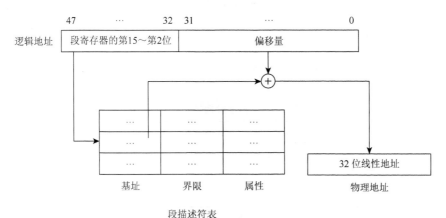

图 5.2.3　虚实地址转换示意图

5.2.2　段描述符

段描述符是 Pentium 微处理器存储管理部件用于管理 64TB 虚拟存储地址空间分段的基本元素。一个段描述符对应于虚拟地址空间中的一个存储器段。

段描述符是位于主存中的一种数据结构，由系统程序创建，它为处理器提供段的基本信息。所有段描述符均由 8B 组成。段描述符内保存着供处理器使用的有关段的属性、段的大小、段在存储器中的位置以及控制和状态信息。一般来说，各段描述符都是由各种编译程序、各种连接程序、各种装入程序或者操作系统产生的，而不是由各种应用程序生成的。

段描述符按段的性质可分为程序段描述符和系统段描述符，如图 5.2.4 所示。其中程序段描述符又分为代码段描述符、堆栈段描述符和数据段描述符。系统段描述符又称为特殊段描述符，包括任务状态段（task state segment，TSS）描述符、局部描述符表描述符和门描述符。门描述符包括调用门描述符、中断门描述符、任务门描述符和陷阱门描述符。对于不同的描述符，其格式存在差异。

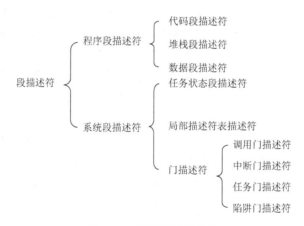

图 5.2.4　段描述符的分类

1. 程序段描述符

程序段描述符的格式如表 5.2.1 所示。

表 5.2.1　程序段描述符的格式

D_7	D_6	D_5	D_4	D_3	D_2	D_1	D_0	字节
			段界限 7~0					0
			段界限 15~8					1
			段基址 7~0					2
			段基址 15~8					3

续表

D$_7$	D$_6$	D$_5$	D$_4$	D$_3$	D$_2$	D$_1$	D$_0$	字节
段基址 23～16								4
P（存在）	DPL（特权级）		S（分类）	TYPE（类型）				5
G（粒度）	D/B	0	AVL	段界限 19～16				6
段基址 31～24								7

1）基址字段

Pentium 微处理器用这个字段来规定某一个段在 4GB 物理地址空间中的起始位置。段描述符的第 2～4 字节和第 7 字节组成了 32 位的基址字段，这个基址可以访问 4G（2^{32}）B 的主存空间。

2）段界限字段

段描述符中的段界限字段用来定义段的大小。段描述符的第 0、1 字节和第 6 字节的低 4 位是 20 位的段界限字段，该字段的值决定了段的长度，而该字段的值的单位由 G 位决定。G 位称作粒度位，用来确定段界限所使用的长度单位。

3）粒度位（G）字段

段描述符中的这个字段用来确定段界限所使用的长度单位。段描述符的第 6 字节的 D$_7$ 位是 G 字段。G＝0 时，段的长度以 1B 为单位。G＝1 时，段的长度以 4K（2^{12}）B 为单位。当 G＝0 时，段界限字段值的范围为 1B～1MB（因为段界限为 20 位）。在这种情况下，段界限字段的值可在 1B 的基础上，每次增值 1B。当 G＝1 时，段界限字段值的范围为 4KB～4GB。在这种情况下，段界限字段的值可在 4KB 的基础上，每次增值 4KB。

4）分类（S）字段

段描述符中的第 5 字节的 D$_4$ 位 S 字段用来区分是系统段描述符还是非系统段描述符。当 S＝0 时，是系统段描述符；当 S＝1 时，是非系统段描述符。

5）段存在位（P）字段

P 字段表示该段是否在内存中。段描述符的第 5 字节的 D$_7$ 位是 P 字段。当 P＝1 时，表示该段在内存中；当 P＝0 时，表示该段不在内存中。

6）系统可用位（AVL）字段

AVL 字段表示系统软件是否可用本段。段描述符的第 6 字节的 D$_4$ 位是 AVL 字段。当 AVL＝1 时，表示系统软件可用本段；当 AVL＝0 时，表示系统软件不能用本段。

7）特权级（DPL）字段

这个字段用来定义段的特权级。段描述符的第 5 字节的 D$_6$、D$_5$ 位是 DPL 字段。DPL 字段占有 2 位，所以有 4 个特权级，即 00、01、10、11，称作 0 级、1 级、2 级、3 级。0 级的特权最高，1 级次之，3 级的特权最低。借助于保护机构，用这个字段定义的特权级来控制对这个段的访问。其访问原则是高特权级的程序段可以访问低特权级的程序段，反之则不行。

8）类型（TYPE）字段

段描述符的第 5 字节的低 4 位是 TYPE 字段。TYPE 字段在不同的段描述符中有不同的格式。

（1）数据段或堆栈段描述符中的 TYPE 字段的格式如表 5.2.2 所示。

表 5.2.2　数据段或堆栈段描述符中的 TYPE 字段的格式

D_7	D_6	D_5	D_4	D_3	D_2	D_1	D_0
P	DPL		S = 1	E = 0	ED	W	A

①E 为可执行位。当 E = 0 时，是数据段或堆栈段。

②ED 为扩展方向位。

当 ED = 0 时，向上扩展（地址增加方向），通常用于数据段。它指明段的地址范围是从基址向高位地址方向扩展，可以一直扩展到该数据段的上界，上界的界限值是最大值。在数据段内，段界限字段规定了该数据段的上界，使用时，段的偏移量值必须小于等于界限值。

当 ED = 1 时，向下扩展（地址减小方向），通常用于堆栈段。它指明从段的最大偏移量处向低位地址方向扩展，可以一直扩展到该堆栈段的下界，下界的界限值是最小值。在向下扩展的堆栈段内，段界限字段规定了该堆栈段的下界，使用时，偏移量的值必须大于界限值。在 80x86 系统中，堆栈向小地址方向生成，堆栈底部的地址最大，随着压入堆栈的数据增多，栈顶的地址越来越小，这就是"向下扩展"的含义，为此，要规定一个界限，使栈顶的偏移量不能小于这个值。

③W 为可写位。当 W = 0 时，不允许写入；当 W = 1 时，允许写入。

④A 为访问位。当 A = 0 时，该段尚未被访问；当 A = 1 时，该段已被访问。

（2）代码段描述符中的 TYPE 字段的格式如表 5.2.3 所示。

表 5.2.3　代码段描述符中的 TYPE 字段的格式

D_7	D_6	D_5	D_4	D_3	D_2	D_1	D_0
P	DPL		S = 1	E = 1	C	R	A

①E 为可执行位。当 E = 1 时，是代码段。

②C 为一致性位。所谓一致性检查，就是采用特权级进行控制。当 C = 0 时，表示非一致性代码段，此时忽视段描述符的特权值；当 C = 1 时，表示一致性代码段，需要进行特权级检查。

③R 为可读位。当 R = 0 时，不允许读；当 R = 1 时，允许读。当然，对程序段来说，通常都是"可执行的"。R 位取 0 可防止用户程序对存储器中的"目标程序代码"做手脚。R 位为 0 的描述符只能加载到 CS 的描述符寄存器，而 R 位为 1 的描述符可加载到 CS、DS、ES、FS 及 GS 的描述符寄存器，此时，可以读取段内的数据（程序代码）。

④A 为访问位。当 A = 0 时，该段尚未被访问；当 A = 1 时，该段已被访问。

9）D/B 字段

段描述符的第 6 字节的 D_6 位是 D/B 字段。这个字段在代码段描述符中称为 D 位字段，而在数据段和堆栈段描述符中称为 B 位字段。该字段可分为下述三种情况。

（1）在代码段描述符中，用来指示代码段中缺省的操作数的长度和有效地址长度。当 D＝1 时，说明采用的是 32 位操作数和 32 位有效地址的寻址方式。D＝0 时，说明采用的是 16 位操作数和 16 位有效地址的寻址方式。

（2）在堆栈段描述符中，用来指示堆栈指针寄存器的大小。当 B＝1 时，使用的是 32 位的堆栈指针寄存器 ESP。当 B＝0 时，使用的是 16 位的堆栈指针寄存器 SP。堆栈段的上界是一个各位均为 1 的地址。当 B＝1 时，上界地址值为 FFFFFFFFH。当 B＝0 时，上界地址值为 FFFFH。

（3）在数据段描述符中，用来指示数据段中操作数的长度。当 B＝1 时，使用的是 32 位的操作数；当 B＝0 时，使用的是 16 位的操作数。

10）兼容位字段

段描述符的第 6 字节的 D_5 位必须是 0，以便与将来的处理器兼容。

2. 系统段描述符

系统段描述符的格式如表 5.2.4 所示。

表 5.2.4　系统段描述符的格式

D_7	D_6	D_5	D_4	D_3	D_2	D_1	D_0	字节
段界限 7～0								0
段界限 15～8								1
段基址 7～0								2
段基址 15～8								3
段基址 23～16								4
P（存在）	DPL（特权级）		S（分类）	TYPE（类型）				5
G（粒度）	0	0	0	段界限 19～16				6
段基址 31～24								7

其中段基址、段界限、S、DPL、G 和 P 字段的规则与程序段描述符的规则相同。而 TYPE 字段的规则如表 5.2.5 所示。在 Pentium 微处理器系统中的系统段描述符可取类型 2、9 和 B。

表 5.2.5　系统段描述符中的 TYPE 字段的格式

TYPE	段的类型（用途）	TYPE	段的类型（用途）
0000	未定义（无效）	0010	LDT 描述符
0001	286 TSS 描述符，非忙	0011	286 TSS 描述符，忙

TYPE	段的类型（用途）	TYPE	段的类型（用途）
0100	286 调用门描述符	1010	未定义（保留）
0101	任务门描述符	1011	TSS 描述符，忙
0110	286 中断门描述符	1100	调用门描述符
0111	286 陷阱门描述符	1101	未定义（保留）
1000	未定义（无效）	1110	中断门描述符
1001	TSS 描述符，非忙	1111	陷阱门描述符

3. 门描述符

门描述符用来控制访问的目标代码段的入口点。所谓门是一种关卡，用来控制从一段程序到另一段程序或从一个任务到另一个任务的转移。在转移过程中自动进行保护检查，并控制转移到目的程序的入口。

门描述符包括调用门、任务门、中断门和陷阱门。这些门为控制转移提供了一个间接的办法，这个办法允许处理器自动地完成保护检查。它也允许系统设计者控制操作系统的入口点。调用门用于改变特权级别，任务门用于任务切换，中断门和陷阱门用于确定中断服务程序。

门描述符的格式如表 5.2.6 所示。门描述符的第 0、1、6、7 字节是一个 32 位的偏移地址，第 4 字节是一个字计数，第 2、3 字节是一个段选择符，第 5 字节是门描述符的属性。

表 5.2.6　门描述符的格式

D_7	D_6	D_5	D_4	D_3	D_2	D_1	D_0	字节
偏移地址 7～0								0
偏移地址 15～8								1
段选择符 7～0								2
段选择符 15～8								3
0	0	0	字计数					4
P（存在）	DPL（特权级）		S（分类）	TYPE（类型）				5
偏移地址 23～16								6
偏移地址 31～24								7

32 位的偏移地址指向中断服务程序或其他程序的入口。

字计数指示已有多少字参数要从调用者的堆栈复制到被调用的子程序堆栈（字计数值）。字计数只用于特权级有变化的调用门，别的门都不用字计数。这种从调用者堆栈中传送数据的特性，对于实现高级语言如 C/C++ 非常有用。

段选择符用来指示 TSS 描述符在 GDT 中的位置，或者，如果它是一个局部过程，则指示在 LDT 中的位置。在中断响应过程中，利用选择符可以得到中断服务程序的描述符，由其基址再加上中断门中的偏移量，便可获得中断服务程序的入口地址。任务门描述符中的偏移量是无效的。

第 5 字节 D_4 位的 S 字段和 D_6、D_5 位的 DPL 字段与程序段描述符格式中的规则完全相同。第 5 字节 D_7 位的 P 字段用来表示描述符内容是否有效，当 P = 0 时，表示描述符内容无效，当 P = 1 时，表示描述符内容有效。

第 5 字节 D_3～D_0 位的 TYPE 字段用来区分门描述符中的调用门、任务门、中断门和陷阱门，TYPE 字段的格式与系统段描述符中的 TYPE 字段的格式完全相同。

5.2.3　全局描述符表及寄存器

GDT 由段描述符组成，GDT 和段描述符都由系统程序产生。描述符表就是描述符的一个阵列，是存放在主存中的一种数据结构。

GDT 如图 5.2.5 所示（图中给出了通常在 GDT 中存放的描述符类型）。在 Pentium 微处理器中，全局描述符表寄存器（global descriptor table register，GDTR）指定了 GDT 在内存中的起始地址。GDT 是 Pentium 微处理器进入保护方式后存储器管理系统中的一个

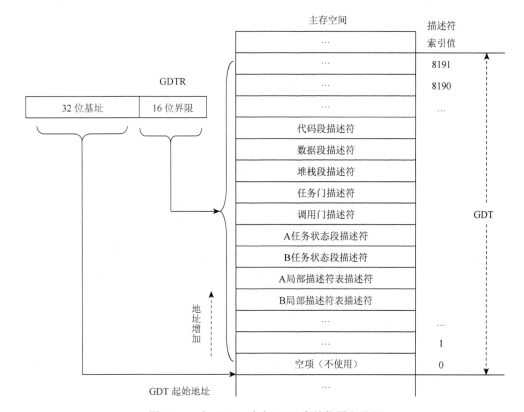

图 5.2.5　由 GDTR 确定 GDT 存储位置和界限

重要组成部分。GDTR 是 Pentium 微处理器中的 48 位寄存器。该寄存器的低 2B 标识为 16 位界限，它规定了 GDT 按字节进行计算的地址范围的大小。GDTR 的高 4B 标识为 32 位基址，指示 GDT 在存储器中开始的物理地址。用装入全局描述符表寄存器指令 LGDT 和存储全局描述符表寄存器指令 SGDT，可以对 GDTR 的内容进行装入和保存的操作。

装入全局描述符表寄存器指令（自 286 起有）格式为：

```
LGDT  SRC;GDTR←(SRC)
```

其中 SRC 可以是任何存储器寻址的 6B 的内存操作数，把存储器的前 2B 装入 GDTR 的段界限字段，后面的 4B 装入 GDTR 的基址字段。

存储全局描述符表寄存器指令（自 286 起有）格式为：

```
SGDT  DST;DST←(GDTR)
```

其中 DST 可以是任一种存储器寻址方式所得的有效地址，把 GDTR 中的段界限存入存储器中的前 2B，基址存入后面 4B。

GDT 的基址应该在 8B 边界上对准，以便在进行 Cache 块填充时最大限度地利用其性能。在段选择符中，用 13 位的 INDEX 选择存放在 GDT（或 LDT）中的段描述符，所以，GDT 最多可以存放 $2^{13} = 8192$ 个描述符（实际 GDT 只存放 8191 个），Pentium 微处理器 GDT 中的第 0 项是空选择项，不被使用。

Pentium 微处理器在从实模式转到保护模式之前必须将 GDT 的 32 位基址和 16 位界限的值装入 GDTR，并至少要定义 GDT。定义的方法是用装入全局描述符表寄存器指令向 GDTR 传送基址、界限值，然后将所需要的描述符送入指定的描述符表中。一旦 Pentium 微处理器处在保护模式，则 GDT 所在的地址一般不允许改动。

需要说明的是，LDT 描述符的内容是 LDT 的基址、界限和访问控制属性。系统也可以不使用 LDT，而所有程序都使用 GDT。

5.2.4　局部描述符表及寄存器

局部描述符表寄存器（local descriptor table register，LDTR）也是 Pentium 微处理器存储器管理部件的一部分，如图 5.2.6 所示。每个任务除了可访问 GDT 外还可访问它自己的描述符表，这个描述符表称为 LDT，它由 LDTR 定义某个任务用到的局部存储器地址空间。

Pentium 微处理器中的 LDTR 由 16 位选择符、32 位基址、20 位界限和 12 位属性组成。基址、界限和属性不可访问，属于程序不可见的部分，程序只能对 16 位的段选择符进行访问。

LDTR 中的段选择符是一个指向 GDT 中 LDT 描述符的选择符，它还不能直接确定 LDT 的位置。如果 LDTR 中装入了段选择符，Pentium 微处理器自动地将相应的 LDT 描述符从 GDT 中读出来，并装入 LDTR 中程序不可见部分。也就是说，GDT 中的 LDT 描述符确定了 LDT。

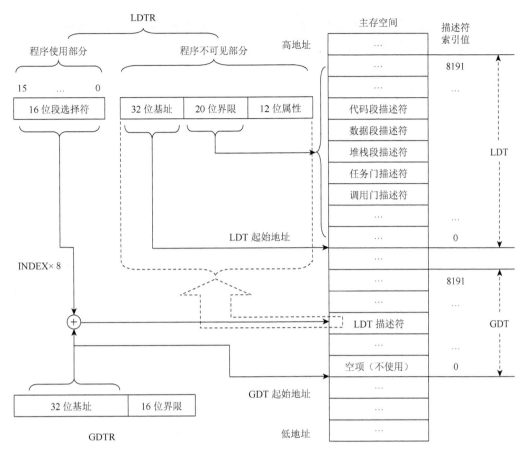

图 5.2.6　由 LDTR 确定 LDT 存储位置和界限

LDTR 中的 32 位基址值标识 LDT 在内存中的起始物理地址，20 位界限值定义表的大小。从定义看，LDT 的长度可以达到 $2^{20}B = 1MB$，但是 Pentium 微处理器只能够支持 8192 个描述符。每当 LDTR 中装入段选择符时，LDT 描述符就会被取出并缓存，从而激活一个新的 LDT。

LDT 也是由段描述符组成的，LDT 和段描述符均由系统程序产生。图 5.2.6 给出了通常在 LDT 中存放的描述符类型。

用存储局部描述符表寄存器指令 SLDT 和装入局部描述符表寄存器指令 LLDT 对 LDTR 内的段选择符进行读写操作。由于每项任务都有它自己的存储器段，因此保护模式的软件系统包含许多 LDT。

装入局部描述符表寄存器指令（自 286 起有）格式为：

　　LLDT SRC;LDTR←(SRC)

其中 SRC 可以是 16 位的通用寄存器或任何存储器寻址的 16 位的存储器操作数，功能是将选择符装入 LDTR 中的选择符部分。

存储局部描述符表寄存器指令（自 286 起有）格式为：

　　SLDT DST;DST←(LDTR)

其中 DST 可以是 16 位的通用寄存器或任一种存储器寻址方式所得的有效地址，功能是将 LDTR 中的选择符装入 DST 中。

5.2.5 中断描述符表及寄存器

与 GDTR 一样，Pentium 微处理器通过中断描述符表寄存器（interrupt descriptor table register，IDTR）在内存中定义了一个中断描述符表（interrupt descriptor table，IDT），如图 5.2.7 所示。IDT 是 Pentium 微处理器进入保护方式后存储器管理系统中的又一个重要组成部分。

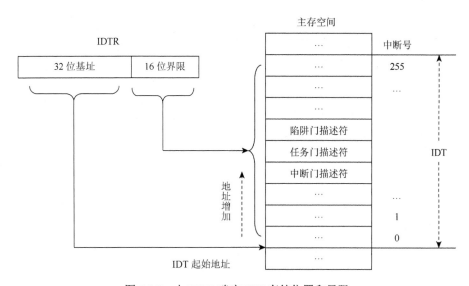

图 5.2.7 由 IDTR 确定 IDT 存储位置和界限

与 GDTR 一样，IDTR 是 Pentium 微处理器中的 48 位寄存器。该寄存器的低 2B 标识为 16 位界限，它规定了 IDT 按字节计算的大小，IDT 最大可达 64KB（但是 Pentium 微处理器只能够支持 256 个中断和异常，最多占用 2KB）。IDTR 的高 4B 标识为 32 位基址，指示 IDT 在存储器中开始的物理地址。

IDT 中存放的描述符类型均为门描述符，门提供了一种将程序控制转移到中断服务程序入口的手段。每个门 8B，包含服务程序的属性和起始地址。

IDT 可放在 Pentium 微处理器 32 位线性地址空间中的任何地方。与 GDTR 一样，IDTR 必须在 Pentium 微处理器进入保护模式之前装入。用装入中断描述符表寄存器指令 LIDT 和存储中断描述符表寄存器指令 SIDT 对 IDTR 的内容进行装入和保存的操作。一旦 IDT 地址设定，那么进入保护模式之后一般不允许改动。

装入中断描述符表寄存器指令（自 286 起有）格式为：

```
LIDT SRC;IDTR←(SRC)
```

其中 SRC 可以是任何存储器寻址的 6B 的内存操作数，把存储器的前 2B 装入 IDTR

的段界限字段，后面的 4B 装入 IDTR 的基址字段。

存储中断描述符表寄存器指令（自 286 起有）格式为：

　　　SIDT DST;DST←(IDTR)

其中 DST 可以是任一种存储器寻址方式所得的有效地址，把 IDTR 中的段界限存入存储器中的前面 2B，基址存入后面 4B。

5.2.6　任务状态段及寄存器

在多任务系统中，多个任务可以并行执行。当然，这种并行是宏观上的并行。为了实现多个任务同时工作，要求每个任务都有自己的虚拟存储空间，都有自己的一个 LDT，存放该任务私有的描述符。

任务间的转移必然会引起任务切换。任务切换操作要保存现有任务的机器状态（指处理器的工作环境，如各个寄存器的状态），装入新任务的机器状态。这时的机器状态就是通常操作系统的任务控制块，对于 Pentium 微处理器，称它为 TSS。

如同每个任务有自己的一个 LDT 一样，各个任务都有自己的 TSS。Pentium 微处理器通过任务寄存器 TR 在内存中定义了一个 TSS，如图 5.2.8 所示。TSS 段是存储器中一个非常重要的部分，包含许多不同类型的信息。

（1）TSS 的偏移量 0 字标记为返回链（BACK_LINK）。它是一个段选择符，把前一个任务的 TSS 描述符的段选择符（即原来 TR 中的 16 位可见部分）转入新任务 TSS 中，供任务返回时使用，即由返回指令 IRET 将其装入 TR，从而回到前一个 TSS。下一个字（高 16 位）的值必须为 0。

（2）偏移量 4H 到偏移量 18H 双字中包含特权级 0~2 的 ESP 和 SS 值。当前任务被中断时要用这些值来对特权级 0~2 的堆栈进行寻址。为了有效地实现保护，同一个任务在不同的特权级下使用不同的堆栈。当从某一个特权级 A 变换到另一个特权级 B 时，任务使用的堆栈也同时从 A 级变换到 B 级。没有指向 3 级堆栈的指针，因为 3 级是最低特权级，任何一个向高特权级的转移都不可能转移到 3 级。

（3）偏移量 1CH 双字包含 CR3 的内容。CR3 中保存前一个状态的页目录寄存器的基址。如果分页有效，则必须保存这项信息。

（4）偏移量 20H 到偏移量 5CH 双字的值被装入指定的寄存器。这部分是寄存器保存区域，用于保存通用寄存器、段寄存器、指令指针和标志寄存器。每当切换任务时，处理器当前所有寄存器的内容都被保存在 TSS 的这些单元中，然后又将新任务 TSS 所对应的单元内容装入所有的寄存器。

（5）偏移量 60H 字标记为 LDT 描述符的选择符。每一个任务都有自己的 LDT，这里的 "LDT 描述符的选择符" 就是指该 TSS 所对应的任务的 LDT 描述符的选择符，在任务切换时，要选择新任务的 LDT，需要对原来的 LDTR 内容进行修改，此时，该域作为 LDTR 选择符的修改值使用。

图 5.2.8　TSS 的格式

（6）偏移量 64H 字的最低位 T 与调试状态寄存器 DR6 中的 BT 位相关联，该位用于调试。若 T = 1，则进入该任务会发生调试异常；若 T = 0，则进入该任务不会发生调试异常。

（7）偏移量 66H 中包含 I/O 许可位图的偏移量，存放由 TSS 的起始地址到 I/O 位映像首字节的偏移量。为了实现输入/输出保护，要使用 I/O 许可位图。I/O 许可位图中的每一位对应一个 I/O 端口，I/O 许可位图的首字节为 I/O 端口 0000H～0007H 的许可位，最右端的一位为端口 0000H 的许可位，最左一位为端口 0007H 的许可位。位图中每位和 I/O 端口号的对应关系就是这样，一直到图最后一字节的最左一位与最后一个端口 FFFFH 对应。I/O 许可位图中某位为逻辑 0，则对应的 I/O 端口地址开放，为逻辑 1 则对应的 I/O 端口地址被封锁。

　　Pentium 微处理器中的 TR 由 16 位段选择符、32 位基址、20 位界限和 12 位属性组成。基址、界限和属性不可访问，是程序不可见的部分，程序只能对 16 位的段选择符进行访问。

　　TR 中的段选择符不直接确定 TSS 的位置，它只是一个指向 GDT 中 TSS 描述符的选择符。如果 TR 中装入了段选择符，Pentium 微处理器自动地将相应的 TSS 描述符从 GDT 中读出来，并装入 TR 中的程序不可见部分。也就是说，GDT 中的 TSS 描述符才确定了任务状态段，如图 5.2.9 所示。

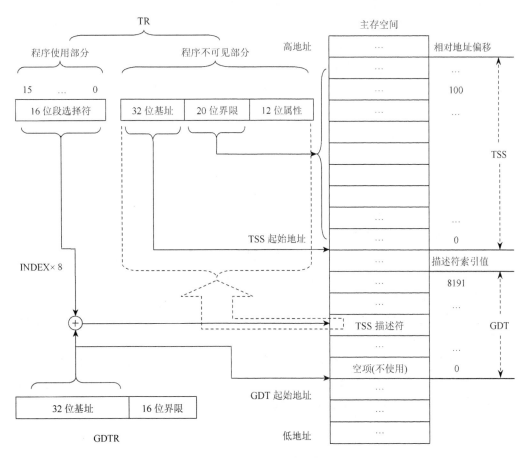

图 5.2.9　由 TR 确定 TSS 存储位置和界限

　　TR 中的 32 位基址值标识 TSS 在内存中的起始物理地址，20 位界限值定义段的大小。

　　虽然 TSS 描述符和其他任何描述符一样，包含了 TSS 的位置、大小和优先级别，但它们之间的区别在于 TSS 描述符所描述的 TSS 不包含数据和代码，它包含了任务状态和任务间的关联信息，以使任务可以被嵌套（第一个任务可以调用第二个任务，而第二个任务又可以调用第三个任务，以此类推）。

TSS 描述符由 TR 寻址，TR 的内容由装入任务寄存器指令 LTR 和存储任务寄存器指令 STR 进行装入和保存。TR 的内容也可在保护模式下运行程序中的远转移 JMP 或远调用 CALL 指令来改变。

装入任务寄存器指令（自 286 起有）格式为：

```
LTR SRC;TR←(SRC)
```

其中 SRC 可以是 16 位的通用寄存器或任何存储器寻址的 16 位的存储器操作数，功能是将选择符装入 TR 中的选择符部分，并标记所装入的 TSS 忙，不执行任务切换。

存储任务寄存器指令（自 286 起有）格式为：

```
STR DST;DST←(TR)
```

其中 DST 可以是 16 位的通用寄存器或任一种存储器寻址方式所得的有效地址，功能是将 TR 的选择符装入 DST 中。

LTR 指令通常用于系统初始化过程中装入第一个任务的选择符。在初始化之后，远调用 CALL 或远转移 JMP 指令通常对任务进行切换。大多数情况下，用远调用 CALL 指令来初始化一项新任务。

5.2.7　段选择符及寄存器

在实模式下，段寄存器的 16 位值是基址。而在保护模式下，为了加快对存储器的访问，每个段寄存器都有一个程序员不可见的段描述符高速缓冲寄存器与之对应。这样，每一个段寄存器就由两部分组成，一部分为 16 位的可见部分，另一部分为 64 位的不可见部分（或称段描述符高速缓冲寄存器）。

段寄存器的可见部分可用传送指令 MOV 装入，而不可见部分则只能由处理器装入，用户是不能也不可能进行干预和操作的。段寄存器的可见部分装入的是 16 位的段选择符。段选择符用于识别（选择）在 GDT 或 LDT 内被逐一登记的段描述符。在 8B 段描述符中包含定义段所用的 32 位的基址、20 位的段界限、12 位的属性（其中包括段类型、访问控制以及其他一些信息）。

无论什么时候，只要将段选择符装入段寄存器的可见部分，处理器就会自动地将描述符中的基址、段界限、属性装到段寄存器的不可见部分。一旦装入，对那个段的全部访问都使用此段寄存器的不可见部分的描述符信息，而不用重新到主存中去取，从而加快了对存储器的访问。

1. 段选择符

对应用程序来说，段选择符作为一个指针变量的组成部分是显而易见的。但段选择符的值通常是由连接装配程序指定或修改的，而不是由应用程序指定，更不能由应用程序对其实施修改操作。前面我们曾指出过，选择符分为三个字段：1 位描述符表选择字段 TI、13 位索引字段 INDEX 和 2 位的请求特权级字段 RPL。

1）描述符表选择字段 TI

段选择符中的 D_2 位（TI）是描述符表选择字段，这个字段用来说明使用的是 GDT，还是 LDT。当 TI = 0 时，选择的是 GDT；当 TI = 1 时，选择的是 LDT。

2）索引字段 INDEX

段选择符中的 $D_{15} \sim D_3$ 位是索引字段，共 13 位，这就意味着，利用索引字段可以从拥有 $2^{13} = 8192$ 个段描述符的描述符表中选出任何一个段描述符来。索引值乘以 8 就是相对于 GDT 或 LDT 首址的偏移量，处理器用这个偏移量再加上描述符表的基址（来自 GDTR 或者 LDTR）就是段描述符在描述符表中的地址。

3）请求特权级字段 RPL

段选择符中的 D_1、D_0 位是请求特权级字段。RPL 字段占用 2 位，故有 4 个特权级，即 00、01、10、11，称作 0 级、1 级、2 级、3 级。0 级的特权最高，1 级次之，3 级的特权最低。

2. 段选择符装入段寄存器的操作

段选择符装入段寄存器的操作是通过应用程序中的指令完成的。装入段寄存器的指令有两类，即直接的装入段寄存器指令和隐含的装入段寄存器指令。

（1）直接的装入段寄存器指令：可使用传送指令 MOV，弹出堆栈指令 POP，加载段寄存器指令 LDS、LSS、LGS、LFS。这些指令都是显式地访问段寄存器。

（2）隐含的装入段寄存器指令：可使用调用一个过程指令 CALL、远转移指令 JMP。这种指令更改代码段寄存器 CS 的内容。

由于绝大多数指令都要涉及段，所以段选择符总是被装在段寄存器内备用。

5.3　保护模式下的访问操作与保护机制

5.3.1　保护机制的分类

Pentium 微处理器系统为了支持多用户、多任务操作系统，对内存中的程序设置了三类保护机制：任务间存储空间的保护、段属性和界限的保护、特权级保护。

1. 任务间存储空间的保护

任务间的保护是通过每一个任务所专用的 LDT 描述符实现的。根据 LDT 描述符，每个任务都有它特定的虚拟空间，因而可避免各任务之间的干扰，起到隔离、保护的作用。

2. 段属性和界限的保护

当段寄存器进行加载时，需要进行段存在性检查（属性字节的 P 位）以及段界限检查。

在段描述符中给出了 20 位的段界限值，每当产生一个逻辑地址时，都要比较偏移地址和段界限值。一旦偏移地址大于段界限值，CPU 就终止执行命令，并发出越限异常。由此限制每个程序段只在自己的程序、数据段内运行，不相互干扰。

最后，还要对该段的读写权限进行检查。

3. 特权级保护

特权级保护是为了支持多用户、多任务操作系统，使系统程序和用户的任务程序之间、各任务程序之间互不干扰而采取的保护措施。Pentium 微处理器系统提供了一个 4 级特权管理系统，也就是 4 级保护系统，如图 5.3.1 所示。这样可为不同程序规定一个权限，控制特权指令和 I/O 指令的使用，控制对段和段描述符的访问，从而有效地防止不同程序执行时的相互干扰或非法访问、非法改写 GDT 和 LDT。

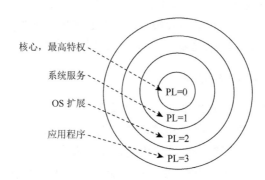

图 5.3.1　4 级保护模型

特权级用 PL（privilege level）表示，分为 0 级、1 级、2 级和 3 级。0 级特权最高，一般是提供面向微处理器功能（I/O 控制、任务安排和存储器管理）的核心程序。1 级是提供如文件访问的系统服务的过程。2 级是用于实现一些支持系统专用操作的例程。3 级是用户应用程序运行的最低级别。

在实施管理中使用了三种形式的特权管理——CPL、RPL 和 DPL，并且规定特权级为 P 的段中存储的数据，只能由特权级高于或等于 P 的段中运行的程序使用，特权级为 P 的代码段/过程，只能由在低于或等于 P 的特权级下执行的任务调用。

（1）CPL：CPL 是当前正在执行的代码段所具有的访问特权级。

每一项任务都是在其代码段描述符所确定的特权级中运行的。CPL 就是任务执行时所处的特权级。例如，一个正在运行的任务的 CPL，就是其描述符中访问权限字节的 DPL。当前特权级的值一般就是代码段描述符中的 DPL。任务执行时当前特权级一般不能改变，如果必须改变，只能通过代码段的门描述符的控制转换才能实现。一般高一级的任务可以访问同级或低级 GDT 和 LDT 中定义的数据，显然在第 3 特权级执行的任务对数据的访问受到的限制最大。

（2）DPL：DPL 是段被访问的特权级，保存在该段的段描述符的特权级 DPL 位。

（3）RPL：RPL 是新装入段寄存器的段选择符的特权级，存放在段选择符的最低两位。

5.3.2　数据段访问及其特权级检查

1. 数据段的访问过程

在 Pentium 微处理器系统内，系统给出的地址以及程序给定的地址都是逻辑地址。逻辑地址由段选择符中的高 14 位和一个只能在这个段内使用的 32 位偏移量组成，故逻辑地址由 46 位二进制数组成，其中低 32 位是偏移量，高 14 位是段寄存器中的 15~2 位的内容。逻辑地址的访问权和访问范围系统都要进行检查，如果通过了检查，则把这个 32 位的偏移量与这个段的基址相加，将逻辑地址转换成一个线性地址。

为进一步掌握 Pentium 段地址转换的过程，图 5.3.2 给出了数据段访问过程及其寻址过程。

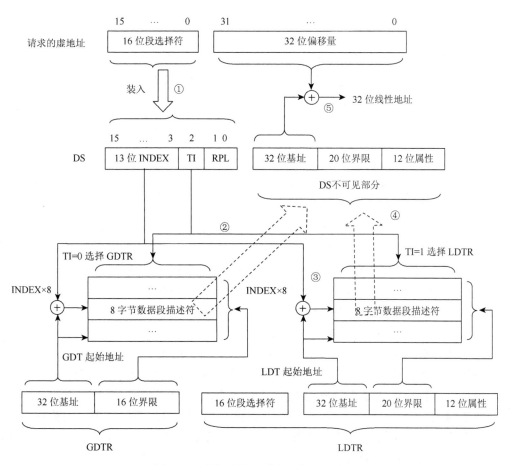

图 5.3.2　数据段访问过程及其寻址过程

（1）如图 5.3.2 中①所示，若要寻址一个操作数，虚地址由两部分组成，一部分为段选择符，另一部分为段内偏移量，段选择符送入 DS 中。

（2）如图 5.3.2 中②所示，根据段选择符中 D_2 位的值，决定选择 LDT 还是选择 GDT，这里假设选择 LDT。

（3）如图 5.3.2 中③所示，段选择符中的索引字段 INDEX 乘以 8 后再加上 LDTR 中的基址，即得到 LDT 中数据段描述符的地址。

（4）如图 5.3.2 中④所示，将 LDT 中数据段描述符的内容（32 位的基址、20 位的段界限、12 位的属性）送入 DS 段寄存器的不可见部分。

（5）如图 5.3.2 中⑤所示，将 DS 段寄存器不可见部分的 32 位基址与逻辑地址中的 32 位偏移量相加得到线性地址。如果不分页，这个线性地址就是物理地址。

由上述过程可知，若执行第（1）步操作（即更新段寄存器的内容），就需要更换当前使用的描述符（该描述符保存在段寄存器的不可见部分），也就是更换 1 次当前执行的数据段。若不更新段寄存器的内容，则机器直接执行第（5）步。本例中使用的是 DS，如果是 CS、SS、ES、GS、FS，则操作过程与 DS 类似。

2. 数据段访问的特权级检查

在一条指令装载数据段寄存器（DS、ES、FS、GS）的任何时候，Pentium 微处理器系统都要进行保护合法化检查。通常进行以下几个步骤的检查。

（1）微处理器检查该段是否存在，若不存在，则产生异常类型 11。

异常类型 11：段不存在。当描述符中的 P 位（P = 0）指示段不存在或无效时发生该中断。

（2）微处理器检查段选择符是否引用了正确的段类型。装入 DS、ES、FS、GS 寄存器的段选择符必须只访问数据段或可读的代码段。若引用了一个不正确的描述符类型（如要装入门描述符或只执行代码段），则引起异常类型 13。

异常类型 13：一般保护。在保护模式下，不会引起另一个异常的发生但却违背了保护规则的所有动作都将引起一个一般保护异常。一些违背保护规则的情况（不是全部）包括：描述符表边界超出；违反特权规则；在使用 CS、DS、ES、FS 或 GS 时超出了段界限；对被保护代码段的写操作；从只能执行的代码段读取数据。

（3）根据特权规则确定的数据存取规则，进行特权检查。

图 5.3.3 表示数据段访问的特权级检查。

把段选择符装入 DS、ES、FS、GS 的指令，必须引用一个数据段描述符或可读代码段描述符。当前任务的 CPL 和目标段选择符的 RPL 必须与段描述符的 DPL 处于相同的或更高的特权级（是指特权的级别要相同或更高，级别越高，数值越小，级别越低，数值越大），即在数值上满足 DPL≥MAX(CPL, RPL) 才能访问指定的数据段，以防止一个程序访问不允许它使用的数据。例如，当 CPL = 1 时，若用 RPL = 2 的选择符，则只能访问描述符 DPL≥2 的数据段。"2" 为特权级的数值，数值越大，特权级越低。

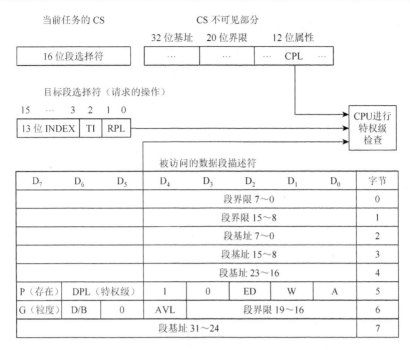

图 5.3.3　数据段访问的特权级检查

　　为记忆方便，特权级规则可以不严格地归纳为：高特权级可以访问低（等于）特权级的数据，低特权级可以调用高（等于）特权级的程序。再次强调，这种说法并不严格，只是突出规则的特点，便于记忆和理解，不要逐字推敲。

　　有关堆栈段的规则，与上述的数据段的规则稍有不同。把段选择符装入 SS 的指令，必须引用可写的数据段描述符。段描述符的 DPL 和 RPL 必须等于 CPL。例如，在 CPL = 1 时，装入 SS 寄存器的段选择符的 RPL 和它所引用的描述符的 DPL 也必须等于 1（即满足 CPL = RPL = DPL），才能实现对堆栈段描述符的访问。这是因为，在一个任务内，对每个特权级的操作，都提供了一个独立的堆栈。把其他类型的段描述符装入 SS 寄存器或破坏上述特权级规则，将引起异常类型 13。堆栈不存在将引起异常类型 12。

　　异常类型 12：堆栈段超限。如果堆栈段不存在（P = 0）或堆栈段超限，则发生该中断。

5.3.3　任务内的段间转移及其特权级检查

　　程序控制转移有两种类型：NEAR 类型的段内转移和 FAR 类型的段间转移。

　　段内转移发生在同一个代码段内，段的基址不变，所以不需要重新访问段描述符。转移发生时，只需要进行段限保护检查，即比较偏移量和段限值。

　　段间转移发生在不同的代码段之间，不同的代码段，其基址也不同，因此，转移发生时，需要重新访问目标段的段描述符，以便确定目标段的基址。在保护机制方面，除了要进行段限保护检查外，还要进行特权级检查。

　　段间转移有两种方法：段间直接控制转移、段间间接控制转移。下面将对这两种方法的实现过程和特权级检查保护进行说明。

当一个段选择符装入 CS 寄存器时，就会发生段间控制转移。执行 JMP、CALL、INT、RET、IRET 等指令可实现代码段之间的控制转移。

JMP 和 CALL 也具有段间直接转移和段间间接转移的不同形式（此时，这两条指令应是 FAR 类型）。

如果在 JMP 和 CALL 指令中直接给出目标地址，那么就是段间直接转移，如"JMP AAA:BBB"或"CALL AAA:BBB"指令，其中的 AAA 是 16 位代码段的段选择符（注意：强调的是"代码段的"），BBB 就是 32 位的偏移地址。处理器在执行段间直接转移指令时，将代码段的段选择符送入 CS，将偏移地址送入 EIP，根据段选择符到 GDT 或 LDT 中找到相应的代码段的段描述符，并送入 CS 的不可见高速缓冲寄存器部分。如果是 CALL 指令，还需要将返回地址入栈保护。由于段间直接转移的目标代码段只是普通的代码段，不能（也不允许）进行特权级的变换，所以，段间直接转移只能实现同一特权级的不同代码段之间的控制转移。

如果在 JMP 和 CALL 指令中给出的是包含目标地址的门描述符的选择符，那么就是段间间接转移，如"JMP CCC:DDD"或"CALL CCC:DDD"指令，其中的 CCC 不再是代码段的段选择符，而是一个门描述符的选择符（注意：强调的是"门"），偏移地址 DDD 无效。

对上述的简要说明进行如下总结。

（1）任务内的控制转移可分为同一特权级间的控制转移和不同特权级间的控制转移。

（2）用 JMP 指令通过代码段描述符，可实现同一特权级间的直接控制转移。

（3）用 CALL 指令通过代码段描述符，可实现同一特权级间的直接控制转移，通过调用门，可实现同一特权级间或更高特权级的间接控制转移。

（4）用 INT 指令（包括异常中断和外部中断）通过中断门/陷阱门，可实现同一特权级间或更高特权级的间接控制转移。

（5）将程序控制转移给同一代码段中的另一条指令，使用转移或调用指令即可，此时，只需要检查段长界限，以确保转移或调用的目标不会超过当前代码段的边界。

不同的控制转移操作引用不同的描述符，涉及不同的描述符表。表 5.3.1 列出了控制转移类型、操作类型、引用的描述符、涉及的描述符表的规则。任何违反这些规则的操作，将引起异常类型 13。例如，通过一个调用门执行 JMP 或 RET 指令，把控制转移到任务状态段等，将引起异常类型 13。

表 5.3.1　任务内段间控制转移的描述符访问规则

控制转移类型	操作类型	引用的描述符	涉及的描述符表
同一个特权级	JMP、CALL、RET、IRET[*]	代码段	GDT/LDT
同一个特权级，或转移到更高特权级	CALL	调用门	GDT/LDT
	中断指令、异常、外部中断	陷阱门、中断门	IDT
转移到较低特权级	RET、IRET[*]	代码段	GDT/LDT

*使用 IRET 实现控制转移时，需要嵌套任务位 NT = 0。

1. 段间直接转移的操作过程

通过代码段描述符实现同一特权级的直接控制转移的过程与访问数据段相同，图 5.3.4 给出了段间直接转移过程及其寻址过程。

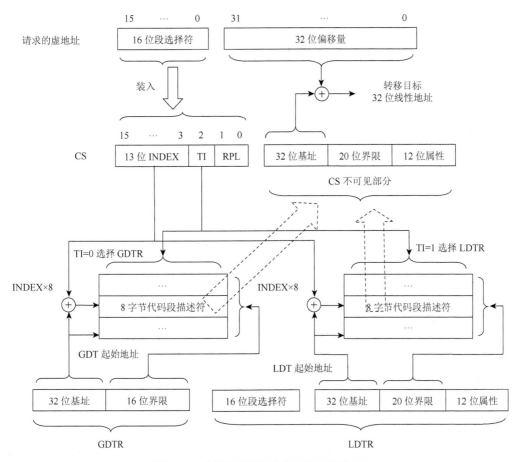

图 5.3.4　段间直接转移过程及其寻址过程

图 5.3.4 中请求的虚地址由 JMP/CALL 给出，将 16 位的段选择符送入 CS 中，索引字段 INDEX 乘以 8 后，再加上 LDTR（或 GDTR）中的基址，即得到 LDT（或 GDT）中代码段描述符的地址，这个过程将完成同一个特权级的段间程序转移。

2. 段间直接转移的特权级检查

当 RPL = CPL 时，可以通过代码段描述符将控制转移到相同特权级的另一个代码段，此时必须使用远转移或调用指令。对于这类程序控制转移，既要检查段界限长度又要检查类型。图 5.3.5 表示 Pentium 微处理器系统在这种情况下执行的特权检查。

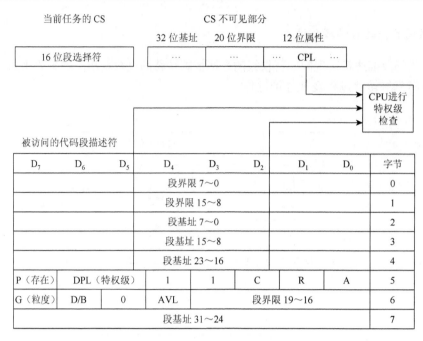

图 5.3.5　通过代码段的段描述符实现段间直接转移的特权检查

段间直接控制转移通常发生在以下两个条件下。

（1）如果 CPL 等于 DPL，则两个段处于相同的保护级，转移发生。

（2）如果 CPL 比 DPL 高，且新段类型域中的相容位 C = 1（当 C = 1 时，表示一致性代码段，需要进行特权级检查），那么程序在 CPL 级执行。

3. 段间间接转移的操作过程：使用调用门

设有一个应用程序，在执行中通过语句 CALL PROC 来调用一个任务内的不同特权级的过程 PROC。图 5.3.6 是使用调用门进行过程调用的示意图。

在 CALL PROC 语句中，PROC 是过程名。这条语句翻译成可执行的指令时，其形式为：

　　CALL　段选择符：偏移量

指令的前面部分是操作码，后面部分是操作对象的虚拟地址。图 5.3.6 中调用门机制所进行的操作过程如下。

①将指令中的段选择符送入 CS。

②根据 CS 中段选择符的 D_2 位值（TI）决定选择 LDT 还是选择 GDT，现假设选择 GDT。

③CS 中段选择符的索引字段 INDEX 乘以 8 后，再加上 GDTR 中的基址，就得到 GDT 中调用门描述符的地址。调用门描述符中包括目标代码段描述符的段选择符和目标地址的偏移量。

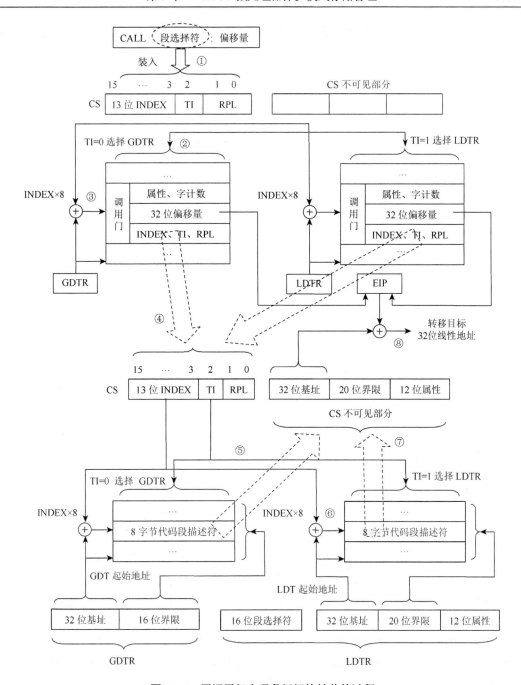

图 5.3.6　用调用门实现段间间接转移的过程

④将调用门描述符中目标代码段描述符的段选择符送入 CS。

⑤根据 CS 中段选择符的 D_2 位值（TI）决定选择 LDT 还是选择 GDT，现假设选择 LDT。

⑥CS 中段选择符的索引字段 INDEX 乘以 8 后，再加上 LDTR 中的基址，就得到 LDT

中代码段描述符的地址。代码段描述符的内容包括目标代码段的 32 位基址、20 位界限和 12 位属性。

⑦将 LDT 中目标代码段描述符的内容（32 位基址、20 位界限、12 位属性）送入 CS 的不可见部分。

⑧CS 的不可见部分中的 32 位基址与 GDT 中的调用门的目标地址的偏移量相加形成 32 位线性地址。注意，此时调用门描述符中的偏移量将定位代码段中的入口点，而指令中操作对象的偏移量就不使用了。

每当任务的当前特权级改变时都会激活一个新的堆栈。作为程序转移过程的一部分，旧的 ESP 和 SS 随同旧的 EIP 和 CS 以及其他参数被保存到新的堆栈中，保存这些信息的目的是返回旧的程序环境。

在高特权级的程序执行结束时，RET 指令将程序控制返回给调用的程序。RET 指令将导致旧的 EIP 和 CS 值、一些参数及其旧的 ESP 和 SS 值从堆栈中弹出。这就恢复了原来的程序环境。

4. 段间间接转移的特权级检查

调用门是执行 CALL 指令进行段间间接转移的控制手段。在执行过程中，根据特权级实施保护功能。图 5.3.7 表示使用调用门进行段间间接转移时的特权级检查。

（1）调用门按数据段的保护方法进行保护。只有满足在数值上 DPL1≥MAX(CPL, RPL1)（注意，是"数值上"，数值越大，特权级越低。前面讲过，特权级规则可以不严格地归纳为：高特权级可以访问"低或等于"特权级的数据，低特权级可以调用"高或等于"特权级的程序），才能执行段间间接转移命令。其中 DPL1 是调用门的特权级，CPL 是正在执行的应用程序代码段的特权级，RPL1 是 CALL 指令所指定的请求特权级。

（2）目标子程序按代码段的保护方法进行保护。调用门所引用的目标子程序的代码段描述符的 DPL 特权级，必须大于或等于 CPL（即满足上面说的：低特权级可以调用"高或等于"特权级的程序），也就是要满足在数值上 DPL≤CPL。

（3）调用门描述符中的段选择符内的 RPL 必须大于或等于 CPL，即要满足在数值上 RPL≤CPL。若不是这样，则产生异常类型 13。

在段间间接控制转移实现以后，目标子程序的代码段描述符的 DPL 就是该任务的新的 CPL。

在一个任务内，使特权级发生变化的控制转移，都会引起堆栈的变化。对特权级 0、1 和 2，堆栈指针 SS:ESP 的初始值都保留在任务状态段中。在使用 CALL 指令实现控制转移期间，新的堆栈指针被装入 SS 和 ESP 寄存器，而原来的堆栈指针全被压入新的堆栈。

与调用指令相反，RET 指令只能返回到特权级低于或等于 CPL 的代码段。在这种情况下，装入 CS 的段选择符是从堆栈中恢复的地址。在返回以后，段选择符的 RPL 就是任务的新的 CPL。若 CPL 改变了，则旧的堆栈指示器在返回地址之后被弹出，这样，就恢复了原来特权级的堆栈。

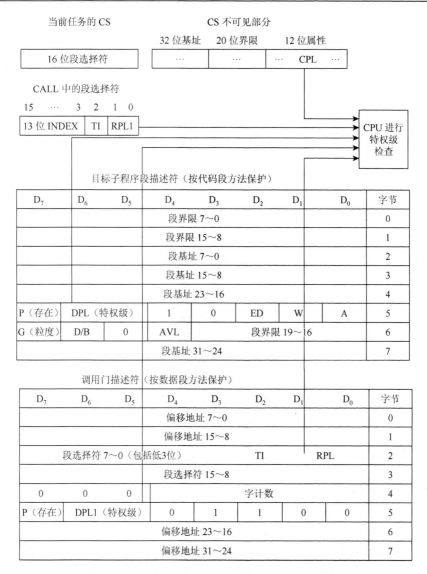

图 5.3.7　使用调用门进行段间间接转移时的特权级检查

5.3.4　任务切换及其特权级检查

所谓任务切换，是指从执行某一个任务转换到执行另外一个任务的过程。任务切换是多任务、多用户系统的一个非常重要的属性。Pentium 微处理器支持多任务，允许多个任务之间通过硬件进行快速切换。任务切换的过程是：保存机器的整个状态（如所有的寄存器、地址空间、到原来任务的链接等），装入新的执行状态，进行保护检查，开始新任务的执行，执行完毕后回到原来的任务继续执行。

1. 任务的设定

在执行某任务以前，必须在存储器中定义 GDT、IDT、LDT 和 TSS，在 GDT 中登记（写入）所需要的段描述符、门描述符、LDT 描述符、TSS 描述符，在 IDT 中登记（写入）所需要的中断门、陷阱门、任务门等，并且还必须对 GDTR、IDTR、LDTR、TR 设置适当的数值。TR 给出 TSS 段的基址。

2. TSS 描述符和任务门

在任务切换中，通常会用到 TSS 描述符和任务门。TSS 描述符和任务门在前面已有说明。

每一个任务必须有一个 TSS 与其关联。TSS 描述符属于系统描述符类（属性字节中 S = 0），该描述符包含了 TSS 在内存中的基址和界限。TSS 描述符位于 GDT 中，所以指向 TSS 描述符的段选择符的 TI 位应该为 0。

Pentium 微处理器有许多"门"，任务门是"门"的一种，任务门用于定位 GDT 中的一个 TSS 描述符，即给出在 GDT 中相应任务的 TSS 描述符的选择符，可实现任务的间接转换。

3. 任务切换的方法

利用段间转移指令 JMP 或段间调用指令 CALL，通过任务门或直接通过 TSS，可以进行任务间的转移，即任务切换。此外，执行 INT 指令（包括异常中断和外部中断）或者执行 IRET 指令，也可能发生任务切换。由于 RET 指令的目标地址只能使用代码段描述符，所以，不能通过 RET 指令实现任务切换。

在进行任务切换时，要把新任务的 TSS 描述符的选择符传送到 TR 的选择符字段，对 TR 的选择符字段有两种修改方法。

（1）直接任务切换：直接访问新任务的 TSS 描述符，从而得到新任务的 TSS。在直接任务切换中，段间 JMP/CALL 指令的操作数的段选择符就是新任务的 TSS 描述符的选择符，它被直接加载到 TR 的选择符字段，对于执行 IRET 指令的情况（必须 NT = 1），则是把曾经压入当前执行任务的 TSS 中的返回链（返回链就是前一个任务的 TSS 描述符的段选择符，即原来 TR 中的 16 位可见部分内容）作为 TR 选择符字段的修改值。

（2）间接任务切换：新任务的 TSS 描述符的选择符由任务门加载。通过任务门间接访问新任务的 TSS 描述符，从而得到新任务的 TSS。在间接任务切换中，段间 JMP/CALL 指令的操作数的段选择符是任务门的选择符，而任务门的内容包含新任务的 TSS 描述符的选择符，所以，新任务的 TSS 描述符的选择符将由任务门间接加载到 TR 的选择符字段。

这样，对任务的切换，可以采用以下方法。

（1）段间 JMP/CALL 指令：进行直接任务切换或间接任务切换。

（2）INT 指令（包括异常中断和外部中断）：只能进行间接任务切换。访问 IDT 中的任务门，新任务的 TSS 描述符的选择符由任务门加载。当中断/异常发生时，如果 IDT 的目标项是中断门或陷阱门，则执行中断处理程序。如果目标项是任务门，则进行任务切换。

（3）IRET 指令（当 NT = 1 时）：只能进行直接任务切换。EFLAGS 寄存器的 NT 位必须为 1，表明处于任务嵌套中。NT 为 0 时，执行 IRET 指令与正常中断处理程序最后执行 IRET 指令的结果相同，即只完成正常的中断返回，不进行任务切换。

显然，不同的任务切换操作引用不同的描述符，涉及不同的描述符表。表 5.3.2 列出了任务切换操作类型、引用的描述符、涉及的描述符表的规则，任何违反这些规则的操作，将引起异常类型 13。

表 5.3.2　关于任务切换的描述符访问规则

任务切换方式	任务切换操作类型	引用的描述符	涉及的描述符表
直接任务切换	JMP，CALL，IRET（NT = 1 时）	TSS	GDT
间接任务切换	JMP，CALL	任务门	GDT/LDT
	中断指令，异常，外部中断	任务门	IDT

4. 任务切换的过程

满足任务切换条件时，可以对 TSS 进行正常操作，实现任务切换，主要过程如下。

（1）保护当前任务现场环境：将当前任务的各个寄存器的内容（包括段寄存器、通用寄存器、标志寄存器、EIP 寄存器）写入当前任务的 TSS。

（2）设置新任务的 TR：将新任务的 TSS 描述符的选择符和其对应的 TSS 描述符装入 TR，并将 TSS 描述符的"忙"位（TSS 描述符第 5 字节的 D_2 位，即 TYPE 字段的 D_2 位）置 1，控制寄存器 CR0 的 D_3 位（TS 位，任务转换标志位）置 1，表明任务切换已经发生。

如果是任务嵌套（如用 CALL 或 INT 指令进行任务切换），那么在新任务的 TSS 描述符的选择符写入 TR 之前，还要将当前任务（也就是即将被切换掉的任务）的 TSS 描述符的选择符存入新任务的 TSS 的返回链域（BACK_LINK），供任务返回时使用，此时，还要将新任务的 EFLAGS 标志寄存器的 D_{14} 位（NT 位，嵌套任务标志）置 1。

可以用 IRET 指令返回原来的任务。当执行 IRET 指令时，如果 NT = 0，则实现中断返回，如果 NT = 1，则实现任务切换，即使用当前任务 TSS 的返回链域（BACK_LINK）来装载 TR，这样就会返回到原来的任务（因为按照当前任务 TSS 的返回链域，会找到原来任务的 TSS），从而实现嵌套任务的返回。

用 JMP 指令进行任务切换时，由于该指令的执行不需要返回原来的任务，所以，新任务的 EFLAGS 标志寄存器的 D_{14} 位（NT 位，嵌套任务标志）将清零，新任务的 TSS 的返回链域（BACK_LINK）也不需要设定。

（3）设置新任务的工作环境：将新任务的 TSS 的内容（包括段寄存器、通用寄存器、标志寄存器、EIP 寄存器、LDT 描述符的选择符）写入新任务相应的寄存器，同时进行保护检查。如果所有的检查都通过，则开始执行新的任务。

如上所述，如果用 JMP 指令进行直接任务切换，可以使用"JMP 段选择符:偏移量"的指令格式，其中，段选择符就是新任务的 TSS 描述符的选择符，把它加载到 TR 中，就形成了任务切换，具体的切换过程如下。

（1）将当前任务现场环境（包括 6 个 16 位段寄存器、8 个 32 位通用寄存器、1 个 32 位 EFLAGS 标志寄存器、1 个 32 位 EIP 寄存器）存放到当前任务的 TSS 中。

（2）GDTR 中的基址加上指令中段选择符索引×8 来选择新任务的 TSS 描述符。

（3）新任务 TSS 描述符指向了新任务的 TSS。

（4）由指令中的段选择符和新任务的 TSS 描述符加载 TR。

（5）GDTR 中的基址加上新任务 TSS 中 LDT 描述符的选择符×8 来选择新任务的 LDT 描述符。

（6）由新任务 TSS 中 LDT 描述符的选择符和新任务的 LDT 描述符加载 LDTR。

（7）新任务 TSS 中的 EIP 和 CS 的内容分别送入 EIP 寄存器和 CS 寄存器。

（8）GDTR（或 LDTR）中的基址加上新任务 TSS 中 CS 段选择符索引×8 来选择新任务在 GDTR（或 LDTR）中的一个代码段描述符。

（9）被选中的代码段描述符装入 CS 的不可见部分。

（10）CS 缓冲区（不可见部分）的基址加上 EIP，得到目标程序的入口地址，然后用 TSS 的内容加载新任务下的各个寄存器。

（11）执行新的任务。

如果用 JMP 指令进行间接任务切换（需要使用任务门），也可以使用 "JMP 段选择符：偏移量" 的指令格式，但是，指令中的段选择符不是要转移到的新任务的 TSS 描述符的选择符，而是 GDT 或 LDT 中的一个任务门的选择符，任务门中的目标选择符才是新任务的 TSS 描述符的选择符，用任务门的目标选择符加载 TR，才能实现任务切换。以后的操作过程与上面描述的直接任务切换过程基本相似。

5. 任务切换过程举例

下面举例说明用 JMP 指令通过任务 A 的 TSS 描述符的选择符直接调用任务 A，在执行任务 A 的过程中，用 CALL 指令通过任务门进行间接切换到任务 B 的过程。

设任务 A 的 CPL＝2，在某一时刻，TSS 的状态如图 5.3.8 所示，按图中的标号说明如下。

①执行 JMP 指令，将任务 A 的 TSS 描述符的选择符 0000 0010 0000 0010B（0202H）送入 TR 中。

②由 TR 中的选择符从 GDT 中找到变址值为 40H 的项，在这一项中存放着任务 A 的 TSS 描述符。将任务 A 的 TSS 描述符送入 TR 中的不可见部分。

③TR 中的不可见部分指向任务 A 的 TSS 的基址和界限。

将任务 A 状态段中的任务 A 的 LDT 描述符的选择符和各个寄存器的内容取出并送入 LDTR 和各个寄存器中；由 LDTR 中的 LDT 描述符的选择符从 GDT 中找到任务 A 的 LDT 描述符，并设置 LDT；由 CS 和 DS 等寄存器的内容从 LDT/GDT 中找到任务 A 的当前代码段和数据段描述符，并将其段描述符中的基址、界限和属性送入 CS 和 DS 等寄存器的不可见部分。然后开始执行任务 A 的程序。

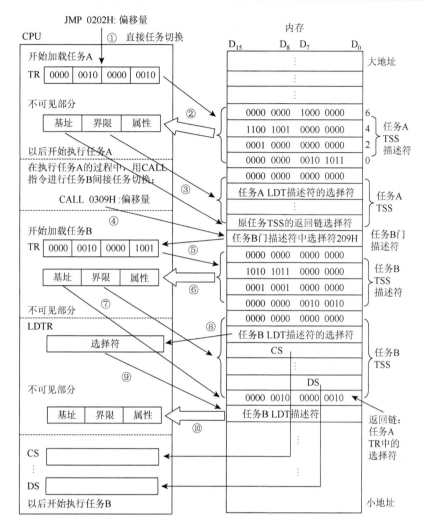

图 5.3.8　任务间的切换过程示意图

④在执行任务 A 程序的过程中，用 CALL PROC 指令通过任务门进行间接任务切换，调用语句中的 PROC 是过程名。当把这条语句翻译成可执行的指令时，假设其形式为：

　　CALL 0309H：偏移量

由指令中的选择符 0309H 从 GDT 中找到变址值为 61H 的项，这一项中放着任务 B 的任务门描述符，其类型值为 5，选择符值为 0209H；将任务 B 的任务门描述符中的目标选择符 0209H 送入 TR 中。

⑤由 TR 的选择符从 GDT 中找到变址值为 41H 的项，在这一项中存放着任务 B 的 TSS 描述符。操作系统中的任务转换机构，把任务 A 的各个寄存器的当前值保存到任务 A 的 TSS 中，然后把任务 B 的 TSS 描述符中所指的描述符的类型值由原来的 9H 改为 0BH。

⑥任务 B 的 TSS 描述符中的基址、界限和属性送入 TR 中的不可见部分。

⑦TR 中的不可见部分指出任务 B 的 TSS 的基址、界限和属性。

⑧将任务 A 的 TSS 描述符的选择符存入任务 B 的 TSS 中的返回链内。将任务 B 的

TSS 中的 LDT 描述符的选择符送入 LDTR,把任务 B 的 TSS 中的内容恢复到各个寄存器,把 NT 标志置为 1。

⑨由 LDTR 中的 LDT 描述符的选择符从 GDT 中找到任务 B 的 LDT 描述符项,在这一项中存放着任务 B 的 LDT 的基址、界限和属性。

⑩将任务 B 的 LDT 的基址、界限和属性送入 LDTR 中的不可见部分,即可确定任务 B 的当前 LDT;由 CS 和 DS 等段寄存器中的段选择符从 LDT/GDT 中找到任务 B 的当前代码段描述符和数据段描述符,并将其段描述符中的基址、界限和属性送入 CS 和 DS 等段寄存器的不可见部分。然后就可以开始执行任务 B 了。

在任务 B 完成时,执行一条 IRET 指令返回,由于此时 NT 标志为 1,所以返回操作会通过任务 B 的 TSS 中的返回链接信息,把控制返回任务 A。

6. 任务切换的特权级检查

(1)利用 JMP/CALL 指令进行直接任务切换时,要对 TSS 进行保护。JMP/CALL 指令的 CPL 必须高于或等于 TSS 的 DPL,即数值上满足 CPL≤DPL 的条件。如果通过了 TSS 的特权级检查,则可以进入任意特权级的其他任务。

(2)利用任务门进行间接任务切换时,要对任务门进行保护。JMP/CALL、INT n 和 INTO 指令的 CPL 必须高于或等于任务门的 DPL,即数值上满足 CPL≤DPL 的条件。如果通过了任务门的特权级检查,则可以进入任意特权级的 TSS。

在此例中,任务 A 的 CPL = 2,它引用的任务门的 DPL = 3,数值上满足 CPL≤DPL 的条件,所以访问是允许的。另外,用外部中断或异常中断进行间接任务切换时,不进行门的特权级检查。

任何多任务、多用户操作系统的一个非常重要的属性,就是它在各任务或各过程之间都有快速切换的能力。Pentium 微处理器的硬件支持这种操作,从任务 A 向任务 B 切换的整个过程,对于 16MHz 的 CPU 只需 17μs。

5.3.5　保护模式下的中断转移操作

Pentium 微处理器的中断系统除了包括 8086 微处理器的中断系统以外,还有异常的概念。异常既不是外部硬件产生的,也不是用软件指令产生的,而是因为在 CPU 执行一条指令的过程中出现的错误或检测到的异常情况而自动产生的。除单步(陷阱)中断外,异常中断返回地址指向程序中发生中断的地方,而不是指向产生中断指令的下一条指令。

保护模式下的中断与实模式几乎完全相同,但在保护模式下,用 IDT 来替代中断向量表。

IDT 由 IDTR 定位于系统中任一存储单元中。IDT 包含的是门描述符,而不是向量。从图 5.3.9 中可以看到该表最多包含 256 个门描述符。这些门描述符分别与中断类型码 0～255 相对应。门描述符可定义为陷阱门、中断门或者任务门。

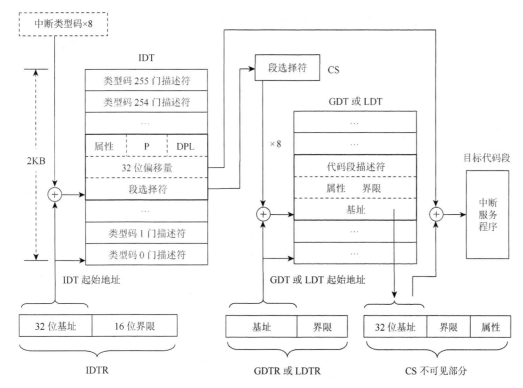

图 5.3.9　Pentium 微处理器在保护模式下中断转移的过程示意图

当 Pentium 微处理器响应一个异常或中断时，以其类型码为依据，指向 IDT 中的一个门描述符。如果被寻址的门描述符是任务门，则它将以一种与用 CALL 指令调用一个任务门相同的方式引起一次任务的转换。若是索引指向一个中断门或自陷门，则它将以一种与用 CALL 指令调用一个调用门相同的方式调用异常或中断服务程序。但对中断门而言，进入中断服务程序之前会将 IF 复位为 0，陷阱门则不检测 IF 标志。

图 5.3.9 中的 Pentium 微处理器在保护模式下中断转移的过程为：IDTR 指出了 IDT 的基址与界限。将中断类型码乘以 8 作为 IDT 的偏移量，求得对应的门描述符。门中的段选择符进入 CS，进而找到 GDT/LDT 中对应的代码段描述符，然后，将代码段描述符中的基址、属性和界限装入 CS 的不可见部分，由此规定中断服务程序所在的段的基址、界限及属性，门中的偏移量字段与段基址字段合成为中断服务程序的入口地址。

5.4　向保护模式的转换

Pentium 微处理器在复位之后，将 CR0 寄存器中的 PE 位变为逻辑 0，处理器处在实地址模式下并开始运行程序。通过给 CR0 寄存器中的 PE 位置 1，微处理器将进入保护模式，但在进入保护模式之前，必须在实地址模式下做好初始化准备工作。下面的步骤将完成从实地址模式到保护模式的切换。

（1）初始化 IDT，使其包含至少前 32 种中断类型有效的中断门描述符。

（2）初始化 GDT，使其第 0 项为一个空描述符，并且使其至少包含一个数据段描述符、一个代码段描述符、一个堆栈段描述符。

（3）进入保护模式的实际方法是通过指令 MOV CR0，R/M 使 CR0 寄存器中的 PE 位置 1。这就使 Pentium 微处理器置为保护模式。

（4）进入保护模式后，执行一条段内近 JMP 指令清除内部指令队列并把 TSS 描述符基址装入 TR 中。

（5）将初始数据段选择符的值装入所有的数据段寄存器中。

（6）现在 Pentium 微处理器已运行在保护模式下，正在使用 GDT 和 IDT 中定义的段描述符。

另一种适合多任务操作系统进入保护模式的方法是为装载所有的寄存器而建立任务切换。多任务操作系统利用任务切换来使 Pentium 微处理器进入保护模式所需的步骤如下。

（1）初始化 IDT，以便用 IDT 中的至少 32 个描述符提供有效的中断描述符。

（2）初始化 GDT，以便使其最少有两个 TSS 描述符和初始任务所需要的原始代码段及数据段描述符。

（3）初始化 TR，使它指向一个 TSS，当初始任务发生切换并访问新的 TSS 时，当前寄存器值将保存在这个原始的 TSS 中。

（4）进入保护模式后，执行一条段内近 JMP 指令清除内部指令队列，并将当前的 TSS 选择符装入 TR 中。

（5）用一条远转移指令装载 TR，以便访问新的 TSS 并保存当前状态。

（6）现在 Pentium 微处理器已运行在保护模式下。

5.5　分页存储管理

分页是虚拟存储器多任务操作系统另一种存储器管理方法。段的长度是可变的，而页的长度是固定的，如每页 4KB。

分页方法将程序分成若干个大小相同的页，各页与程序的逻辑结构没有直接的关系。分页存储器的这种固定大小页有一个缺点，就是存储管理程序每次分配最少一页（即使它们并不全用）。一页中未用的存储器区域称为碎片，碎片导致存储器使用效率降低，但是分页大大简化了存储管理程序的实现。

前面曾指出过 Pentium 微处理器的保护模式体系结构也支持存储器地址空间的分页组织。分页存储管理机制在分段存储管理机制下工作。如果允许分页（即通过给 CR0 寄存器中的 PG 位置 1），则 Pentium 微处理器的物理地址空间被划分成 $2^{20} = 1M = 1048496$ 页，每页为 $2^{12}B = 4KB = 4096B$ 长（也可选 4MB 为一页）。

Pentium 微处理器采用二级页表方法对页面进行管理，第 1 级页表称作页目录，页目录中的页目录项指明第 2 级页表中各页表的基址。

5.5.1　页目录与页表

1. 页目录基址寄存器

页目录存储在内存中，并通过页目录基址寄存器 CR3 来访问。控制寄存器 CR3 保存着页目录的基址，该基址起始于任意 4KB 的边界。指令"MOV CR3, reg"用来对 CR3 寄存器进行初始化。CR2 是页故障线性地址寄存器，它保存着检测到的最后引起故障的 32 位线性地址。

2. 页目录

页目录由页目录项组成，页目录项包含下一级页表的基址和有关页表的信息。Pentium 微处理器中，页目录最多包含 1024 个页目录项，每个页目录项为 4B，所以，页目录自身占用一个 4KB 的页面（存储页）。

32 位线性地址的最高 10 位（$A_{31} \sim A_{22}$）是页目录的索引，用于在页目录中查找不同的页目录项，而页目录项中保存着下一级所对应的页表的基址。

3. 页表

页表由页表项组成，页表项包含页面（存储页）的基址和有关页面的信息。Pentium 微处理器中，页表最多包含 1024 个页表项，每个页表项为 4B，所以，页表自身也占用一个 4KB 的页面（存储页）。

32 位线性地址的 10 位（$A_{21} \sim A_{12}$）是页表的索引，用于在页表中查找不同的页表项，而页表项中保存着所对应的页面（存储页）的基址，即页面（存储页）的起始地址。

4. 页目录项/页表项格式

页目录项和页表项的格式如图 5.5.1 和图 5.5.2 所示。可以看出，最高的 20 位分别是页表基址和页面基址，低 12 位分别包含有关页表和页面的控制位信息。在控制位信息中，除第 6 位外，其他位均相同。

D_{31} … D_{12}	D_{11}	D_{10}	D_9	D_8	D_7	D_6	D_5	D_4	D_3	D_2	D_1	D_0
页表基址	AV	AI	L	0	0	0	A	PCD	PWT	U/S	R/W	P
页表起始地址	系统保留位系统可任意使用						访问	页面Cache禁止	页面写直达	用户/系统	读/写	存在

图 5.5.1　页目录项的格式

（1）存在标志位 P。当 P = 1 时，表示该页在主存中；当 P = 0 时，表示该页不在主存中，这种情形称作页面失效，或称为页故障，控制寄存器 CR2 就是页故障线性地址寄存器，用来保存发生页故障的 32 位线性地址。在对页式存储器全面支持的系统中，页面失效会导致如下的处理操作。

D_{31} … D_{12}	D_{11}	D_{10}	D_9	D_8	D_7	D_6	D_5	D_4	D_3	D_2	D_1	D_0
页面基址	AV	AI	L	0	0	D	A	PCD	PWT	U/S	R/W	P
物理页面起始地址	系统保留位系统可任意使用					修改	访问	页面Cache禁止	页面写直达	用户/系统	读/写	存在

图 5.5.2　页表项的格式

①如果主存还有空闲空间，操作系统把急需访问的页调入主存且把 P 置为 1，并对其他有关的控制位进行相应的操作。

②如果主存没有空闲空间，就要根据一定的替换算法把主存中的某页调出并存到辅存，再把急需访问的页调入主存，放到被替换出的空间。

（2）访问标志位 A。当对某一个页表或某一个页面进行访问时，A＝1，并一直保持为 1。可见，A 位为系统提供使用信息，帮助操作系统决定哪一个页应当被替换掉。在实际运行中，一开始，所有页目录项和页表项的 A 位均为 0。操作系统定期扫描这些项，如果发现 A＝1，就说明对应页在上一段时间被访问过，因此，操作系统增加该页对应的"使用次数记录"，当需要替换一页时，长期未用过的页或近期最少使用的页被选中，并将被替换。

（3）修改位 D，也称为脏位，是一个被写修改的标志，该位只在页表项中起作用。当对所涉及的页面进行写操作时，D 位被置 1。当一页从辅存调入内存时，操作系统将 D 位设为 0，以后当对此页进行写操作时，D 位为 1，并保持为 1。如果选中某页被替换，若其对应的 D 位仍为 0，说明此页一直没有写过，所以不需要往辅存中重写，这样替换过程会变得十分简单。显然，D 位对页目录项没有意义，因为对页目录项不会有写操作。

可见，A 位和 D 位用来跟踪页的使用情况，为替换算法和多机系统的实现提供了方便。

（4）用户/系统位 U/S。当 U/S＝0 时，选择系统级（管理程序级）保护，此时用户程序不能访问该页，适用于操作系统、其他系统软件（如设备驱动程序）和被保护的系统数据（如页表）。当 U/S＝1 时，选择用户级保护，此时用户程序可以访问该页，适用于应用程序代码和数据。U/S 位是为了保护操作系统所使用的页面不受用户程序破坏而设置的。

（5）读/写位 R/W。当 R/W＝0 时，选择只读操作；R/W＝1 时，选择可读写操作。

U/S、R/W 这两位与 CR0 寄存器中的 WP 位（页写保护位）配合使用，进行页面级的保护，违反了页保护规则也会引起页故障。分页机构把保护级分为两种，即用户级（段特权级为 3）和管理员级（段特权级为 0、1、2）。U/S 和 R/W 用于对单独的页面或由页目录项所指页表的所有页面，为其提供用户/管理员和读/写保护。页表项中的 U/S 和 R/W 只用于由该项所描述的页面。页目录项中的 U/S 和 R/W，用于该目录项所指页表的所有页面（最多为 1024 页）。当 WP＝0 时，允许只读页面由特权级 0、1、2 写入。当 WP＝1 时，访问类型由页目录项和页表项中的 R/W 位确定。

表 5.5.1 给出了用户访问与管理访问的权限,如果超出权限,将会出错(异常类型 14)。异常类型 14：页面出错。访问页面出错的存储器时发生此中断。

表 5.5.1　页面级的保护

U/S	R/W	WP	用户访问权限	管理程序访问权限
0	0	0	无	读/写/执行
0	0	1	无	读/执行
0	1	0	无	读/写/执行
0	1	1	无	读/写/执行
1	0	0	读/执行	读/写/执行
1	0	1	读/执行	读/执行
1	1	0	读/写/执行	读/写/执行
1	1	1	读/写/执行	读/写/执行

(6) PCD 和 PWT 是对 Cache 的控制方式位,PCD 为页面 Cache 禁止,PWT 为页面写直达。允许分页时,Pentium 微处理器的 PCD 和 PWT 引脚状态与这两位一致。

(7) 保留位 AV、AI、L。该字段允许系统程序任意使用。一般用于操作系统记录页的使用情况,例如,用来记录页面使用次数,据此可替换掉一些最少使用的页。

5.5.2　分页转换机制

1. 分页转换的工作过程

在分页转换机制中,当要访问一个操作单元时,32 位线性地址转换为 32 位物理地址是通过两级查表来实现的。图 5.5.3 展示了 Pentium 微处理器的分页转换机制。这里,程序中产生的线性地址 00C02098H 经过分页机构被转换成物理地址 00160098H。

分页转换机制的工作过程如下。

(1) 4KB 长的页目录存储在由 CR3 寄存器所指定的物理地址中,此地址常称为根地址。假设要寻址单元的线性地址为:0000000011 0000000010 000010011000B。

(2) 用线性地址中的最高 10 位 (A_{31}～A_{22}) 页目录索引,即 0000000011B (3 号页目录项),乘以 4 (每个页目录项占 4B) 得到页目录中页目录项的偏移量 00CH,从 1024 个页目录项中确定所访问的页目录项 3。图 5.5.3 中此页目录项包含着所指向的页表 3 的起始地址 01010000H。

(3) 用线性地址中的 A_{21}～A_{12} 这 10 位页表索引,即 0000000010B (2 号页表项),乘以 4 (每个页表项占 4B) 得到页表 3 中页表项的偏移量 008H,从 1024 个页表项中确定所访问的页表项 2,图 5.5.3 中此页表项包含了所要访问的物理页的起始地址 00160000H。

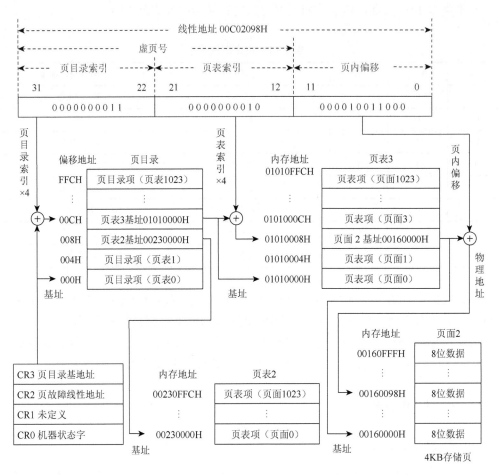

图 5.5.3　分页转换机制示意图

（4）以物理页的起始地址 00160000H 为基址，再加上线性地址的最低 12 位（A_{11}～A_0）页内偏移量，即 000010011000B，就确定了所寻址的物理单元 00160098H。

2. 4MB 页的管理机制

Pentium 微处理器的页管理机制可设置 4KB 页或 4MB 页两种工作模式。当 CR4 寄存器中的 PSE＝0 时（PSE 为页大小扩充位），工作于 4KB 页。当 CR4 中的 PSE＝1 时，允许页面大小扩充，即工作于 4MB 页。在 Pentium 中，由于 4MB 分页特性，只需要单一的一个页表，从而大大地减少了内存用量（因为页表也需要占用内存）。

Pentium 微处理器的 4MB 分页转换机制如图 5.5.4 所示。线性地址的最高 10 位（A_{31}～A_{22}）在页目录中选择一个入口（与 4KB 一样），与 4KB 页不同的是，这里没有页表，而是使用页目录来寻址 4MB 内存。

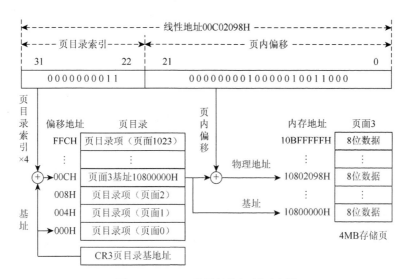

图 5.5.4　4MB 分页转换机制示意图

5.5.3　转换旁视缓冲存储器

我们知道，页目录和页表都存放在主存中，当进行地址变换时，处理器要对主存访问两次，这样将极大地降低微型计算机的性能。为了提高由线性地址向物理地址的转换速度，Pentium 微处理器设有一个高速 TLB 存储器。它由 4 组高速缓冲寄存器组成，每组 8 个寄存器，每个寄存器可存放一个线性地址（高 20 位，即 $A_{31} \sim A_{12}$）和与之对应的页表项，如图 5.5.5 所示。TLB 按照最近频繁使用的原则可存放 32 项。当 32 项存满后而又有新的页表项产生时，按照最近最少使用的原则置换其中最少使用的项。

TLB 中的内容是页表中部分内容的副本。TLB 技术采用高速硬件进行地址变换，因而地址变换非常快，所以又称 TLB 为快表，相对而言，存于主存中的页表称作慢表。

图 5.5.5 中从线性地址到实地址的变换过程简述如下。

（1）线性地址同时在慢表和快表中查找。

（2）在快表中查到（命中）后，立即停止在慢表中的查找，并由查到的页面基址与页内偏移拼接形成物理地址。

（3）如果在快表中没有查到所需的页号（未命中），就继续在慢表中查找。如果找到了，就取出页面基址，在形成物理地址时，把该页表项按一定规则存入快表。如果在慢表中仍未找到，就会产生一个页面故障，供操作系统处理。

根据统计，对一般程序来说，Pentium 微处理器的 TLB 的命中率约为 98%，也就是说，需访问主存中二级页表的情况只占 2%。由此可见，TLB 极大地提高了页式存储器的性能。

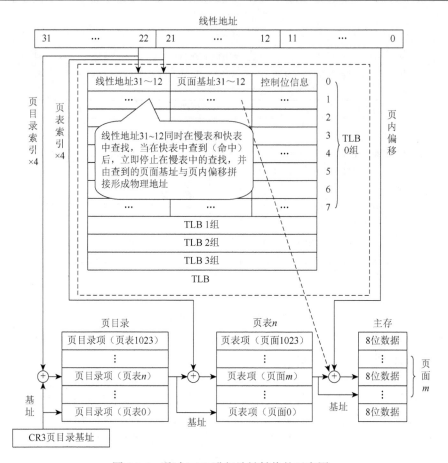

图 5.5.5 通过 TLB 进行地址转换的示意图

5.6 段页式存储管理的寻址过程

在段页式存储管理中，要用到段式存储管理部件和页式存储管理部件。在段页式存储管理的寻址过程中，首先将虚地址通过段式存储管理部件转换为线性地址，然后将线性地址通过页式存储管理部件转换为物理地址，其转换过程如图 5.6.1 所示。

在保护模式下，存储器的管理具有分段管理模式、分页管理模式、段页式管理模式三种，这三种模式的特点如下。

（1）分段不分页。此时，一个任务拥有的最大空间是 $2^{14+32} = 64T$，由分段管理部件将二维虚地址（段选择符，偏移量）转换成一维的 32 位线性地址，这个线性地址就是物理地址。不分页的好处是：不用访问页目录和页表，地址转换速度快。缺点是：大容量的段调入调出，比较耗时，内存管理相对粗糙，不够灵活。

（2）分段分页。由分段管理部件和分页管理部件共同管理，兼有两种存储管理的优点，如 UNIX、OS/2。

（3）不分段分页。此时分段管理部件不工作，分页管理部件工作。程序不提供段选择符，只用 32 位寄存器地址（作为线性地址），一个任务拥有的最大空间是 $2^{32} = 4G$，虽然

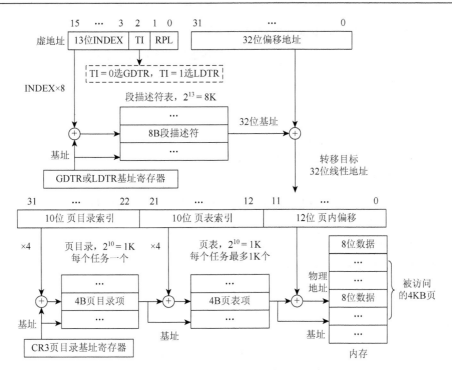

图 5.6.1　段页式存储管理的寻址过程

小了一点，但也还够用。纯分页的虚地址模式又称为平展地址模式，将虚拟存储器看成线性分页地址空间，具有更好的灵活性。

5.7　虚拟 8086 模式

虚拟 8086 模式是一个特殊运行模式。这种特殊运行模式的设计，使多个 8086 实模式的应用软件可以同时运行。PC 上 DOS 应用程序就运行在这种模式下。如果允许多个应用程序同时执行，那么操作系统通常利用时间片技术，即操作系统为每个任务分配一定的时间。设有三个任务在执行，操作系统为每个任务分配 1ms，这就意味着每过 1ms 就会发生一个任务到另一个任务的切换。在这种方式下，每个任务都得到一部分微处理器的运行时间，使系统看上去就像在同时执行多个任务。任务占用微处理器的时间比例可以任意调整。

Pentium 微处理器保护模式和虚拟 8086 模式之间的主要区别在于微处理器对段寄存器的解释方式不同。在虚拟 8086 模式下，段寄存器与在实模式下的使用方式相同，能寻址从 00000H 到 FFFFFH 的 1MB 存储空间。程序访问的是 1MB 以内的存储器，而微处理器可以访问存储系统中 4GB 范围内的任意物理存储单元。

虚拟 8086 模式由标志寄存器 EFLAGS 中的 VM 位选择。VM = 1 则允许虚拟 8086 模式操作。实际上标志寄存器中的 VM 位并不是由软件直接切换到 1 的，这是因为虚拟 8086 模式一般是以保护模式任务进入的。启动虚拟 8086 模式有以下两种方式。

（1）通过任务切换给标志寄存器赋值。

（2）通过中断返回。在这种情况下标志寄存器的内容从堆栈中重新装入。

虚拟 8086 程序运行在特权级 3。虚拟 8086 管理程序负责对标志寄存器中的 VM 位设置和清除，并且允许保护模式任务和虚拟 8086 模式任务同时存在于多任务程序环境中。

Pentium 微处理器的存储器管理可采用五种工作模式，即实地址模式、分段管理模式、分页管理模式、段页式管理模式和虚拟 8086 管理模式。

Pentium 微处理器在复位之后或将 CR0 中的 PE 位变为逻辑 0 后，微处理器处在实地址模式下。通过将 CR0 寄存器中的 PE 位置 1，微处理器将进入分段管理模式。当 PE 位置 1 时，通过将 CR0 寄存器中的 PG 位置 1，微处理器将进入段页式管理模式，在此模式中线性地址是通过段式变换而得到的。当 PE 位置 1 时，通过将标志寄存器中的 VM 位置 1，微处理器将进入虚拟 8086 管理模式。

习　　题

5.1　简述虚拟存储器的含义，试在存储层次、功能、结构、信息传送单位、操作过程等方面对比虚拟存储器和 Cache 存储器。

5.2　简要说明虚拟存储器的工作原理。

5.3　虚拟存储器指的是主存-辅存存储层次，它给用户提供了一个比实际_____空间大得多的_____空间。

5.4　说明三类地址空间（虚拟地址空间、主存地址空间、辅存地址空间）的含义。

5.5　段描述符按段的性质分为哪几类？

5.6　Pentium 微处理器的实地址方式和保护模式由_____寄存器的 PE 位来选择。

5.7　段描述符高速缓冲寄存器有什么作用？

5.8　说明向保护模式转换的方法及转换前的准备工作。

5.9　Pentium 微处理器的虚拟地址有多少位二进制数？虚拟地址的两个组成部分分别叫什么名字？

5.10　Pentium 微处理器的保护机制有哪些措施？

5.11　Pentium 微处理器是怎样将虚拟地址转换成物理地址的？

5.12　试说明 Pentium 微处理器段的转换过程。

5.13　试说明数据段描述符与代码段描述符的异同点。

5.14　IDTR、GDTR 和 LDTR 分别代表什么寄存器？其内容是什么信息？有什么作用？

5.15　Pentium 微处理器可进行段页式存储器管理。Pentium 微处理器的段描述符为 8B，包括段基址、段长和属性等信息（段基址 32 位、段长 20 位），其中有一个 G 位用于定义段长单位，G = 0 定义该段的段长以字节为单位，G = 1 定义该段的段长以页面为单位。针对 Pentium 微处理器，分析并回答以下问题。

（1）一个页面包含多少字节？其页面数据容量是否可变？如果可以改变，则简要说明改变的方法。

（2）当 G = 0 时，该段的最大数据容量是多少字节？

（3）当 G = 1 时，该段的最大数据容量是多少字节？

5.16　简要说明段描述符的组成及作用。

5.17　说明代码段描述符与数据段描述符的异同点。

5.18　说明 CPL、RPL、DPL 的含义。

5.19　如果应用程序运行在特权级 3 级，它能调用哪一级的操作系统软件？为什么？

5.20　在保护模式下，Pentium 微处理器的 4 个特权级是如何划分的？哪级最高？哪级最低？

5.21　TSS 的主要作用是什么？

5.22　简述任务切换过程。

5.23　在保护模式下，控制转移有哪些情况？如何实现特权级变换？

5.24　TSS 中返回链的作用是什么？

5.25　简述 Pentium 微处理器通过 GDT 访问数据段的寻址过程（也可画图说明）。

5.26　简述 Pentium 微处理器通过 LDT 访问数据段的寻址过程（也可画图说明）。

5.27　说明通过调用门进行过程调用的工作原理。

5.28　试说明 Pentium 微处理器页的转换过程。

5.29　简述页表的作用。

5.30　如果允许分页，Pentium 微处理器的地址空间可映射多少页？Pentium 微处理器的页有多大？

5.31　页转换所使用的线性地址的三个组成部分叫什么名字？

5.32　TLB 是什么？有什么作用？

5.33　说明段页式存储管理的寻址过程。

第6章 输 入 输 出

在微型计算机系统的应用中，CPU 除与内存交换信息外，还必然要经常与各种外部设备交换信息。主机与外设进行信息交换过程主要是完成数据输入或输出的传送操作。输入或输出操作的确切含义是有选择地启动被微处理器选中的外部设备，以便使其接收来自 CPU 的数据或向 CPU 送入数据。

数据传送的方向标准通常以微处理器为中心，当数据由外部设备，如键盘、纸带读入机、光笔等设备向 CPU 送入时，称为输入传送；而当数据自 CPU 送到如发光二极管、七段显示器、CRT 显示器、点阵打印机、绘图仪等设备时，称为输出传送。

我们知道，输入输出设备是多种多样的，有机械式、电子式、电动式及其他形式。其信息的类型有模拟量、数字量、脉冲量及开关量。其信息的传送方式可以是并行的（若干位同时传送）或者是串行的（一位一位地依次传送），等等。因此，CPU 与各外部设备之间的连接和信息交换是比较复杂的。通常把 CPU 与外部设备间的连接方法与信息交换手段的研究称为输入输出技术（由于外部设备通常简称 I/O 设备，所以也称输入输出技术为 I/O 技术）。进行信息输入输出时，需要设计把外部设备与微处理器连接起来的电路，即接口电路；还需要编制真正实现这种输入输出所需的软件，即输入输出程序。

由此可见，当实现一个数据的输入输出操作时，CPU 必须在众多的外部设备中寻找一个确定的设备，而如何寻找这一特定的外部设备就是输入输出寻址方式所解决的问题。当找到一个确定的外部设备以后，接下来的问题就是如何与它进行信息交换，这就是输入输出控制方式所解决的问题。

本章介绍接口概念、接口设计方法、输入输出控制方式和总线。

6.1 接 口 概 述

6.1.1 接口与端口

从广义上讲，接口就是指两个系统或两个部件之间的交接部分，可以是两种硬设备之间的连接电路，也可以是两个软件之间公用的逻辑边界。在微型计算机系统中，CPU 与外部设备之间的联系，需要有特定的硬件连接和相应的控制软件。完成这一任务的软件、硬件的综合称为接口。对这种软件、硬件的设计，称为接口技术。

应该指出，接口和端口是不同的。端口是指接口电路中那些完成信息传送，可由程序寻址并进行读写操作的寄存器。原则上讲，若干个端口加上相应的控制逻辑才构成接口。所以，一个接口中往往含有几个端口，CPU 可以通过输入指令从端口读出信息，通过输出指令向端口写入信息。CPU 寻址的是端口，而不是笼统的外设接口。

微处理器与外部设备为什么不能直接相连而必须通过接口呢？这主要是由于以下几点。

（1）外部设备的种类繁多。在微型计算机系统中，常用的外部设备有键盘、鼠标器、硬磁盘机、软磁盘机、光盘机、打印机、显示器、调制解调器、扫描仪，以及模/数（analog/digital，A/D）转换器、数/模（digital/analog，D/A）转换器、发光二极管、数码管、按钮、开关等，此外，还有许多专用 I/O 设备。这些 I/O 设备在结构上有机械式的、电子式的、机电式的、磁电式的，以及光电式的等。

（2）外部设备的工作速度变化范围大，有每分钟只能提供一个数据的慢速传感器，也有高速传输设备，这些设备的数据的产生与消失是不依赖于计算机的，各按自己的速率提供数据，难以和微处理器的工作速度相配合。

（3）外部设备信号类型和电平种类不同，有数字信号、模拟信号、开关信号、电压信号或电流信号等，而且信号电平的幅值大小不一致，范围广，离散性大。

（4）外部设备信息格式复杂，有并行数据、串行数据等，需要进行信息格式变换。

所以，外部设备不可能和微处理器（或系统总线）直接相连，必须借助于中间电路，也就是必须通过相应的接口进行信息交换。

接口电路可以很简单，如一个三态缓冲器，或者一个锁存器，就构成了一个输入输出接口电路，但有的接口也很复杂。

6.1.2 接口的功能

为了使微处理器能适应不同外部设备在不同速度、不同方式下工作的要求，接口应具有以下功能。

1. 地址译码或设备选择

在微型计算机系统中，可能有多个外部设备。当微处理器在不同时刻需要和不同的外部设备发生联系时，微处理器要用地址码来选择不同的外部设备。因此，接口必须进行地址译码，从而产生设备选择信号，以使微处理器和指定的外部设备交换信息。

2. 数据缓冲和锁存

在微型计算机系统中，数据总线是系统各部分之间公用的双向总线，所有设备分时复用。所以，无论存储器，还是外部设备，都不能长期占用数据总线，只允许被选中的设备在读/写周期内用其传送数据。未选中的设备必须对总线呈高阻抗状态，与总线"脱离"，不影响其他设备使用总线。

3. 信息格式与电平的转换

在微型计算机系统中，信息是并行二进制代码。CPU 和内存的信息交换就采用并行处理。而有些外部设备，如 CRT 显示器，其信息是串行数据，这就要求接口能把 CPU 输出的并行数据转换成串行数据，而把外部设备送来的串行数据转换成并行数据。此外，有些外部设备的信号电平与 TTL 电平不能兼容，所以还要有信号电平的转换。所以说，接口应该具有信号传送格式、信号类型、信号电平的转换能力。

4. 数据传送的协调

CPU 工作是有一定的时序的，CPU 与外部设备交换数据时必须采用一定的传送方式进行控制。例如，采用查询方式传送数据时，就要先询问外部设备是否已具备了与 CPU 交换数据的条件。具体地说，输入设备要给出"数据是否准备就绪"的状态信号。输出设备要给出"忙"或"闲置"的状态信号，由 CPU 决定是否可以进行数据交换。

6.1.3　接口的一般编程结构

I/O 接口的一般编程结构和外部连接如图 6.1.1 所示。

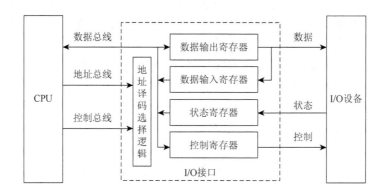

图 6.1.1　I/O 接口的一般编程结构和外部连接示意图

1. I/O 接口的编程结构

从用户编程角度看，I/O 接口包含四种寄存器：数据输入寄存器、数据输出寄存器、状态寄存器和控制寄存器。这些寄存器也可以称为数据输入端口、数据输出端口、状态端口和控制端口，或者简称为数据口（即数据输入端口和数据输出端口的统称）、状态口和控制口。

1）数据端口

由于 I/O 设备与 CPU 的定时标准不同或在数据处理速度上存在差异，所以数据端口为传送数据提供缓冲、隔离和寄存（或锁存）的作用。

在数据输出端口中，一般都要安排寄存环节（寄存器或锁存器）。对 CPU 来说，要输出的数据送到寄存器（一般称为输出数据缓冲器）就可以了。此后由输出设备利用寄存器中的数据具体实现输出，输出得快一些或慢一些都可以。寄存环节的中转作用对于一个数据（字节、字或双字）的传送是非常明显的，对于多个数据的传送也是以此为基础，要进一步考虑的是 CPU 何时输出下一个数据。

在数据输入端口中,一般要安排缓冲隔离环节(如三态门)。当CPU读取数据时,只有被选定的输入设备将数据送到总线,其他的输入设备此时与数据总线隔离。在输入接口中安排寄存环节,用来存放输入设备的数据(一般称为输入数据缓冲器),等待CPU读取。

在实际的 I/O 接口内,输入和输出两个缓冲器一般共用一个端口地址,根据读/写控制信号的不同,可分别访问其中的输入或输出缓冲器。

2)状态端口

状态寄存器用来保存外设或接口的状态。CPU 通过数据总线可以读取这些状态,进行检测分析,以便对外设或接口进行控制。

3)控制端口

控制寄存器用来寄存 CPU 通过数据总线发来的命令,这些命令可以是对 I/O 接口进行初始化的(即功能、工作方式、通道选择等的设置),也可以是初始化以后再对 I/O 接口的操作进行干预的控制信号。

2. I/O 接口与 CPU 的连接信号

I/O 接口与 CPU 的连接信号由数据总线、地址总线和控制总线三部分组成。

1)数据总线

I/O 接口的数据总线一般设计成能和 CPU 或系统的数据总线直接相连,数据总线对众多的 CPU 基本相似,差别仅在于数据的位数(宽度)。

2)地址总线

每一个 I/O 端口都有一个编号,称为端口地址,简称口地址。与访问存储单元类似,CPU 与 I/O 端口交换信息时总是先给出端口地址,选中的端口才可以和 CPU 进行信息交换。和存储器芯片类似,I/O 接口芯片一般都有片选端,只有片选信号有效(被选中)的芯片才能与 CPU 交换信息。一个 I/O 接口芯片可能含有多个 I/O 端口,占用多个端口地址。因此,一般设有地址引脚(引脚名称一般为 A_0、A_1、A_2 等),而其内部设有译码电路,以选择不同的端口。在进行地址线相连时,和存储器芯片类似,CPU 或系统地址总线的低位地址线与接口芯片的地址引脚相连,而 CPU 或系统地址总线的高位地址线接到外部的译码器,用来产生接口芯片的片选信号。

3)控制总线

每个 I/O 端口所需的信号不完全相同,通常有读、写、中断请求等。这些控制线对于不同的 CPU 可能有不完全匹配的地方,如有效信号的电平不同等,这时可加少量的逻辑电路予以调整。

3. I/O 接口与外设的连接信号

I/O 接口与外设的连接信号分为数据线、状态线和控制线三种。

1)数据线

数据线通常为 8 位或 16 位。由于外部设备的种类繁多、型号不一,所提供的数据信号也多种多样,时序或有效电平差异较大,但大致分为以下三种类型。

(1)数字量。数字量是以二进制形式表示的数据或是以 ASCII 码表示的数据及字符,如由键盘、磁盘机等读入的信息或者主机送给打印机、磁盘机、显示器及绘图仪的信息就是数字量。

（2）模拟量。在生产过程中，许多连续变化的物理量，如温度、湿度、位移、压力、流量等都是模拟量。这些物理量一般通过传感器先变成电压或电流信号，再经过放大。这样的电压和电流信号仍然是连续变化的模拟量，而微型计算机无法直接接收和处理模拟量，要经过模/数转换器转换为数字量，才能送入微型计算机。反过来，微型计算机输出的数字量要经过数/模转换器转换成模拟量，才能控制现场。

（3）开关量。开关量可表示两个状态，如开关的闭合和断开、电机的运转和停止、阀门的打开和关闭等，这样的量只要用 1 位二进制数表示就可以了。

2）状态线

外设将其状态通过状态线送往接口中的状态寄存器，它反映了当前外设所处的工作状态。对输入设备来说，通常用准备好（READY）信号来表明输入设备是否准备就绪。对输出设备来说，通常用忙（BUSY）信号表示输出设备是否处于空闲状态，如为空闲状态，则可接收 CPU 送来的信息，否则 CPU 要等待。

3）控制线

控制线是由 CPU 向 I/O 接口输出的控制外部设备的信息，如外设的启动信号和停止信号就是常见的控制信息。实际上，控制信息往往随着外设的具体工作原理不同而含义不同。

6.1.4　接口的分类

微型计算机应用广泛，其接口种类繁多，大体上可按两个标准来划分，一个是从应用角度来划分，另一个是从功能角度来划分。

1. 按应用分类

从应用角度分类，微型计算机接口一般可分为四种基本类型：用户交互接口、辅助操作接口、传感接口和控制接口。

（1）用户交互接口。用户交互接口的主要功能是将来自用户的数据、信息传送给计算机或将用户所需的数据、信息由计算机传送给外部设备。常见的键盘接口、打印机接口、显示器接口等属于这一类接口。

（2）辅助操作接口。辅助操作接口是计算机发挥最基本的处理与控制功能所必需的接口，包括各类总线驱动、总线接收器、数据锁存器、三态缓冲器、时钟电路、CPU 与内存的接口等。

（3）传感接口。传感接口是输入被监测对象和控制对象变化信息的接口。例如，压力传感器、温度传感器、流速传感器等的接口。压力、温度、流速等物理量均是模拟信号，必须经过 A/D 转换才能送入微型计算机进行处理。可以看出，传感接口是微型计算机与外界联系的重要接口。

（4）控制接口。控制接口是微型计算机对被监测对象或控制对象输出控制信息的接口。

在微型计算机控制系统中，当检测到现场的信息以后，经过分析处理，就能决定下一步将采取的动作，控制接口就是用来执行这个动作的接口，步进电机、电磁阀门、继电器等的接口就属于这一类接口。与传感接口一样，控制接口也是微型计算机与外界联系的重要接口。

2. 按功能分类

1）按数据传送方式分类

按数据传送方式，微型计算机接口可分为并行接口、串行接口。

（1）并行接口。这种接口是将一字节的数据同时进行输入或输出。在微型计算机内部及计算机与大部分的外部设备之间的数据传送均使用并行传送方式。

（2）串行接口。这种接口是将数据按时间的先后顺序一位一位地传送。由于微型计算机内部采用并行处理方式，所以，当微型计算机与串行输入/输出设备交换信息时，并行进行并行数据与串行数据之间的转换。

2）按接口通用性分类

按接口通用性分类，微型计算机接口可分为通用接口、专用接口。

（1）通用接口是可供几类外部设备使用的标准接口，通用性强。

（2）专用接口是只供某类外部设备或某种用途设计的专门接口。

3）按接口的可选择性分类

按接口的可选择性分类，微型计算机接口可分为可编程接口、不可编程接口。

（1）可编程接口。这种接口的功能、操作方式可由程序来改变，就是说通过编程（初始化）来选择若干种功能、操作方式中的某一种进行工作。可使一个接口芯片完成多种不同的接口功能，用起来非常灵活。

（2）不可编程接口。这种接口的功能、操作方式不能由程序来改变，只可用硬逻辑线路实现不同的功能，不可编程接口电路简单，操作容易，但功能难以改变，使用不够灵活，功能较差。

4）按接口输入/输出信号分类

按接口输入/输出信号分类，微型计算机接口可分为数字接口、模拟接口。

（1）数字接口。接口由数字电路组成，输入和输出的信号都是数字或两态信号。

（2）模拟接口。接口由线性电路和部分数字电路组成，可输入模拟信号，输出数字信号，也可输入数字信号，输出模拟信号。模/数转换器、数/模转换器属于这类接口。

6.2　I/O 端口的地址选择

微型计算机的操作速度很快，可以控制很多外部设备。但是，微型计算机采用的是总线结构，只有一组数据线。当 CPU 发出一个数据信息后，到底哪一个外部设备来接收这个数据呢？不得而知。因此，在微型计算机与外部设备交换信息之前，应首先通过地址总线发出地址信息，通过某种编址方式来选中一个外部设备，进而实现信息交换。这里所谓的"与外部设备"交换信息，确切地应理解为"与外部设备的端口"交换信息。对端口的编址（寻址）有两种方式，即存储器映像方式和 I/O 映像方式。常见的端口地址选择方法有三种：门电路组合法、译码器译码法、比较器比较法。

6.2.1　输入输出的寻址方式

1. 存储器映像方式

这种寻址方式把一个 I/O 端口看作一个存储单元（或采用地址重叠技术，对应 n 个存储单元），相当于给每一个 I/O 端口分配一个存储器地址（或 n 个存储器地址）。

在这种寻址方式中，I/O 端口与存储器单元统一编址，I/O 端口地址空间就是存储器地址空间的一部分，在设计存储器时，应预先划出一部分地址空间留作 I/O 空间使用。

在指令操作上，由于将 I/O 端口和存储器单元同等看待，所以对 I/O 端口操作的指令与对存储器单元操作的指令是一样的。

在控制信号上，既然 I/O 端口与存储单元地位相同，不加区分，也就没有必要专门变换出一组 I/O 控制信号，无论存储单元还是 I/O 端口，都用存储器读和存储器写信号加以控制即可。两者的真正区别仅在于相应的地址所对应的实体是存储单元还是 I/O 端口。

存储器映像寻址方式的主要优点如下。

（1）指令丰富。所有存储器访问指令都可以用来处理 I/O 操作，而不使用专用的 I/O 指令。在微型计算机的指令系统中，存储器操作指令数量多、功能强、寻址方式灵活，这给程序设计带来了方便，同时也大大增强了系统的 I/O 功能。

（2）I/O 端口空间大。由于在存储器空间中划出一个区域作为 I/O 端口的地址空间，所以系统中的 I/O 端口数目几乎不受限制，其最大数目只受到存储容量的限制。

（3）寻址的控制逻辑比较简单。不用为 I/O 端口的寻址另外设计一套控制电路。

这种寻址方式的主要缺点如下。

（1）I/O 端口占用了一部分存储器地址空间，使可用的内存空间相对减少。另外，当所有的地址都必须作为存储器单元时，不能采用这种方法。

（2）对 I/O 端口的访问和对存储器的访问一样，必须对全部地址线译码，因而地址译码电路比较复杂。

（3）存储器操作指令的机器码比较长，需要较长的执行时间。

（4）用存储器指令来处理输入和输出操作，在程序清单中不易区分，给程序的设计、分析、调试带来一定的困难。

采用存储器映像寻址方式的计算机有 PDP-11 小型机、6800 系列微型机、6502 系列微型机等。

2. I/O 映像方式

在这种寻址方式中，I/O 端口空间与存储器空间各自独立，互不干涉，互不影响，故也称为独立的 I/O 寻址方式。

在指令操作上，对存储单元的一般性传送使用 MOV 指令，而对 I/O 端口的传送操作，使用系统专门提供的一组 I/O 指令，即 IN 和 OUT 指令。

在控制信号方面，存储器与外部设备各自采用独立的控制信号。微处理器采用总线结构，即在地址总线上既流动存储器的地址，又流动外设端口的地址，那么在某一时刻，在地址总线上流动的地址信息到底是存储器地址还是外设端口地址，需要由相应的控制信号来区分，一般地，用存储器读（$\overline{\text{MEMR}}$）和存储器写（$\overline{\text{MEMW}}$）来表明是存储器地址信息。用输入输出读（$\overline{\text{IOR}}$）和输入输出写（$\overline{\text{IOW}}$）来表明是 I/O 端口地址信息。在 8088 微处理器中采用 IO/$\overline{\text{M}}$ 信号，当 IO/$\overline{\text{M}}$ = 0 时执行存储器操作，当 IO/$\overline{\text{M}}$ = 1 时执行 I/O 端口操作，但究竟是输入还是输出还要由另两条控制线 $\overline{\text{RD}}$ 和 $\overline{\text{WR}}$ 来决定。由 IO/$\overline{\text{M}}$ 和 $\overline{\text{RD}}$、$\overline{\text{WR}}$ 组合成 $\overline{\text{IOR}}$、$\overline{\text{IOW}}$。

以 8088 CPU 为例，其 I/O 指令有直接寻址和间接寻址两类。对于直接寻址，其指令格式如下。

输入指令："IN　AL, n" 和 "IN　AX, n"。

输出指令："OUT　n, AL" 和 "OUT　n, AX"。

指令中 n 为 8 位二进制数，表示外设端口的直接地址，其最大可寻址 2^8 = 256 个端口地址，其寻址范围是 0000H～00FFH，以 "OUT　n, AL" 为例，指令的执行过程是：把 AL 的内容传送到数据线 D_7～D_0，把直接地址 n 传送到地址线 A_7～A_0，发送控制信号，使 IO/$\overline{\text{M}}$ = 1、$\overline{\text{WR}}$ = 0，以上信息发出后，经过控制与译码，AL 的内容就会被送入地址为 n 的外设端口中。

对于间接寻址方式，其指令格式如下。

输入指令："IN　AL, DX" 和 "IN　AX, DX"。

输出指令："OUT　DX, AL" 和 "OUT　DX, AX"。

DX 寄存器间接地给出 I/O 端口的地址，DX 是 16 位的寄存器，可以保存 16 位二进制数，若作为地址使用，可以寻址 2^{16} = 64K 个端口地址。

对于 I/O 指令，无论直接寻址还是间接寻址，都有字节传送和字传送两种。字节传送使用 AL，一次传送 1B，传送的数据是端口地址对应的内容。字传送使用 AX，一次传送 2B，传送的数据中，AL 对应端口地址的内容，AH 对应端口地址加 1 的内容。

8088 CPU 用 A_{15}～A_0 等 16 根地址线寻址 I/O 端口，而 PC 只使用了低 10 位有效地址 A_9～A_0，因而可编址 2^{10} = 1024 个端口地址，并且以 A_9 的状态为分界岭，当 A_9 = 0 时，所涉及的 512 个端口地址（其地址范围为 000～1FFH）专为系统电路板所使用。当 A_9 = 1 时，所涉及的 512 个端口地址（其地址范围为 200～3FFH）供扩展 I/O 通道使用，若用户自己设计接口电路板，其中的端口地址就必须使用这一范围，而且不能与已有的端口地址相冲突，最好使用系统未使用的端口地址。

I/O 映像寻址方式的主要优点如下。

（1）I/O 空间与存储器空间各自独立，可分开设计。

（2）由于采用单独的 I/O 指令，其助记符与存储器指令明显不同，因而使程序编制清晰，易于理解。

（3）I/O 地址线较少，所以译码电路简单。

（4）I/O 指令格式短，执行时间快。

这种寻址方式的主要缺点如下。

（1）需要专门的 I/O 指令，且这些指令一般不如存储器访问指令丰富，程序设计灵活性较差。

（2）参加译码的地址线较少，使外设端口的数目受到限制。

（3）采用专用的 I/O 周期和专用的 I/O 控制线，这不仅使微处理器有限的引脚更加紧张，而且增加了控制逻辑的复杂性。

采用 I/O 映像寻址方式的有 8080、Z80、8086/8088 等系列微型机。

从前面的讨论中，我们可以看到，一个系统采用哪种寻址方式，可以从空间分配、操作指令、控制信号等三个方面着手研究。显然，所有的 CPU 都可以使用存储器映像寻址方式，但只有特定的 CPU 才能使用 I/O 映像寻址方式。那么究竟两种寻址方式哪一个更好呢？各有优缺点，不能一概而论。一般地，有能力采用 I/O 映像寻址方式的 CPU，在接口设计时，都尽量使用 I/O 映像寻址方式。

我们在宏观上讨论了 I/O 端口的两种寻址方式，而一个实际的 I/O 端口是如何在电路中被选中的呢？也就是说，一个 I/O 端口如何判别出微处理器送出的地址是否是自己的端口地址？在存储器映像寻址方式中，端口与存储器单元统一对待，存储器单元怎么选择，端口就怎么选择，其接口电路的设计可参考存储器接口的设计。而在 I/O 映像寻址方式中，I/O 地址空间独立，I/O 地址编码可独立进行。下面我们看几个 I/O 端口的地址编码方法。

6.2.2　用门电路组合法进行端口地址选择

门电路组合法是最简单的一种端口地址选择方法，它采用常见的与门、或门、非门等作为基本的组合元件。一般端口都是指寄存器、锁存器或缓冲器，这些器件都有一个芯片选择信号，简称片选信号，多数是低电平有效。当然，也有一些芯片没有片选信号，而是有使能端或脉冲控制端，总之是使器件产生动作的控制端。

端口地址选择的目的，是当地址线上出现某种信息组合时，在端口地址选择电路的输出端会产生一个有效信号（有效信号有四种状态，即高电平、低电平、上升沿、下降沿，具体使用哪种状态，视所使用的器件而定），该信号连到器件的控制端，使器件产生动作，从而完成 I/O 端口的读/写操作。

图 6.2.1 是一个采用门电路组合法实现的端口地址编码电路。在 PC 系统中，AEN 信号为低电平有效（AEN 是 DMA 控制器输出的信号，该信号为高电平，表示正在进行 DMA 操作），用于保证 I/O 端口译码产生的端口地址是正常 I/O 操作的端口地址，与 DMA 操作无关。

门电路组合法简单、直观、适合于单个端口。常用的基本门电路有 74LS00（2 输入 4 与非门）、74LS08（2 输入 4 与门）、74LS20（4 输入双与非门）、74LS30（8 输入与非门）、74LS02（2 输入 4 或非门）、74LS32（2 输入 4 或门）、74LS04（6 反相器）等。

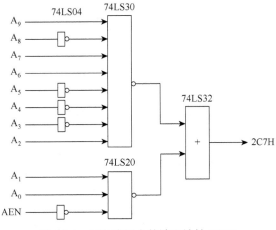

图 6.2.1 门电路组合的端口地址 2C7H

6.2.3 用译码器译码法进行端口地址选择

译码器译码法是最常用的一种方法，就是利用译码器芯片对地址进行译码。图 6.2.2 所示为 PC/XT 微型计算机系统板上接口芯片的端口地址译码电路。所连接的接口芯片都有片选信号，74LS138 译码器的输出与这些接口芯片的片选信号连接。

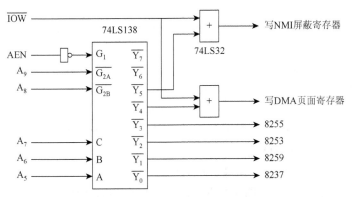

图 6.2.2 PC/XT 系统端口地址译码

各接口芯片内部有多个寄存器，因而，相应有多个端口地址。译码器只直接使用地址线 $A_9 \sim A_5$，其余的低 5 位地址线 $A_4 \sim A_0$ 没有连接，留给各接口芯片内部自行译码，以便寻址多个寄存器。

由于 $A_4 \sim A_0$ 未接到译码器，所以译码器的每个输出端对应 $2^5 = 32$ 个端口地址，其地址范围如表 6.2.1 所示。

表 6.2.1 译码器输出及其地址范围

译码器输出	地址范围
8237A DMA 控制器	000H～01FH
8259A 中断控制器	020H～03FH

译码器输出	地址范围
8253 定时器/计数器	040H～05FH
8255A 并行接口	060H～07FH
写 DMA 页面寄存器	080H～09FH
写 NMI 屏蔽寄存器	0A0H～0BFH
$\overline{Y_6}$	0C0H～0DFH
$\overline{Y_7}$	0E0H～0FFH

　　系统为每个接口芯片预留 32 个端口地址,至于每个接口芯片用多少,则视接口芯片内部寄存器的数目而定。

　　译码器译码法可以方便地对多个地址进行译码,适合于多个端口的电路。常用的译码器有 74LS138(3 线-8 线译码器)、74LS139/74LS155(双 2 线-4 线译码器)、74LS154(4 线-16 线译码器)等。

6.2.4　用比较器比较法进行端口地址选择

　　比较器比较法是一种比较灵活的方法,就是利用数字比较器把地址线上的地址与预定的地址相比较,进而确定地址是否相符。如果比较后两个地址相等,则表示地址总线送来的端口地址就是该端口地址。

　　图 6.2.3 所示是一个采用 8 位数字比较器 74LS688 和译码器 74LS138 相结合的端口译码电路。74LS688 有两个数据输入端 $P_7～P_0$(即数据端 P)和 $Q_7～Q_0$(即数据端 Q)、片选端 $\overline{G}$ 和比较输出端 $\overline{P=Q}$。片选端 $\overline{G}$ 低电平有效。当片选端 $\overline{G}$ 有效时,若数据端 P = 数据端 Q,则比较输出端 $\overline{P=Q}$ 输出低电平,否则(即数据端 P>数据端 Q,或者数据端 P<数据端 Q),比较输出端 $\overline{P=Q}$ 输出高电平。

　　在 74LS688 的预设地址一端(即图 6.2.3 中数据端 Q)使用了一组 DIP 开关,也就是一组通断开关,是一个跳线器,DIP 开关断开时,相应信号为 1,短路时,相应信号为 0。这样,搬动 6 个 DIP 开关,就可以设定 $Q_5～Q_0$ 的状态,而这个状态就是预先设置的地址,显然,这里有 $2^6 = 64$ 种选择。

　　图 6.2.3 中,AEN 是 DMA 控制器 8237A 输出的信号,AEN 的逻辑关系是:DMA 操作时 AEN = 1(DMA 操作时,地址总线上的地址信息是存储器单元的地址,不是端口的地址),DMA 不操作时 AEN = 0。因此,$Q_7 = 0$,使 AEN(AEN 连到 P_7)保证为 0。同时,$A_9 = P_6 = Q_6 = 1$,保证端口地址设计在用户可用区域(PC 上的端口地址分为系统区和扩展区,扩展区是用户可用区域)。$A_8～A_3$ 的信号对应于 $Q_5～Q_0$ 的状态。当 AEN = 0、$A_9 = 1$、$A_8～A_3$ 等于 DIP 的设置状态时,比较输出端 $\overline{P=Q}$ 输出低电平,从而 74LS138 译码器被允许,进而对 $A_2～A_0$ 进行译码,可有 $2^3 = 8$ 种状态。这 8 种状态若与 74LS688 的 64 种状态相组合,则是 512 个端口地址,恰好是 PC 扩展区的全部地址。

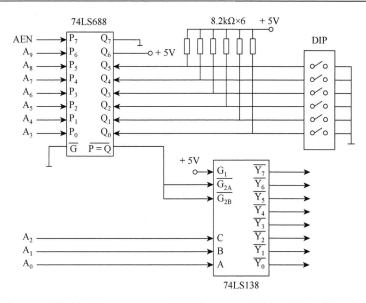

图 6.2.3 采用比较器 74LS688 和译码器 74LS138 相结合的端口地址译码

由此可见,用比较器比较法进行端口地址译码不仅原理直观,方法简便,更重要的是改变 DIP 开关的预设状态,就能够很容易地改变接口电路中的端口地址,而不需要改变线路,使用非常灵活。在一些通用接口模板中,这一方法得到了广泛应用。常用的比较器有 74LS688(8 位数字比较器)、74LS85(4 位数字比较器)。

6.3　输入输出控制方式

前面已介绍了如何对 I/O 设备寻址,以便 CPU 可与选定的某一 I/O 设备进行数据传送。在 I/O 操作中的另一个重要问题是如何使外部设备与计算机传送数据、状态和控制信息。

理论上,数据在 CPU 和 I/O 设备间的传送类似于 CPU 和存储器间的数据传送,所以存储器也往往被看成 I/O 设备的一种。但是,大多数 I/O 设备又在以下几方面有别于存储器。

(1)存储器的工作速度几乎和 CPU 一样,而大多数 I/O 设备工作较慢,且不同的 I/O 设备又有不同的工作速度。

(2)存储器的字长一般是以字节为单位或等于机器字长,而 I/O 设备传送信息可能是 8 位数据,也可能是不同二进制位数的状态信息或控制信息。

(3)存储器中的信号形式与 CPU 相同,而 I/O 设备可能是数字信号也可能是模拟信号,可能是电压信号也可能是电流信号,可能是并行的也可能是串行的等。

(4)存储器的控制信号主要是读/写信号,而 I/O 设备一般有多种控制信号,如设备工作、空闲等状态信号,设备的启动、清除等控制信号。

这些差异都使 I/O 数据传送过程较为复杂,随之而来的问题就是根据不同设备需采用不同的传送方式,相应地也就要采用不同的控制方式。

CPU 对 I/O 控制方式，就微型计算机系统而言有四种基本方式，即程序查询方式、中断方式、DMA 方式和 I/O 处理机方式。前两种主要由程序来实现，而后两种主要由附加硬件来实现。目前，微型计算机中多数采用前三种。

（1）程序查询方式：CPU 通过查询 I/O 设备的状态，判断哪个设备需要服务，然后转入相应的服务程序。

（2）中断方式：当 I/O 设备需要 CPU 为其服务时，可以发出中断请求信号 INTR，CPU 接到请求信号后，中断正在执行的程序，转去为该设备服务，服务完毕后，返回原来被中断的程序并继续执行。

（3）DMA 方式：采用这种方式时，在 DMA 控制器的管理下，I/O 设备和存储器直接交换信息，而不需要 CPU 介入。

（4）I/O 处理机方式：引入 I/O 处理机，全部的输入/输出操作由 I/O 处理机独立地承担。

上述四种方式也可根据系统所接入的 I/O 设备的不同特点而组合运用。

6.3.1　程序查询方式

程序查询方式又分为无条件传送方式和查询传送方式。

程序查询方式是有条件的传送控制方式，在这种方式中，CPU 对 I/O 设备的控制（调度）全部由程序来实现，所有的输入输出操作都处于正在被执行的程序的控制下，I/O 设备完全处于被动地位。

所谓查询，就是询问外部设备的工作状态，通过这一状态来判定外设是否已具备了与 CPU 交换数据的条件，即外设是否已准备好与 CPU 交换数据。对输入设备而言，这个状态指示输入设备的数据是否已经准备就绪，CPU 是否可以随时读取这个数据。对输出设备而言，这个状态指示输出设备的数据接收寄存器是否已空，是否可以随时接收 CPU 送来的数据。

程序查询方式的硬件接口部分应包括数据端口、状态端口、端口选择及控制逻辑等三个部分。端口选择及控制逻辑由地址译码器和逻辑门电路组成，最终产生有效的数据端口及状态端口的片选信号（或称设备选择信号）。状态端口一般就是三态缓冲器，而数据端口可能是三态缓冲器（对输入设备而言）或数据锁存器（对输出设备而言）。数据传送通过数据总线进行（8088 是 8 位），而状态信息往往只需要一位，它可以连接到 CPU 数据总线的任一位上，由程序控制识别这一位的状态，进而做出判断：是允许数据传送，还是需要继续查询状态。

程序对每个 I/O 设备的查询，是通过检查该设备的状态标志来实现的。例如，某一 I/O 设备的状态标志为 1，表示该设备已准备好，可以与 CPU 交换数据，否则，就不能与 CPU 交换数据，而要继续查询状态标志。因此最简单的查询方法是用输入指令 IN 逐个读取 I/O 设备的状态标志，并对状态标志进行相应的测试。

当程序查询到需要服务的 I/O 设备时，便启动相应的服务程序，并在该服务程序结束后复位状态标志，重新开始新的查询。

程序查询是最常用的 I/O 控制方式，其特点是 I/O 操作由 CPU 启动，即 CPU 是主动的而 I/O 设备是被动的，所有的传送都是与程序的执行同步的。它的优点是能较好地协调外设与 CPU 之间定时的差别，并且用于接口的硬件较少，也不需要专门的硬件，它的主要缺点有两个：一个是因它需踏步检测某设备状态或周期性检查所有设备状态，所以影响微型计算机系统的效率；二是系统所接入的设备越多，查询的周期就越长，因此工作速度较快的 I/O 设备会因服务不及时而丢失数据。

1. 无条件传送方式

如果微型计算机能够确信一个外设已经准备就绪，就不必查询外设的状态而直接进行数据传送，这就是无条件传送方式。

图 6.3.1 给出了无条件传送方式的工作原理图。无条件传送方式主要用于外设的操作时间是固定的并且是已知的场合。实际上，对于简单的输入设备，输入数据保持时间较长（相对高速运行的 CPU 而言），所以，可以通过三态缓冲器直接与系统总线相连，CPU 只要执行一条输入指令，即可将三态缓冲器选通，得到输入数据。而简单的输出设备一般都接有锁存器，这样，当 CPU 执行一条输出指令时，将输出数据送入锁存器锁存，为慢速的外设提供相应的动作过程时间。

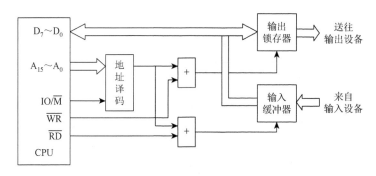

图 6.3.1　无条件传送方式的工作原理

通常采用的办法是：把 I/O 指令插入程序中，当程序执行到该 I/O 指令时，外设必定已为传送数据做好准备。外设完成操作的时间，就是两条 I/O 指令之间其他指令运行的时间。无条件传送是最简便的传送方式，它所需的硬件和软件都较少。

2. 查询输入传送方式

图 6.3.2 所示是一个典型的查询输入接口电路。它包含了两个端口：一个是状态输入端口，其端口地址设为 E0H，该端口可理解为无条件的端口，CPU 可随时读取输入设备的状态；另一个是数据输入端口，其端口地址设为 E2H，该端口起两个作用，一是用来读取设备的数据，二是复位状态触发器。电路中的锁存器用来存放设备的数据。电路中的状态触发器也起两个作用，一是表示设备的状态，二是通知设备 CPU 是否已取走锁存器中的数据。状态触发器的输出端 Q 经三态缓冲器接到数据线的 D_0 端，状态为"1"表示就绪。

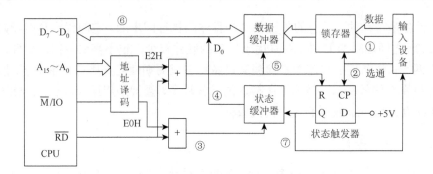

图 6.3.2　查询输入的接口电路

根据图 6.3.2 所示电路编写的查询输入程序段如下：

```
A1:IN  AL,0E0H     ;1 取状态字
   TEST AL,01H      ;2 测试状态位
   JZ  A1           ;3 D0=0,未准备好,继续查询
   IN  AL,0E2H      ;4 取输入数据
   …                ;5 数据处理
   JMP A1           ;6 返回继续查询
```

下面结合程序，说明其输入操作过程。

（1）当外设准备好一个数据后（图 6.3.2 中①所示），产生一个选通信号（图 6.3.2 中②所示），该信号将数据送入锁存器，供 CPU 读取，同时将状态触发器置 1。状态触发器被置 1 起两个作用：一是表示设备已准备好，输入数据已经放到锁存器中；二是告诉输入设备锁存器满（图 6.3.2 中⑦所示），CPU 尚未取走数据，暂时不要送新的数据。

（2）执行第一条指令时，CPU 由地址线给出端口地址 E0H，并使 $\overline{M}$/IO 和 $\overline{RD}$ 为低电平有效；地址译码器输出端和 $\overline{RD}$ 经或门输出低电平（图 6.3.2 中③所示）；该低电平使状态触发器 Q 端状态经三态缓冲器送入数据线 D_0 上（图 6.3.2 中④所示）；CPU 将数据线内容取入 AL 中（图 6.3.2 中⑥所示）。

（3）执行第二条和第三条指令时，判断状态触发器 Q 端是否为 1。若为 1 表示输入设备已准备好输入数据，执行下一步；若为 0 表示输入设备未准备好输入数据，则返回步骤（2）。

（4）执行第四条指令时，CPU 由地址线给出端口地址 E2H，并使 $\overline{M}$/IO 和 $\overline{RD}$ 为低电平有效。地址译码器输出端和 $\overline{RD}$ 经或门输出低电平（图 6.3.2 中⑤所示），该低电平起两个作用：一是使锁存器内容经数据缓冲器送入数据线被 CPU 取入 AL 中（图 6.3.2 中⑥所示）；二是复位状态触发器，通知设备 CPU 已取走锁存器中的数据（图 6.3.2 中⑦所示）。

（5）执行第五步指令段，进行数据处理，然后返回操作步骤（2）继续查询，等待输入设备输入下个数据。

3. 查询输出传送方式

图 6.3.3 所示是一个典型的查询输出接口电路。它包含一个端口地址，其端口地址设

为 E4H。在 $\overline{\text{RD}}$ 的控制下作为状态输入端口，而在 $\overline{\text{WR}}$ 的控制下作为数据输出端口。电路中的状态触发器起两个作用：一是表示设备的状态，为 1 时，表示设备忙；二是通知设备，CPU 是否已将数据送到数据锁存器中，为 1 表示数据已送到数据锁存器中。当输出设备取走数据锁存器中的数据时，发出一个响应信号 $\overline{\text{ACK}}$，将状态触发器清零。因此，要了解外设是否为忙，只要看状态触发器的 Q 端是否为 1。

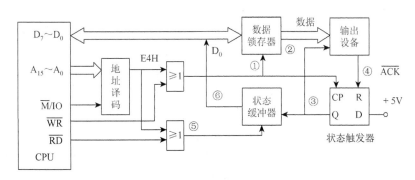

图 6.3.3　查询输出的接口电路

根据图 6.3.3 所示电路编写的查询输出程序段如下：

```
    MOV  AL,41H      ;1 数据 41H 送 AL
    OUT  0E4H,AL     ;2 数据存入锁存器,并使状态触发器为 1
A1:IN  AL,0E4H       ;3 取状态位
    TEST AL,01H      ;4 测试状态位
    JNZ  A1          ;5 D0=1,设备忙,继续查询
    MOV  AL,42H      ;6 下一个数据 42H 送 AL
    OUT  0E4H,AL     ;7 将下一个数据存入锁存器
    ...
```

下面结合程序，说明其输入操作过程。

（1）执行第二条指令时，CPU 由地址线给出端口地址 E4H，并使 $\overline{\text{M}}$/IO 和 $\overline{\text{WR}}$ 为低电平有效。地址译码器输出端和 $\overline{\text{WR}}$ 经或门输出低电平，该低电平起两个作用：一是将 AL 内容 41H 经数据线存入数据锁存器；二是将状态触发器 Q 端置 1，通知外设 CPU 已将数据送到数据锁存器中。

（2）输出设备检测状态触发器 Q 端是否为 1，若为 1 表示 CPU 已将数据送到数据锁存器中，则输出设备取走数据，并使 $\overline{\text{ACK}}$ 为低电平有效，将状态触发器清零，通知 CPU 数据锁存器中的数据已被输出设备取走。若状态触发器 Q 端为 0，表示 CPU 未向数据锁存器中送入新数据。

（3）执行第三条指令时，CPU 由地址线给出端口地址 E4H，并使 $\overline{\text{M}}$/IO 和 $\overline{\text{RD}}$ 为低电平有效；地址译码器输出端和 $\overline{\text{RD}}$ 经或门输出低电平；该低电平使状态触发器 Q 端状态经三态缓冲器送入数据线 D_0 上；CPU 将数据线内容取入 AL 中。

（4）执行第四条和第五条指令时，判断状态触发器 Q 端是否为 0，若为 0 表示输出设

备已将数据取走,执行下一步。若为 1 表示输出设备正忙,即未取走数据,则转回步骤(3)继续查询,等待输出设备取走数据。

(5)准备好输出下一个数据。

6.3.2　中断方式

无条件传送方式和查询传送方式的缺点是 CPU 和外设只能串行工作,各外设之间也只能串行工作。为了使 CPU 和外设以及外设和外设之间能并行工作,提高系统的工作效率,充分发挥 CPU 高速运算的能力,在微型计算机系统中引入了中断技术,利用中断来实现 CPU 与外设之间的数据传送,这就是程序中断传送方式。

在程序中断传送方式中,通常是在主程序中某一时刻安排启动某一台外设的指令,然后 CPU 继续执行其主程序,当外设完成数据传送的准备后,向 CPU 发出“中断请求”信号,在 CPU 可以响应中断的条件下,中断(即暂停)现行主程序的执行,而转去执行“中断服务程序”,在“中断服务程序”中完成一次 CPU 与外设之间的数据传送,传送完成后仍返回被中断的断点处继续执行主程序。

采用程序中断传送方式时,CPU 从启动外设直到外设就绪这段时间,一直在执行主程序,而不是像查询方式中长时间处于等待状态,仅仅是在外设准备好数据传送的情况下才中止 CPU 执行的主程序,在一定程度上实现了主机和外设的并行工作。同时,如果某一时刻有几台外设发出中断请求,CPU 可以根据预先安排好的优先顺序,按轻重缓急处理几台外设与 CPU 的数据传送,这样在一定程度上也可实现几个外设的并行工作。

可以看出,中断方式节省了 CPU 宝贵的时间,是管理 I/O 操作的一个比较有效的方法。程序中断方式一般适用于随机出现的服务,并且一旦提出要求,CPU 应立即进行响应。与程序查询方式相比,硬件结构相对复杂一些,中断服务程序时间开销较大(即与子程序一样有保护现场和恢复现场)。

6.3.3　DMA 方式

1. DMA 传送方式的提出

与程序查询方式相比,利用中断方式进行数据传送可以大大提高 CPU 的工作效率。但在中断方式中,仍然是通过 CPU 执行程序来实现数据传送的,每传送一字节(或一个字)CPU 都必须把主程序停下来,转去执行中断服务程序。而每进入一次中断服务程序,CPU 都要保护断点和转入中断服务程序,此外,在中断服务程序中,通常有一系列保护寄存器、恢复寄存器和返回断点的指令,在中断服务程序中这些指令显然和数据传送没有直接关系,但在执行时却要使 CPU 花费不少时间。上述几方面的因素造成中断方式下的传输效率仍然不是很高。

如果 I/O 设备的数据传送率较高,那么 CPU 和这样的外部设备进行数据传送时,即使尽量压缩程序查询方式和中断方式中的非数据传送时间,也仍然不能满足要求。这是因为在这两种方式下，还存在另外一个影响传送速度的原因，即它们都是按字节或字来进行传送的。为了解决这个问题，实现按数据块传送，就需要改变传送方式，为此，提出了在外设和内存之间直接传送数据的方式，这就是直接存储器传送方式，即 DMA 方式。

2. DMA 操作的基本方法

DMA 技术的出现，使外部设备可以通过 DMA 控制器直接访问内存，与此同时，CPU 可以继续执行程序。那么 DMA 控制器与 CPU 怎样分时使用内存呢?通常采用以下三种方法：一是 CPU 停机方式；二是周期扩展；三是周期挪用。

1）CPU 停机方式

在这种方式下，当要进行 DMA 传送时，DMA 控制器向 CPU 发出总线请求信号，迫使 CPU 在现行的总线周期结束后，使其地址总线、数据总线和部分控制总线处于高阻状态，从而让出对总线的控制权，并给出 DMA 响应信号。DMA 控制器接到该响应信号后，就可以对总线进行数据传送的控制工作，直到 DMA 操作完成，CPU 再恢复对总线的控制权，继续执行被中断的程序。

显然，在这种 DMA 传送过程中，CPU 基本处于不工作状态或者说保持状态。这种传送方法的优点是控制简单，它适用于数据传送率很高的设备进行成组传送。缺点是在 DMA 控制器访问内存阶段，内存的效能没有充分发挥，相当一部分内存工作周期是空闲的。这是因为，外部设备传送两个数据之间的间隔一般总是大于内存存储周期，即使高速 I/O 设备也是如此。例如，软盘读出一个 8 位二进制数大约需要 32μs，而半导体内存的存储周期小于 0.2μs，因此许多空闲的存储周期不能被 CPU 利用。另外，会影响 CPU 对中断的响应和 DRAM 的刷新，这是需要加以考虑的。但在实际微型计算机中，这是最常用、最简单的传送方式，大部分 DMA 操作都采用这种方式。

2）周期扩展

在这种方式下，当需要进行 DMA 操作时，由 DMA 控制器发出请求信号给时钟电路，时钟电路把供给 CPU 的时钟周期加宽，而提供给存储器和 DMA 控制器的时钟周期不变。这样就使 CPU 在加宽时钟周期内操作，而被加宽的时钟周期相当于若干个正常的时钟周期，可用来进行 DMA 操作。加宽的时钟结束后，CPU 仍按正常时钟继续操作。这种方法会使 CPU 处理速度减慢，而且 CPU 时钟周期的加宽是有限制的。因此用这种方法进行 DMA 操作，一次只能传送一字节。

3）周期挪用

在这种方式下，利用 CPU 不访问内存的那些周期来实现 DMA 操作，此时 DMA 操作使用总线不用通知 CPU 也不会妨碍 CPU 的工作。采用这种方式时，为避免与 CPU 的访问内存操作发生冲突，要求 CPU 能产生一个是否正在使用内存的标志信号，DMA 控制器通过判断标志信号来实现 DMA 操作。周期挪用并不减慢 CPU 的操作，但需要复杂的时序电路，而且数据传送过程是不连续的和不规则的。

3. DMA 控制器的功能

在利用 DMA 方式进行数据传输时，当然要利用系统的数据总线、地址总线和控制总线。但系统总线原是由 CPU 或者总线控制器管理的，因此在用 DMA 方式进行数据传输时，接口电路要向 CPU 发出请求，使 CPU 让出总线，即把总线控制权交给控制 DMA 传送的接口电路，这种接口电路就是后面要讲的 DMA 控制器。与中断方式相比，DMA 方式需要更多的硬件。DMA 方式适用于内存和高速外部设备之间大批数据交换的场合。

DMA 控制器应该具备下列功能。

（1）当外设准备就绪，希望进行 DMA 操作时，会向 DMA 控制器发出 DMA 请求信号，DMA 控制器接到此信号后，应能向 CPU 发总线请求信号。

（2）CPU 接到总线请求信号后，如果允许，则会发出 DMA 响应信号，从而 CPU 放弃对总线的控制，这时 DMA 控制器应能实行对总线的控制。

（3）DMA 控制器得到总线控制权以后，要向地址总线发送地址信号，修改所用的存储器的地址指针。

（4）在 DMA 传送期间，DMA 控制器应能发出存储器或接口的读/写控制信号。

（5）能统计传送的字节数，并且判断 DMA 传送是否结束。

（6）能向 CPU 发出 DMA 结束信号，将总线控制权交还给 CPU。

4. DMA 传送的一般工作过程

图 6.3.4 所示为存储器向某输出设备以 DMA 方式传送数据的接口电路。下面以此例说明进行 DMA 传送的一般工作过程。

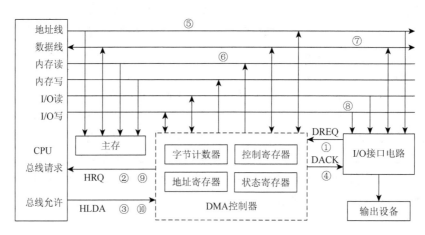

图 6.3.4　存储器向输出设备以 DMA 方式传送数据的示意图

（1）对 CPU 来说，DMA 控制器首先是一个接口，CPU 必须针对该输出设备将有关参数预先写到它的内部寄存器中。这些参数主要包括 DMA 控制器的传送方式（如成组传送）、传送类型（有读传送、写传送等，本例应设置成读传送）、要操作的存储单元的首地址以及传送的字节数等。

（2）当输出设备有传送要求时，它将向 DMA 控制器发 DMA 请求（图 6.3.4 中①所示），该信号应维持到 DMA 控制器响应为止。DMA 控制器收到请求后，向 CPU 发总线请求信号（图 6.3.4 中②所示），表示希望占有总线。CPU 在每一个总线周期（中断响应周期和 CPU 正在执行含有 LOCK 前缀的指令周期除外）都要扫描总线请求，若发现有总线请求，则发出总线响应信号（图 6.3.4 中③所示），并在现行总线周期结束后暂停程序的执行，让出总线控制权，机器进入 DMA 总线周期。

（3）在 DMA 总线周期，DMA 控制器接管总线控制权并同时发出四个信号。一是向外设发出 DMA 响应信号（图 6.3.4 中④所示）；二是将本次操作的存储单元地址送入地址总线（图 6.3.4 中⑤所示）；三是向存储器发出读信号（图 6.3.4 中⑥所示），存储单元内的数据读出送到数据总线上（图 6.3.4 中⑦所示）；四是向外设发出 I/O 写信号（图 6.3.4 中⑧所示）。于是，数据经数据总线送入输出设备完成了一字节的传送。

（4）在每一个 DMA 周期中，DMA 控制器都要修改地址指针并进行字节计数，检查传送是否结束。若未结束，待外设为接收下一个数据准备好后再重复步骤（3），直至所设定字节数的数据都传送完，DMA 控制器才撤除总线请求信号（图 6.3.4 中⑨所示），由 CPU 收回总线响应信号（图 6.3.4 中⑩所示），进入 CPU 总线周期。

从上面的传送过程可以看出，DMA 方式是用一个总线周期的时间完成了外设与存储器间的一字节的数据传送，这是目前最快的一种传送方式。

6.3.4 I/O 处理机方式

随着微型计算机系统的扩大、外设的增多和外设性能的提高，CPU 对外设的管理服务任务不断加重。采用 DMA 方式后，由于 DMA 控制器直接控制了数据的传送，数据的传送速度和响应时间都有很大的提高。但是 DMA 控制器只能实现对数据 I/O 传送的控制，而对 I/O 设备的管理和其他操作，如信息的变换、装配、拆卸和数码校验等功能操作仍需由 CPU 来完成。

为了提高整个系统的工作效率，使 CPU 完全摆脱管理、控制 I/O 的沉重负担，从 20 世纪 60 年代开始又引入了 I/O 处理机的概念，提出了数据传送的 I/O 处理机方式。于是，专门用来处理 I/O 的 I/O 处理机应运而生，如 Intel 8089 就是一种专门配合 8086/8088 使用的 I/O 处理机芯片。

I/O 处理机有自己的指令系统，也能独立地执行程序，能承担原来由 CPU 处理的全部 I/O 操作，如对外设进行控制、对 I/O 过程进行管理，并能完成字与字之间的装配和拆卸、码制的转换、数据块的错误检测和纠错，以及格式变换等操作。同时它还可以向 CPU 报告外设和外设控制器的状态，对状态进行分析，并对 I/O 系统出现的各种情况进行处理。上述操作都是与 CPU 程序并行执行的。为了使 CPU 的操作与 I/O 操作并行进行，必须使外设工作所需要的各种控制命令和定时信号与 CPU 无关，由 I/O 处理机独立形成。

6.4 总 线 技 术

总线是一组信号线的集合，是一种在各模块间传送信息的公共通路。在微型计算机系统中，利用总线实现芯片内部、印刷电路板各部件之间、机箱内各插件板之间、主机与外部设备之间或系统与系统之间的连接与通信。总线是构成微机系统的重要部分，总线设计质量会直接影响整个微机系统的性能、可靠性、可扩展性和可升级性。由于总线在系统中的重要地位，微机系统的设计和开发人员先后推出了许多种总线标准。

总线标准一般以两种方式推出：一种是某公司在开发自己的微机系统时所采用的一种总线，而其他兼容机厂商都按其公布的总线规范开发相配套的产品并进入市场。这种总线被国际工业界广泛支持，有的还被国际标准化组织加以承认并授予标准代号。另一种是由国际权威机构或多家大公司联合制定的总线标准。前一种先有产品后有标准，如 IBM PC/AT 上使用的工业标准体系结构（industry standard architecture，ISA）总线。后者先有标准后有产品。随着微机系统的更新换代，有的总线仍在发展完善，如 STD SUB、MULTI BUS 等，而有的就逐渐衰亡甚至被淘汰。本节将简要介绍几种流行的标准总线。

6.4.1　总线的基本概念

1. 总线分类

总线按系统传输信息的不同可分为三类：数据总线、地址总线和控制总线。

数据总线用来在各功能部件之间传输数据信息，它是双向的传输总线，其位数与机器字长、存储字长有关，一般为 8 位、16 位、32 位、64 位。数据总线的条数称为数据总线的宽度。

地址总线主要用来指出数据总线上源数据或目的数据在主存储单元或 I/O 端口的地址。地址总线为单向传输，其宽度一般为 16 位、20 位、24 位、32 位、64 位。

控制总线是用来传输各种控制信号的传输线。通常一条控制信号线的信号传输是单方向的，当然也有双向的。控制总线还可以起到监视各部件状态的作用，例如，查询某个设备是否处于"忙"或"闲"的状态。常见的控制信号有时钟、复位、总线请求、总线允许、中断请求、中断确认、存储器写、存储器读、I/O 写、I/O 读、数据确认等。

大多数微型计算机采用了分层次的多总线结构。总线按在系统的不同层次位置进行分类，可分为片内总线、微处理器总线、系统总线、外部总线四类。

1）片内总线

片内总线是指一些大规模集成电路内部的总线，是用来连接各功能部件的信息通路。例如，CPU 芯片中的内部总线，它是 ALU 寄存器和控制器之间的信息通路。片内总线根据其功能又被分为地址总线、数据总线和控制总线。这种总线是由微处理器芯片生产厂家设计的，对系统的设计者和用户来说关系不大。但是随着微电子学的发展，出现了专用集成电路（application specific integrated circuit，ASIC）技术，用户可以按自己的要求借助计算机辅助设计（computer aided design，CAD）技术，设计自己的专用芯片，在这种情况下，用户就必须掌握片内总线技术。

由于片内总线所连接的部件都在 1 个硅片上，追求高速度是它的主要目标，所以器件级的总线都采用并行总线。同样，为了提高速度，克服 1 组总线上同一时刻只能有两个部件通信所造成的限制,还采取了多总线的措施,使芯片中可以有 1 个以上的通信同时进行,实现片内几个部件并行工作,大大地提高了芯片的工作速率。例如,Pentium 微处理器内 11 个大部件就可以同时操作, 使它对指令的处理速度得到了极大的提高。

2)微处理器总线

微处理器总线或称处理器总线、主板局部总线、元件级总线,它是指在印刷电路板上连接各芯片的公共通路。它可能是一台单板计算机或是一块 CPU 主板上用于芯片一级的连接总线。它是微机系统的重要总线,它一般是 CPU 芯片引脚的延伸,与 CPU 的关系密切。但当板内芯片较多时,往往需增加锁存、驱动等电路,以提高驱动能力。

3)系统总线

系统总线又称为内总线、板级总线,它用于微机系统各插件板之间的连接,是微机系统最重要的一种总线。一般谈到微机总线,指的就是这一种总线。有的系统总线是局部总线经过重新驱动和扩展而成的,其性能与某种 CPU 有关。但有不少系统总线并不依赖于某种型号的 CPU,可为多种型号的 CPU 及其配套芯片所使用,在用各种插件板来组成或扩充微机系统时,就要选用恰当的系统总线,并按总线的规定来制作这些插件板。系统总线一般都做成多个插槽的形式,各插槽相同的引脚都连到一起,总线就连到这些引脚上。

4)外部总线

外部总线又称为通信总线,它用于微机系统之间,是微机系统与仪器或其他设备之间的通信通道。这种总线数据传输方式可以是并行(如打印机)或串行。数据传输速率比内总线低。不同的应用场合有不同的总线标准。例如,串行通信的 RS-232-C 总线,用于硬磁盘接口的集成驱动电子装置(integrated drive electronics,IDE)、小型计算机系统接口(small computer system interface,SCSI),用于连接仪器仪表的 IEEE 488 等总线。

2. 总线标准的基本内容

1)物理特性

物理特性指的是总线物理连接的方式,包括总线的插头、插座的尺寸及形状,总线的根数和引脚是如何排列的等。

2)功能特性

功能特性是确定引脚名称与功能以及其相互作用的协议。从功能上看,总线分为地址总线、数据总线、控制总线、备用线、电源和地线。

地址总线的宽度指明了总线能够直接访问存储器或外部设备的地址范围。数据总线的宽度指明了访问一次存储器或外部设备最多能够交换数据的位数。控制总线一般包括:CPU 与外界联系的各种控制命令,如读/写控制逻辑线、时钟线和电源线等;中断机制;总线主控仲裁;应用逻辑,如握手联络线,复位、自启动、休眠维护等。备用线留作功能扩充和用户的特殊要求使用。电源和地线决定了总线使用的电源种类及地线分布和用法。

3)电气特性

电气特性规定每一根线上信号的传输速率的设定、驱动能力的限制、信号电平的规定、时序的安排以及信息格式的约定等。一般规定送入 CPU 的信号称为输入信号,从 CPU 送出的信号称为输出信号。

6.4.2 常用总线

1. IBM PC 总线

IBM PC 的 I/O 通道是系统总线的扩充，IBM PC/XT 个人计算机上采用的微型计算机总线，也称 XT 总线。IBM 对 I/O 通道上的信号名称性质、方向时序、引脚排列都有明确的要求，以便厂家和用户制作与之匹配的插件板，这一规范也被称为 IBM PC 总线标准。

PC/XT 有 8 个 62 芯扩展槽，这 8 个扩展槽是实现对系统进行扩展的手段，扩展槽上可以插入不同功能的插件板，用来扩充系统的功能，PC/XT 可以通过在 I/O 扩展槽中插入相应的适配器而连接各种外设。

与扩展槽相连的 62 根线组成 IBM PC/XT 系统总线。62 根总线中包括 8 位双向数据总线、20 位地址总线、6 根中断请求信号线、3 组 DMA 通道控制线、存储器和 I/O 读写控制线、存储器刷新控制和时钟信号线、通道检验线、四种电源线以及地线。

2. ISA 总线

ISA 总线是 PC 中最基本的总线，是在 8 位 PC 总线的基础上扩展而成的 16 位的总线体系结构，其数据宽度为 16 位，地址宽度为 24 位，工作频率为 8MHz，最大数据传输率为 5MB/s。它适用于对速度需求不太高的板卡和外设，如串行口、并行口、声卡等。

ISA 总线插头座具有 98 个引脚，包括接地和电源引脚 10 个、数据线引脚 16 个、地址线引脚 27 个、各控制信号引脚 45 个。表 6.4.1 给出了 ISA 总线 I/O 端口地址的典型使用。

表 6.4.1　ISA 总线 I/O 端口地址的典型使用

I/O 口地址（十六进制）	设备（系统板上的外围电路）	I/O 口地址（十六进制）	设备（适配器上的外围电路）
000～01F	DMA 控制器 1，8237A-5	1F0～1F8	硬磁盘
020～03F	中断控制器 1，8259A（主）	200～207	游戏 I/O 口
040～05F	定时器，8253	278～27F	串行口 2
060～06F	8042（键盘接口处理器）的 PB 口	300～31F	板卡
070～07F	实时时钟，NMI 屏蔽寄存器	360～36F	保留
080～09F	DMA 页面寄存器	378～37F	并行打印机口 2
0A0～0BF	中断控制器 2，8259A（从）	380～38F	SDLC，双同步 2
0C0～0DF	DMA 控制器 2，8237A	3A0～3AF	双同步 1
		3B0～3BF	单色显示器和打印机适配器
		3C0～3CF	保留
		3D0～3DF	彩色/图形显示适配器
		3F0～3F7	软磁盘控制器
		3F8～3FF	串行口 1

3. PCI 总线

外围部件互连（peripheral component interconnect，PCI）总线是由 Intel 公司提出的一种局部总线标准，主要用于高档微型计算机的主板，该总线插槽为白色。

PCI 是先进的高性能局部总线，可同时支持多组外部设备。PCI 局部总线不受处理器限制，为 CPU 及高速外部设备提供数据传输通道，进行总线之间的数据传输的调度管理。PCI 采用高度综合化的局部总线结构，以确保微型计算机中各部件、附加卡及系统之间的可靠运行，并能完全兼容现有的 ISA/EISA/MicroChannel 扩充总线。

PCI 总线具有高性能、突发传输模式、不受微处理器限制、采用总线主控和同步操作、减少存取延迟、适用于各种机型、兼容性强、低成本、高效益等特点。

PCI 总线有以下几个主要性能指标。

（1）PCI 总线时钟频率为 33.3MHz 或 66.6MHz（可达 133MHz 及更高）。

（2）总线数据宽度为 32 位或 64 位。

（3）传输速率为 133MB/s（32 位）或 266MB/s（64 位）。

（4）支持 64 位寻址。

（5）适应于 5V 和 3.3V 两种电源环境。

4. STD

标准总线（standard bus，STD）是美国 PROLOG 公司于 1978 年宣布的一种工业标准微型计算机总线，它是一种 56 线的小底板总线。实践证明，STD 是最可靠的工业标准总线。

STD 具有高可靠性、小板结构、开放式组态、兼容式的总线结构、产品配套、功能齐全等特点。

STD 连接器和引出脚可装在一块母板上，该母板允许任何一种模板插在某一插槽上，构成不同的工业控制机。STD 的母板用来沟通各模板的数据线、地址线等信息，母板会产生时间延迟和地线环路，也容易造成线间阻抗不匹配，增大并行信号的串扰噪声。为此，STD 设计了一种高性能母板，一般采用 4 层印刷电路板结构，将电源线和地线做在中间两层，使原来信号线的特性阻抗降为 60Ω，接近总线驱动阻抗。

STD 接口缓冲模块靠近 STD 母板，I/O 接口靠近用户连接器，功能模块在中间。对于没有用户连接器的模板，如 CPU 板、存储器板等，I/O 模块这部分也用作功能模块。

5. USB

通用串行总线（universal serial bus，USB）是外部设备通用的接口标准，由 Compaq、HP、Intel、Lucent、Microsoft、NEC 和 Philips 七家公司联合推出。USB 是一种连接外围设备的机外总线，最多可连接 127 个设备，为微机系统扩充和配置外部设备提供了方便。

USB 具有即插即用、接口方便、传输速度快等特点。

USB 的电缆有 4 根信号线：其中，D＋（绿色）和 D–（白色）是一对标准尺寸的双绞信号线，Vbus（红色）和 GND（黑色）是一对标准尺寸的电源线。D＋和 D–每个时刻的信号状态（电平）相反。USB 采用半双工传输方式。

6. IDE 总线

IDE 是硬盘控制器的接口标准，使用 40 个引脚。而 AT 嵌入式标准（AT attachment，ATA）用于连接 AT 计算机上的硬盘驱动器和控制器。各种存储外设的接口都称为 ATA，IDE 接口最早成为存储外设标准，因此称为 ATA-1。IDE 的 40 根信号线的定义基本上对应于 AT 总线（ISA 总线的子集）的信号，可见，对 AT 机而言，IDE 和 ATA 完成同一事务，两个术语经常互换使用。

IDE 和 ATA 的细微区别是，IDE 强调接口设备已经将驱动器和控制器集成在一起，侧重"集成性"。ATA 强调设备接口很容易直接连接到 AT 总线上，侧重"AT 上的附加装置"。IDE 是非官方术语，ATA 是官方术语。IDE 术语覆盖面较宽，ATA 术语覆盖面相对较窄。

IDE 是 40 条信号线的并行总线，16 位数据线，各种读、写等控制信号与接口时序同步，早期使用 40 线扁平电缆，后来使用 80 线扁平电缆（信号线还是 40 条，另外 40 条全为 GND 信号，用于屏蔽），线缆最大长度为 18in（约 0.46m）。

7. SCSI 总线

SCSI 具有应用范围广、任务多、带宽大、CPU 占用率低，以及热插拔等优点，但较高的价格使它很难像 IDE 硬盘一样普及，因此 SCSI 硬盘主要应用于中、高端服务器和高档工作站中。

SCSI 是一个高速智能接口。早期 SCSI 在小型机上使用，后多用于工作站、服务器等中高档设备，由于个人计算机性能、扩充需求均大增，SCSI 在普通 PC 中的应用也越来越多。

8. IEEE 1394 总线

IEEE 1394 是一种高性能串行总线标准，具有很高的数据传输速率，十分适合视频影像的传输。作为一种数据传输的开放式技术标准，IEEE 1394 被应用在众多的领域中，其应用大致可分为三部分：一是数字录像机、摄录一体机等家电产品；二是打印机、扫描仪等计算机外设；三是硬盘、只读光盘（compact disc read-only memory，CD-ROM）等微型计算机内部外设。

IEEE 1394 总线具有数据速率高、实时性好、即插即用、热插拔、兼容性好、连接设备多等特点。

9. AGP 总线

加速图形端口（accelerated graphics port，AGP）是 Intel 开发的局部图形总线技术。

早期的显卡通过 ISA 总线或者 PCI 总线与主板连接，但是 ISA、PCI 显卡均不能满足 3D 图形/视频技术的发展要求。PCI 显卡处理 3D 图形有两个主要缺点：一是 PCI 总线最高数据传输速率仅为 133MB/s，不能满足处理 3D 图形对数据传输速率的要求；二是需要足够多的显存来进行图像运算，这将导致显卡的成本很高。AGP 接口把显示部分从 PCI 总线上拿掉，使其他设备可以得到更多的带宽，并为显卡提供高达 1066MB/s（AGP 4X）

的数据传输速率。AGP 以系统内存为帧缓冲,可将纹理数据存储在其中,从而减少了显存的消耗,实现了高速存取,有效地解决了 3D 图形处理的瓶颈问题。

AGP 总线具有"点对点"连接、可直接对系统主存中的图像数据进行操作、采用双泵技术、DMA 方式等特点。

10. IEEE 488 总线

在工业生产、科学研究和实验测量中,经常需要同时使用各种各样的仪器进行测量并需要对其测量结果按照公式进行计算和处理。因此,就需要把许多仪器结合在一起形成一个自动化测量计算系统。但各种仪器仪表的不兼容性给组成系统造成了困难。IEEE 488 总线就是为了把原来互不兼容的设备连成测量计算系统的一种接口和总线标准。

IEEE 488 总线是美国 HP 公司最先提出的,到 1975 年形成标准,又称 HP HB,还称 GP-IB 或 IEC-IB,是国际标准的通用接口总线。它是一种异步双向总线,专门用于连接系统而不是连接部件或模块。例如,计算机与电压表、信号发生器、程控电源等测量仪器以及各种仪表间的信息通信。

IEEE 488 具有 8 位数据宽度、信号最大传送速率为 1MB/s、采用负逻辑的 TTL 电平、三线异步传送、并行传送等特点。

11. CAN 总线

控制器局域网络(controller area network,CAN)是一种现场总线。现场总线定义为应用在生产现场、在微机化测量控制设备之间实现双向串行数字通信的系统,具有开放式、数字化、多点通信等技术特点,可广泛应用于制造业、流程工业、楼宇、交通等处的自动化系统中。

CAN 是 BOSCH 公司开发的,以多主方式工作,网络上任意一个节点均可以在任意时刻主动地向网络上的其他节点发送信息,当多个节点同时向网上传送信息时,只有具有最高优先权的节点可不受影响地继续传输数据。通过 CAN 总线,传感器、控制器和执行器由串行数据线连接起来。它不仅仅是将电缆按树形结构连接起来,其通信协议还相当于 ISO/OSI 参考模型中的数据链路层,网络可根据协议探测和纠正数据传输过程中因电磁干扰而产生的数据错误。

CAN 只有两条信号线,称为 CAN_H 和 CAN_L,信号使用差分电压传送。CAN 能够使用多种物理介质进行传输,如双绞线、光纤等,最常用的就是双绞线。

CAN 总线具有成本低、总线利用率高、数据传输距离远(长达 1km)、数据传输速率高(高达 1Mbit/s)、可靠的错误处理和检错机制、仅用标志符来指示功能信息优先级等特点。

12. Centronic 总线

Centronic 总线接口用于连接微型计算机和打印机,总线有 36 根引脚,其定义如表 6.4.2 所示。常用功能引脚说明如下。

表 6.4.2　Centronic 总线引脚定义

引脚号	引脚符号	对打印机方向	功能说明
1	$\overline{STB}$	输入	选通脉冲信号，低电平有效
2~9	$D_7 \sim D_0$	输入	8 位数据信息
10	$\overline{ACK}$	输出	响应信号，低电平有效
11	BUSY	输出	忙状态，高电平指示"忙"
12	PE	输出	缺纸状态，高电平有效
13	SLCT	输出	选中信号
14	$\overline{AUTO\ FEEDXT}$	输入	自动输纸信号
15	NC		不用
16	0（V）		逻辑地
17	CHASSIS-GND		机壳地
18	NC		不用
19~30	GND		对应 1~12 引脚的接地线
31	$\overline{INIT}$	输入	初始化信号
32	$\overline{ERROR}$	输出	出错信号
33	GND		地
34	NC		不用
35	＋5（V）		电源
36	$\overline{SLCTIN}$	输入	低电平时,打印机处于被选择状态

$D_7 \sim D_0$：8 位数据，由主机向打印机传送。

$\overline{STB}$：选通信号，低电平有效，由主机向打印机发送。有效时，控制打印机接收主机传送过来的数据。

$\overline{ACK}$：响应信号，低电平有效，由打印机向主机发送。有效状态表示打印机告诉主机，它已经接收到传送过来的数据。

BUSY：忙状态指示，高电平有效，由打印机向主机发送。有效状态（高电平）表示打印机告诉主机，它现在正"忙"，不能接收数据。导致"忙"的状态可能是打印机正在打印、打印机数据缓冲器满、打印机缺纸、打印机脱机、打印机故障等，无论何种情况，打印机都不能正常接收数据。所以，主机必须在检测到 BUSY ＝ 0 时，才能发送数据，进行正常数据传送。

6.5　可编程中断控制器 8259A

在中断控制过程中，中断源的识别和优先权的确定可以用硬件排队电路等实现，可编程中断控制器 8259A 就是为完成这些任务而设计的一种器件。它不是 I/O 接口，而是一种中断管理芯片。8259A 用来管理 8 级优先中断，并可将多个 8259A 级联起来，构成 64 级中断优先级管理系统，而无须外加电路，它具有多种工作方式，CPU 可以通过编程设定或改变它的工作方式，CPU 响应中断时，8259A 能自动提供中断入口地址，而使 CPU 转向相应的中断处理程序。

8259A 的主要功能有以下几点。

（1）每片 8259A 可管理 8 级优先权中断源，在基本不增加其他电路的情况下，通过 8259A 的级联，最多可管理 64 级优先权的中断源。

（2）对任何一个级别的中断源都可单独进行屏蔽，使该级中断请求暂时被禁止，直到取消屏蔽为止。

（3）向 CPU 提供可编程的标识码，对于 8086～Pentium 的 CPU 来说就是中断类型码。

（4）有多种工作方式，可通过编程选择。

（5）可与 8086～Pentium 的 CPU 直接连接，不需外加硬件电路。

6.5.1 8259A 的内部结构及引脚功能

8259A 的内部结构如图 6.5.1 所示。

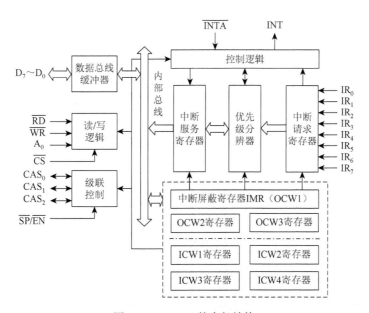

图 6.5.1 8259A 的内部结构

1. 中断请求寄存器

中断请求寄存器 IRR 用于寄存所有 IR 输入线输入的中断请求信号，即保存正在请求服务的中断级。

IRR 接收外部的中断请求，IRR 有 8 位，它们分别和引脚 IR_0～IR_7 相对应。接收来自某一引脚的中断请求后，IRR 中的对应位置 1，也就是对这一中断请求做了锁存。

8259A 有边沿触发和高电平触发两种触发方式。在边沿触发方式下，8259A 将中断请求输入端出现的上升沿作为中断请求信号。中断请求输入端出现上升沿触发信号以后，可以一直保持高电平。在高电平触发方式下，8259A 把中断请求输入端出现的高电平作为中断请求信号。在高电平触发方式下，当第一个中断响应信号 $\overline{\text{INTA}}$ 变为有效之后，输入端必须及时撤除高电平，避免引起不应该有的第二次中断请求。

$IR_0 \sim IR_7$：用于从 I/O 设备接收中断请求，在含有多片 8259A 的复杂系统中，主片的 $IR_0 \sim IR_7$ 分别和各从片的 INT 端相连，用来接收来自从片的中断请求。

2. 中断服务寄存器

中断服务寄存器 ISR 的主要作用是保存当前被 CPU 服务的中断级，也就是记录正在被处理的中断请求。

8 位 ISR 用来记忆正在处理的中断级别，它的每位分别与 IRR 中的各位相对应。当 CPU 正为某个中断源服务时，8259A 则使 ISR 中的相应位置 1。当 ISR 为全 "0" 时，表示无任何中断服务。

3. 优先级分辨器

优先级分辨器 PR 的主要作用是确定 IRR 中各位的优先等级，并确定能否向 CPU 申请中断。

PR 也称优先级裁决器，用来管理和识别各个中断源的优先级别。中断优先级裁决器把新进入的中断请求和当前正在处理的（即 ISR 中的内容）中断进行比较，从而决定哪一个优先级更高。如果判断出新进入的中断请求具有足够高的优先级，那么中断优先级裁决器会通过相应的逻辑电路要求控制逻辑向 CPU 发出一个中断请求。

4. 控制逻辑

控制逻辑将根据优先级裁决器的请求向 CPU 发出一个中断请求信号，即输出引脚 INT 为 1。如果 CPU 的中断允许标志位 IF 为 1，那么 CPU 执行完当前指令后，就可以响应中断。这时，CPU 从 $\overline{\text{INTA}}$ 线上向 8259A 回送两个负脉冲。

第一个负脉冲到达时，8259A 完成以下三个动作。

（1）使 IRR 的锁存功能失效。这样，在 $IR_0 \sim IR_7$ 线上的中断请求信号就不予接收，直到第二个负脉冲到达时，才又使 IRR 的锁存功能有效。

（2）使当前 ISR 中的相应位置 1，以便为中断优先级裁决器以后的工作提供判断依据。

（3）使 IRR 中的相应位（即刚才设置 ISR 为 1 所对应的 IRR 中的位）清零。

第二个负脉冲到达时，8259A 完成下列动作。

（1）将中断类型码寄存器 ICW2 中的内容送到数据总线的 $D_7 \sim D_0$，CPU 将此作为中断类型码。

（2）如果 ICW4（方式控制字）中的中断自动结束位为 1，那么在第二个 $\overline{\text{INTA}}$ 脉冲结束时，8259A 会将第一个 $\overline{\text{INTA}}$ 脉冲到来时设置的当前 ISR 的相应位清零。

INT：中断请求信号，输出。只要 8259A 的中断逻辑判定中断请求信号有效，就在这个引脚上产生一个高电平，可接到 CPU 的中断输入端。

$\overline{\text{INTA}}$：中断响应信号，输入，是来自 CPU 的响应脉冲，8259A 根据 ISR 中的置位情况提供相应的中断类型码。8259A 在第二个 $\overline{\text{INTA}}$ 时向 CPU 提供的中断类型码的高 5 位是用户在程序中规定的，而低 3 位则是由 8259A 自动产生的。

5. 操作命令字寄存器 OCW1～OCW3

操作命令字寄存器 OCW1～OCW3 用于存放操作命令字。操作命令字由应用程序设定，用于对中断处理过程的动态控制。在一个系统的运行过程中，操作命令字可以被多次设置。

操作命令字寄存器中的 OCW1 是 8 位中断屏蔽寄存器 IMR，用于存放 CPU 送来的中断屏蔽信号，它的每位分别与 IRR 中的各位相对应，对各中断源的中断请求信号（IR_0～IR_7）实现开关控制。当它的某位为"1"时，对应的中断请求就被屏蔽，即对该中断源的有效请求置之不理。

6. 初始化命令字寄存器 ICW1～ICW4

初始化命令字寄存器 ICW1～ICW4 是微机系统启动时由初始化程序设置的。初始化命令字一旦设定，一般在系统工作过程中就不再改变。因此，CPU 对 8259A 编程时，首先要送入初始化命令字。初始化命令字送入 8259A 时，必须严格按照规定的顺序，因为8259A 的内部控制电路对命令字的识别除了依靠地址信号 A_0 和某些特征位之外，还要依据它先后装入的顺序。ICW1 和 ICW2 是必须设置的，而 ICW3 和 ICW4 是由工作方式来选择的。

7. 数据总线缓冲器

数据总线缓冲器是 8 位三态双向缓冲器，通常和 CPU 系统总线中的 D_7～D_0 相连接，在读/写逻辑的控制下实现 CPU 与 8259A 之间的信息交换。

D_7～D_0：8 位数据引脚，在系统中，它们和数据总线相连，从而实现和 CPU 的数据交换。在较大的系统中，一般使用总线驱动器（即缓冲方式），这时 D_7～D_0 与总线驱动器相连。在小系统中，D_7～D_0 直接与数据总线相连（即非缓冲方式）。

8. 读/写逻辑

读/写逻辑是根据 CPU 送来的读/写信号和地址信息，通过数据总线缓冲器有条不紊地完成 CPU 对 8259A 的所有写操作和读操作。

$\overline{\text{RD}}$：读出信号，低电平有效，通知 8259A 将某个内部寄存器的内容送到数据总线上。当 $\overline{\text{RD}}$ = 0 时，允许 8259A 将 IRR、ISR、IMR 或中断级的 BCD 码送上数据总线，供 CPU 读取。

$\overline{\text{WR}}$：写入信号，低电平有效，通知 8259A 从数据线上接收数据。这些数据实际上就是 CPU 向 8259A 发送的命令字，也就是说，每当 8259A 接收一个数据，便设置一个命令字。当 $\overline{WR}=0$ 时，允许 CPU 把命令字（ICW1～ICW4 和 OCW1～OCW3）写入 8259A。

$\overline{CS}$：芯片选通信号，低电平有效，通过地址译码逻辑电路与地址总线相连。当 $\overline{CS}=0$ 时，8259A 被选中，允许 CPU 对 8259A 进行读/写操作，$\overline{CS}=1$ 时，芯片未选中。

A_0：指出当前 8259A 的哪个端口被访问。1 片 8259A 对应两个端口地址，其中一个为偶地址，一个为奇地址，并且要求偶地址较低，奇地址较高。所以，在设计系统时，要为系统中每片 8259A 留出两个 I/O 端口地址。A_0 与 $\overline{WR}$ 和 $\overline{RD}$ 信号一起来确定命令字所要写入的各种命令寄存器，或指定 CPU 所要读出的状态信息寄存器。A_0 与 $\overline{WR}$、$\overline{RD}$、$\overline{CS}$ 的控制作用如表 6.5.1 所示。其中的 D_4、D_3 两位是预置命令字（ICW1～ICW4）或操作命令码（OCW1～OCW3）中的标志特征码。

表 6.5.1　A_0 与 $\overline{WR}$、$\overline{RD}$、$\overline{CS}$ 的控制作用

操作类型	$\overline{CS}$	A_0	$\overline{RD}$	$\overline{WR}$	功能	特征标志位
写命令操作	0	0	1	0	数据总线→ICW1	命令字中的 $D_4=1$
	0	0	1	0	数据总线→OCW2	命令字中的 $D_4D_3=00$
	0	0	1	0	数据总线→OCW3	命令字中的 $D_4D_3=01$
	0	1	1	0	数据总线→OCW1 ICW2、ICW3、ICW4	
读状态操作	0	0	0	1	数据总线←IRR	OCW3 中的 RR=1, RIS=0, P=0
	0	0	0	1	数据总线←ISR	OCW3 中的 RR=1, RIS=1, P=0
	0	0	0	1	数据总线←查询字	查询方式
	0	1	0	1	数据总线←IMR	
无操作	1	×	×	×		

9. 级联控制

一片 8259A 最多构成 8 级中断（IR_7～IR_0），要想扩展中断源，必须多片连在一起，称为级联方式。级联控制主要是为实现多片 8259A 的级联应用而设计的。级联缓冲/比较器的功能有两个，一是提供级联控制，二是提供缓冲控制。

在级联应用中，只有一片 8259A 为主片，其他均为从片，从片最多不能超过 8 片。此时各从片 8259A 的 INT 将与主片 8259A 的 IR_x 相连接，而它们的三个级联信号 CAS_2～CAS_0 将分别互连。此时，主 8259A 在第一个 $\overline{INTA}$ 响应周期内通过 CAS_2～CAS_0 送出三位识别码，而和此识别码相符的从 8259A 将在第二个 $\overline{INTA}$ 响应周期内释放中断类型码到数据总线上，使 CPU 进入相应的中断处理程序。

CAS_2～CAS_0：级联信号，双向，形成 8259A 的专用总线，以便构成多片 8259A 的级联结构。当 8259A 是主片时，CAS_2～CAS_0 是输出线，在 CPU 响应中断时，输出被选中的从片代码。当 8259A 是从片时，CAS_2～CAS_0 是输入线，在 CPU 响应中断时，接收主片送出的被选中的从片代码，然后在从片内将接收来的代码与本从片代码相比较，看是否一致，从而确定 CPU 响应的是不是本从片的中断请求。

$\overline{SP}/\overline{EN}$：当 8259A 工作于级联模式下时，$\overline{SP}/\overline{EN}$ 引脚作为输入，用来决定本片 8259A 是主片还是从片。$\overline{SP}/\overline{EN}$ 为 1，则 8259A 为主片。$\overline{SP}/\overline{EN}$ 为 0，则 8259A 为从片。当 8259A 工作于单片模式下时，$\overline{SP}/\overline{EN}$ 引脚作为输出，由 $\overline{SP}/\overline{EN}$ 控制数据通过总线收发器的传送方向。

6.5.2　8259A 的工作方式

8259A 是可编程中断控制器，可以通过程序命令来确定 8259A 的工作方式。8259A 有 10 种工作方式，分别是全嵌套方式、循环优先级方式、特殊屏蔽方式、程序查询方式、中断结束方式、读 8259A 状态、中断请求触发方式、缓冲器方式、特殊的全嵌套方式、多片级联方式。

1. 全嵌套方式

这是一种最普通的工作方式。8259A 在初始化工作完成后若未设定其他的工作方式，就自动进入全嵌套方式，这种方式的特点如下。

（1）中断请求的优先级固定，其顺序是 IR_0 最高，逐次减小，IR_7 最低。

（2）ISR 保存优先权电路确定的优先级状态，相应位置 1，并且一直保持这个服务"记录"状态，直到 CPU 发出中断结束命令为止。

（3）在 ISR 置位期间，不再响应同级及较低级的中断请求，而对于高级的中断请求，如果 CPU 开放中断，仍能够得到中断服务。

（4）$IR_7 \sim IR_0$ 的中断请求输入可分别由 IMR 的 $D_7 \sim D_0$ 的相应位屏蔽与允许，对某一位的屏蔽与允许操作不影响其他位的中断请求操作。

全嵌套方式由 ICW4 的 $D_4 = 0$ 来确定。

2. 循环优先级方式

循环优先级方式是 8259A 管理优先级相同的设备时采用的中断管理方式，它包括两种：自动循环优先级方式和特殊循环优先级方式。

1）自动循环优先级方式

各设备优先级相同，当某一个设备的中断请求被响应并得到微处理器的中断服务之后，该设备的优先级就自动地排到最后。所谓各设备优先级相同，是指它们的地位相同，受服务的机会均等，但是毕竟各中断源的优先级需要排出一个顺序，否则同时有多个中断源申请中断时计算机无法处理，于是排出了这样一个优先级由高到低的顺序：

$$IR_0 \rightarrow IR_1 \rightarrow IR_2 \rightarrow IR_3 \rightarrow IR_4 \rightarrow IR_5 \rightarrow IR_6 \rightarrow IR_7$$

这是一个循环套，有一个最低优先级指针，哪一个设备刚被服务后，它就被赋予最低优先级指针。例如，IR_7 刚被服务，它就被赋予最低优先级指针，按照循环顺序，IR_0 的优先级就是最高优先级；如果 IR_4 刚被服务，IR_4 就被赋予最低优先级指针，按照优先级循环顺序，IR_5 的优先级就最高。这样，当一个设备提出中断请求后，在最不利的情况下（此时它的优先级最低），等其他 7 个设备被轮流服务一次以后，它变为最高优先级，从而得到系统的服务。但是如果不是在循环优先级（包括自动循环和特殊循环）方式下工作，它可能永远得不到系统的服务。

自动循环优先级方式由 OCW2 的 R = 1、SL = 0 来确定。

2）特殊循环优先级方式

特殊循环优先级方式与自动循环优先级方式的不同之处在于：在自动循环优先级方式中，某一设备在被服务之后被确定为最低优先级；而在特殊循环优先级方式中，是通过编程来确定某一设备为最低优先级的，如 IR_5 被指定为最低优先级，则 IR_6 的优先级最高。

特殊循环优先级方式由 OCW2 的 R = 1、SL = 1 来确定，而 $L_2L_1L_0$ 用于指定最低优先级的二进制编码。一般来说，在命令控制字中，凡是采用"$L_2L_1L_0$"的都有"特殊"的含义。

3. 特殊屏蔽方式

8259A 的每个中断请求输入信号都可由 IMR 的相应位进行屏蔽，IMR 的 D_0 对应 IR_0，D_1 对应 IR_1，…，D_7 对应 IR_7，相应位为 1 则屏蔽中断输入，相应位为 0 则允许中断输入。IMR 由操作命令 OCW1 进行设置。对中断请求输入信号的屏蔽方式一般有两种：正常屏蔽方式和特殊屏蔽方式。

在正常屏蔽方式中，每一个屏蔽位对应一个中断请求输入信号，屏蔽某一个中断请求输入信号对其他请求信号没有影响。未被屏蔽的中断请求输入信号仍然按照设定的优先级顺序进行工作，而且保证当某一级中断请求被响应服务时，同级和低级的中断请求将被禁止，如果 CPU 允许中断，则高级的中断请求还会被响应，实现中断嵌套。

当设定了特殊屏蔽方式后，IMR 中为 1 的位仍然屏蔽相应的中断请求输入信号，但所有未被屏蔽的位全部开放，无论优先级是低还是高，都可以申请中断，并且都可能得到 CPU 的响应并为之服务，也就是说，这种方式抛弃了同级或低级中断被禁止的原则，任何级别的未被屏蔽的中断请求都会得到响应，所以，可以有选择地设定 IMR 的状态，开启需要的中断输入。

特殊屏蔽方式由 OCW3 的 ESMM 和 SMM 确定，设置时 ESMM = 1、SMM = 1，复位时 ESMM = 1、SMM = 0。

4. 程序查询方式

程序查询方式是不使用中断，用软件寻找中断源并为之服务的工作方式。在这种方式下，8259A 不向 CPU 发送 INT 信号（实际上是 8259A 的 INT 信号不连到 CPU 的 INTR 信号上），或者 CPU 关闭自己的中断允许触发器，使 IF = 0，禁止中断输入。申请中断的优先级不是由 8259A 提供的中断类型码而是由 CPU 发出查询命令得到的。

查询时，CPU 先向 8259A 发出查询命令，8259A 接到查询命令后，就把下一个 IN 指令（对偶地址端口的读指令）产生的 $\overline{RD}$ 脉冲作为中断响应信号，此时，若有中断请求信号，则将 ISR 中相应位置 1，并把该优先级送上数据总线。在 $\overline{RD}$ 期间 8259A 送上数据总线供 CPU 读取查询的代码格式如图 6.5.2 所示。

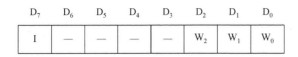

D_7	D_6	D_5	D_4	D_3	D_2	D_1	D_0
I	—	—	—	—	W_2	W_1	W_0

图 6.5.2　代码格式

其中，I 是中断请求标志，I = 1 表示有中断请求，此时 $W_2W_1W_0$ 有效，$W_2W_1W_0$ 就表示申请服务的最高中断优先级。I = 0 表示没有中断请求，此时 $W_2W_1W_0$ 无效。例如，读入的查询代码是 83H，则表示有中断请求，申请中断的优先级输入是 IR_3。

在查询方式下，CPU 不需要执行中断响应周期，不必安排中断向量表，8259A 能自动提供最高优先级中断请求信号的二进制代码，供 CPU 查询。该方式使用方便，可扩充中断优先级数目，扩充数目超过 64 级（此时不是中断级联方式，而是一般的端口连接。在查询时，只涉及 8259A 端口地址。显然，在查询方式下，能够扩展的 8259A 的数目仅限于系统的 I/O 空间容量）。

查询方式是由 OCW3 的 P = 1 来确定的。

5. 中断结束方式

中断结束方式是指中断结束的方法，这里的"结束"不是指中断服务程序的结束，中断服务程序的结束用 IRET 指令就可完成，这里的"结束"是指如何和何时使 8259A 中的 ISR 的相应位清零。ISR 中某位为 1，表示 CPU 正在为之服务；某位为 0 表示 CPU 已经停止（结束）为之服务。而 IRET 指令主要是恢复程序的断点，它并不能使 ISR 的相应位清零。

8259A 的中断结束方式有两种：自动中断结束方式（AEOI）和命令中断结束方式（EOI）。

1）自动中断结束方式

在自动中断结束方式下，8259A 自动在最后一个 $\overline{INTA}$ 中断响应脉冲的后沿将 ISR 中的相应位清零。这种方式的过程是：中断请求，CPU 响应，发第一个 $\overline{INTA}$，ISR 相应位置 1，CPU 发第二个 $\overline{INTA}$，8259A 提供中断类型码，ISR 相应位清零，结束。显然，ISR 的相应置 1 位在 CPU 中断响应周期内自生自灭，因此在 ISR 中不会有两个或两个以上的置 1 位。

自动中断结束方式的应用场合一般是 8259A 单片系统或不需要嵌套的多级中断系统。自动中断结束方式只能用于主片 8259A，不能用于从片 8259A。

自动中断结束方式由 ICW4 的 AEOI = 1 确定。

2）命令中断结束方式

命令中断结束方式是在中断服务程序返回之前，向 8259A 发中断结束命令，使 ISR 中的相应位清零，它包括两种情况。

（1）非特殊中断结束命令：全嵌套方式下的中断结束命令称为非特殊中断结束命令，该命令能自动地把当前 ISR 中的最高优先级的那一位清零。

非特殊中断结束命令是由 OCW2 的 $R = 0$、$SL = 0$、$EOI = 1$ 确定的。

（2）特殊中断结束命令：非全嵌套方式下的中断结束命令称为特殊中断结束命令。在非全嵌套方式下，由于无法确定最后响应的是哪一级中断（非全嵌套方式各中断源没有固定的优先级，因此也就不知道谁高谁低），所以应向 8259A 发出特殊中断结束命令，即指定哪一级中断返回，使其 ISR 中的相应位清零。

特殊中断结束命令是由 OCW2 的 $R = 0$、$SL = 1$、$EOI = 1$ 确定的，由 $L_2L_1L_0$ 指定 ISR 中要复位的相应位的二进制编码。

6. 读 8259A 状态

读 8259A 状态是指读 8259A 内部的 IRR、ISR 和 IMR 的内容。

（1）读 IRR。先发出 OCW3 命令（使 $RR = 1$、$RIS = 0$，地址 $A_0 = 0$），在下一个 $\overline{RD}$ 脉冲时可读出 IRR，其中包含尚未被响应的中断源情况。

（2）读 ISR。先发出 OCW3 命令（使 $RR = 1$、$RIS = 1$，地址 $A_0 = 0$），在下一个 $\overline{RD}$ 脉冲时可读出 ISR，其中包含正在服务的中断源情况，也可看中断嵌套情况。

（3）读 IMR。不必先发 OCW3 命令，只要读奇地址端口（$A_0 = 1$），即可读出 IMR，其中包含设置的中断屏蔽情况。

7. 中断请求触发方式

8259A 的 IRR 中有 8 个中断请求触发器，分别对应 8 个中断请求信号的输入端 $IR_0 \sim IR_7$，这些触发器的触发方式有两种，即边沿触发和电平触发。

1）边沿触发

当输入端有从低电平到高电平的正跳变时，产生中断请求（IRR 中相应位的触发器被触发置 1，而不是直接向 CPU 申请中断）。此后，即使输入端仍然保持高电平也不会再产生中断。也就是说，只有正跳沿才能产生中断。

边沿触发方式由 ICW1 的 $LTIM = 0$ 确定。

2）电平触发

当输入端产生高电平时产生中断请求。只要高电平就可以，不需要脉冲跳变。但需要注意的是，在电平触发方式下，在发出 EOI 命令以前，必须去掉中断请求信号（使其变为低电平），否则将产生第二次中断。

电平触发方式由 ICW1 的 $LTIM = 1$ 确定。

8. 缓冲器方式

缓冲器方式就是在 8259A 和数据总线之间挂接总线驱动器的方式，在缓冲器方式下，$\overline{SP}/\overline{EN}$ 引脚将使用 $\overline{EN}$ 功能，并使之输出一个有效低电平，开启缓冲器工作。该方式多用于级联的大系统。

缓冲器方式由 ICW4 的 $BUF = 1$ 确定。

9. 特殊的全嵌套方式

该方式适用于多片级联，与普通的全嵌套方式工作情况基本相同，区别在于两点。

（1）当某从片的一个中断请求被 CPU 响应后，该从片的中断仍未被禁止（即没有被屏蔽），即该从片中的高级中断仍可提出申请（全嵌套方式中这样的中断是被屏蔽的，因为这种中断对从片而言后者是高级中断，可以嵌套，但对主片而言，由于它们来自同一个从片，故中断优先级相同，而在全嵌套方式中，同级和低级中断是被禁止的）。

（2）在某个中断源退出中断服务程序之前，CPU 要用软件检查它是否是这个从片中的唯一中断。检查办法是：送一个非特殊中断结束命令给这个从片，然后读它的 ISR，检查是否为 0，若为 0 则唯一，即只有这一个中断在被服务，没有嵌套。若不为 0 则不唯一，说明还有其他的中断在被服务，该中断是嵌套在其他中断里的。只有唯一时，才能把另一个非特殊中断结束命令送至主片，结束此从片的中断。否则，如果过早地结束主片的工作记载而从片尚有未处理完的嵌套中断，整个系统的中断嵌套环境就会混乱。

特殊的全嵌套方式由 ICW4 的 SFNM = 1 确定。

10. 多片级联方式

在级联系统中，每个从片的中断请求输出线 INT 直接连到主片的某个中断请求输入线上，主片的 $CAS_0 \sim CAS_2$ 是输出线，输出被响应的从片代码，从片的 $CAS_0 \sim CAS_2$ 是输入线，接收主片发出的从片代码，以便与自身代码相比较。级联方式的要点如下。

（1）一个 8259A 主片至多带 8 个从片，可扩展至 64 级。

（2）缓冲方式下，主片和从片的设定由 ICW4 的 M/S 位确定，M/S = 1 是主片，M/S = 0 是从片。M/S 的状态在 BUF = 1 时有意义。

（3）在非缓冲方式下，主片和从片由 $\overline{SP}/\overline{EN}$ 引脚的 $\overline{SP}$ 功能确定，$\overline{SP}$ = 1 是主片，$\overline{SP}$ = 0 是从片。

（4）在级联系统中，主片的三条级联线相当于从片的片选信号，从片的 INT 是主片的中断请求输入信号。

（5）主片和从片需要分别进行初始化操作，可设定为不同的工作方式。

级联方式由 ICW1 的 SNGL = 0 确定。

上述的各种工作方式，全嵌套方式、自动中断结束方式、中断请求触发方式、缓冲器方式、特殊的全嵌套方式、多片级联方式等是由初始化命令字 ICW 来设定的，而循环优先级方式、特殊屏蔽方式、程序查询方式、命令中断结束方式、读 8259A 状态等是由操作命令字 OCW 来设定的。

6.5.3　8259A 的编程

8259A 是一个可编程器件，为了使 8259A 实现预定的中断管理功能、按预定的方式工作，就必须对它进行初始化编程。初始化编程是指系统在上电或复位后对可编程器件进行控制字设定的一段程序。8259A 的命令控制字包括两个部分，即初始化命令字和操作命令字。

初始化命令字一般在系统复位后的初始化编程中设置，用于确定 8259A 的基本工作方式，设置以后一般保持不变。操作命令字是在初始化以后的正常工作中写入的，它实现对 8259A 的状态、中断方式和过程的动态控制，在工作中可随时写入操作命令字以修改某些控制方式。

8259A 内部有 7 个寄存器，分为两组：初始化命令寄存器组和操作命令寄存器组。初始化命令寄存器组包括 4 个寄存器：ICW1～ICW4 对应的寄存器。操作命令寄存器组包括 3 个寄存器：OCW1～OCW3 对应的寄存器。

由于 8259A 只有一条地址线 A_0，所以它只能有两个端口地址，而 8259A 有 7 个命令字，每个命令字要写入相应的寄存器。为此，采取以下几点措施：①以端口地址区分；②把命令字中的某些位作为特征码来区分；③以命令字的写入顺序来区分。

在 PC/XT 中，8259A 的两个端口地址分别为 20H 和 21H。

1. 初始化命令字

初始化命令字有 4 个：ICW1、ICW2、ICW3、ICW4。8259A 在进入正常工作之前，必须将系统中的每一个 8259A 进行初始化设置，以此建立 8259A 的基本工作条件。写入的初始化命令字一般为 2～4 个（在某些条件下，4 个初始化命令字并非必须全部写入），最多为 4 个，然而，ICW1 使用偶地址，而 ICW2、ICW3、ICW4 使用奇地址，为了相互区别，初始化命令字的写入必须有一个固定的顺序，其顺序如图 6.5.3 所示。

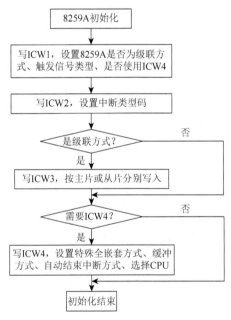

图 6.5.3　8259A 的 ICW 写入顺序

系统上电或复位以后，对 8259A 第一件要做的工作就是按图 6.5.3 中的顺序写入初始化命令字。

1）ICW1

ICW1 的主要功能是确定级联方式、触发方式。

ICW1 是芯片控制初始化命令字,其格式及各位的具体定义如图 6.5.4 所示。其中 D_7~D_5、D_2 位对 8086 以上型号 CPU 无意义，都可取 0。

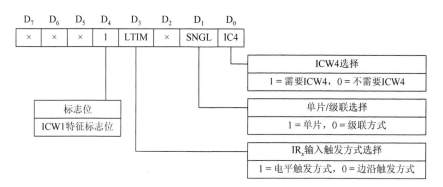

图 6.5.4　8259A 的 ICW1 格式（$A_0 = 0$）

写入 ICW1 后，8259A 内部自动复位，其复位功能如下。

（1）设置初始化命令字的顺序逻辑被重新置位，准备接收 ICW2、ICW3、ICW4。

（2）清除 IMR 和 ISR。

（3）IRR 状态可读。

（4）优先级排队，IR_0 最高，IR_7 最低。

（5）特殊屏蔽方式复位。

（6）自动 EOI 循环方式复位。

2）ICW2

ICW2 的主要功能是确定中断向量、中断类型码。

ICW2 的功能是设置中断类型码的初始化命令字,其格式及各位的具体定义如图 6.5.5 所示。中断类型码的高 5 位就是 ICW2 的高 5 位，而低 3 位的值，则由 8259A 按引入中断请求的引脚 IR_0~IR_7 三位编码值自动填入。

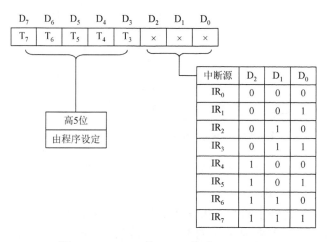

图 6.5.5　8259A 的 ICW2 格式（$A_0 = 1$）

3) ICW3

ICW3 的主要功能是确定主片、从片的级联状态,即确定主片的连接位和从片的编码。ICW3 仅用于 8259A 的级联方式,它分为主片 ICW3 和从片 ICW3 两种格式。

(1)主片 ICW3 的功能是表明主片 8259A 的 IR_x 与从片 8259A 的 INT 之间的连接关系,其格式及各位的具体定义如图 6.5.6 所示。图中 $S_0 \sim S_7$ 分别与主片 8259A 的 $IR_0 \sim IR_7$ 引脚的连接情况相对应,如果某一个引脚上连有从片,则对应位为 1;如果未连从片,则对应位为 0。例如,当 ICW3 = 0FH(00001111)时,表示在 IR_3、IR_2、IR_1、IR_0 引脚上连有从片,而 IR_7、IR_6、IR_5、IR_4 引脚上没连从片。

图 6.5.6　8259A 的 ICW3 主片格式($A_0 = 1$)

(2)从片 ICW3 的功能是表明从片 8259A 的 INT 引脚是和主片 8259A 中的哪一个 IR_x 相连接,其格式及各位的具体定义如图 6.5.7 所示。其中的 $D_7 \sim D_3$ 不用,可都取 0。$D_2 \sim D_0$ 的值与从片的输出端 INT 连在主片的哪条中断请求输入引脚有关。例如,某片从片的 INT 引脚连在主片的 IR_5 引脚上,则此从片的 ICW3 中的标识码 $D_2 \sim D_0$ 应为 101。

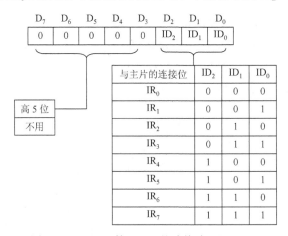

图 6.5.7　8259A 的 ICW3 从片格式($A_0 = 1$)

图 6.5.8 所示为 3 片 8259A 组成的级联系统,级联后系统最多可处理 22 级中断。图中,从片 1 的 IR_1、IR_4、IR_5 连接某些中断源,从片 1 的其他中断源输入端悬空。从片 2 的 IR_0、IR_2、IR_7 连接某些中断源,从片 2 的其他中断源输入端悬空。主片的 IR_2 连接从片 2 的 INT,主片的 IR_3 连接从片 1 的 INT,主片的 IR_6 连接某中断源,主片的其他中断源输入端悬空。

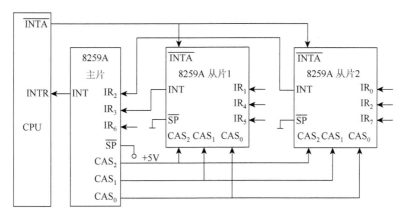

图 6.5.8　3 片 8259A 的级联

按图 6.5.8 所示的连接方式，主片的 ICW3 控制字为 00001100B，悬空的中断源输入端应该屏蔽掉，防止产生中断误操作，因此主片的 OCW1 控制字为 10110011B。

从片 1 的 INT 连接到主片的 IR_3 上，所以从片 1 的 ICW3 控制字为 00000011B，从片 1 的 IR_0、IR_2、IR_3、IR_6、IR_7 没有使用，是悬空的，同样应该屏蔽掉，因此从片 1 的 OCW1 控制字为 11001101B。

从片 2 的 INT 连接到主片的 IR_2 上，所以从片 2 的 ICW3 控制字为 00000010B，从片 2 的 IR_1、IR_3～IR_6 没有使用，是悬空的，同样应该屏蔽掉，因此从片 2 的 OCW1 控制字为 01111010B。

前面提到过特殊全嵌套方式。特殊全嵌套方式和全嵌套方式基本相同，只有一点不同，就是在特殊全嵌套方式下，当处理某一级中断时，如果有同级的中断请求，那么也会给予响应，从而实现一种对同级中断请求的特殊嵌套。而在全嵌套方式中，只有当更高级的中断请求到来时，才会进行嵌套，当同级中断请求到来时，不会给予响应。特殊全嵌套方式一般用在 8259A 级联的系统中。在这种情况下，对主片编程时，让它工作在特殊全嵌套方式，但从片仍处于其他优先级方式（如全嵌套方式等）。

例如，图 6.5.8 中的主片和从片 1 均设置为全嵌套方式，当为从片 1 的 IR_5 中断服务时，主片的 ISR_3 和从片 1 的 ISR_5 均为 1，若此时从片 1 的 IR_1 或 IR_4 有中断请求，作为从片 1 应给予响应，由其 INT 端向主片的 IR_3 发出中断请求，但此时因主片为全嵌套方式，则不给予中断响应。但若将主片设置为特殊全嵌套方式，那么就可以进行中断响应。

4）ICW4

ICW4 的主要功能是：选择 CPU 系统、确定中断结束方式、规定是主片还是从片、选择是否采用缓冲方式。

ICW4 的格式及各位的具体定义如图 6.5.9 所示，其中 D_7～D_5 位无意义，都可取 0。

写完初始化命令字后，8259A 已经建立了基本的工作环境，可以接受中断请求，也可以写入操作命令字 OCW 来改变某些中断管理方式。操作命令字可以随时写入、修改，但初始化命令字一经写入一般不再改动。

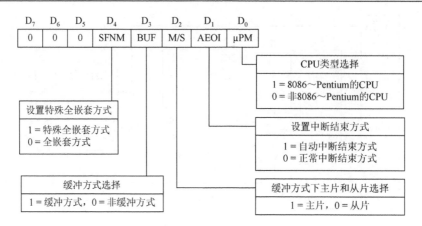

图 6.5.9　8259A 的 ICW4 格式（$A_0 = 1$）

2. 操作命令字

在初始化命令字写入 8259A 之后，8259A 就准备接收中断请求输入信号了。在 8259A 工作期间，CPU 可以随时通过操作命令字使 8259A 完成各种不同的工作方式。8259A 有三种操作命令字：OCW1、OCW2 和 OCW3，在写入时，它们与初始化命令字不同，它们不是按一定的顺序写入的，而是按设计者的要求写入的。

1）OCW1

OCW1 的主要功能是保存中断屏蔽字。

操作命令字 OCW1 对 8259A 内的 IMR 中的各位进行动态设置屏蔽字，其格式及各位的具体定义如图 6.5.10 所示，图中 $M_0 \sim M_7$ 分别与 8259A 的 $IR_0 \sim IR_7$ 相对应。

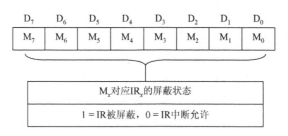

图 6.5.10　8259A 的 OCW1 格式（$A_0 = 1$）

2）OCW2

OCW2 的主要功能是控制 8259A 的中断循环优先级方式及发送命令中断结束方式。

操作命令字 OCW2 的格式及各位的具体定义如图 6.5.11 所示。

在 OCW2 的格式字中，R 位用来设置中断级别的优先级是否采用循环方式。若为 1，表示采用优先级循环方式；若为 0，则为非循环方式（即固定优先级）。

SL 位用来决定本操作命令字中的 $L_2 \sim L_0$ 三位编码是否有效，若为 1，则有效，否则为无效。

$L_2 \sim L_0$ 位有两个用处，一是当 OCW2 给出特殊的中断结束命令时，$L_2 \sim L_0$ 指出了具体要清除当前中断服务寄存器中的哪一位；二是当 OCW2 给出特殊的优先级循环方式命令字时，$L_2 \sim L_0$ 指出了循环开始时哪个 IR_x 中断的优先级最低。在这两种情况下，SL 位必须为 1，否则 $L_2 \sim L_0$ 为无效。

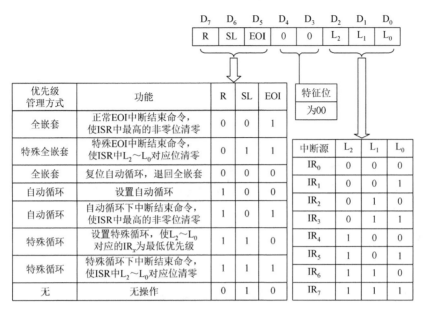

图 6.5.11　8259A 的 OCW2 格式（$A_0 = 0$）

EOI 位用于表示 OCW2 是否作为非自动中断结束命令。当 EOI 为 0 时，表示 OCW2 不作为非自动中断结束命令。当 EOI 为 1 时，表示 OCW2 作为非自动中断结束命令，即用命令使当前中断服务寄存器中的对应位 ISR_x 复位。也就是我们在前面讲过的，若 ICW4 中的 AEOI 为 0，则 ISR_x 位就要用 EOI 命令来清除。

3）OCW3

OCW3 的主要功能是设定查询方式、特殊屏蔽方式、寄存器读取方式。

操作命令字 OCW3 的格式及各位的具体定义如图 6.5.12 所示。

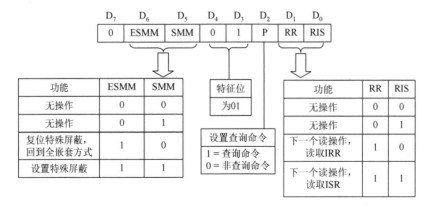

图 6.5.12　8259A 的 OCW3 格式（$A_0 = 0$）

特殊屏蔽方式不仅允许高优先级的中断,也允许低优先级的中断。如果特殊屏蔽方式与全嵌套方式配合使用,可动态地改变中断系统的优先级结构。例如,在执行中断服务程序的某一部分中要求禁止较低级的中断请求,但在执行中断服务程序的另一部分中又允许较低优先级别的中断请求。复位特殊屏蔽方式则回到未设置特殊屏蔽方式时的优先级方式。

6.5.4　8259A 的应用举例

例 6.5.1　8259A 单片应用。

在某 8088 系统中扩展一片中断控制器 8259A,其端口地址由 74LS138 译码器译码选择,假设为 8CH 和 8DH。中断源的中断请求线连到 IR_7 输入线上,边沿触发方式,IR_7 的中断类型码为 77H,其他条件保持 8259A 的复位设置状态。要求:

(1)写出 8259A 的初始化程序。

(2)写出中断类型码为 77H 的中断向量设置程序。

1. 8259A 的初始化程序

初始化程序包括写入 ICW1、ICW2 和 ICW4(由于单片使用,不需写入 ICW3),并且必须按规定的顺序写入。

(1)ICW1 命令字。单片、边沿触发,需要 ICW4,故为 00010011B = 13H,写入偶地址。

(2)ICW2 命令字。IR_7 的中断类型码为 77H,即可作为 ICW2 命令字写入,写入奇地址。

(3)ICW4 命令字。8088 CPU,一般全嵌套方式,正常 EOI 结束,非缓冲方式,故命令字的组合为 00000001B = 01H,写入奇地址。

(4)OCW1 命令字。系统只使用了 IR_7,为防止干扰、产生误动作,应将 $IR_0 \sim IR_6$ 屏蔽掉,屏蔽字为 01111111B = 7FH,写入奇地址。

(5)初始化程序段为:

```
CLI
MOV  AL,13H      ;ICW1
OUT  8CH,AL
MOV  AL,77H      ;ICW2
OUT  8DH,AL
MOV  AL,01H      ;ICW4
OUT  8DH,AL
MOV  AL,7FH      ;OCW1
OUT  8DH,AL
STI
```

2. 中断类型码 77H 的中断向量设置程序

假设相应中断服务程序名为 INTP,该符号地址包含段值属性和段内偏移量属性,将这二者分别存入中断向量地址，中断类型码 77H 的中断向量地址为 77H×4 = 1DCH，即占用 1DCH～1DFH 等 4 个单元，其中 1DEH～1DFH 存放 INTP 的段地址，1DCH～1DDH 存放 INTP 的段内偏移量。

用串指令完成中断向量的设置，程序如下：

```
CLI
MOV  AX,0
MOV  ES,AX                 ;中断向量表段地址
MOV  DI,1DCH               ;中断向量表偏移地址
MOV  AX,OFFSET INTP        ;中断服务程序偏移地址
CLD
STOSW
MOV  AX,SEG INTP           ;中断服务程序段地址
STOSW
STI
```

6.6　DMA 控制器 8237A

Intel 公司的 8237A 是一个高性能的 40 个引脚双列直插式可编程 DMA 控制器，可提供多种类型的控制特性，优化系统设计，提高系统数据吞吐率，四个通道可独立实现动态控制。其主要的功能有以下几点。

（1）在一片 8237A 内有 4 个独立的 DMA 通道。

（2）每个通道的 DMA 请求可分别编程允许或禁止。

（3）每个通道的 DMA 请求有不同的优先级（即 DMA 操作优先权），优先级有两种：固定优先级和循环优先级，由编程决定。固定优先级的顺序是通道 0 最高，依次是通道 1、通道 2 和通道 3。

（4）可在外设与存储器、存储器与存储器之间传送数据，存储器地址寄存器可以加 1 或减 1。

（5）可由软件编程改变 DMA 读写周期长度。

（6）有四种工作方式：单字节传送方式、数据块传送方式、请求传送方式、级联方式。在每一种工作方式下，8237A 都能接收外设的请求信号 DREQ，经优先级排队后，向 CPU 发出总线请求信号 HRQ。当接收到 CPU 的总线响应信号 HLDA 后，获得总线的控制权，同时向外设发出响应信号 DACK，通知外设做好数据交换准备。在 DMA 操作期间，每传递一字节数据，就修改一次地址指针（加 1 或减 1，由编程设定），字节计数减 1，减到−1 时，发出 TC 信号结束 DMA 操作或重新初始化。

（7）可以多片级联，扩展通道数。

（8）DMA 操作结束有两种方法：一是字节计数器减 1 由 0 变为 FFFFH；二是外界通过 $\overline{EOP}$ 输入负脉冲，强制 DMA 操作结束。

（9）DMA 操作启动有两种方法：一是外设输入 DMA 请求信号 DREQ；二是通过软件编程从内部启动。

6.6.1　8237A 的内部结构及引脚功能

8237A 内部结构如图 6.6.1 所示。8237A 内部有 4 个结构相同的独立通道，图中只画出了一个通道的结构，也就是说每个通道都有基址寄存器（16 位）、基字节数计数器（16 位）、当前地址寄存器（16 位）、当前字节数计数器（16 位）、方式字寄存器（6 位）。由图可知，8237A 内部包括 5 个基本组成部分：缓冲器组、时序和控制逻辑、优先级编码逻辑、命令控制逻辑和内部寄存器。

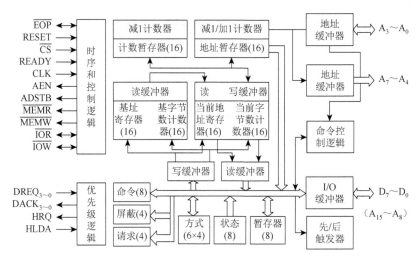

图 6.6.1　8237A 内部结构

1. 缓冲器组

缓冲器组包括数据缓冲器和地址缓冲器两部分。

当 8237A 作为系统的从模块时，8 位数据缓冲器 $D_7 \sim D_0$ 用于传送 CPU 的控制命令和 8237A 内部寄存器阵列的内容，所以此时作为数据总线使用。

当 8237A 作为系统的主模块时，$D_7 \sim D_0$ 用来输出 $A_{15} \sim A_8$ 的地址信息，并由 ADSTB 选通信号将 $D_7 \sim D_0$ 的内容锁存在高 8 位地址锁存器中。

当 8237A 工作于存储器到存储器传送方式时，$D_7 \sim D_0$ 将分时用于数据传送，此时源存储器的数据先经 $D_7 \sim D_0$ 放入 8237A 中的暂存寄存器，然后再传送到目的存储器。

$A_3 \sim A_0$ 地址缓冲器，当 8237A 作为从模块时，作为输入的地址信息，用于选择 8237A 的内部寄存器。当 8237A 作为主模块时，$A_3 \sim A_0$ 输出 16 位地址信息的最低四位地址。

$A_7 \sim A_4$ 地址缓冲器，当 8237A 作为主模块时，用来输出 16 位地址信息中的 $A_7 \sim A_4$ 四位地址。

与缓冲器组有关的引脚信号有以下几种。

$A_3 \sim A_0$：双向三态信号线。在空闲周期，它们是地址输入线，CPU 用这四条地址线选择 8237A 内部不同的寄存器。在 DMA 操作周期内，这四条线是输出，用于提供要访问的存储单元的地址。

$A_7 \sim A_4$：三态地址输出线，仅在 DMA 操作周期内使用。在 DMA 传送时，这四条线提供要访问的存储单元的地址。

$D_7 \sim D_0$：双向三态数据总线，与系统数据总线相连。CPU 可以用 IN 指令从 $D_7 \sim D_0$ 上读取 8237A 的地址寄存器、字节数计数器、状态寄存器等内容，也可以用 OUT 指令通过 $D_7 \sim D_0$ 对各寄存器写入编程。在 DMA 传送时，DMA 控制器接管总线，向存储器发出 16 位地址信息（它只能发 16 位，在 8088 系统中 20 位地址的高 4 位由一个辅助寄存器发出）。这 16 位地址信息分两次发出，首先发送高 8 位 $A_{15} \sim A_8$，这 8 位地址在 ADSTB 的控制下经数据线送到一个外部地址锁存器，然后经 $A_7 \sim A_0$ 发出低 8 位地址信息。锁存器锁存的高 8 位地址与低 8 位地址组成 16 位地址信息发向存储器系统。

2. 时序和控制逻辑

该逻辑模块接收外部时钟及片选和定时读写信号，用以产生内部的时序控制及对外的控制信号。当 CPU 对 8237A 编程写入或读 8237A 状态时，本逻辑块接收 $\overline{\text{IOR}}$ 或 $\overline{\text{IOW}}$ 信号，在 $\overline{\text{IOW}}$ 有效时，将数据总线的内容写入由地址总线低 4 位（$A_3 \sim A_0$）译码所寻址的寄存器；在 $\overline{\text{IOR}}$ 有效时，将由低 4 位地址译码所选择的寄存器的内容读到数据总线上。

在 DMA 操作期间，如果是 DMA 写周期，该逻辑块产生 I/O 读和存储器写信号；如果是 DMA 读周期，该逻辑块产生 I/O 写和存储器读信号，从而控制数据的传送方向。

与时序和控制逻辑有关的引脚信号有以下几种。

CLK：时钟输入。它是 8237A 内部操作的定时信号，8237A 的 CLK 最高频率为 3MHz，8237A-5 的 CLK 最高频率可为 5MHz。

$\overline{\text{CS}}$：芯片选择信号，输入，低电平有效。当 8237A 在空闲周期内，$\overline{\text{CS}}$ 有效时，CPU 可以通过数据线对 8237A 进行读写操作。可读写的寄存器端口地址由低 4 位地址线来选择，其对应的端口地址如表 6.6.1 所示。

表 6.6.1 8237A 内部端口地址分配

A_3	A_2	A_1	A_0	寄存器说明
0	0	0	0	通道 0 写：地址寄存器和当前地址寄存器 通道 0 读：当前地址寄存器
0	0	0	1	通道 0 写：基字节数计数器和当前字节数计数器 通道 0 读：当前字节数计数器
0	0	1	0	通道 1 写：基址寄存器和当前地址寄存器 通道 1 读：当前地址寄存器
0	0	1	1	通道 1 写：基字节数计数器和当前字节数计数器 通道 1 读：当前字节数计数器
0	1	0	0	通道 2 写：基址寄存器和当前地址寄存器 通道 2 读：当前地址寄存器

A_3	A_2	A_1	A_0	寄存器说明	
0	1	0	1	通道2　写：基字节数计数器和当前字节数计数器 通道2　读：当前字节数计数器	
0	1	1	0	通道3　写：基址寄存器和当前地址寄存器 通道3　读：当前地址寄存器	
0	1	1	1	通道3　写：基字节数计数器和当前字节数计数器 通道3　读：当前字节数计数器	
1	0	0	0	写：命令寄存器	读：状态寄存器
1	0	0	1	写：请求寄存器	读：非法
1	0	1	0	写：一位屏蔽字寄存器	读：非法
1	0	1	1	写：方式寄存器	读：非法
1	1	0	0	写：清先/后触发器软件命令	读：非法
1	1	0	1	写：8237A 复位软件命令	读：暂存寄存器
1	1	1	0	写：清屏蔽寄存器软件命令	读：非法
1	1	1	1	写：四位屏蔽字寄存器	读：非法

RESET：复位信号，输入，高电平有效。当此信号有效时，将使 8237A 内部的命令寄存器、状态寄存器、请求寄存器、暂存寄存器以及先/后触发器均清零，并置屏蔽寄存器为 1（4 个通道均禁止 DMA 请求）。复位后，8237A 处于空闲周期，可接受 CPU 对它的访问操作。

READY：准备就绪信号，输入，高电平有效。当 8237A 作为主模块时，若系统中使用了低速存储器或 I/O 接口器件，则应通过等待逻辑电路在此端加入低电平信号，从而达到扩展 8237A 输出的读/写脉冲宽度的目的，以延长总线传送周期。

AEN：地址允许信号，输出，高电平有效。当 8237A 作为主模块时，通过此引脚输出高电平，表示允许将 8237A 中 16 位地址的高 8 位地址送入地址总线。

ADSTB：地址选通信号，输出，高电平有效。当 8237A 作为主模块时，通过此信号把 $D_7 \sim D_0$ 输出的高 8 位地址信息锁存到外部的高 8 位地址锁存器中。

$\overline{\text{MEMR}}$：存储器读信号，输出，低电平有效，三态输出。当 8237A 作为主模块并且进行 DMA 读传送时，它与 $\overline{\text{IOW}}$ 信号相配合，把数据从存储器送至外设；或在存储器到存储器传送时，它控制从存储器源单元读出数据。

$\overline{\text{MEMW}}$：存储器写信号，输出，低电平有效，三态输出。当 8237A 作为主模块并且进行 DMA 写传送时，它与 $\overline{\text{IOR}}$ 信号相配合，把数据从外设写入存储器；或在存储器到存储器传送时，它把数据写入目的存储单元中。

$\overline{\text{IOR}}$：双向三态 I/O 读信号，低电平有效。当 8237A 作为从模块时，它作为输入信号，CPU 可通过此信号有效读取 8237A 内部寄存器的内容。当 8237A 作为主模块时，它作为输出信号，在 DMA 传送时，从请求 DMA 传送的 I/O 接口器件中读取数据。

$\overline{\text{IOW}}$：双向三态 I/O 写信号，低电平有效。当 8237A 作为从模块时，它作为输入信号，此时 CPU 可通过该信号有效将 CPU 发出的命令或数据写入 8237A 中。当 8237A 作为主模块时，它作为输出信号，在 DMA 传送时，向请求 DMA 传送的 I/O 设备接口器件写入数据。

$\overline{\text{EOP}}$：过程结束信号，它是一个低电平有效的双向信号。当由外部向此端加入一个低电平信号时，将强迫 8237A 结束 DMA 操作。当 $\overline{\text{EOP}}$ 作为输出信号时，它的状态可以作为 DMA 传送结束的标志。此时，当 8237A 内部的四个通道中任何一个通道在传送字节数达到预置值时，8237A 就经此端送出一个负脉冲作为传送结束信号，用于通知 I/O 设备，表示 DMA 操作完毕。所以，无论外加的还是 8237A 自己产生的 $\overline{\text{EOP}}$ 信号，均表示停止 DMA 传送。

3. 优先级编码逻辑

该逻辑对同时提出 DMA 请求的多个通道进行优先级排队。8237A 有两种优先级编码：一是固定优先级编码，二是循环优先级编码。它们均可通过软件编程选定。

在固定优先级编码中，四个 DMA 通道的优先级顺序是固定的，即通道 0 优先级最高，后面依次是通道 1、通道 2、通道 3。

在循环优先级编码中，最近一次服务的通道被指定为最低优先级。例如，原优先级顺序是通道 3 最低，但当通道 1 请求并被服务后，通道 1 就被指定为最低优先级，其他通道的优先级依次轮流顺序循环。

不论采用哪种优先级编码，经判优某个通道获得服务后，不管其他通道优先级是高还是低，均被禁止，直到已服务的通道结束为止。也就是说，不允许"DMA 服务嵌套"。

与优先级编码逻辑有关的引脚信号有以下几种。

$DREQ_3 \sim DREQ_0$：通道 3～0 的 DMA 请求输入信号，DREQ 的有效电平可由编程设定。当外设要求服务时，应将相应的 DREQ 信号置成有效电平，直至 DMA 请求响应信号 DACK 变为有效为止。芯片复位后，DREQ 规定为高电平有效，4 个请求输入线均处于低电平。

$DACK_3 \sim DACK_0$：通道 3～0 的 DMA 响应输出信号，DACK 的有效电平可由编程设定。DACK 是 8237A 对 DREQ 信号的响应信号。8237A 一旦接收到 CPU 的 HLDA 有效信号就开始 DMA 操作，并使相应通道的 DACK 信号输出有效，通知外设已进入 DMA 操作。8237A 复位后，DACK 规定为低电平有效，4 个通道的 DACK 响应信号均处于高电平。

HRQ：总线请求信号，输出，高电平有效。当 DREQ 为有效电平并且相应通道的屏蔽位为 0 时，8237A 向 CPU 发出使用系统总线的请求信号 HRQ。

HLDA：总线保持响应信号，输入，高电平有效。这是 CPU 对 8237A 的 HRQ 信号的响应，CPU 在接收到 HRQ 信号后，在现行总线周期结束后释放总线，并使 HLDA 信号有效，由 8237A 接管总线，开始 DMA 传送。

4. 命令控制逻辑

命令控制逻辑对 CPU 送来的编程命令进行译码。当 8237A 为从模块时，接收 CPU

送入的地址信号 $A_3 \sim A_0$，经译码后输出相应寄存器的选择信号。在写入方式控制字、请求命令字或屏蔽命令字时，还对其中的 D_1 和 D_0 位进行译码，以确定是在哪一个通道中。

5. 内部寄存器

8237A 芯片内部共有 12 种寄存器，它们的名称和个数如表 6.6.2 所示。

表 6.6.2　寄存器名称及个数

寄存器名称	个数
基址寄存器	16 位×4
基字节数计数器	16 位×4
当前地址寄存器	16 位×4
当前字节数计数器	16 位×4
方式字寄存器	6 位×4
暂存地址寄存器	16 位×1
暂存字节数计数器	16 位×1
状态寄存器	8 位×1
命令寄存器	8 位×1
暂存寄存器	8 位×1
屏蔽寄存器	4 位×1
请求寄存器	4 位×1

可以看出，8237A 内部的寄存器组成两大类，一类是 4 个通道都有的寄存器，如基址和当前地址寄存器、基字节数和当前字节数计数器、方式字寄存器等；另一类是 4 个通道共用的一套寄存器，如除上述以外的其他寄存器。

1）当前地址寄存器

每个通道都有一个 16 位的当前地址寄存器，它保存着 DMA 传送时存储单元的当前地址值。在每次 DMA 传送一字节后，这个寄存器的值自动加 1 或减 1（由编程确定）。当前地址寄存器的初值就是基址寄存器的内容。若编程设为自动初始化，则在每次传送结束后，自动初始化为当前地址寄存器的初值（即保存在相应基址寄存器中的内容）。

这个寄存器可由 CPU 写入或读出，一次操作 8 位。

2）当前字节数计数器

每个通道都有一个 16 位的当前字节数计数器，它保存着 DMA 操作期间的尚未传送的字节数，也就是目前还需要传送的字节数。它的初始值比实际传送字节数少 1，在每次 DMA 传送一字节后自动减 1。当该计数器的值由 0 减到 FFFFH 时，产生终止计数信号 TC。在编程为自动初始化情况下，在每次传送结束后，它的值恢复到初始值（由基字节数计数器自动装入）。

这个寄存器可由 CPU 写入或读出，一次操作 8 位。

3）基址寄存器

每个通道都有一个 16 位的基址寄存器，它保存当前地址寄存器的初始值。该值是在对 8237A 编程时，与当前地址寄存器同时写入的。该寄存器的作用是在自动初始化情况下，恢复相应的当前地址寄存器的初始值。

基址寄存器一旦写入便不再改变（除非重写），并且不能被 CPU 读出。

4）基字节数计数器

每个通道都有一个 16 位的基字节数计数器，它保存当前字节数计数器的初始值。该值是在对 8237A 编程时，与当前字节数计数器同时写入的。该计数器的作用是在自动初始化情况下，恢复相应的当前字节数计数器的初始值。

基字节数计数器一旦写入便不再改变（除非重新写入），并且不能被 CPU 读出。

5）方式字寄存器

每个通道都有一个 6 位的方式字寄存器，它保存通道的方式控制字，该方式控制字规定了通道的各种操作方式，如工作方式、地址增减选择、传送类型、自动初始化设置等。

方式字寄存器虽然是每个通道一个，但四个通道的方式字寄存器共用一个端口地址。该寄存器只能写入，不能由 CPU 读出。

6）暂存地址寄存器和暂存字节数计数器

8237A 内部有一个暂存地址寄存器和一个暂存字节数计数器，它们分别保存当前地址寄存器和当前字节数计数器的内容，用于 8237A 内部过程，用户不能直接使用它们，它们也没有对应的端口地址。

暂存地址寄存器具有加 1 或减 1 功能，在 8237A 进行 DMA 操作时完成对当前地址寄存器内容的修改。在 DMA 操作期间，每传送一字节数据后，将服务通道中的当前地址寄存器的内容先取入暂存地址寄存器，并按方式寄存器的规定进行 ±1 操作后，再回送到当前地址寄存器中。

暂存字节数计数器具有减 1 功能，在 8237A 进行 DMA 操作时完成对当前字节数计数器内容的修改。在 DMA 操作期间，每传送一字节数据后，将服务通道中的当前字节数计数器的内容先取入暂存字节数计数器，经减 1 后又回送到当前字节数计数器中。

7）状态寄存器

这是一个 8 位的寄存器，它保存每个通道的 DMA 请求状态（DREQ 状态）和 TC 或外部输入 $\overline{\text{EOP}}$ 的状态。

状态寄存器与命令寄存器共用一个端口地址，只能读出，不能写入（如果写入，将写到命令寄存器）。

8）命令寄存器

这是一个 8 位的寄存器，它保存通道的命令控制字，该命令控制字确定 DMA 请求与响应的有效电平状态、优先级方式、读写定时方式等。

命令寄存器只能写入，不能读出。但从命令寄存器的端口地址执行读出指令也被认为是合法的，只不过读出的不是命令寄存器的内容，而是状态寄存器的内容。也就是说，命令寄存器与状态寄存器共用一个端口地址，写入的是命令，读出的是状态。

9）暂存寄存器

这是一个 8 位的寄存器，故也称为暂存字节寄存器，它不属于任何一个通道，仅用于在存储器-存储器传送时暂存从源地址存储器读出的数据。

暂存寄存器只能读出，不能写入，当一字节传送结束时，CPU 读出的是刚刚传送的字节；当数据块传送结束时，CPU 读出的是数据块的最后一字节。

10）屏蔽寄存器

这是一个 4 位的寄存器，每一个通道对应一位，它保存相应通道的对 DMA 请求信号 DREQ 的屏蔽状态，即允许与禁止。屏蔽寄存器用于通过软件控制每个通道的 DMA 请求是否有效。若屏蔽寄存器置位，则禁止该通道的 DMA 请求，即便是有效的 DREQ 信号也不予响应，只有当屏蔽寄存器复位时，才允许 DREQ 请求。

当 RESET 有效或发出软件复位命令时，所有的请求信号被禁止，即屏蔽有效，直到清除这种屏蔽为止。屏蔽寄存器只能写入，不能由 CPU 读出。

11）请求寄存器

这是一个 4 位的寄存器，每一个通道对应一位，它保存利用软件编程设置的通道 DMA 请求状态，即软件 DMA 请求。

我们知道，8237A 有 4 条 DREQ 请求线，每一条请求线对应一个通道，当某个 DREQ 端有请求信号时，则是在申请 DMA 操作，这是硬件 DMA 请求，而通过设置请求寄存器产生的 DMA 请求是所谓的软件 DMA 请求。当 DMA 服务结束，产生一个 TC（当字节数计数器由 0 减 1 变为 FFFFH 时产生 TC 信号）或由外部输入一个有效的 $\overline{EOP}$ 时，相应的请求位被清除。利用复位线或复位命令会使整个请求寄存器被清除，软件 DMA 请求不能被屏蔽。

请求寄存器只能写入，不能由 CPU 读出。

6. 先/后触发器

先/后触发器用来控制 DMA 通道中地址寄存器和字节数计数器的初值设置。8237A 只有 8 位数据线，所以一次只能传输 1 字节，而地址寄存器和字节数计数器都是 16 位的，所以这些寄存器都要通过两次传输才能完成初值设置。如果对先/后触发器清零，那么 CPU 往地址寄存器和字节数计数器输出数据时，第 1 字节写入低 8 位，然后先/后触发器自动置 1，这样，第 2 字节输出时就写入高 8 位，并且先/后触发器自动复位为 0。为了保证能正确设置初值，应该事先发出清除先/后触发器命令。

6.6.2 8237A 的工作方式

本节从 DMA 操作过程的角度介绍 DMA 控制器 8237A 的几种工作方式，包括主从模态、传送方式、传送类型、优先级编码、自动初始化方式、存储器到存储器的传送等。

1. 主从模态

DMA 控制器既可以作为 I/O 端口接收 CPU 的读写操作，也可以代替 CPU 占有总线，控制外设与存储器之间传送数据，它充分体现了 DMA 控制器的两大特性，即总线的主控性和总线的从属性，按这两大特性，它也就有两种工作模式：主态方式和从态方式。

1）主态方式

在主态方式时，DMA 控制器是总线的控制者，此时，8237A 是主模块，它如同 CPU 一样，掌握总线的控制权，可对涉及的外设端口或存储器单元进行读写操作。

在 DMA 操作时，DMA 控制器成为系统的控制核心，为完成 DMA 操作，它应提供存储器地址，指定外设，发出读写控制信号。由于只有一组地址总线，所以当 DMA 控制器提供存储器地址后，就无法再提供外部设备的地址，因此 DMA 控制器在 DMA 传送时用 DACK 来选择外设，代替外设的地址选择逻辑，使申请 DMA 操作并被接受的外部设备在 DMA 操作中一直保持被选通状态，仅用 $\overline{IOR}$ 或 $\overline{IOW}$ 来控制数据的流向和启停。另外，DMA 操作在外设和存储器之间建立了直接数据通道，数据传送时不需要经过 DMA 控制器，加快了数据传送速度，减少了中间环节，这也是 DMA 方式能高速传送的原因之一。

2）从态方式

在从态方式时，CPU 是总线的控制者，而 DMA 控制器不过是普通的一个外部设备，有若干个端口而已，它的地位与一般的 I/O 接口芯片是一样的，所以，此时 8237A 是从模块。

DMA 控制器在开始工作之前，要由 CPU 写入初始化控制字，建立 DMA 控制器工作的基本条件，如传送方式、传送类型、地址增加还是减少、是否设置自动初始化方式等，CPU 还要写入一些数据，以确定 DMA 方式传送的具体内容，如存储区地址、传送字节数等，在这些操作中，DMA 控制器以被规定的端口地址接收数据。另外，在 DMA 传送后，CPU 也往往读取 DMA 控制器的状态。显然，在这两种情况下，DMA 控制器是系统的从属设备。

2. 传送方式

8237A 通过编程，可选择四种传送方式，分别是单字节传送方式、数据块传送方式、请求传送方式和级联传送方式。

1）单字节传送方式

单字节传送方式时，一次只传送一字节，然后释放总线。若又有外设 DMA 请求，8237A 再向 CPU 发下一次总线请求 HRQ，获得总线控制权后，再传送下一字节数据。

在这种传送方式中应注意以下几方面。

（1）在 DACK 有效之前，DREQ 应保持有效。

（2）即使 DREQ 在传送过程中一直保持有效，在总线响应后 HRQ 也将变成无效，并在传送一字节后 DMA 控制器释放总线，但由于 DREQ 一直有效，HRQ 很快再次变成有效，在芯片接收到新的 HLDA 后，下一字节又开始传输。显然，在两次 DMA 传送之间至少执行一个完整的机器周期，在此期间，完全可能响应另一个高优先级的 DMA 请求。

（3）每次传送后，当前字节数计数器减 1，当前地址寄存器减 1 或加 1，当前字节数计数器减 1 由 0 变成 FFFFH 时，发出 $\overline{EOP}$ 有效信号（产生终止计数 TC 信号），如果通道编程设为自动初始化方式，则自动地重新装入计数值和地址寄存器。

2）数据块传送方式

数据块传送方式时，响应一次 DMA 请求，将完成设定的字节数的全部传送。当字节数计数器减 1 由 0 变为 FFFFH 时，产生 TC 有效信号，使 8237A 将总线控制权交还给 CPU 从而结束 DMA 操作方式，外部有效的 $\overline{EOP}$ 信号也可以终结 DMA 传送。

在 DACK 变成有效之前，DREQ 信号必须保持有效。一旦 DACK 有效，不管 DREQ 如何，8237A 一直不放弃总线控制权。即便在传送过程中，DREQ 变为无效，8237A 也不会释放总线，只是暂停数据的传送，等到通道请求信号再次有效后，8237A 又继续进行数据传送，直到整块数据全部传完，才会退出 DMA 操作，将总线控制权交还给 CPU。

PC 不能采用这种方式，否则会影响动态存储器刷新和磁盘驱动器的数据传送，它们都不允许另一个 DMA 传送长期占用总线。

3）请求传送方式

请求传送方式又称查询方式，类似于数据块传送，但每传送一字节后，检测 DREQ 状态，若无效则停止，若有效则继续 DMA 传送。在下述情况之一发生时，将停止传送。

（1）DREQ 变为无效。

（2）字节数计数器减 1 由 0 变为 FFFFH，产生 TC 信号。

（3）外界输入 $\overline{EOP}$ 有效信号。

当 DREQ 无效时，8237A 停止传送，内部的当前地址寄存器和当前字节数计数器还保留当时的数值，一旦外设准备好要传送的新数据，可以再次使 DREQ 变为有效，就可以使传送继续下去。当 DREQ 无效时，8237A 停止传送，此时释放总线，当 DREQ 重新有效时，将重新开始一次 DMA 请求过程。

4）级联传送方式

这种方式允许连接一个以上的芯片来扩展 DMA 通道的个数。其连接方法是将扩展的 DMA 芯片的 HRQ 和 HLDA 分别连到主片的某个通道的 DREQ 和 DACK 上。当主片接到扩展芯片的 DMA 请求并响应后，它仅发出 DACK 应答，其他的地址信号与控制信号一律禁止，由扩展芯片控制 DMA 传送。这种情况下，主片的连接通道只起两个作用：一是优先级连接的作用，即将从片的 4 个 DMA 通道纳入主片的优先级管理机制；二是向 CPU 输出 HRQ 和传递 HLDA。图 6.6.2 是二级级联的例子。

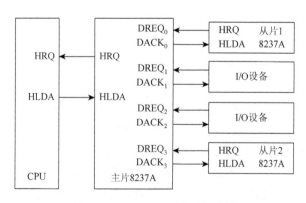

图 6.6.2　8237A 级联方式示意图

3. 传送类型

DMA 系统无论工作在单片方式，还是多片级联方式，也不管采用单字节传送、数据块传送、请求传送中的哪种传送方式，都可以对每个通道的方式字寄存器进行设置，采用 DMA 读、DMA 写、DMA 校验等三种不同的传送类型。

（1）DMA 读。8237A 输出有效的 $\overline{\text{MEMR}}$ 和 $\overline{\text{IOW}}$ 信号，把存储器的数据读到 I/O 设备。

（2）DMA 写。8237A 输出有效的 $\overline{\text{IOR}}$ 和 $\overline{\text{MEMW}}$ 信号，把 I/O 设备的数据写到存储器。

（3）DMA 校验。这是一种伪传输，实际上是校验 8237A 芯片内部的读写功能，也就是对读传输功能或写传输功能进行检验。在这种传送类型中，8237A 芯片的操作如同 DMA 读和 DMA 写一样，产生地址信号以及对 $\overline{\text{EOP}}$ 响应等，但对存储器和 I/O 设备的控制线（$\overline{\text{MEMR}}$、$\overline{\text{MEMW}}$、$\overline{\text{IOW}}$、$\overline{\text{IOR}}$）均处于无效状态，禁止实际传送。DMA 校验的传输功能是器件测试时才使用的，一般的使用者对这项功能并不感兴趣。

4. 优先级编码

8237A 芯片可设定为两种优先级编码：固定优先级和循环优先级，这两种优先级编码我们已介绍过。

固定优先级中 4 个通道的优先级顺序是固定的，DREQ_0 最高，DREQ_3 最低。循环优先级中 4 个通道的优先级顺序是可变的，但其变化仍有一定的规律。当某一个通道申请 DMA 请求并被响应服务后，它就被指定为最低优先级，它的下一级就成为最高优先级。值得注意的是，在任何情况下，DMA 请求都禁止嵌套服务。当一个通道的 DMA 请求被响应并服务后，其他三个通道的 DMA 请求都将被禁止，无论它们的优先级是高还是低。优先级排队只在 DMA 响应之前有效，DMA 响应之后则无效。

5. 自动初始化方式

通过对方式字寄存器的编程，可设置某个通道为自动初始化方式。

自动初始化方式的功能是，当该通道完成一个数据传送并产生 $\overline{\text{EOP}}$ 信号时（可能由内部的 TC 产生，也可能由外部产生），用基址寄存器和基字节数计数器的内容，使相应的当前地址寄存器和当前字节数计数器恢复初值。当前地址寄存器和当前字节数计数器的最初值，是由 CPU 在初始化编程时写入的（这个最初值同时也写入基址寄存器和基字节数计数器），但在 DMA 传送过程中，当前地址寄存器和当前字节数计数器的内容被不断修改，而基址寄存器和基字节数计数器的内容维持不变（除非重新编程）。在自动初始化以后，通道就做好了进行另一次 DMA 传送的准备。

6. 存储器到存储器的传送

利用这种方式，可以使数据块从一个存储空间传送到另一个存储空间，将程序的影响和传输时间减到最小。

这种方式需要占用 8237A 的两个通道。由通道 0 的地址寄存器提供源地址，通道 1 的地址寄存器提供目的地址，通道 1 的字节数计数器提供传送的字节数，传送由设置一个通道 0 的软件 DREQ 启动，8237A 按正常方式向 CPU 发出 HRQ，当 CPU 发出总线响应信号 HLDA 后，DMA 传送即可开始。每次传送需要两个总线周期（8 个时钟状态）：第一个总线周期（前 4 个时钟状态）先将源地址（由通道 0 指示，传送后地址寄存器做相应修改）的数据读入 8237A 的暂存器，在第二个总线周期（后 4 个时钟状态）再将暂存器的内容放到数据总线上，然后在写信号的控制下，将数据总线上的数据写入目的地址（由通道 1 指示，传送后地址寄存器做相应修改）的存储单元，然后通道 1 的当前字节数计数器减 1。继续这种传送，直到通道 1 的字节数计数器的值减 1 由 0 变为 FFFFH 时，产生 $\overline{EOP}$ 信号，从而终止 DMA 服务。

6.6.3　8237A 的工作时序

8237A 的工作时序有正常时序、压缩时序和扩展写时序。对应各种工作时序有两类工作周期：空闲周期和操作周期。操作周期也称为有效周期。全部工作周期分为 7 种时钟状态（时钟周期）：空闲状态 S_I，起始状态 S_0，传送状态 S_1、S_2、S_3、S_4 以及等待状态 S_w。

1. 工作周期

工作周期中 7 种时钟状态的作用如图 6.6.3 所示。

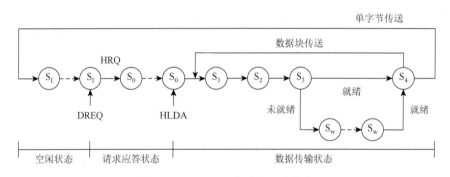

图 6.6.3　8237A 工作时序 7 种状态

1）空闲周期

在所有的通道都没有 DMA 请求时，8237A 就处于空闲周期，执行连续的空闲状态 S_I。在空闲周期内，每个 S_I 状态都要进行两种检测。

（1）检测有无 $\overline{CS}$ 信号，以确定有无 CPU 对 8237A 的操作要求。若 $\overline{CS}$ 信号有效，则表明 CPU 要对 8237A 进行读写操作，此时，8237A 以从态方式工作，作为 CPU 的一个 I/O 接口，进入编程状态，受 CPU 的控制。对 8237A 的 DMA 初始化工作就是在这种状态下实现的。

（2）检测有无 DREQ 信号，以确定是否有 I/O 设备送来有效的 DMA 请求。若 DREQ 有效，则产生总线请求 HRQ，从 S_I 状态进入 S_0 状态，此时，8237A 以主态方式工作，以后的工作都由 8237A 来控制。

2）操作周期

8237A 在空闲周期内检测出 DMA 请求 DREQ 有效后，便进入操作周期（有效周期），操作周期有 6 种状态。

（1）S_0 起始状态：S_0 是个过渡过程。

当 DMA 控制器在 S_1 状态检测出 DREQ 请求并发出总线请求 HRQ 之后，就进入起始状态 S_0（脱离空闲周期进入操作周期），只要 CPU 还未送来有效的总线响应信号 HLDA，8237A 就连续执行 S_0 时钟周期。在每个 S_0 状态的上升沿采样 CPU 响应信号 HLDA。在 HLDA 无效期间，8237A 也可作为 I/O 接口接受 CPU 的访问。当 8237A 接收到 CPU 发来的有效的总线响应信号 HLDA 后，便从 S_0 状态进入 S_1 状态，开始 DMA 的传送过程。

一个 DMA 传送周期由 S_1、S_2、S_3、S_4 组成，若外设的数据传送速度较慢，不能在 S_4 之前完成，则可通过 READY 机制在 S_3 和 S_4 之间插入等待状态 S_w。

（2）S_1 工作状态 1：S_1 是 DMA 传送的第一种工作状态，准备高 8 位地址。

在 S_1 状态，8237A 产生 AEN 信号，使 CPU 以及其他总线主模块与系统的地址线断开，而使 8237A 的地址线 $A_{15} \sim A_0$ 接通。S_1 状态的另一项任务是把本周期要访问的存储单元的高 8 位地址送到数据总线 $D_7 \sim D_0$ 上，并发出地址选通信号 ADSTB，该信号的后沿（下降沿）把这 8 位地址信息锁存到外部的地址锁存器中。只有当 $A_{15} \sim A_8$ 需要刷新，即第一次输出地址，或本次输出与上一次输出内容不符（即当前地址低 8 位 $A_7 \sim A_0$ 有向前进位或向前借位）时，才执行 S_1 状态。这样，在大数据量 DMA 传送过程中，S_1 状态每隔 256 次传送才执行一次，也就是说，在以 256B 为一组的传送循环周期中，节省了 255 个时钟周期，显然提高了 DMA 方式的传送速度。

（3）S_2 工作状态 2：S_2 是 DMA 传送的第二种工作状态，为存储器提供 16 位地址。

到达 S_2 时，高 8 位地址从 $D_7 \sim D_0$ 输出，低 8 位地址从 $A_7 \sim A_0$ 输出，如果存在 S_1 状态，则同时输出 ADSTB 选通信号，使外部电路锁存高 8 位地址信息；如果没有 S_1 状态，则不发送高 8 位地址，高 8 位地址沿用上一次锁存的内容（原地址保持不变）。

在 S_2 期间，要选通存储器和外设，为在 S_3、S_4 时读写数据做好准备。存储器的 16 位地址由地址总线发送，而地址总线只有一条，所以外设的选择不再通过地址线进行逻辑译码，而是由 8237A 的响应通道发出 DMA 响应信号 DACK 来对 I/O 端口寻址。在整个 DMA 传送过程中，DACK 信号一直保持有效状态，即外设一直处于选通状态，而具体的读写操作则是由 8237A 发出的信号来控制。

（4）S_3 工作状态 3：S_3 是 DMA 传送的第三种工作状态，用于输出读控制信号。

若采用扩展写定时方式，则在 S_3 状态提前输出写控制信号。通常，在选用慢速的存储器或外设接口时，需要较长的读写时间，此时由外部电路产生一个控制信号，使 8237A 的 READY 引脚变低，从而在 S_3 状态之后插入一个或几个等待状态 S_w。若采用压缩定时方式则无须 S_3 状态，读写操作在 S_4 中完成，缩短了传送周期。

（5）S_4 工作状态 4：S_4 是 DMA 传送的第四种工作状态，用于输出写控制信号。

在扩展写定时方式时，写控制信号提前在 S_4 状态发送；在压缩定时方式时，读控制信号"迟后"在 S_4 状态输出（此时没有 S_3 状态）。

从 S_1 到 S_4 完成一个完整的数据字节传送：S_1、S_2 提供存储器地址（如果传送过程中，地址的增量、减量计数没有使地址寄存器的高 8 位字节发生变化，那么就不需要 S_1）和使相应外设端口选通（发 DACK 信号），S_3 发出读信号，使源端数据进入数据总线，读出的 8 位数据保持在数据总线上，并不进入 DMA 控制器，而是在 S_4 状态发出写信号后，直接写入目标端。

S_4 状态在完成发送写控制信号的同时，在芯片内部还要进行两种传送方式的判别。如果是单字节传送方式，则撤销总线请求信号 HRQ，释放总线回到空闲状态 S_I。如果是数据块传送方式，则返回 S_I 状态，继续下一字节的传送。数据块传送结束后释放总线，撤销 HRQ。无论哪种方式，只要字节数计数器减 1 由 0 变为 FFFFH，均发出 $\overline{\text{EOP}}$ 有效信号，指示 DMA 传送结束。

（6）S_w 等待状态：S_w 是为协调外设与存储器之间的传送速度而设置的时钟状态。

是否采用 S_w 视 8237A 的 READY 信号的状态而定。如果速度匹配，则 READY = 1（就绪），此时不插入 S_w。如果外设与存储器之间的传送速度（读写时间）不匹配，则外部电路（专门设计的一个电路）使 READY = 0，此时将在 S_3 和 S_4 之间插入 S_w。插入几个 S_w 将视 READY = 0 的时间长短而定。直到 READY = 1 才停止插入，从而进入 S_4 进行写操作。

2. 正常时序

8237A DMA 控制器可选择正常时序、压缩时序和扩展写时序等操作时序。不同操作时序的实质是控制读、写脉冲发出的时间与时钟信号 CLK 的对应关系。

正常时序传送一字节数据包含 4 个时钟脉冲周期，即 $S_1 \sim S_4$ 状态。产生的读写脉冲信号与这 4 个状态有确定的对应关系。若数据块传送中不改变高 8 位地址，则省去 S_1，只占用 S_2、S_3、S_4 三个状态。

3. 压缩时序

压缩时序方式所占用的脉冲数将减少。压缩时序操作把读命令的宽度压缩到等于写命令的宽度，省掉了 S_3，即由 S_4 完成读和写的操作。所以，在压缩时序方式下传送一字节数据需要占用 3 个时钟周期，即 S_1、S_2、S_4，而在大多数情况下高 8 位地址并不改变，于是省掉了 S_1，因此，在数据块传送中大多数情况占用两个时钟周期，即 S_2 和 S_4。此时用 S_2 状态修改低 8 位地址值，用 S_4 状态完成读和写的操作，也就是把正常时序中 S_3 和 S_4 两个状态的功能压缩在一个状态中完成。由于压缩时序传送类型只用两个状态完成一个数据字节的传送，因此它具有更高的数据传送速率。

由于压缩时序能提高传送速度，似乎都应当设置为这种方式，但实际情况却不这么简单。这种方式对整个系统提出了更高的要求（包括 DMA 控制器、存储器和外设）。到底选择哪种时序方式要依据系统的时钟、8237A 的时间参数、存储器的读写响应时间等确定，需要通过计算来确定压缩时序能否保证可靠地传送数据。时钟脉冲 CLK 是主要的，8237A 有多种型号，如 8237A、8237A-4、8237A-5 等，它们都有自己的时间参数。如果 CLK 周期很短，8237A 就不能满足其暂态时间参数的要求，也就不能采用压缩时序，如果存储器或外设的响应速度慢，尚可通过 READY 信号进行协调，所以一个 DMA 控制器能否采用压缩时序的关键在于自身的时间参数。

4. 扩展写时序

在正常时序操作下，可选择扩展写方式，即写命令提前到读命令，从 S_3 状态开始（一般情况下，读为 S_3、S_4 状态，写为 S_4 一个状态）。也就是说，写命令与读命令一样，扩展为两个时钟周期。

6.6.4　8237A 的编程

8237A 依靠它的可编程特性实现各种工作方式的选择和设定。8237A 在 HLDA 信号处于无效的任何时间里，即使 HRQ 有效，也可以接受 CPU 对它的编程。CPU 对 8237A 的编程初始化工作是通过 8237A 的端口进行的。

8237A 的端口是用 $A_3A_2A_1A_0$ 低 4 位地址线编址的，共有 16 个端口地址。假设以 DMA 代表 16 个端口地址的首地址，那么写通道 2 基字节数计数器的端口地址可表示为 DMA＋05H，写方式寄存器的端口地址可表示为 DMA＋0BH。16 个端口地址分为以下两部分。

（1）00H～07H 分配给 4 个通道相应的 16 位寄存器，它们的端口地址分配如表 6.6.3 所示。

表 6.6.3　寄存器及其端口地址

通道	基和当前地址寄存器端口	基和当前字节数计数器端口
通道 0	DMA＋0	DMA＋1
通道 1	DMA＋2	DMA＋3
通道 2	DMA＋4	DMA＋5
通道 3	DMA＋6	DMA＋7

由于这几个寄存器都是 16 位，而 8237A 只有 8 位数据线，因此，读/写操作均分两次进行（使用两条 I/O 指令）。每次读/写前应先用软件命令清除字节指针触发器（即先/后触发器），然后以先低字节后高字节的顺序进行读/写操作。

（2）08H～0FH 分配给其他寄存器，其中包括三条不使用数据总线而只利用端口地址进行操作的清除命令。

8237A 的初始化编程命令字总共有 8 个，其中，控制命令有 5 个，即方式字、命令字、请求字、屏蔽字、状态字；清除命令有 3 个，即清先/后触发器软件命令、复位软件命令、清屏蔽寄存器软件命令。

1. 控制命令

方式字写入端口地址 0BH，其主要功能是选择传送方式和传送类型，设置自动初始化方式和地址增量方向。

命令字写入端口地址 08H，其主要功能是选择 DREQ、DACK 有效极性，读写时序，优先级编码方式等。

请求字写入端口地址 09H，其主要功能是设置软件 DMA 请求。

屏蔽字写入端口地址 0AH 或 0FH，其主要功能是允许或禁止通道的 DMA 请求。

状态字从端口地址 08H 读出，其主要功能是反映通道 DMA 请求状态和是否有 TC 信号。

8237A 控制命令字格式如图 6.6.4 所示。

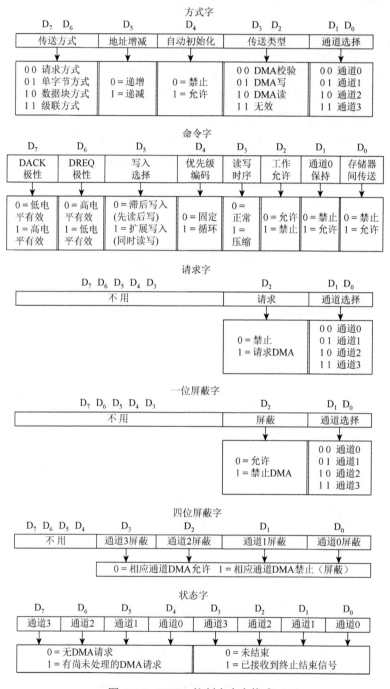

图 6.6.4　8237A 控制命令字格式

命令字的 D_0 位用来设置存储器到存储器的传送方式,但只能在通道 0 和通道 1 之间进行,此时通道 0 的地址寄存器指向源数据存储器,通道 1 的地址寄存器和字节计数器存放目的地址和计数值。在传输时,目的地址寄存器的值进行加 1 或减 1 操作,但是,源地址寄存器的值可以通过设置而保持恒定。为了进行内存到内存的传输,命令字的 D_0 位必须置 1,此时,如果命令字的 D_1 位为 1,则在传输时源地址保持不变。

2. 清除命令

清除命令有三条,这三条命令与数值无关,不需要通过数据总线,即执行输出指令时,AL 的内容可随便设置,只要对特定的端口地址执行一次写操作,依靠这个地址和控制信号,命令就生效。这就是所谓的"软件命令"。

(1)清先/后触发器软件命令(写入端口地址 0CH),即清除字节指针命令,是专为 16 位寄存器的读/写而设置的。因为数据线是 8 位,所以 16 位数据要分两次读/写,而且要使用同一个端口地址。为区分两个高低字节,8237A 设置了先/后触发器作为字节指针,为 0 时对应低字节,为 1 时对应高字节,而且每次对 16 位寄存器的读/写操作,都将使字节指针自动翻转一次:由 0 变 1,或由 1 变 0,从而控制高、低字节的读/写。系统复位后,先/后触发器被清零。

清先/后触发器软件命令使字节指针(先/后触发器)被清零。

(2)复位软件命令(写入端口地址 0DH),此命令与硬件的 RESET 信号功能相同,是软件复位命令,除了使屏蔽寄存器各位置 1 外,其他各寄存器均被清零,使 8237A 进入空闲状态,准备接受 CPU 对它的初始化编程,此时 8237A 处于从态方式。

(3)清屏蔽寄存器软件命令(写入端口地址 0EH),其功能是将 4 个通道的屏蔽位清除,允许它们接受 DMA 请求。该命令是对屏蔽寄存器操作的第三个命令。

3. 8237A 的编程步骤

(1)CPU 发复位软件命令。

(2)写入基址及当前地址值。

(3)写入基字节数和当前字节数初值。

(4)写入方式字。

(5)写入屏蔽字。

(6)写入命令字。

(7)写入请求字,可用软件 DMA 请求启动通道,也可在步骤(1)~(6)完成以后,等待外部 DREQ 请求信号。

在编程中应注意以下几点。

(1)16 位寄存器的读/写顺序:先低后高。最好先使先/后触发器清零,保证先低后高的顺序。

(2)保证编程和 HLDA 是互相排斥的。编程时应保证 CPU 的编程(对 8237A 的初始化写入操作)与 HLDA 是互相排斥的。因为当 CPU 正对某个通道编程时,若该通道接收到一个 DMA 请求,问题就会发生。例如,CPU 正开始对通道 0 的 16 位寄存器操作,此时该通道接收到一个 DMA 请求,若 8237A 允许工作,且通道 0 是非屏蔽的,则在写入一字节后就开始了 DMA 服务。为确保硬件信号不影响软件编程,应在编程开始时禁止 8237A 工作或屏蔽该通道,等到编程结束后再允许 8237A 工作或清除通道的屏蔽位。

例 6.6.1　8237A 数据块传送。

设在某 8088 系统中,用 8237A 通道 1 将内存 1000H 单元开始的 24KB 数据转存到软盘之中(暂不考虑 20 位地址的问题,可认为 1000H 就是基址的初值)。采用数据块方式传送,地址增量方式下,只传送一遍,设 DREQ 和 DACK 低电平有效,当 $A_{15}\sim A_4$ = 0000 0000 0111 时选中 8237A,要求设计 8237A 通道 1 的初始化程序。

(1)端口地址:$A_3\sim A_0$ 由 8237A 芯片内部译码,编码范围是 0000～1111,再与 $A_{15}\sim A_4$ 组合,则端口地址范围是 0070H～007FH。

(2)传送字节数:24KB 对应十六进制数为 6000H,但写入通道字节数计数器的值应为 6000H–1 = 5FFFH,因为 TC 的产生不是在计数器由 1 到 0 的跳变处,而是在计数器由 0 到 FFFFH 的跳变处。所以写入的计数初值应比实际字节数少一个。

(3)方式字:按题目要求,方式字的组合为 1000 1001B。

(4)一位屏蔽字:按题目要求,一位屏蔽字的组合为 0000 0001B。

(5)命令字:按题目要求,命令字的组合为 0100 0000B。

(6)初始化程序:

```
START: MOV DX,007DH    ;发复位软件命令
       OUT  DX,AL
       MOV  DX,0072H
       MOV  AL,00H
       OUT  DX,AL          ;送基址和当前地址低 8 位
       MOV  AL,10H
       OUT  DX,AL          ;送基址和当前地址高 8 位
       MOV  DX,0073H
       MOV  AL,0FFH        ;送基计数值和当前计数值低 8 位
       OUT  DX,AL
       MOV  AL,5FH         ;送基计数值和当前计数值高 8 位
       OUT  DX,AL
       MOV  DX,007BH
       MOV  AL,89H         ;写入方式控制字,DMA 读传送
       OUT  DX,AL
       MOV  DX,007AH
       MOV  AL,01H         ;写入屏蔽字
       OUT  DX,AL
       MOV  DX,0078H
       MOV  AL,40H         ;写入命令控制字
       OUT  DX,AL
       ……
```

6.6.5 8237A 在 PC 中的应用

1. DMA 控制逻辑电路

8237A 在 PC 中的 DMA 控制逻辑电路如图 6.6.5 所示，电路由 DMA 控制器 8237A、地址译码器 74LS138、编码器 74LS148、页面寄存器 74LS670、地址驱动器 74LS244 和地址锁存器 74LS373 组成。下面分别介绍后四个器件的功能和作用。

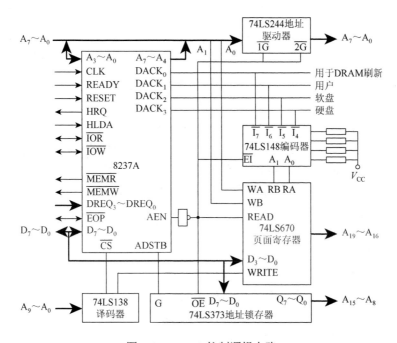

图 6.6.5 DMA 控制逻辑电路

1）编码器 74LS148

74LS148 是 8/3 线八进制优先编码器，图 6.6.6 给出了该芯片的引脚和逻辑关系。

由逻辑关系可知，当输入控制端 $\overline{EI}$ 为 0 时，编码器工作。当 $\overline{EI}$ 为 1 时（此时，输入端 $\overline{I_7} \sim \overline{I_0}$ 任意），输出端 $A_2 \sim A_0$ 为 111、输出使能端 $\overline{EO}$ 为 1、优先标志端 $\overline{GS}$ 也为 1，编码器处于不工作状态。当 $\overline{EI}$ 为 0，且至少有一个输入端为 0 时，$\overline{GS}$ 为 0，否则 $\overline{GS}$ 为 1。当八个输入端均无低电平信号只有 $\overline{I_0}$（优先级别最低位）有低电平输入时，$A_2 \sim A_0$ 均为 111，这可由 $\overline{GS}$ 的状态加以区别，当 $\overline{GS} = 1$ 时，表示八个输入端均无低电平输入，$\overline{GS}$ 为 0 时，$A_2 \sim A_0$ 均为 111，表示响应 $\overline{I_0}$ 的输出代码。$\overline{EO}$ 只有在 $\overline{EI}$ 为 0 且所有输入端都为 1 时，输出为 0，它可与另一片同样器件的 $\overline{EI}$ 连接，构成更多输入端的优先编码器。从逻辑关系不难看出，输入端优先级别的次序依次为 $\overline{I_7}$、$\overline{I_6}$、…、$\overline{I_0}$。当某一输入端有低电平输入，且比它优先级别高的输入端无低电平输入时，输出端才输出对应该输入端的代码。这就是优先编码器的工作原理。

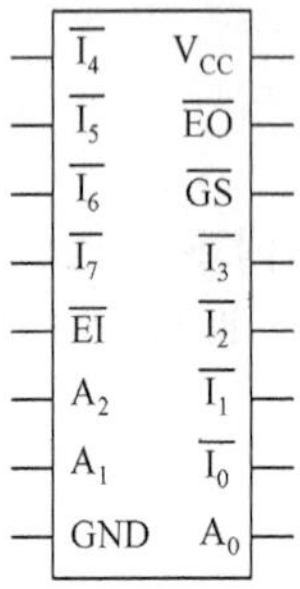

74LS148 控制逻辑

74LS148	$\overline{I_4}$	V_{CC}
	$\overline{I_5}$	$\overline{EO}$
	$\overline{I_6}$	$\overline{GS}$
	$\overline{I_7}$	$\overline{I_3}$
	$\overline{EI}$	$\overline{I_2}$
	A_2	$\overline{I_1}$
	A_1	$\overline{I_0}$
	GND	A_0

输 入									输 出				
$\overline{EI}$	$\overline{I_0}$	$\overline{I_1}$	$\overline{I_2}$	$\overline{I_3}$	$\overline{I_4}$	$\overline{I_5}$	$\overline{I_6}$	$\overline{I_7}$	A_2	A_1	A_0	$\overline{GS}$	$\overline{EO}$
1	×	×	×	×	×	×	×	×	1	1	1	1	1
0	1	1	1	1	1	1	1	1	1	1	1	1	0
0	×	×	×	×	×	×	×	0	0	0	0	0	1
0	×	×	×	×	×	×	0	1	0	0	1	0	1
0	×	×	×	×	×	0	1	1	0	1	0	0	1
0	×	×	×	×	0	1	1	1	0	1	1	0	1
0	×	×	×	0	1	1	1	1	1	0	0	0	1
0	×	×	0	1	1	1	1	1	1	0	1	0	1
0	×	0	1	1	1	1	1	1	1	1	0	0	1
0	0	1	1	1	1	1	1	1	1	1	1	0	1

图 6.6.6　74LS148 的引脚和逻辑关系

在 DMA 控制逻辑电路中，可以将 74LS148 的 $\overline{I_3}$ ～ $\overline{I_0}$ 经上拉电阻接 +5V，将 $\overline{I_7}$ ～ $\overline{I_4}$ 分别接 8237A 的 DACK$_0$～DACK$_3$ 端，且设置 DACK$_0$～DACK$_3$ 为低电平有效，将 8237A 的 AEN 端经反相器接 $\overline{EI}$，将 74LS148 的输出端 A_1、A_0 分别接在页面寄存器 74LS670 的输入端 RB、RA 上。上述接法，当 8237A 进行 DMA 传送时，8237A 的 AEN 端为高电平，经反相器使 $\overline{EI}$ 为 0，此时，DACK$_0$～DACK$_3$ 中某一个为低电平有效，就会对应地给 74LS670 的输入端 RB、RA 送 00、01、10、11 信号。00、01、10、11 信号分别选择 74LS670 中的 0～3 组寄存器。

2）页面寄存器 74LS670

8237A 的地址线为 16 位，每个通道传送的最大字节数为 64KB。为了能对系统内存的 1MB 地址空间进行寻址，在 DMA 控制逻辑电路中设有 4 个 DMA 页面寄存器，存放 4 个 DMA 通道操作的高 4 位地址 A_{19}～A_{16}。4 个 DMA 页面寄存器用 4 组 4 位的寄存器电路 74LS670 来实现，其引脚和逻辑关系如图 6.6.7 所示。当其控制端 WRITE 为低电平时，数据写入由 WB、WA 的编码所指定的某组寄存器中。当控制端 READ 为低电平时，数据从由 RB、RA 的编码所指定的寄存器组中读出。

在 DMA 传送之前，执行输出指令时，74LS138 地址译码器输出端（设地址为 80H～83H）使 WRITE 为低电平有效信号，数据（A_{19}～A_{16}）经数据总线写入由 A_1、A_0（连到 WB、WA）的编码所指定的某组页面寄存器中。

进行 DMA 传送时，8237A 的 AEN 端为高电平，经反相器后 READ 为低电平有效信号，相应的页面寄存器的内容就放到系统的地址总线上，以形成对存储器进行存取的高 4 位地址，它和 8237A 送出的 16 位地址一起形成了 20 位地址，因此可在 1MB 空间的任意 64KB 空间进行 DMA 传送。系统中通道 0～3 分别使用 0～3 组寄存器。

3）地址驱动器 74LS244

地址驱动器由 74LS244 三态输出的八缓冲器和线驱动器组成。该缓冲器有 8 个输入端，分为两路（1A$_1$～1A$_4$、2A$_1$～2A$_4$），8 个输出端也分为两路（1Y$_1$～1Y$_4$、2Y$_1$～2Y$_4$），分别由两个门控信号控制，当门控信号均为低电平时，$1Y_1\sim1Y_4$ 的电平与 $1A_1\sim1A_4$ 的电平相同、$2Y_1\sim2Y_4$ 的电平与 $2A_1\sim2A_4$ 的电平相同。而当门控信号均为高电平时，输出 $1Y_1\sim1Y_4$ 和 $2Y_1\sim2Y_4$ 为高阻态。经 74LS244 缓冲后，输入信号被驱动，输出信号的驱动能力加大。

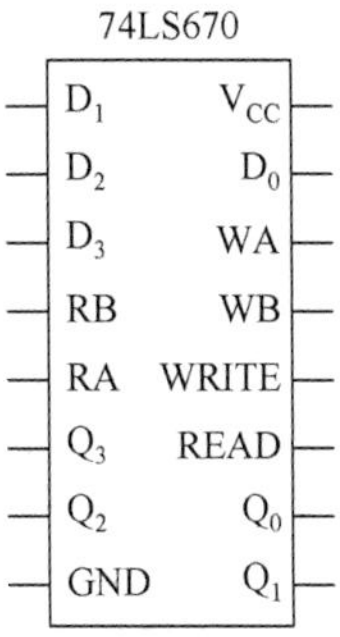

74LS670

D₁	V_CC
D₂	D₀
D₃	WA
RB	WB
RA	WRITE
Q₃	READ
Q₂	Q₀
GND	Q₁

74LS670控制逻辑

WRITE	WB	WA	功能
0	0	0	写入0组寄存器
0	0	1	写入1组寄存器
0	1	0	写入2组寄存器
0	1	1	写入3组寄存器

READ	RB	RA	功能
0	0	0	读出0组寄存器
0	0	1	读出1组寄存器
0	1	0	读出2组寄存器
0	1	1	读出3组寄存器

图 6.6.7　74LS670 的引脚和逻辑关系

当进行 DMA 传送时，8237A 的 AEN 端为高电平，经反相器后使门控信号均为低电平，实现对地址线 $A_7\sim A_0$ 驱动的目的。在非 DMA 传送时，8237A 的 AEN 端为低电平，经反相器后使门控信号均为高电平，此时，74LS244 的输出 $1Y_1\sim1Y_4$ 和 $2Y_1\sim2Y_4$ 均为高阻态。

4）地址锁存器 74LS373

74LS373 是一种 8D 锁存器，具有三态驱动输出。该锁存器有 8 个输入端 $D_7\sim D_0$、8 个输出端 $Q_7\sim Q_0$、两个控制端 G 和 $\overline{OE}$。使能端 G 有效时，将 D 端数据打入锁存器中 D 门，当输出允许端 $\overline{OE}$ 有效时，将锁存器中锁存的数据送到输出端 Q。

进行 DMA 传送时，8237A 的 ADSTB 和 AEN 端均为高电平，AEN 端信号经反相器后使 $\overline{OE}$ 为低电平，此时，74LS373 的 $A_{15}\sim A_8$ 与 8237A 数据线 $D_7\sim D_0$ 的内容（即给出的地址 $A_{15}\sim A_8$）相同，当 ADSTB 信号由高变低时，74LS373 内锁存了 8237A 给出的地址 $A_{15}\sim A_8$。

2. 8237A 的使用

8237A 对应的端口地址设为 0000H～000FH，最高 4 位地址 $A_{19}\sim A_{16}$ 的页面寄存器 74LS670 的端口地址设为 80H～83H。

1）初始化程序段

```
MOV  AL,04
OUT  08H,AL      ;输出控制命令，关闭8237A，使它不工作
OUT  0DH,AL      ;发总清命令
```

```
        MOV   DX,00H        ;通道 0 地址寄存器对应的端口号
        MOV   CX,0004        ;4 个通道
   A1:  MOV   AL,0FFH
        OUT   DX,AL          ;写入地址低位,先/后触发器在总清时已清除
        OUT   DX,AL          ;写入地址高位,这样 16 位地址为 FFFFH
        ADD   DX,2           ;指向下一个通道的地址寄存器
        LOOP  A1             ;使 4 个通道的地址寄存器中均为 FFFFH
        MOV   AL,58H         ;方式字
        OUT   0BH,AL         ;对通道 0 进行方式选择,单字节传输,DMA 读,
                             ;地址加 1 变化,设置自动初始化功能

        MOV   AL,41H
        OUT   0BH,AL         ;对通道 1 设置方式,单字节传输,DMA 校验,
                             ;地址加 1 变化,无自动初始化功能

        MOV   AL,42H
        OUT   0BH,AL         ;对通道 2 设置方式,同通道 1

        MOV   AL,43H
        OUT   0BH,AL         ;对通道 3 设置方式,同通道 1
        MOV   AL,0           ;命令字
        OUT   08H,AL         ;对 8237A 设控制命令,DACK 为低电平有效,
                             ;DREQ 为高电平有效,固定优先级,启动工作
        OUT   0AH,AL         ;使通道 0 去除屏蔽
        INC   AL
        OUT   0AH,AL         ;使通道 1 去除屏蔽
        INC   AL
        OUT   0AH,AL         ;使通道 2 去除屏蔽
        INC   AL
        OUT   0AH,AL         ;使通道 3 去除屏蔽
```

此时,4 个通道开始工作,通道 1～3 为 DMA 校验传输,而校验传输是一种虚拟传输,不修改地址,也不真正传输数据,所以地址寄存器的值不变,只有通道 0 真正进行传输。

2)测试程序段

测试的过程是:写入—读出—比较—判断。下面的程序段对通道 1～3 的地址寄存器的值进行测试。

```
        MOV   DX,2           ;2 是通道 1 的地址寄存器端口
        MOV   CX,0003        ;测试 3 个通道
   A1:  IN    AL,DX          ;读地址的低位字节
        MOV   AH,AL
        IN    AL,DX          ;读地址的高位字节
```

```
    CMP  AX,0FFFFH        ;比较读取的值和写入的值是否相等
    JNZ  A2               ;如不等,则转 A2
    ADD  DX,2             ;指向下一个通道
    LOOP A1               ;测下一个通道
    ……                   ;后续测试
A2: ……                   ;如出错,则进行错误处理
```

习　题

6.1　什么是接口?接口与端口有什么不同?

6.2　接口的基本功能是什么?

6.3　画出一个微型计算机 I/O 接口的一般结构图,标明接口内部主要寄存器及外部主要信号线。

6.4　简述接口按应用的分类,并各举一例。

6.5　CPU 与外部设备之间为什么要使用接口?

6.6　输入输出有哪几种寻址方式?各有什么特点?

6.7　CPU 与外设之间的数据传送有哪几种控制方式?分别进行简要说明。

6.8　设置无条件输入端口的前提条件是什么?一个典型的无条件输入接口应由哪几部分组成?

6.9　设置无条件输出端口的前提条件是什么?一个典型的无条件输出接口应由哪几部分组成?

6.10　一个条件传送的输出接口,其数据和状态端口地址分别为 205H 和 206H,忙状态位用 D_0 传送,输出数据时可启动外设,将存储器 BUFFER 缓冲区中的 5000B 数据输出,要求:(1)画出电路逻辑图;(2)画出程序流程图;(3)编写程序段。

6.11　设计一个查询式输入接口电路,请简答:(1)该电路有几个端口?各传送什么性质的信息?(2)请说明其工作原理;(3)编写出查询的程序。

6.12　采用 74LS244 和 74LS373 与 PC 总线工业控制机接口,设计 8 路数字量输入接口和 8 路数字量输出接口,请画出接口电路原理图,并分别编写数字量输入和数字量输出程序。

6.13　简要说明 DMA 传送方式占用总线的方法及原理。

6.14　简述 DMA 的传送过程(从申请总线到释放总线)。

6.15　计算机的 I/O 传送中,与程序查询传送和程序中断传送相比,DMA 传送的主要优点是什么?

6.16　什么是总线?简述微型计算机总线的分类。

6.17　什么是总线标准?为什么要制定总线标准?总线标准应包括哪些内容?

6.18　简述 PCI 总线的特点。

6.19　简述 PCI 总线中桥接器的作用。

6.20 STD 总线是一种什么总线？它的结构特点是什么？

6.21 USB 有何特点？

6.22 IDE 总线有何特点？

6.23 SCSI 总线有何特点？

6.24 IEEE 1394 总线有何特点？

6.25 AGP 总线有何特点？

6.26 IEEE 488 总线有何特点？

6.27 CAN 总线有何特点？

6.28 Centronic 总线接口有什么作用？

6.29 8259A 芯片是一种什么类型的芯片？试说明 8259A 芯片的主要功能。

6.30 说明 8259A 的中断优先级管理方式的特点。

6.31 说明 8259A 的中断结束方式的特点。

6.32 说明 8259A 中断控制器中的 IRR、ISR 和 IMR 三个寄存器的功能。

6.33 简述 8259A 如何在特殊全嵌套方式下实现全嵌套。

6.34 8259A 的电平触发中断的方式用于什么场合？使用时应注意什么问题？

6.35 CPU 对中断响应与对 DMA 响应有什么不同，为什么？

6.36 Pentium 微处理器在响应单片 8259A 的中断过程中连续执行两个 INTA 中断响应周期，每个周期的功能是什么？

6.37 8259A 设置为自动循环优先级方式，在处理完当前 IR_4 的中断服务程序后，试指出 8259A 的优先级排队顺序。

6.38 试述 8259A 的初始化编程过程。

6.39 说明 DMA 控制器 8237A 的主要功能与特点。

6.40 简要说明 8237A 四种基本传送方式的特点。

6.41 简要说明 8237A 三种传送类型。

6.42 简要说明 8237A 的两种 DMA 启动方式和两种 DMA 结束方式。

6.43 说明 8237A 基址寄存器、当前地址寄存器、基字节数计数器、当前字节数计数器的作用。

6.44 DMA 控制器 8237A 的信号线 $\overline{IOW}$ 和 $\overline{IOR}$ 是单向的还是双向的？为什么？

6.45 如何理解 8237A 的软件命令？

6.46 说明 8237A 和页面寄存器联合形成 20 位地址的方法。

6.47 说明 8237A 中正常时序、压缩时序、扩展时序的含义。

第 7 章 可编程接口芯片

随着集成电路技术的发展，接口电路早已集成化，并出现了许多可编程接口芯片。为了具有通用性，这些芯片通常被设计成具有多项功能或多种工作方式，用户在使用时通过编程选择自己所需的功能或工作方式。

尽管早期的可编程接口芯片在现代微型计算机中已不再独立出现，但是本章在介绍时，还是以它们为讲解对象，因为这些是理解现代微型计算机所用芯片的基础。此外，在单片机等微机系统或输入/输出设备中还常常用到它们。

7.1 可编程并行输入/输出接口芯片 8255A

8255A 是一种通用的可编程并行 I/O 接口芯片，是为 Intel 8080/8085 系列微处理器设计的，也可用于其他系列的微机系统。

7.1.1 8255A 的内部结构及引脚功能

8255A 为 40 引脚、双列直插式封装，其引脚及内部结构如图 7.1.1 所示。由图可看出，8255A 的内部结构由数据端口、组控制电路、数据总线缓冲器、读/写控制逻辑四部分组成。

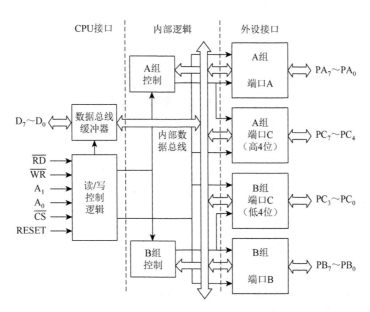

图 7.1.1 8255A 的引脚及内部结构示意图

1. 数据端口

8255A 有 3 个 8 位数据端口：端口 A、端口 B 和端口 C，分别简称为 A 口、B 口和 C 口。它们对外的引线分别是 $PA_7 \sim PA_0$、$PB_7 \sim PB_0$ 和 $PC_7 \sim PC_0$。每一个端口都可由程序设定为输入或输出。C 口可分成两个 4 位的端口：C 口的高 4 位口 $PC_7 \sim PC_4$ 和 C 口的低 4 位口 $PC_3 \sim PC_0$。

端口 A 有一个 8 位数据输入锁存器和一个 8 位数据输出锁存/缓冲器。端口 B 有一个 8 位数据输入缓冲器和一个 8 位数据输出锁存/缓冲器。端口 C 有一个 8 位数据输入缓冲器和一个 8 位数据输出锁存/缓冲器。

通常 A 口与 B 口用作 I/O 的数据端口，C 口用作控制或状态信息的端口。在方式字的控制下，C 口可以分成两个 4 位的端口，每个端口包含一个 4 位锁存器，可分别与 A 口和 B 口配合使用，可以用作控制信号输出或作为状态信号输入。

2. 数据总线缓冲器

数据总线缓冲器是一个三态 8 位双向缓冲器，$D_7 \sim D_0$ 与系统数据总线相连。CPU 通过执行 I/O 指令来实现对缓冲器发送或接收数据。8255A 的控制字和状态字也是通过该缓冲器传送的。

3. A 组和 B 组的控制电路

在 8255A 内部，3 个端口分成两组来管理。A 口及 C 口高 4 位为 A 组，B 口及 C 口低 4 位为 B 组。两组分别设有控制电路，根据 CPU 发出的方式选择控制字来控制 8255A 的工作方式，每个控制组都接收来自读/写控制逻辑的"命令"，接收来自内部数据总线的"控制字"，并向与其相连的端口发出适当的控制信号。

4. 读/写控制逻辑

读/写控制逻辑用来管理数据信息、控制字和状态字的传送，它接收来自 CPU 地址总线和控制总线的有关信号，向 8255A 的 A、B 两组控制部件发送命令。

对 8255A 进行控制的信号有以下几个。

A_1、A_0：片内寄存器选择信号。

$\overline{CS}$：片选信号，低电平有效。

$\overline{RD}$：读信号，低电平有效。

$\overline{WR}$：写信号，低电平有效。

RESET：复位信号，高电平有效。该信号用来清除所有的内部寄存器，并将 A 口、B 口和 C 口均置成输入状态。

控制信号 $\overline{CS}$、$\overline{RD}$、$\overline{WR}$ 以及 A_1、A_0 的组合可以实现对三个数据口和控制口（控制寄存器）的读/写操作，如表 7.1.1 所示。

表 7.1.1　8255A 端口功能选择

操作类型	$\overline{CS}$	A_1	A_0	$\overline{RD}$	$\overline{WR}$	功能
	0	0	0	0	1	数据总线←端口 A
读操作	0	0	1	0	1	数据总线←端口 B
	0	1	0	0	1	数据总线←端口 C
	0	0	0	1	0	端口 A←数据总线
写操作	0	0	1	1	0	端口 B←数据总线
	0	1	0	1	0	端口 C←数据总线
	0	1	1	1	0	控制寄存器←数据总线
无操作	0	1	1	0	1	无意义
与总线 "脱开"	1	×	×	×	×	数据总线三态
	0	×	×	1	1	数据总线三态

7.1.2　8255A 的控制字

8255A 有两种控制字：一种是方式选择控制字；另一种是对端口 C 进行置位或复位的控制字。这两种控制字均为 8 位。

1. 方式选择控制字

方式选择控制字用来设置工作方式，8255A 有三种基本工作方式：方式 0 是基本的输入/输出方式，方式 1 是选通的输入/输出方式，方式 2 是双向传输方式。端口 A 可以工作在三种工作方式中的任何一种，端口 B 只能工作在方式 0 或方式 1，端口 C 则常常配合端口 A 和端口 B 工作，为这两个端口的输入/输出传输提供控制信号和状态信号。方式选择控制字的格式及含义如图 7.1.2 所示。

图 7.1.2 中最高位 D_7 为 1，作为该控制字的标志位。紧接着的 4 位用来对 A 组进行设置，最低的 3 位用来对 B 组进行设置。A 组可设置成三种工作方式的任一种，因此用 D_6、D_5 位来规定工作方式。B 组只能选择方式 1 或方式 0，所以工作方式的选择仅需 D_2 位。D_4 和 D_3 位分别规定 A 组的 A 口和 C 口高 4 位是输入还是输出。D_1 和 D_0 位分别规定 B 组的 B 口和 C 口低 4 位是输入还是输出。

2. 端口 C 的置位/复位控制字

端口 C 的任一位可用这个控制字来置位或复位，而其他位保持不变。该控制字的格式及含义如图 7.1.3 所示。

该控制字用最高位 D_7 为 0 作为标志位。$D_6 \sim D_4$ 不用，一般取 0。$D_3 \sim D_1$ 用来进行位选择，即指定对哪一位进行操作。D_0 用来表示是置位还是复位。该控制字为对端口 C 的按位操作提供了方便。

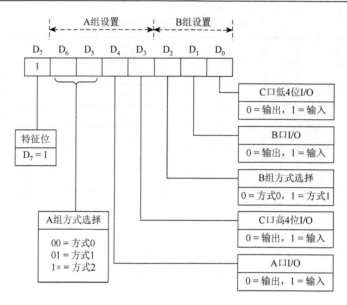

图 7.1.2　8255A 的方式选择控制字

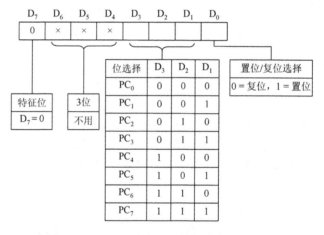

图 7.1.3　8255A 对端口 C 置位/复位的控制字

7.1.3　8255A 的工作方式

1. 方式 0

方式 0 为基本的输入/输出方式。在方式 0 下，C 口的高 4 位和低 4 位以及 A 口、B口都可以独立地设置为基本的输入口或输出口。4 个口的输入/输出可以有 16 种组合方式，且均可以由方式控制字确定。8255A 在方式 0 工作时，CPU 可以采用无条件输入/输出方式与 8255A 交换数据。如果把 C 口的两个部分用作控制和状态口，与外设的控制和状态端相连，CPU 也可以通过对 C 口的读写，实现 A 口与 B 口的查询方式工作。

CPU 执行一条输入指令，便可从 8255A 指定端口读入数据。在整个读出期间，地址信号保持有效，输入数据必须保持到读信号结束后才消失（在方式 0 时，输入数据不做锁存）。

　　CPU 执行一条输出指令，便可将数据送到指定端口的输出缓冲器。在整个写入期间，地址信号必须在写信号前有效，从而使片选信号 $\overline{\text{CS}}$，端口选择信号 A_1、A_0 有效，并且要求地址信号一直保持到写信号撤除以后才消失，数据必须在写信号结束前出现在数据总线上，且保持一定的时间。这样，在写信号结束后，CPU 输出的数据就可以出现在 8255A 的指定端口，从而可以送到外部设备。

　　2. 方式 1

　　方式 1 为选通的输入/输出方式（或称应答式输入/输出）。在方式 1 下将三个端口分成 A、B 两组，A、B 两个端口仍作为数据 I/O 端口，而 C 端口分成两部分，分别作为 A 端口和 B 端口的联络信号。在 8255A 中规定三位联络信号，两个数据端口共用去 C 端口的六位，剩下的两位可以用作数据传输，用方式控制字的 D_3 位来设置它的输入/输出。在方式 1 下，I/O 端口均有锁存功能。

　　1）方式 1 的输入

　　当 8255A 的 A、B 两个端口均工作在方式 1 输入时，其逻辑功能结构如图 7.1.4 所示。由图可见，A 口用 C 口的 PC_3、PC_4 和 PC_5 引脚作为联络信号，而 B 口则用 C 口的 PC_0、PC_1 和 PC_2 引脚作为联络信号。C 口剩下的 PC_6、PC_7 可以用作数据传输。

　　联络信号的作用如下。

　　（1）$\overline{\text{STB}}$：输入的选通信号，低电平有效。由外设提供，为低电平时，把输入的数据送入 A 端口（$PA_7 \sim PA_0$）或 B 端口（$PB_7 \sim PB_0$）的数据锁存器。

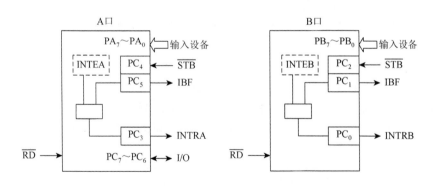

图 7.1.4　方式 1 输入的逻辑功能结构

　　（2）IBF：输入缓冲器满信号，高电平有效。由 8255A 输出，有效时，用以通知外部设备输入的数据已写入缓冲器。

　　（3）INTR：中断请求信号，高电平有效。当外部设备要向 CPU 传送数据或请求服务时，8255A 就用 INTR 端的高电平向 CPU 提出中断请求。当 $\overline{\text{STB}}$、IBF 和 INTE 都为高电平时，表明数据锁存器内已写入了数据，使 INTR 成为高电平输出。CPU 响应中断执行

IN 指令后，在 $\overline{\text{RD}}$ 控制下从 8255A 中读取数据时，$\overline{\text{RD}}$ 的下降沿使 INTR 复位，$\overline{\text{RD}}$ 的上升沿又使 IBF 复位，使外设知道可以进行下一字节的输入了。

（4）INTE：中断允许信号。A 端口用 PC_4 位的置位/复位控制，B 端口用 PC_2 位的置位/复位控制。只有当 PC_4 或 PC_2 置 1 时，才允许对应的端口送出中断请求。

图 7.1.5 是方式 1 输入时序。

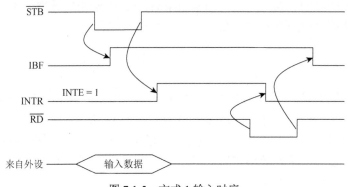

图 7.1.5　方式 1 输入时序

从方式 1 的输入时序图中可以看到，当外设准备好数据，在送出数据的同时，送出一个选通信号 $\overline{\text{STB}}$。$\overline{\text{STB}}$ 信号把数据装入 8255A 的输入缓冲器。$\overline{\text{STB}}$ 有效后，输入缓冲器满信号 IBF 有效，通知外设暂时不要送新的数据。此信号可供 CPU 查询，这为 CPU 工作在查询方式下输入数据提供了条件。8255A 在选通信号结束以后，若 INTE 为 1，便发出中断请求信号 INTR，这样，为 CPU 工作在中断方式下输入数据提供了条件。不管 CPU 是用查询方式还是中断方式，每当从 8255A 读入数据时，CPU 都会发出读信号 $\overline{\text{RD}}$。如果工作在中断方式，那么当读信号 $\overline{\text{RD}}$ 有效以后，就将中断请求信号 INTR 清除，$\overline{\text{RD}}$ 信号结束之后（此时，数据已经读到 CPU 的寄存器中），输入缓冲器满信号 IBF 变低，从而可以开始下一个数据输入过程。

2）方式 1 的输出

当 8255A 的 A、B 两个端口均工作在方式 1 输出时，其逻辑功能结构如图 7.1.6 所示。由图可见，A 口用 C 口的 PC_3、PC_6 和 PC_7 引脚作为联络信号，而 B 口则用 C 口的 PC_0、PC_1 和 PC_2 引脚作为联络信号。C 口剩下的 PC_4、PC_5 可以用作数据传输。

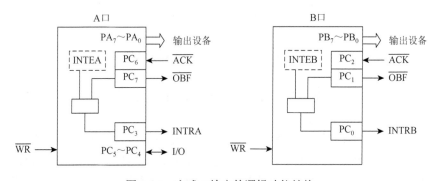

图 7.1.6　方式 1 输出的逻辑功能结构

联络信号的作用如下。

（1）$\overline{OBF}$：输出缓冲器满信号，低电平有效。由 8255A 输出，当其有效时，表示 CPU 已经将数据输出到指定的端口，通知外设可以将数据取走。

（2）$\overline{ACK}$：响应信号，低电平有效。由外设送来，有效时表示 8255A 的数据已经被外设所接收。

（3）INTR：中断请求信号，高电平有效。当外设接收了由 CPU 送给 8255A 的数据后，8255A 就用 INTR 端向 CPU 发出中断请求，请求 CPU 再输出后面的数据。INTR 是当 $\overline{ACK}$、$\overline{OBF}$ 和 INTE 都为高电平时，才能被置成高电平，由 $\overline{WR}$ 的下降沿清除。

（4）INTE：中断允许信号。A 口的 INTE 由 PC_6 置位/复位，B 口的 INTE 由 PC_2 置位/复位。

图 7.1.7 是方式 1 的输出时序。

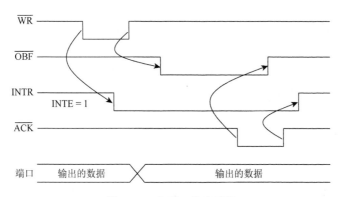

图 7.1.7　方式 1 输出时序

工作在方式 1 的输出端口一般采用中断方式与 CPU 相联系。从方式 1 的输出时序图中可以看出，CPU 响应中断以后，执行一条输出指令，将数据送到数据总线，并发出写信号 $\overline{WR}$。写信号 $\overline{WR}$ 起三个作用：第一，将数据写入输出缓冲器；第二，$\overline{WR}$ 下降沿清除 INTR，为下一次中断请求做准备；第三，$\overline{WR}$ 上升沿使 $\overline{OBF}$ 变为有效，通知外设可以使用 8255A 的数据。实际上，外设可利用 $\overline{OBF}$ 做接收数据的选通脉冲。

当外设接收数据后，便发一个 $\overline{ACK}$ 信号。$\overline{ACK}$ 信号一方面使 $\overline{OBF}$ 无效，表示数据已经取走，当前输出缓冲器为空；另一方面，又使 INTR 有效，向 CPU 发出中断请求，从而可以开始下一个新的输出过程。

3. 方式 2

方式 2 为双向选通输入/输出方式。方式 2 只限于 A 口使用，用 C 口的 5 位进行联络。工作时输入、输出数据都能锁存。当 A 口在方式 2 下工作时，B 口可以在方式 0 或方式 1 下工作。双向选通输入/输出方式是通过 A 口 8 位数据线与外设进行双向通信的方式，既能发送，又能接收数据。工作时可以用中断方式，也可以用查询方式与 CPU 联系。当 8255A 的 A 口工作在方式 2 时，其逻辑功能结构如图 7.1.8 所示。

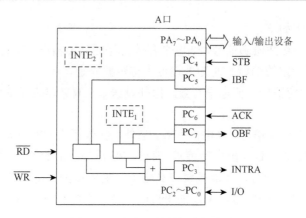

图 7.1.8　方式 2 的逻辑功能结构

　　图 7.1.8 中的 5 个联络信号与方式 1 中的含义基本相同。因为是双向传送，所以 INTRA 在输入或输出时都可以产生。图中 $INTE_1$ 是与输出相关的中断允许，由对 PC_6 的置位/复位控制。$INTE_2$ 是与输入相关的中断允许，由对 PC_4 的置位/复位控制。

　　方式 2 的时序可认为是方式 1 的输入方式时序和方式 1 的输出方式时序的组合。为节省篇幅，这里不给出具体的时序图。

7.1.4　8255A 的应用举例

　　例 7.1.1　8255A 方式 0 应用：8255A 产生波形接口电路。

　　利用 8255A 在方式 0 下工作，使其在 PC_0、PC_3 引脚产生如图 7.1.9 所示的波形，试编写相应程序段。设 8255A 各端口地址分别设为 60H、61H、62H 和 63H，波形延时时间可调用延时 1ms 子程序（D1ms）实现。

　　根据要求可确定端口 C 工作在方式 0 输出，其余端口无具体要求，也均定为方式 0 输出。需要说明的是，此例 8255A 的设计思想可用于实现低频串行通信。

　　程序段如下：

```
START:MOV  AL,80H;送各口方式 0 输出控制字
    OUT  63H,AL
A1:MOV  AL,01H
    OUT  62H,AL
    CALL  D1ms
    MOV  AL,09H
    OUT  62H,AL
    CALL  D1ms
    MOV  AL,00H
    OUT  62H,AL
    CALL  D1ms
```

```
MOV  AL,08H
OUT  62H,AL
CALL D1ms
JMP  A1
```

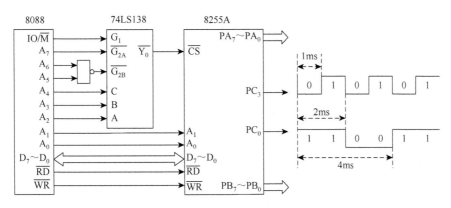

图 7.1.9　8255A 产生波形接口电路

例 7.1.2　8255A 方式 0 应用：用 8255A 作为主机连接打印机接口。

在简单的打印机电路连接中，使用 Centronic 总线的 $D_7 \sim D_0$、$\overline{STB}$、BUSY 就可以了，图 7.1.10 是通过并行接口芯片 8255A 连接打印机的电路示意图，这是一种典型的连接。

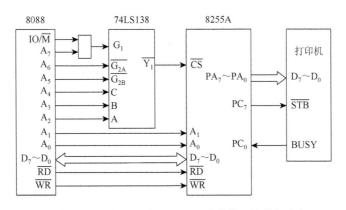

图 7.1.10　8255A 通过 Centronic 总线接口连接打印机

当主机开始打印输出时，先测试打印机忙信号状态（BUSY）。如果打印机处于忙状态，则 BUSY=1，如果是不忙状态，则 BUSY=0。在 BUSY=0 的情况下，主机可以通过 8255A 向打印机输出一个字符。此时，还需要向打印机输出一个负脉冲的选通信号给打印机的 $\overline{STB}$ 端，用负脉冲信号作为字符送到打印机输入缓冲器的选通脉冲。

通过图 7.1.10 中的电路连接，可以确定 8255A 的端口 A、端口 B、端口 C 和控制端口的地址分别设为 84H、85H、86H 和 87H。设打印字符存放在 3000H 的内存单元中。

程序段如下:

```
START:MOV  AL,81H      ;送各口方式 0 控制字
      OUT  87H,AL      ;端口 A、端口 B、PC7~PC4 输出,PC3~PC0 输入
      MOV  AL,0FH      ;PC7=1,使 STB 为高电平
      OUT  87H,AL
A1:IN  AL,86H          ;读端口 C
      TEST AL,01H
      JNZ  A1          ;如果 PC0=1(BUSY=1),打印机处于忙状态,继续查询
      MOV  AL,[3000H]
      OUT  84H,AL      ;由端口 A 输出字符
      MOV  AL,0EH      ;PC7=0,使 STB 为低电平
      OUT  87H,AL
      INC  AL
      OUT  87H,AL      ;PC7=1,使 STB 为高电平,从而产生一个负脉冲信号
      ……
```

7.2 可编程计数器/定时器 8253

计数器/定时器在微机控制系统中有着广泛的应用,如在微机实时控制系统中常需要对多个被控对象进行定时采样、处理,或者对某一工作过程进行计数等。另外,微机中系统时钟日历、动态存储器的刷新以及扬声器的工作也需要由计数器/定时器提供时钟信号。它也可以在多任务的分时系统中提供精确的定时信号以实现各任务间的切换。

实现定时和计数通常有三种方法,即软件方法、硬件方法和采用可编程芯片。

软件方法:执行一段程序可达到延时的目的,利用一个寄存器或一个存储器单元可达到计数的目的。优点是容易实现,节约硬件开销,定时时间和计数次数调整灵活;缺点是占用 CPU 的时间,降低了 CPU 的工作效率,定时不够精确。

硬件方法:设计一个硬件电路,如 555 集成电路外加电阻、电容,或者 CD4020 集成电路,就可完成定时和计数。但是,一旦电路形成,则定时时间和计数次数随之确定,要想改变,就只能重新设计硬件电路。该方法的优点是不占用 CPU 的时间,缺点是有硬件投资,有些电路定时不是很精确,定时时间和计数次数调整麻烦。

上述两种方法各有优缺点,不能一概而论,应视系统的具体情况,根据 CPU 的任务处理量来择优选用。但是,当系统要求定时精确、不占用 CPU 时间、可灵活调整定时时间或计数次数时,则只能采用可编程的计数器/定时器芯片,8253 就是这种芯片。

8253 是 Intel 系列可编程计数器/定时器,它可以通过简单的编程设定工作方式、定时时间或计数次数,使用方便灵活,并且 8253 初始化后可单独工作,整个定时或计数过程不再占用 CPU 时间,因此得到了广泛的应用。

7.2.1　8253 的基本功能

8253 的基本功能如下。

（1）含有三个独立的 16 位计数器，能够进行三个 16 位的独立计数。

（2）每一个计数器具有六种工作方式。

（3）能进行二进制/十进制计数（减法计数）。所谓十进制计数，是指 BCD 码计数，每个计数器可表示 4 位十进制数的 BCD 码，每来一个计数脉冲，按照十进制数减 1 规律进行计数。例如，当前的计数值为 1000 0100 0000 0000B（8400H），来一个计数脉冲后，变为 1000 0011 1001 1001B（8399H）。

（4）计数频率为 0～2MHz。

（5）可做计数器或定时器。

7.2.2　8253 的内部结构及引脚功能

8253 为 24 引脚，双列直插式封装，其内部结构如图 7.2.1 所示。由图可看出，8253 的内部结构由数据总线缓冲器、读/写控制逻辑、三个独立的计数器三部分组成。

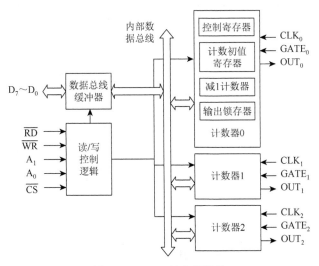

图 7.2.1　8253 的内部结构

1. 数据总线缓冲器

数据总线缓冲器是一个三态 8 位的双向缓冲器，$D_7 \sim D_0$ 与系统数据总线相连。CPU 通过执行 I/O 指令来实现对缓冲器发送或接收数据。8253 的控制字也是通过该缓冲器传送的。

2. 读/写控制逻辑

读/写控制逻辑用来管理数据信息和控制字的传送，它接收来自 CPU 地址总线和控制总线的有关信号（$\overline{RD}$、$\overline{WR}$ 等），向三个独立的计数器的控制部件发送命令。对 8253 进行控制的信号有以下几种。

A_1、A_0：片内寄存器选择信号。这两个地址线一般接到系统地址总线的 A_1 和 A_0 上，它们的功能是编码选择三个计数器和一个控制寄存器。其端口编码为：$A_1A_0 = 00$，计数器 0 端口；$A_1A_0 = 01$，计数器 1 端口；$A_1A_0 = 10$，计数器 2 端口；$A_1A_0 = 11$，控制寄存器端口。

$\overline{CS}$：片选信号，低电平有效。CPU 用此信号来选择 8253，在此芯片不被选中的情况下，读信号和写信号没有意义，也不起作用。

$\overline{RD}$：读信号，低电平有效。$\overline{RD}$ 是由 CPU 发来的控制信号，$\overline{RD}$ 信号通知 8253，CPU 要读 8253 中的某个计数器的计数值，也就是说由 $\overline{RD}$ 来读取 8253 中的某个计数器的相关内容。

$\overline{WR}$：写信号，低电平有效。$\overline{WR}$ 是由 CPU 发来的控制信号，CPU 通过此信号向 8253 发送控制字和计数值。

控制信号 $\overline{CS}$、$\overline{RD}$、$\overline{WR}$ 以及 A_1、A_0 的组合可以实现对三个计数器和控制寄存器的读写操作，如表 7.2.1 所示。

表 7.2.1　8253 端口的读写控制

$\overline{CS}$	A_1	A_0	$\overline{RD}$	$\overline{WR}$	功能
0	0	0	0	1	数据总线←读计数器 0 当前值
0	0	1	0	1	数据总线←读计数器 1 当前值
0	1	0	0	1	数据总线←读计数器 2 当前值
0	0	0	1	0	设置计数器 0 的初始值←数据总线
0	0	1	1	0	设置计数器 1 的初始值←数据总线
0	1	0	1	0	设置计数器 2 的初始值←数据总线
0	1	1	1	0	（设置控制字）控制寄存器←数据总线

3. 计数器

三个计数器中每一个都有三条信号线。

CLK：计数脉冲输入，用于输入定时基准脉冲或计数脉冲。这个引脚输入的脉冲可以是系统时钟，也可以是由系统时钟分频或其他脉冲源提供的，可以是连续的、周期性的、均匀的，也可以是断续的、周期不定的、不均匀的。在一定程度上，这个输入脉冲信号决定了计数是工作在计数方式还是定时方式。

GATE：选通输入（或称门控输入），用于启动或禁止计数器的操作，以使计数器和计数输入信号同步。通常，当 GATE 引脚为低电平时，禁止计数器工作；当 GATE 引脚为高电平时，允许计数器工作。

OUT：输出信号，以相应的电平指示计数的完成或输出脉冲波形。无论 8253 工作在何种方式，当减 1 计数器减 1 到 0 时，在 OUT 引脚上必定有输出，输出波形取决于 8253 计数器的工作方式。

每个计数器中有以下四个寄存器。

（1）6 位的控制寄存器，初始化时，将控制字寄存器中的内容写入该寄存器。

（2）16 位的计数初值寄存器，初始化时写入该计数器的初始值，其最大初始值为 0000H。

（3）16 位的减 1 计数器，计数初值由计数初值寄存器送入减法计数寄存器，当计数输入端输入一个计数脉冲时，减法计数寄存器内容减 1。

（4）16 位的输出锁存器，用来锁存计数执行部件的内容，从而使 CPU 可以对此进行读操作。

当某计数器用于计数或定时时，都是从计数初值开始对每一个外部输入时钟脉冲 CLK 减 1 计数，待计数值减 1 为 0 时，输出端按设定工作方式输出波形。如果所加的 CLK 时钟脉冲是非周期的、频率不固定的，则 OUT 端的输出表示计数次数已到，这是实现计数器的功能，如果所加的 CLK 时钟脉冲是周期的、频率一定且稳定的，则 OUT 端的输出表示定时时间已到，这是实现定时器的功能。因此，任一计数器通道作为定时器功能或计数器功能使用时，其内部操作完全相同，区别仅在于外部脉冲 CLK 的特性。可见，定时的本质就是计数。

计数初值的计算如下。

计数方式：

$$计数值 = 要求的计数次数$$

定时方式：

$$计数值 = 定时时间/时钟脉冲周期$$

各计数器通道的输入脉冲和输出状态之间的关系与门控脉冲（GATE 信号）的控制有关，而门控脉冲的作用又依赖于工作方式的选择。

7.2.3　8253 的控制字

8253 只有一个控制字，主要功能是选择工作方式、读写格式和计数方式，其格式和含义如图 7.2.2 所示。D_7、D_6 两位用来选择计数器，$D_5 \sim D_0$ 对应每个计数器中的控制寄存器。

值得注意的一点是，控制字的 D_7、D_6 用于选择计数器，地址线的 A_1、A_0 也用于选择计数器，它们的区别何在？事实上，$A_1 A_0 = 00$、01、10 选择的是计数器的数据端口，向这些端口中送入的是计数初值，从这些端口读出的是当前计数值。$A_1 A_0 = 11$ 选择的是三个计数器共用的控制端口，向这个端口中送入的是控制字，这个端口禁止读出。而控制字中的 D_7、D_6 是在送入控制端口的前提下，用于控制后面的 $D_5 \sim D_0$ 送给哪一个计数器进行工作环境设置。

D_5、D_4 两位用来规定读/写格式，8253 规定了只读/写低 8 位、只读/写高 8 位和先读/写低 8 位后读/写高 8 位三种读写格式，还有一种计数器锁存方式。

D_3、D_2、D_1 三位用来选择工作方式，每个计数器有六种工作方式。

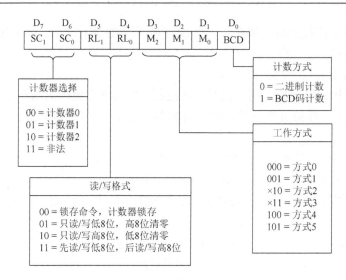

图 7.2.2　8253 控制字的格式

D_0 位用来规定是二进制计数还是十进制计数（BCD 码计数）。无论在哪种计数方式下，0 都是最大值。因为减 1 计数器的工作原理是先减 1，后判断，为 0 则在 OUT 端产生输出，而 0 减 1 不为 0，而是相应数制有效位数的最大值。对 16 位而言，在二进制中，0 减 1 为 FFFFH，故 0 表示最大值 2^{16} = 65536。在十进制中，0 减 1 为 9999，故 0 表示最大值 10^4 = 10000（BCD 码是用 4 位二进制数表示一位十进制数）。

因为 8253 的控制寄存器和三个计数器分别具有独立的编程地址，并且控制字本身的内容又确定了所控制的寄存器序号，所以，对 8253 的编程没有太多严格的顺序规定，使用非常灵活。但是，编程有两条原则必须严格遵守。

（1）对每一个计数器而言，控制字必须在计数值之前写入。在任何一种工作方式下，都必须先向 8253 写入控制字，控制字还起复位作用，它使 OUT 端变为工作方式中规定的状态和对计数初值寄存器清零。

（2）16 位计数初值的写入必须遵守控制字中读/写格式规定的顺序。

在计数器/定时器的应用中，可以在计数进行的过程中读取计数器中的计数值，并根据这个参数判断系统运行情况。8253 可以很好地做到这一点。8253 有两种方法可以读取每一个计数器的现有计数值，这两种方法是简单读出方式和锁存读出方式。

（1）简单读出方式。一个计数器的现有计数值可以通过读取减 1 计数器而获得（在未锁存的状态下，输出锁存器的状态跟随减 1 计数器的状态，即减 1 计数器的状态可通过输出锁存器读出）。这种方法的前提条件是利用外部电路禁止 CLK，否则，在读操作时可能减 1 计数器正在改变（处于减 1 操作的过程中），从而造成结果的不确定性。

也可以在读操作之前，暂时让 GATE 信号禁止计数器工作，但这种方法依赖于相应的工作方式，因为有的工作方式在 GATE 信号由禁止到允许产生的跳变中将启动计数器重新工作，从而破坏了系统的计数状态。

由此可见，简单读出方式就是利用外部电路禁止 CLK 输入，或利用 GATE 信号停止计数器工作，然后用 IN 命令读出。16 位计数值的读出顺序要遵守控制字中读/写格式的规定。

（2）锁存读出方式。锁存读出方式是通过设置一条锁存命令来实现的，这个锁存命令是控制字中读/写格式的一种组合。

在执行锁存命令时，被选中计数器的输出锁存器就会在计数器通道收到命令时，将计数值锁存住，该计数值将一直被锁存在输出锁存器中，直到 CPU 读取或计数器被重新设置。读出后，输出锁存器自动变成解锁状态，又会继续跟随减 1 计数器的内容。这种方式下，CPU 可随时读取输出锁存器的内容，而又不影响正在进行的计数过程。

如果输出锁存器已被锁存，在未读取输出锁存器之前，该输出锁存器又被锁存一次，则第二个锁存命令被自动忽略，输出锁存器中锁存的仍然是第一个锁存命令产生的结果，有必要再三强调的一点是，被锁存的计数值在读出的时候必须遵循事先规定的读/写格式，明确地说，如果读/写格式规定为"先低字节后高字节"，那么两字节必须都读取。当然，两字节的读取可以不连续，中间可以插入其他指令，也可以和写入操作穿插进行，如下列的读/写操作顺序是正确的：

读低字节→写入新的低字节→读高字节→写入新的高字节

锁存读出方式举例如下：设采用 8253 计数器 2 产生连续脉冲，计数初值为 1234H，按二进制方式计数。令 8253 各端口地址依次为 40H、41H、42H、43H（对应计数器 0、计数器 1、计数器 2 和控制寄存器）。

实现以锁存读出方式读计数器 2 的当前计数值的程序如下：

```
MOV  AL,10110100B   ;8253 计数器 2 控制字设置
OUT  43H,AL
MOV  AL,34H         ;低字节计数值
OUT  42H,AL
MOV  AL,12H         ;高字节计数值
OUT  42H,AL
…                   ;其他程序
…
MOV  AL,10000000B   ;8253 计数器 2 锁存命令
OUT  43H,AL
IN  AL,42H          ;读低字节
MOV  CL,AL
IN  AL,42H          ;读高字节
MOV  CH,AL          ;结果在 CX 中
…                   ;其他程序
```

7.2.4　8253 的工作方式

8253 有 6 种工作方式，在不同的方式下，计数器的启动方式、GATE 端输入信号的作

用以及 OUT 端的输出波形都有所不同。下面分别说明每一种方式的要点。

在本节中，$\overline{WR}$ 表示初始化时执行输出指令所发的写信号，CW 表示写控制字，LSB 表示写计数初值（一般情况下，写初值应有两个负脉冲，第一个送低 8 位，第二个送高 8 位。这里为了波形简洁，只画了一个，因为只有低 8 位数据）。

1. 方式 0（计数结束中断方式）

图 7.2.3 所示为方式 0 的波形示意图。当方式 0 控制字写进某计数器的控制寄存器后，计数器的输出 OUT 立即变低（与 GATE 的状态无关）。CPU 写计数初值的 $\overline{WR}$ 信号上升沿将这个计数值先送到计数初值寄存器，在 $\overline{WR}$ 信号上升沿之后的下一个 CLK 脉冲的下降沿，才将计数初值从计数初值寄存器送到减 1 计数器。在 GATE 为高电平的情况下，减 1 计数器开始计数。每来一个计数脉冲 CLK，减 1 计数器的值减 1，当减 1 计数器的值变成 0 时，OUT 变为高电平。此高电平一直保持到 CPU 又写入一个方式 0 控制字，OUT 又立即变低，再写入计数初值，减 1 计数器按照新的计数初值开始计数；或者 CPU 重新写一个计数初值，OUT 也立即变低，计数器按新的计数初值计数。

在计数过程中，可由 GATE 为低电平来控制减 1 计数器暂停计数，直到 GATE 又变为高电平时，减 1 计数器又继续计数。但 GATE 信号的变化不影响 OUT 的状态。

在计数过程中可改变计数值，若为 8 位数，则在写入新的计数初值后，减 1 计数器将按新的计数初值重新开始计数；若为 16 位数，则在写入低字节后，减 1 计数器停止计数，而在写入高字节后，减 1 计数器才按照新的计数初值开始计数。

方式 0 是专为工作在中断方式而设计的，计数结束中断的 OUT 信号可通过 8259A 作为 CPU 的中断请求信号。使用时应注意，若计数初值为 n，要经过 $n+1$ 个 CLK 脉冲信号 OUT 才由低电平变为高电平。

方式 0 的工作过程总结如下。

1）结果特点

计数器减 1 为 0 时，OUT 升高，向 CPU 发中断请求。

2）过程特点

（1）控制字写入：OUT = 0，当控制字写入控制字寄存器后，输出端 OUT 变成低电平，并且在计数值减到 0 之前一直保持低电平。

（2）计数值写入：OUT 不变，仍然为低电平（OUT = 0）。

（3）启动方式：写入计数值，之后必须在下一个 CLK 时钟脉冲到来时，计数初值才由计数初值寄存器传送到减 1 计数器。这样，如果计数初值为 n，若 GATE = 1，则输出端 OUT 要在计数初值写入后再过 $n+1$ 个 CLK 时钟，才升为高电平。

（4）计数期间：OUT 为低电平（OUT = 0）。

（5）计数为 0 时：OUT 升高（OUT = 1），向 CPU 发中断请求（如果使用中断），直到 CPU 写入新的控制字或计数值时，才能使 OUT = 0。

（6）计数期间写入新的计数值：如果计数值是一字节，则在写入后的下一个时钟脉冲，新的计数值由计数初值寄存器送入减 1 计数器，开始新的计数。

如果计数值是两字节，则写入第一字节时中止计数，写入第二字节后的下一个时钟脉冲时,新的计数值由计数初值寄存器送入减 1 计数器,启动计数器按新的计数值开始计数。

（7）GATE 的作用：GATE = 0 时,禁止计数,计数器停止；GATE = 1 时,允许计数,此时计数器从刚才断的地方开始连续计数。

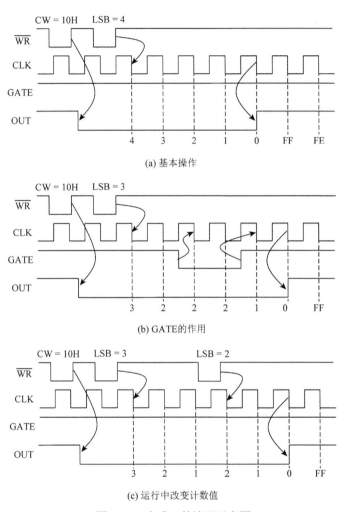

图 7.2.3　方式 0 的波形示意图

（8）计数值有效期限：计数值一次有效,在写入计数值,并由计数初值寄存器送入减 1 计数器启动计数器后,计数初值寄存器中保存的计数初值就已经没有意义了。当计数器减 1 为 0 时,OUT 升为高电平,至此,方式 0 的这一次计数过程已全部结束,除非重新写入计数值启动计数通道,否则计数器不再进行有意义的计数工作。但是,有一点必须清楚,计数通道中的减 1 计数器仅仅完成简单的操作：每来一个 CLK 脉冲就减 1,这一操作不依赖于通道是否在正常工作。所以,在方式 0 中,减 1 计数器减 1 为 0 时发出 OUT = 1,此后方式 0 的这一次计数过程结束,但每来一个 CLK 脉冲,减 1 计数器仍然减 1,即减 1 计数器减 1 为 0 后来第一个 CLK 脉冲,减 1 计数器变为 FFFFH,来第二个 CLK 脉冲,减 1 计数器变为 FFFEH,再来一个 CLK 脉冲,减 1 计数器变为 FFFDH,接着每来一个

CLK 脉冲，减 1 计数器依次变为 FFFCH→FFFBH→…→0001H→0000H→FFFFH→…，在这个过程中，对 OUT 没有影响，其计数过程也没有任何意义。无论减 1 计数器的当前内容是多少，启动一个计数过程时，都按最新写入的计数初值开始计数。当然，在减 1 计数器的非正常计数过程中，GATE 也起到控制作用（读者可以想象：GATE 和 CLK 通过一个"与门"后进入减 1 计数器，所以 GATE 起到允许和禁止 CLK 的作用）。这种过程在其他方式中也同样体现，不再说明。

2. 方式 1（可编程单稳方式）

图 7.2.4 所示为方式 1 的波形示意图。当方式 1 控制字写进某计数器的控制寄存器后，输出 OUT 立即变高（与 GATE 的状态无关）。当 CPU 写完计数初值后，下一个 CLK 脉冲的下降沿，才将计数初值从计数初值寄存器送到减 1 计数器。此时减 1 计数器并不开始计数，直到 GATE 由低电平向高电平跳变形成一个上升沿后的下一个 CLK 输入脉冲才开始计数，OUT 输出由高电平向低电平跳变，形成输出单脉冲的前沿。

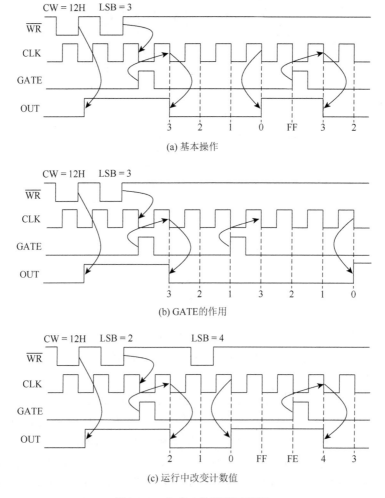

图 7.2.4　方式 1 的波形示意图

在计数过程中，输出保持为低，直到计数到 0，OUT 输出由低电平向高电平跳变，形成输出单脉冲的后沿。若计数器的计数值为 n，则方式 1 输出由低变高这一单拍脉冲的宽度为 CLK 周期的 n 倍。

在计数器计到 0 之后，可用 GATE 脉冲再次启动，计数器又从原计数初值重新开始计数。

在计数过程中，可用 GATE 脉冲再次启动，但不改变输出低电平状态，减 1 计数器将重新按计数初值开始计数，直到再次计数到 0 后，输出才变高。

在计数过程中，CPU 可改变计数值，这对计数过程没有影响，计数到 0 后，输出变高，在 GATE 再启动以后，减 1 计数器将按照新的计数初值计数。

方式 1 的工作过程总结如下。

1）结果特点

输出单拍负脉冲，脉冲宽度可编程设定。

2）过程特点

（1）控制字写入：OUT = 1。

（2）计数值写入：OUT = 1（不变）。

（3）启动方式：GATE 上升沿。启动后的下一个 CLK 脉冲使 OUT 变低电平（OUT = 0），即延迟一个时钟周期。

（4）计数期间：OUT 为低电平（OUT = 0）。

（5）计数为 0 时：OUT 变为高电平（OUT = 1）。

（6）计数期间写入新的计数值：不影响原计数，只有当下一个 GATE 上升沿到来时，才使用新的计数值。

（7）GATE 作用：GATE = 0 或 GATE = 1 时，不影响计数，但若出现上升沿，则重新启动计数器，按最新计数初值开始计数。若在计数尚未结束时，就出现了上升沿，则重新计数，因此，输出负脉冲的宽度延长。这种方式常用于工业控制系统中的干扰自动复位电路。

（8）计数值有效期限：计数值多次有效。计数初值写入计数初值寄存器后，在没有新的计数值写入计数初值寄存器之前，原计数初值在计数初值寄存器中保持不变。以后每触发一次，计数初值寄存器中保存的这个计数初值就装入减 1 计数器一次。

3. 方式 2（脉冲频率发生器方式）

图 7.2.5 所示为方式 2 的波形示意图。当方式 2 控制字写进某计数器的控制寄存器后，输出 OUT 立即变高（与 GATE 的状态无关）。当 CPU 写完计数初值后，下一个 CLK 脉冲的下降沿，才将计数初值从计数初值寄存器送到减 1 计数器。此时减 1 计数器开始对输入时钟 CLK 计数，计数期间输出 OUT 始终保持为高电平。当减 1 计数器减到 1 时，OUT 输出一个负脉冲，脉冲宽度为一个时钟周期，然后输出恢复为高电平，减 1 计数器又继续重新开始计数。

方式 2 如同一个 n 分频计数器，若计数初值为 n，则每到 n 个 CLK 脉冲就输出一个脉冲。因此，这种方式可以作为一个脉冲分频器或用于产生实时时钟中断。

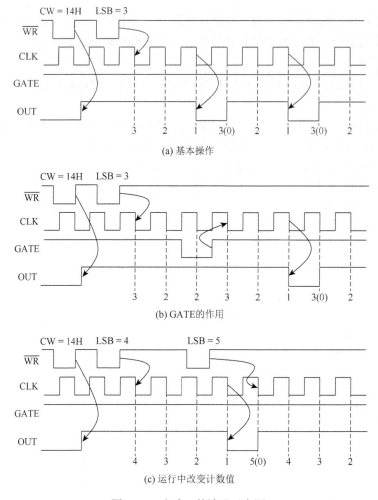

(a) 基本操作

(b) GATE的作用

(c) 运行中改变计数值

图 7.2.5　方式 2 的波形示意图

在计数过程中，可用门控脉冲 GATE 重新启动计数。当 GATE 变低时，现行计数暂停。在 GATE 变高后，下一个 CLK 输入脉冲使减 1 计数器恢复计数初值重新开始计数。所以可用一个外部控制逻辑来控制 GATE，从而达到同步计数的作用。

在计数过程中可以改变计数初值，这对现行的计数过程没有影响。但当原计数过程结束，输出变高后，减 1 计数器将按新的计数初值开始计数。因此，可随时用软件改变输出的脉冲频率。

方式 2 的工作过程总结如下。

1）结果特点

产生连续的负脉冲信号，负脉冲宽度等于一个时钟周期。脉冲周期可由软件设定，脉冲周期 = 计数值×时钟周期。

2）过程特点

（1）控制字写入：OUT = 1。

（2）计数值写入：OUT = 1。

（3）启动方式：两种，一是硬件启动，即 GATE 上升沿启动；二是软件启动，即写入计数值启动（此时 GATE = 1）。

（4）计数期间：OUT 为高电平（OUT = 1），但在减 1 计数器由 1 到 0 的计数中，OUT 输出一个负脉冲，宽度为一个时钟周期。

（5）计数为 0 时：OUT 为高电平（OUT = 1），开始下一个周期的计数。

（6）计数期间写入新的计数值：影响随后的脉冲周期。

（7）GATE 的作用：GATE = 0 时，OUT = 1，停止计数；GATE 上升沿时，启动计数器，重新开始；GATE = 1 时，不影响计数器工作。

（8）计数值有效期限：计数值重复有效。在这种方式下，当计数器的值减到 0 时，计数初值寄存器中的计数初值自动重新装入减 1 计数器，实现循环计数。

4. 方式 3（方波发生器方式）

图 7.2.6 所示为方式 3 的波形示意图。当方式 3 控制字写进某计数器的控制寄存器后，输出 OUT 立即变高（与 GATE 的状态无关）。当 CPU 写完计数初值后，下一个 CLK 脉冲才将计数初值从计数初值寄存器送到减 1 计数器。此时减 1 计数器开始对输入时钟 CLK 计数。在计数值计到一半时，将改变 OUT 输出的状态，使 OUT 变为低电平，直到计数结束，OUT 又恢复为高电平，然后重复此计数过程。

当计数值是偶数时，计数初值写入后的每一个 CLK 脉冲使减 1 计数器都减 2。当计数值是奇数时，计数初值写入后的第一个 CLK 脉冲使减 1 计数器减 1，其后每一个 CLK 脉冲使减 1 计数器减 2。而当计数器减到 0 以后，改变输出状态为低电平，同时重新装入计数值，但此时第一个 CLK 脉冲使减 1 计数器减 3 之后，每一个 CLK 脉冲使减 1 计数器仍减 2，直到计数再次为 0，输出又变为高电平，重复上述过程。因此，方式 3 的 OUT 输出周期为 n 个 CLK 周期。若计数值 n 是偶数，则输出 OUT 是对称方波；若计数值 n 是奇数，则输出 OUT 在 $(n+1)/2$ 计数期间保持为高电平，而在 $(n-1)/2$ 计数期间保持为低电平。

若 OUT 为高电平期间 GATE 变低，则暂停计数过程，直到 GATE 变高，计数器又重新从计数初值开始计数。而在 OUT 为低电平期间 GATE 变低，OUT 立即变为高电平。而当 GATE 变高后，计数器又重新从计数初值开始计数。

在计数过程中，可以改变计数初值，新的初值写入也分两种情况讨论：第一种是 GATE 为高电平时在计数执行过程中新值写入，并不影响现行计数过程，只是在下一个计数过程中按新值进行计数；第二种是在计数执行过程中加入一个 GATE 负脉冲信号，停止现行计数过程，在门控信号上升沿后的第一个时钟周期的下降沿按新初值开始计数。

方式 3 的工作过程总结如下。

1）结果特点

产生连续方波，方波的重复周期 = 计数值×CLK 脉冲周期。

2）过程特点

（1）控制字写入：OUT 为高电平（OUT = 1）。

（2）计数值写入：OUT 为高电平（OUT = 1）。

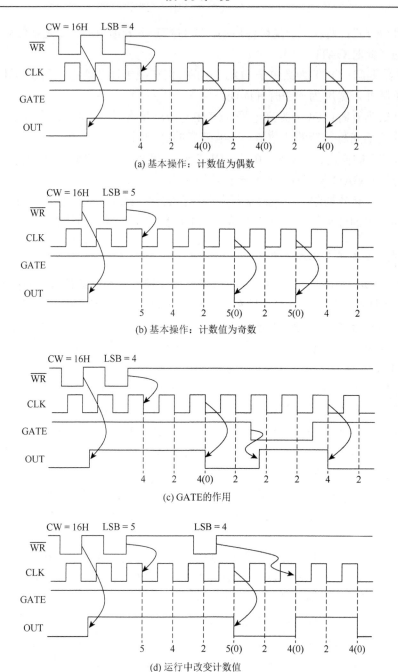

(a) 基本操作：计数值为偶数

(b) 基本操作：计数值为奇数

(c) GATE的作用

(d) 运行中改变计数值

图 7.2.6　方式 3 的波形示意图

（3）启动方式：两种，一种是硬件启动，即利用 GATE 的上升沿启动；另一种是软件启动，即写入计数值启动（此时 GATE = 1）。

（4）计数期间：若计数值 n 为偶数，则在前 $n/2$ 计数期间，OUT 输出高电平（OUT = 1），后 $n/2$ 计数期间，OUT 输出低电平（OUT = 0）；若计数值 n 为奇数，则在前 $(n + 1)/2$

计数期间，OUT 输出高电平（OUT = 1），后 $(n-1)/2$ 计数期间，OUT 输出低电平（OUT = 0）。

（5）计数为 0 时：OUT 输出高电平（OUT = 1），从而完成一个周期。然后，计数初值寄存器的值自动装入减 1 计数器，开始下一个周期。

（6）计数期间写入新的计数值：不影响当前输出周期，等到计数值减到 0 后或 GATE 有上升沿后，将把计数初值寄存器的新内容重新装入减 1 计数器中，开始以新的周期输出方波。

（7）GATE 的作用：GATE = 0 时，计数停止，OUT = 1；GATE = 1 时，不影响计数器工作，计数进行；GATE 有上升沿时，下一个 CLK 时钟使计数初值寄存器内容装入减 1 计数器，开始新的计数。

（8）计数值有效期限：计数值重复有效。

5. 方式 4（软件触发选通方式）

图 7.2.7 所示为方式 4 的波形示意图。当方式 4 控制字写进某计数器的控制字寄存器后，输出 OUT 立即变高（与 GATE 的状态无关）。当 CPU 写完计数初值后，下一个 CLK 脉冲的下降沿，才将计数初值从计数初值寄存器送到减 1 计数器。此时减 1 计数器开始对输入时钟 CLK 计数。当计数到 0 时，输出 OUT 变低，一个输入时钟周期后，又恢复为高电平，计数器停止计数。计数初值是一次性有效的，必须重新设置计数初值才能重新开始计数。

利用方式 4 可以完成定时功能，也可完成计数功能，将计数脉冲从 CLK 输入，使减 1 计数器减到 0，由 OUT 输出负脉冲表示计数次数到，也可利用 OUT 作为中断请求信号。工作方式 4 与工作方式 0 很相似。

方式 4 的工作过程总结如下。

1）结果特点

计数器减为 0 时，输出一个时钟周期的负脉冲。

2）过程特点

（1）控制字写入：OUT 输出高电平（OUT = 1）。

（2）计数值写入：OUT 输出高电平（OUT = 1）。

（3）启动方式：写入计数值。写入计数值后，再过一个 CLK 时钟周期，减 1 计数器获得计数初值，开始减 1 计数。

（4）计数期间：OUT 输出高电平（OUT = 1）。

（5）计数为 0 时：计数器减到 0 后，输出一个负脉冲，宽度为 1 个时钟周期，然后又自动变为高电平，并一直维持高电平。通常将此负脉冲作为选通信号。

（6）计数期间写入新的计数值：立即有效。写入新计数值后，在下一个时钟周期时，新计数值被装入减 1 计数器，开始以新的计数值计数。如果写入的计数值是两字节，那么写入第一字节时，计数不受影响，写入第二字节时的下一个 CLK 时钟脉冲使计数初值寄存器的新值装入减 1 计数器，并以新的计数值开始重新计数。

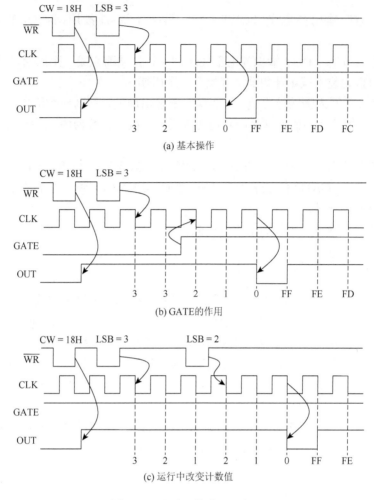

(a) 基本操作

(b) GATE的作用

(c) 运行中改变计数值

图 7.2.7 方式 4 的波形示意图

（7）GATE 的作用：GATE = 0 时禁止计数；GATE = 1 时允许计数，此时计数器从暂停的地方开始连续计数。GATE 信号不影响 OUT 的状态。

（8）计数值有效期限：计数值一次有效。只有在输入新的计数值后，才能开始新的计数过程。

6. 方式 5（硬件触发选通方式）

图 7.2.8 所示为方式 5 的波形示意图。当方式 5 控制字写进某计数器的控制寄存器后，输出 OUT 立即变高（与 GATE 的状态无关）。当 CPU 写完计数初值后，下一个 CLK 脉冲的下降沿，才将计数初值从计数初值寄存器送到减 1 计数器。此时减 1 计数器并不立即开始计数，而是当门控信号 GATE 的上升沿到来后，在下一个时钟下降沿时，才开始减 1 计数。计数器减到 0，输出端 OUT 变为低电平，持续一个时钟周期又变为高电平，并一直保持高电平，直至下一个门控信号 GATE 的上升沿到来。因此，采用方式 5 循环计数时，

计数初值可自动重装，但不计数，计数过程的进行是靠门控信号触发的。输出信号 OUT 低电平持续时间仅为一个时钟周期，可作为选通信号。

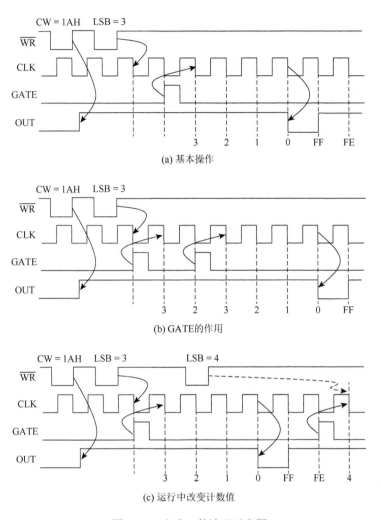

(a) 基本操作

(b) GATE的作用

(c) 运行中改变计数值

图 7.2.8　方式 5 的波形示意图

　　如果在计数的过程中又来一个门控信号的上升沿，则立即终止现行的计数过程，在下一个时钟的下降沿又从初值开始计数。如果在计数过程结束后来一个门控信号的上升沿，计数器也会在下一个时钟的下降沿从上一个初值开始减 1 计数。

　　无论在计数的过程中，还是在计数结束之后，写入新的初值都不会影响计数过程，只有在门控信号的上升沿到来后才发生下一个新的计数过程，新的计数过程开始后，才会按新的初值进行计数。

　　方式 5 的工作过程总结如下。

1）结果特点

计数器减为 0 时，输出一个时钟周期宽的负脉冲。

2）过程特点

（1）控制字写入：OUT 输出高电平（OUT = 1）。

（2）计数值写入：OUT 输出高电平（OUT = 1）。

（3）启动方式：GATE 上升沿。当 GATE 端有上升沿信号后，下一个 CLK 脉冲使计数初值寄存器的计数初值装入减 1 计数器，从而开始计数过程。

（4）计数期间：OUT 输出高电平（OUT = 1）。

（5）计数为 0：计数器减 1 到 0 时，OUT 输出端输出一个 CLK 周期的负脉冲波，然后 OUT 恢复输出高电平。

（6）计数期间写入新的计数值：不影响本次计数，但影响 GATE 上升沿启动后的计数过程。一旦 GATE 重新启动，将按新的计数初值开始计数。

（7）GATE 作用：无论 GATE = 0 还是 GATE = 1 均不影响计数过程，而当 GATE 有上升沿时将重新启动计数过程，按最新计数值开始计数。

（8）计数值有效期限：计数值多次有效。当计数器的计数值减到 0 后，将自动重新装入计数值（由计数初值寄存器装入减 1 计数器），但并不开始计数，而是在 GATE 信号的上升沿才开始计数。

7.2.5　8253 的应用举例

例 7.2.1　8253 的初始化设计。

设某 8253 通道 1 工作于方式 0，按 BCD 方式计数，计数初值为 400。计数器 0、计数器 1、计数器 2 和控制寄存器的端口地址依次为 80H～83H，试编写 8253 的初始化程序。

（1）控制字：控制字为 01110001B，写入控制寄存器，端口地址为 83H。

（2）计数值：计数初值为 400，由于采用 BCD 计数，所以应按 BCD 码方式组成，即 0400H，送入计数器 1 的数据端口，地址是 81H。16 位数送两次，先送低 8 位 00H，后送高 8 位 04H。

（3）初始化程序：

```
MOV   AL,71H      ;控制字
OUT   83H,AL
MOV   AL,00H      ;低 8 位计数值
OUT   81H,AL
MOV   AL,04H      ;高 8 位计数值
OUT   81H,AL
```

例 7.2.2　8253 在 PC 中的应用。

在 PC/XT 微型计算机中使用了一片 8253，在 PC/AT 及以后的系列微型计算机中使用了一片 8254（8254 兼容 8253）。在 PC/XT 微型计算机中，8253 的端口地址设置为 40H～43H。

在 PC/XT 微型计算机中，8253 的三个计数器的 CLK 端接入 1.193MHz 的时钟信号，周期为 838ns。三个计数器的使用分述如下。

（1）计数器 0。

作用：提供系统电子时钟的时间基准。

计数器 0 用作系统日历时钟的基本计时电路，它的输出端 OUT_0 连接到 8259A 的 IR_0，作为系统的中断源。

计数器 0 的工作方式初始化为方式 3，即方波发生器方式，产生周期的方波信号。计数器 0 的计数值初始化为 0000H，二进制计数方式，这是一个最大的计数值，为 65536，因此，OUT_0 输出的方波信号的频率为 1.193MHz/65536 = 18.204Hz。这意味着，计数器 0 通过 8259A 的 IR_0 向系统每秒产生 18.204 次中断请求（即中断周期为 54.933ms），这个中断请求用于维护系统的日历时钟。

计数器 0 的初始化程序：

```
MOV  AL,36H      ;控制字
OUT  43H,AL
MOV  AL,00H      ;最大计数值
OUT  40H,AL      ;低 8 位计数值
OUT  40H,AL      ;高 8 位计数值
```

（2）计数器 1。

作用：DRAM 的刷新定时。

DRAM 要求在 2ms 内对全部 128 行存储单元完成一次刷新操作。PC 采用分散刷新策略，即每隔一个固定的时间刷新一行，并保证在 2ms 内刷新所有的 128 行，这个固定的时间应该不大于 2ms/128 = 15.6μs。

根据这一要求，计数器 1 的工作方式初始化为方式 2，即脉冲频率发生器方式，产生连续的脉冲信号。计数器 1 的计数值初始化为 18，因此，OUT_1 输出的脉冲信号的周期为 18×0.838μs = 15.084μs，符合不大于 15.6μs 的要求。

OUT_1 输出的脉冲信号连接到一个触发器，由触发器向 8237A 提出 DRAM 刷新的 DMA 请求，DRAM 的刷新是在 DMA 周期中完成的，8253 的计数器 1 只是提供一个产生 DRAM 刷新 DMA 请求的定时触发信号。

计数器 1 的初始化程序：

```
MOV  AL,54H      ;控制字
OUT  43H,AL
MOV  AL,18       ;计数值
OUT  41H,AL
```

（3）计数器 2。

作用：提供驱动机内扬声器的音频信号。

计数器 2 的输出信号可使扬声器发声，产生伴音或警告音。$GATE_2$ 连接到 8255A 的 PB_0 位，$PB_0 = 0$ 停止计数器 2 工作，可见，8255A 的 PB_0 用于控制 8253 的 OUT_2 能否输出波形（PC 系统中 8255A 的端口地址为 60H～63H）。另外，OUT_2 还和 8255A 的 PB_1 共同连接到一个与门电路，与门的输出通过驱动电路连接到扬声器，$PB_1 = 0$，禁止 OUT_2 波形信号传送到扬声器，可见，8255A 的 PB_1 的作用是通过与门控制 OUT_2 波形信号的输

出，进而驱动扬声器发声（当然，如果 $OUT_2 = 1$，也可以编程使 8255A 的 PB_1 产生波形信号，进而驱动扬声器发声）。

计数器 2 的工作方式初始化为方式 3，控制扬声器发出频率为 1kHz 的声音，为此，计数值初始化为 1331。

计数器 2 的初始化程序：

```
MOV  AL,0B6H    ;控制字
OUT  43H,AL
MOV  AX,1331    ;计数值
OUT  42H,AL
MOV  AL,AH
OUT  42H,AL
IN   AL,61H     ;读 8255A 的 B 口 (8255A 的初始化此前已经完成)
MOV  AH,AL      ;保存
OR   AL,03H     ;使 PB0=1,PB1=1
OUT  61H,AL     ;允许扬声器发声
......
MOV  AL,AH      ;恢复 8255A 的 B 口状态
OUT  61H,AL
```

例 7.2.3　8253 应用系统设计。

某 8088 系统采用 8253 精确控制一个发光二极管闪亮，系统要求启动 8253 后使发光二极管点亮 2s，熄灭 2s，亮灭 50 次后停止闪动，系统工作结束。现有一个时钟脉冲源，频率为 2MHz，其他器件任选。试分析该系统接口电路，并编写完成上述功能的程序。

（1）系统分析。8253 与 CPU 的接线及端口地址译码电路的设计按常规方法进行，这里不再详细讨论，只按接口电路确定地址即可。

系统主要是控制发光二极管的亮灭，亮 2s、灭 2s，恰好是一个方波周期，周期为 4s，因此可用 8253 的方式 3。

系统提供一个时钟脉冲源，频率为 2MHz，周期为 0.5μs，若以此信号为 CLK 输入，产生 4s 周期的方波，计数值应为 $4s/(0.5\mu s) = 8 \times 10^6$，而这个值远远大于一个计数器通道能提供的最大计数值 65536。所以，不可能只用一个通道来完成任务。由此，考虑由两个通道级联来产生最后的方波，其中前一个通道的 CLK 接 2MHz，工作于脉冲频率发生器方式，产生一个脉冲波，假设脉冲波周期为 4ms（250Hz），于是它的计数值为 $4ms/(0.5\mu s) = 8000$，它的 OUT 输出接后一个计数器通道的 CLK 输入，后一个计数器通道工作于方波发生器方式，产生周期为 4s 的方波，于是它的计数值为 $4s/(4ms) = 1000$。当周期为 4s 的方波产生 2s 高电平、2s 低电平的时候，所控制的发光二极管也就会亮 2s、灭 2s（后一个计数器通道的 OUT 控制发光二极管），符合系统要求。

那么 50 次计数如何控制呢？回想一下 8253 的 6 种工作方式，似乎使用方式 0 是最合

适的，于是我们考虑启用 8253 的最后一个计数器通道，工作于方式 0。方式 0 在计数过程中其输出 OUT 为低电平，当计数器减 1 为 0 时 OUT 变为高电平。那么如何知道计数已到并停止方波发生器工作呢？应该有两种方法。

①中断法。方式 0 计数器通道的 OUT 端直接连到 CPU 的 INTR 或扩展一片 8259A，接到 8259A 的一个中断请求输入端，进入中断服务程序后停止方波发生器。

②硬件控制法。将方式 0 计数器通道的 OUT 端引出，经过一个反相器后，连接到方波发生器计数器通道的门控信号 GATE 端，实现硬件控制。当方式 0 计数器通道正在计数过程中时，OUT = 0 使 GATE = 1，允许方波发生器计数器通道工作。当方式 0 计数器通道计数为 0 时，OUT = 1 使 GATE = 0，从而禁止方波发生器计数器通道工作。

本例采用硬件控制法。

综上所述，系统的计数器分配如下：计数器 0 工作于脉冲频率发生器方式，输入 CLK_0，接 2MHz 脉冲信号源，输出 OUT_0 产生 250Hz（周期为 4ms）的脉冲序列。

计数器 1 工作于方波发生器方式，输入 CLK_1 接 OUT_0 的 250Hz 脉冲信号，输出 OUT_1 产生周期为 4s 的方波，经过一个反相驱动器去控制一个发光二极管。

计数器 2 工作于计数结束中断方式，输入 CLK_2 接 OUT_1 的周期为 4s 的方波，输出 OUT_2 通过一个"非门"连接 $GATE_1$，用于控制计数器 1 通道的启停。

$GATE_0$、$GATE_2$ 接高电平，相应的计数器处于允许计数状态。参考接口电路如图 7.2.9 所示。

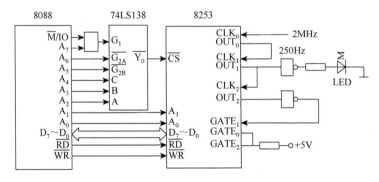

图 7.2.9　8253 应用系统设计接口电路

（2）控制字和计数值。

计数器 0 的控制字：00110100B。

计数器 0 的计数值：4ms/(0.5μs) = 8000。

计数器 1 的控制字：01110110B。

计数器 1 的计数值：4s/(4ms) = 1000。

计数器 2 的控制字：10010000B。

计数器 2 的计数值：也就是计满次数 50。

（3）端口地址。本例采用 8088 微处理器，并假设 8253 的 4 个端口地址，由计数器 0 至控制寄存器依次为 80H、81H、82H、83H。

（4）工作程序设计。

```
MOV   AL,90H      ;#2 控制字
OUT   83H,AL
MOV   AL,50       ;#2 计数值
OUT   82H,AL
MOV   AL,34H      ;#0 控制字
OUT   83H,AL
MOV   AX,8000     ;#0 计数值
OUT   80H,AL
MOV   AL,AH
OUT   80H,AL
MOV   AL,76H      ;#1 控制字
OUT   83H,AL
MOV   AX,1000     ;#1 计数值
OUT   81H,AL
MOV   AL,AH
OUT   81H,AL
......
```

例 7.2.4 用 8253 监视一个生产流水线。

（1）系统描述。使用 8253 监视一个生产流水线，每通过 100 个工件，扬声器响 5s，频率为 2000Hz。

（2）硬件设计。该设备的部分硬件示意图如图 7.2.10 所示，图中工件从光源与光敏电阻之间通过时，在晶体管的发射极上会产生一个脉冲，此脉冲作为 8253 计数器 0 的 CLK_0 计数输入脉冲，当计数器 0 计数满 100 后，由 OUT_0 输出正脉冲作为 8259A 的 IR_2 一个中断请求信号，在中断服务程序中，启动 8253 计数器 1 工作，由 OUT_1 连续输出 2000Hz 的方波，持续 5s 后停止输出。计数器 1 的门控信号 $GATE_1$ 由 8255A 的 PA_0 控制，OUT_1 输出的方波信号经驱动、滤波后送扬声器。

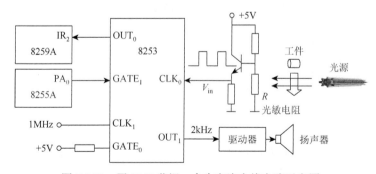

图 7.2.10　用 8253 监视一个生产流水线电路示意图

设定 8255A 各端口地址为 60H、61H、62H 和 63H。8259A 的端口地址设为 20H 和

21H，采用边沿触发方式。设 8253 各端口地址为 40H、41H、42H 和 43H。

（3）软件设计。计数器 0 工作于方式 0，采用二进制计数，计数初值为 64H-1 = 63H，采用只读/写计数器的低 8 位。

计数器 1 工作于方式 3，CLK_1 接 1MHz 时钟，要求产生 2000Hz 的方波，则计数初值应为 $1.0 \times 10^6/2000 = 500$，采用 BCD 码计数。设定 8255A 采用方式 0 输出方式，8259A 采用边沿触发方式、非缓冲方式、自动中断结束方式，中断优先级管理方式采用全嵌套方式。设中断 200 次停机。

主程序：

```
CODE  SEGMENT
      ASSUME  CS: CODE
START:MOV  AL,13H          ;8259A 初始化,写入 ICW1
      OUT  20H,AL
      MOV  AL,08H          ;写入 ICW2
      OUT  21H,AL
      MOV  AL,03H          ;写入 ICW4,自动中断结束
      OUT  21H,AL
      MOV  AX,0
      MOV  ES,AX
      MOV  DI,28H          ;中断向量表中对应 IR2 的偏移量送 DI
      CLD
      MOV  AX,OFFSET INTP  ;设置中断向量偏移地址
      STOSW
      MOV  AX,SEG INTP     ;设置中断向量段地址
      STOSW
      MOV  AL,80H          ;设置 8255A 控制字,A 口方式 0 输出
      OUT  63H,AL
      MOV  AL,00H          ;设置 PA0=0,PA0 连接 GATE1
      OUT  60H,AL
      MOV  AL,10H          ;8253 计数器 0 控制字,方式 0
      OUT  43H,AL
      MOV  AL,63H          ;计数器 0 的计数初值为 99
      OUT  40H,AL          ;启动计数器 0
      MOV  CX,200          ;设中断次数
      STI                  ;开中断
  A1: HLT                  ;等待中断
      DEC  CX              ;计数
      JNZ  A1              ;未完,继续
      MOV  AH,4CH          ;已完,退出,返回 DOS
```

```
            INT   21H
                                    ;中断服务程序
      INTP  PROC  FAR
            MOV   AL,10H            ;计数器 0 控制字,方式 0
            OUT   43H,AL
            MOV   AL,63H            ;计数器 0 的计数初值为 99
            OUT   40H,AL            ;方式 0 通过写入计数值来启动
            MOV   AL,01H            ;置 PA0=1,使 GATE1=1,允许计数器 1 工作
            OUT   60H,AL
            MOV   AL,77H            ;计数器 1 控制字,方式 3,BCD 计数
            OUT   43H,AL
            MOV   AL,00H            ;写计数初值低位
            OUT   41H,AL
            MOV   AL,05H            ;写计数初值高位,计数值为 500
            OUT   41H,AL
            CALL  D5s               ;调用 5s 延时子程序,此时间段扬声器鸣响
            MOV   AL,0              ;置 PA0=0,使 GATE1=0,计数器 1 停止工作
            OUT   60H,AL
            IRET                    ;中断返回
      INTP  ENDP
      CODE  ENDS
            END   START
```

7.3　可编程串行通信接口芯片 8251A

微机系统基本的通信方式有两种:并行通信和串行通信。并行通信是多位数据同时传送,传送速度快,但需要较多的传输线,通信成本高,适用于近距离的传送。串行通信是数据逐位顺序传送,从单纯传送数据的角度来说只需 2～3 根线,因而可以大大节省传输线。距离越长,这个优点越突出。虽然串行通信的速度比并行通信慢,但是系统构成的成本低,因此长距离的数据传输都采用串行通信方式。微型计算机内部则是并行数据,因此,在微型计算机系统中,从并行数据到串行数据(或者相反)需要有一定的接口进行转换,而且需要制定一定的数据格式和规程。

7.3.1　串行通信概述

1. 数字信号的基带传输和频带传输

在数字通信中,首先要解决的问题是数字中的 1 和 0 如何表示与传送。有两种常用方法,即基带传输和频带传输。

1）数字信号的基带传输系统模型

从数据终端或计算机设备送出的原始数据信号一般包含很低的频率成分，甚至含有直流分量。这些频率分量的范围就是电信号的基本频带，简称基带。换句话说，当终端设备把数据信息转换为适合传送的电信号时，这个电信号所固有的频带就是基带。相应地，这种原始的电信号就是基带信号。在计算机进行串行数据通信时，计算机或数据设备产生的 0 和 1 电信号脉冲序列就是基带信号，或称数据基带信号。

在某种场合的通信中，基带信号不需要调制而直接在某些传输介质中传送。这种直接传输基带信号的系统称为基带系统。基带系统是数据通信系统中的重要组成部分。基带传输是数据通信系统中最基本的传输方式。

基带传输系统的框图如图 7.3.1 所示，它主要包括编码器、信号变换、信道、干扰、译码器等部分。

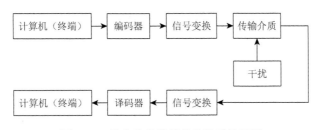

图 7.3.1　数字信号的基带传输系统框图

（1）编码器对发送的数据进行并/串转换，加起始位、结束位，进行校验运算，加校验位或者校验码。

（2）信号变换部分将编码信号变成适合于信道传输的信号，或者反过来，将信道传输信号还原成编码信号。

（3）信道为信号提供通路，它是沟通通信双方的桥梁，是任何一个通信系统必不可少的组成部分。信道是指以传输介质为基础的信号通路。具体地说，它是由有线或无线传输介质提供的信号通道；抽象地说，它是指定的一段频带。

（4）干扰是指数据在传输介质中，会受到各种噪声的干扰，噪声源是以集中形式表示的干扰源。

（5）译码器对接收的数据进行数据分离和校验，并完成串/并转换等。

2）数字信号的频带传输系统模型

基带传输方式适用于近距离传输数字信号。为进行远距离传输数字信号，可以利用已经广泛建立的双绞线、同轴电缆和光纤等有线信道，也可以利用空间电磁波传播的无线信道构成的通信网。然而，这些线路除光缆外绝大多数是为传输模拟信号而设计的，不能直接用来传输离散的数字基带信号。这是由于以下几个原因。

（1）数字基带信号的直流成分和靠近直流的低频成分不能通过含有大量变压器和带通滤波器的模拟信道。

（2）在某些情况下，离散的数字基带信号对抗信道干扰的能力不强。

（3）数字基带信号所占频带较宽，不利于有效地利用信道带宽。

为了在模拟信道上间接地传输数字信号，必须对数字基带信号进行某种变换，使变换后的信号频谱落在信道频带之内，以适应于在模拟信道上传输，即实现数字基带信号的频带传输。

数字信号的频带传输系统框图如图 7.3.2 所示。数字信号的频带传输是借助高频载波实现的。高频载波是频率和幅值固定的周期信号，通常选用正弦信号。用数字信号控制载波的一个参数的变化，就可以实现将数字信号变换成频带信号，这种变换就是调制。高频载波信号称为被调信号，数字信号称为调制信号，经过调制后的信号称为已调信号。已调信号经信道传输到接收端，在接收端通过反变换，将已调信号恢复成数字信号，这一反变换过程称为解调。具有调制和解调两种功能的装置称为调制解调器。

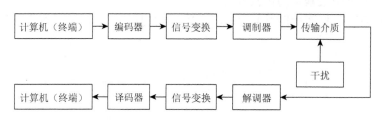

图 7.3.2　数字信号的频带传输系统框图

按调制方式，调制解调器可分为三类：调幅、调频和调相。其中，调频方式是常用的一种调制方式。调频时，数字信号 1 与 0 被调制成易于鉴别的两个不同频率的模拟信号。这种形式的调制称为频移键控（frequency shift keying，FSK），其原理如图 7.3.3 所示。

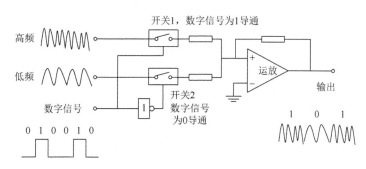

图 7.3.3　频移键控法调制原理图

两个不同频率的模拟信号分别由电子开关控制，在运算放大器的输入端相加，而电子开关由需要传输的数字信号来控制。当信号为 1 时，控制开关 1 导通，送出一串频率较高的模拟信号；当信号为 0 时，控制开关 2 导通，送出一串频率较低的模拟信号。于是在运算放大器的输出端，就得到了已调制的信号。

2. 串行通信的传送方向

通常串行通信在两个站（或设备）A 与 B 之间传送数据。按通信线路上数据传递的方向和时间的关系，可将通信分成单向、双向不同时和双向同时通信三类，常将它们分别称为单工通信、半双工通信和全双工通信。

1) 单工通信

在这种方式中，只允许数据按一个固定的方向传送，如图 7.3.4（a）所示。图中 A 只能发送，称为发送器，B 只能接收，称为接收器。

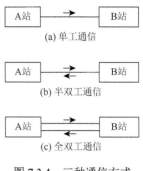

(a) 单工通信

(b) 半双工通信

(c) 全双工通信

图 7.3.4 三种通信方式

2) 半双工通信

半双工通信的示意图如图 7.3.4（b）所示。在这种方式下，数据既可以从 A 传向 B，也可以从 B 传向 A。因此，A 和 B 既可作为发送器，又可作为接收器，通常称为收发器。但是，由于 A 和 B 之间只有一根传输线，所以信号只能分时传送，即在同一时刻，只能进行一种传送，不能同时双向传送。在这种工作方式下，要么 A 发送 B 接收，要么 B 发送 A 接收。当不工作时，令 A 和 B 均处于接收方式，以便随时响应对方的传送。

3) 全双工通信

全双工通信的示意图如图 7.3.4（c）所示。采用该方式，信息可以同时沿两个方向传送。显然，需要有两个信道。值得说明的是，全双工与半双工方式比较，虽然信号传送速度大增，但它的线路也要增加一条，因此系统成本将增加。在实际应用中，特别是在异步通信中，大多数情况都采用半双工方式。这样，虽然传送效率较低，但线路简单、实用，而且一般系统也基本够用。

3. 传输速率

串行通信是一位一位传送的。衡量数字通信系统的一项重要指标是它的传输速率，可从以下两种不同角度来定义。

（1）信息传输速率。信息传输速率又称传信率或比特率，是单位时间（每秒）内通信系统所传送的信息量，其单位为比特/秒（bit/s）。

（2）码元传输速率。码元传输速率又称传码率，是单位时间（每秒）内通信系统所传送的码元数目，其单位为波特（Baud）。

4. 异步通信与同步通信

在串行通信中有两种基本的通信方式：异步通信和同步通信。

1) 异步通信

在异步通信中，它是以字符为一个独立的整体进行传送的。为了进行同步，用一个起始位表示传送字符的开始，用 1～2 个停止位表示字符的结束。起始位与停止位之间是数据位（5～8），数据位后面为校验位，校验位可以按奇校验设置，也可以按偶校验设置，校验位也可以不设置。数据的最低位紧跟起始位，其他各位顺序传送。这样构成的一个信息发送单位称为帧。相邻两个字符之间的间隔叫空闲位，它可以是任意长度的高电平，以便处理实时的串行数据。然而，下一个字符的开始，必然以高电平变为低电平的下降沿作为起始位的标志。其结构如图 7.3.5 所示。图 7.3.5（a）示出了小于最高数据传送率的格式，图 7.3.5（b）示出了最高数据传送率的格式，即在相邻字符之间去除空闲位后的格式。

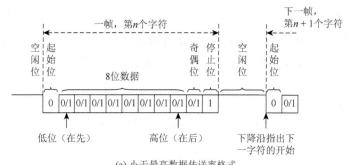

(a) 小于最高数据传送率格式

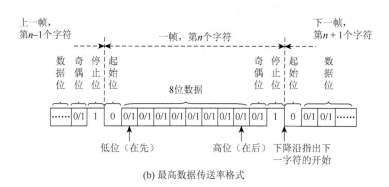

(b) 最高数据传送率格式

图 7.3.5　异步串行通信格式

2）同步通信

在同步通信中，它是以字符组作为一个独立的整体进行传送的。为了进行同步，每组字符之前必须加上一个或多个同步字符作为一个信息帧的起始位，如图 7.3.6 所示。同步字符后面是字符组（或称数据块），对每个字符不加附加位。

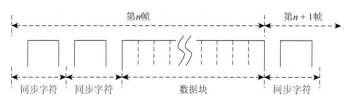

图 7.3.6　同步串行通信格式

帧与帧之间可以有间隙

异步通信是以字符为单位进行通信的，它要求在每个字符前后附加起始位和停止位，常常还需要奇偶校验位，附加信息在传送帧中约占 20%，因此传输效率不高。而同步通信附加信息仅占 1%，传输效率大大提高。

对于异步通信，允许接收时钟和发送时钟有小的偏差。而对于同步通信，每字节没有起始位和停止位，若存在偏差，则会积累。因此，接收时钟和发送时钟必须严格保持一致，故硬件电路比较复杂。

5. RS-232-C 串行通信接口总线

1）串行通信系统的结构

图 7.3.7 给出了一个完整的串行通信系统的结构框图。从分段功能来看可以分为数据传输线路、数据电路、数据链路和计算机通信系统四个部分。

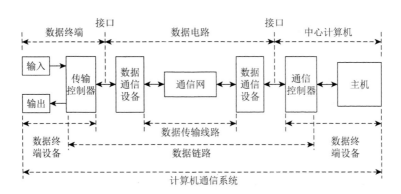

图 7.3.7　串行通信系统的结构框图

（1）数据传输线路。数据传输线路分为专用线路和交换线路。可以是模拟信道，也可以是数字信道；可以是有线信道，也可以是无线信道。

（2）数据电路。数据电路由数据传输线路和数据通信设备（data communication equipment，DCE）组成。DCE 代表调制解调器及其他为数据终端和通信线路之间提供变换和编码功能的设备，以及完成建立、保持和释放线路连接功能的设备，如信号变换器、多路复用器和自动应答装置等。对于不同的通信线路，DCE 所包含的设备也不相同。

（3）数据链路。数据链路由数据电路、终端的传输控制器和通信控制器组成。数据在数据链路上传输时需要按链路传输控制规程进行传输控制。

（4）计算机通信系统。它由数据链路、数据终端设备（data terminal equipment，DTE）和主机组成。DTE 可以是各种类型的计算机，也可以是一般终端（智能终端、传真机、电话机、自动出纳机等）。

接口是 DTE 与 DCE 之间的界面，为了使不同厂家的产品能够互换或互连，DTE 与 DCE 在插接方式、引线分配、电气特性及应答关系上均应符合统一的标准和规范。

2）RS-232-C 总线标准

RS-232-C 串行通信总线（也称为 RS-232-C 接口）标准是美国电子工业协会（Electronic Industry Association，EIA）在 1969 年公布的标准，RS 表示是 EIA 推荐的标准，C 是标准 RS-232 以后的第三个修订版本。RS-232-C 最初是为远程通信连接 DTE 与 DCE 而制定的，但目前已广泛用于计算机（更准确地说是计算机串行接口总线）与终端或外设之间的近端连接。这个标准对串行通信接口的有关问题，如信号线功能、电气特性和机械特性都做了明确规定。由于通信设备厂商都生产与 RS-232-C 接口标准兼容的通信设备，因此，它作为一种标准，目前已在微型计算机串行通信中广泛采用。

（1）机械特性。由于 RS-232-C 并未定义连接器的物理特性，因此，出现了 D25、D15 和 D9 各种类型的连接器，其引脚定义也各不相同，使用时要特别注意。常用的是 D9 型连接器，其外形及信号分配如图 7.3.8 所示。通常连接器的插座接在 DTE 上，连接器的插头接在 DCE 上。

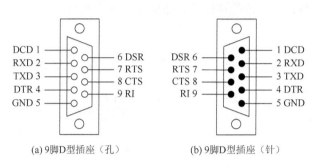

(a) 9脚D型插座（孔）　　　　(b) 9脚D型插座（针）

图 7.3.8　D9 型插头/插座

（2）电气特性。RS-232-C 的电气特性规定采用负逻辑电平，也就是说，在 TXD 和 RXD 数据线上，逻辑 0 相当于对信号地线有 +3～ +15V 电压（通常取 +12V），而逻辑 1 相当于对信号地线有–15～–3V 的电压（通常取–12V）。在 RTS、CTS、DSR 和 DCD 等控制线上，信号有效（接通 ON 状态，正电压）的电平为 +3～ +15V；信号无效（断开 OFF 状态，负电压）的电平为–15～–3V。很明显，RS-232-C 是用正负电压来表示逻辑状态的，与 TTL 以高低电平表示逻辑状态的规定不同。因此，为了能够与计算机接口或终端的 TTL 器件连接，必须在 RS-232-C 与 TTL 电路之间进行电平和逻辑关系的变换，这种变换可用集成电路芯片 MC1488 和 MC1489 来完成，如图 7.3.9 所示。当连接电缆线长度不超过 15m 时，允许数据传输速率不超过 20Kbit/s。

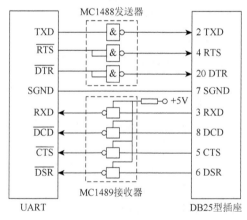

图 7.3.9　RS-232-C 与 TTL 之间电平转换电路

（3）功能特性。功能特性主要是对接口中的各接口线做出功能定义，并说明相互间的操作关系。表 7.3.1 给出了 RS-232-C 信号的名称、引脚号及功能，其中 9 和 10 引脚为测试保留，11、18 和 25 引脚未定义。

表 7.3.1　RS-232-C 接口功能定义

引脚号	符号	信号名称	缩写	描述
1	AA	保护地（屏蔽）	PB	用于设备地
2	BA	发送数据	TXD	输出数据到调制解调器
3	BB	接收数据	RXD	由调制解调器输入数据
4	CA	请求发送	RTS	至调制解调器，打开调制解调器的发送器
5	CB	清除发送（允许发送）	CTS	由调制解调器来，指示调制解调器发送就绪
6	CC	DCE 就绪	DSR	由调制解调器来，指示调制解调器电源已接，也不在测试期
7	AB	信号地（公共回路）	SGND	
8	CF	接收线信号检测器（载波检测）	DCD	由调制解调器来，指示调制解调器正接收通信链路的信号
9		测试预留		
10		测试预留		
11		未定义		
12	SCF	第二接收线信号检测器		由调制解调器来，指示调制解调器正接收辅通信链路的信号
13	SCB	第二清除发送		由调制解调器来，指示调制解调器辅信道发送就绪
14	SBA	第二发送数据		至调制解调器，输出低速率数据
15	DB	发送器信号码元定时（DCE 源）	TXC	由调制解调器来，给终端或接口提供发送器时序
16	SBB	第二接收数据		由调制解调器来，输入低速率数据
17	DD	接收器信号码元定时	RXC	由调制解调器来，给终端或接口提供接收器时序
18		未定义		
19	SCA	第二请求发送		至调制解调器，打开调制解调器的辅信道发送器
20	CD	DTE 就绪	DTR	至调制解调器，准许调制解调器接入通信链路，开始发送数据
21	CG	信号质量检测	SQD	由调制解调器来，接收数据中的差错概率为低时才有效
22	CE	振铃检测	RI	由调制解调器来，指示通信链路测出响铃信号
23	CH/CI	数据速率选择 DTE 源/DCE 源		至调制解调器/由调制解调器来，指示两个同步数据之一的速率或速率范围
24	DA	发送器信号码元定时（DTE 源）	TXC	至调制解调器，给调制解调器发送器提供时序
25		未定义		

符号中第一个字母表示信号类型：A 为地线，B 为数据线，C 为控制线，D 为时钟信号。S 表示第二（辅助）通道控制信号，其功能由后面两个字母决定。

AA 为保护地，与设备的机壳连在一起，必要时可与大地相连。

AB 为信号地，是所有接口线的参考电位点。

C 开头的信号线作为控制线，用于实现 DTE 和 DCE 之间的握手，这些信号都是从 DTE 角度来定义的。

3）RS-232-C 接口的连接

在使用 RS-232-C 实现近距离与远距离通信时，所使用的信号线是不同的。近距离是指传输距离小于 15m 的通信，在 15m 以上为远距离。

（1）近距离时的连接。近距离直接通信时，不使用调制解调器，通信双方可以直接连接，这种情况下可有多种连接方式，图 7.3.10 给出了两种常用连接方式。图 7.3.10（a）中无联络信号，随时都可发送和接收。这种连接方式无论在软件和硬件上，都是最简单的。图 7.3.10（b）中，只要一方使自己的 RTS 和 DTR 为 1，那么它的 CTS、DSR 也就为 1，从而进入了发送和接收的就绪状态。这种接法常用于一方为主动设备，另一方为被动设备的通信中，如计算机与打印机或绘图仪之间的通信。

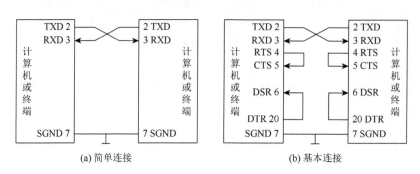

(a) 简单连接　　　　　　　　　　　　　　　(b) 基本连接

图 7.3.10　近距离直接连接

（2）远距离时的连接。远距离通信时，一般要加调制解调器，因此所使用的信号线较多。在双方调制解调器之间采用公共电话线进行通信的连接如图 7.3.11 所示。

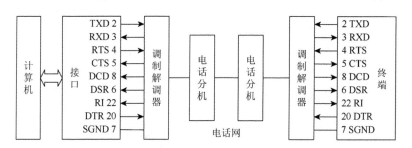

图 7.3.11　采用调制解调器和电话网通信时信号线的连接

7.3.2　8251A 内部逻辑与工作原理

可编程串行通信接口芯片 8251A 是 Intel 公司研制的，通过编程既可实现同步，又可实现异步通信。它是一片使用单一 + 5V 电源、单相时钟脉冲的 28 脚双列直插式大规模集成电路。

8251A 的基本性能如下。

（1）通过编程，可以工作在同步方式，也可以工作在异步方式；在同步方式下，波特率为 0～64kBaud，在异步方式下，波特率为 0～19.2kBaud。

（2）在同步方式时，可以用 5 位、6 位、7 位或 8 位来代表字符，并且内部能自动检测同步字符，从而实现同步。此外，8251A 还允许在同步方式下增加奇偶校验位进行校验。

（3）在异步方式时，可以用 5 位、6 位、7 位或 8 位来代表字符，用 1 位进行奇偶校验。此外，能根据编程为每个字符设置 1 个、1.5 个或 2 个停止位。

（4）所有的输入输出电路都与 TTL 电平兼容。

（5）全双工双缓冲的接收/发送器。

8251A 的结构框图如图 7.3.12 所示，可分为五个主要部分：数据总线缓冲器、发送缓冲器、接收缓冲器、读/写控制逻辑电路和调制解调控制电路。

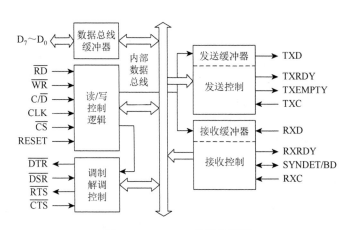

图 7.3.12　8251A 的结构框图

1. 数据总线缓冲器

数据总线缓冲器是三态双向 8 位缓冲器，它是 8251A 与微机系统数据总线的接口，数据、控制命令及状态信息均通过此缓冲器传送。它含有命令寄存器、状态寄存器、方式寄存器、两个同步字符寄存器、数据输入缓冲器和数据输出缓冲器。

（1）命令寄存器用来控制 8251A 的发送、接收、内部复位等实际操作，它的内容是由程序设置的。

（2）状态寄存器则在 8251A 的工作过程中为执行程序提供一定的状态信息。

（3）方式寄存器的内容决定了 8251A 是工作在同步模式还是工作在异步模式，还决定接收和发送的字符格式，方式寄存器的内容也是由程序设置的。

（4）同步字符寄存器用来寄存同步方式中所用的同步字符。

2. 发送缓冲器

发送缓冲器的功能是接收 CPU 送来的并行数据，按照规定的数据格式变成串行数据流后，由 TXD 输出线送出。

（1）在异步发送方式中，发送器为每个字符加上一个起始位，并按照规定加上奇偶校验位以及 1 个、1.5 个或者 2 个停止位。然后在发送时钟 TXC 的作用下，由 TXD 引脚逐位地串行发送出去。

（2）在同步发送方式中，发送缓冲器在准备发送的数据前面先插入由初始化程序设定的一个或两个同步字符，在数据中插入奇偶校验位。然后在发送时钟 TXC 的作用下，将数据逐位地由 TXD 引脚发送出去。

3. 接收缓冲器

接收缓冲器的功能是接收在 RXD 引脚上输入的串行数据,并按规定的格式把串行数据转换为并行数据,存放在数据总线缓冲器中的数据输入缓冲器中,其工作原理如下。

(1)在异步接收方式中,当"允许接收"和"准备好接收数据"有效时,接收缓冲器监视 RXD 线。在无字符传送时,RXD 线上为高电平,当 RXD 线上出现低电平时,即认为它是起始位,就启动接收控制电路中的一个内部计数器,计数脉冲就是 8251A 的接收时钟脉冲 RXC,当计数器计到一个数据位宽度的一半(若时钟脉冲频率为波特率的 16 倍,则计数到第 8 个脉冲)时,又重新采样 RXD 线,若其仍为低电平,则确认它为起始位,而不是噪声信号。于是,将计数器清零,开始进行采样并进行字符装配,具体地说,就是每隔一个数位传输时间(在前面的假设下,相当于 16 个接收时钟脉冲间隔时间,即计数器按模 16 计数),对 RXD 进行一次采样,并将采样值移入移位寄存器中,这样就得到了并行数据。对这个并行数据进行奇偶校验并去掉停止位后,通过内部总线送到数据总线缓冲器中的数据输入缓冲器,同时发出 RXRDY 信号送 CPU,表示已经收到一个可用的数据。对于少于 8 位的数据,8251A 则将在高位填上"0"。

(2)在同步接收方式下,8251A 首先搜索同步字符。具体地说,就是 8251A 监测 RXD 线,每当 RXD 线上出现一个数据位时,就把它接收并移入移位寄存器,然后把移位寄存器的内容与同步字符寄存器的内容进行比较,若两者不相等,则接收下一位数据,并重复上述比较过程。若两个寄存器的内容相等,8251A 的 SYNDET 引脚就变为高电平,表示同步字符已经找到,同步已实现。

当采用双同步字符方式时,就要在测得接收移位寄存器的内容与第一个同步字符寄存器的内容相同后,再继续检测此后的接收移位寄存器的内容是否与第二个同步字符寄存器的内容相同。如果不同,则重新比较接收移位寄存器和第一个同步字符寄存器的内容;如果相同,则认为同步已经实现。

在外同步情况下,和上面的过程有所不同,因为这时是通过在同步输入端 SYNDET 加一个高电平来实现同步的。SYNDET 端一出现高电平,8251A 就会立刻脱离对同步字符的搜索过程,只要这个高电平能维持一个接收时钟周期,8251A 便认为已经完成同步。

实现同步之后,接收缓冲器利用时钟信号对 RXD 线进行采样,并把收到的数据送入移位寄存器中。每当移位寄存器收到的位数达到规定的一个字符的数位时,就将移位寄存器的内容送入数据输入缓冲器,并且在 RXRDY 引脚上发出一个信号,表示收到了一个字符。

4. 读/写控制逻辑电路

读/写控制逻辑对 CPU 输出的控制信号进行译码以实现表 7.3.2 所示的读/写功能。

表 7.3.2　8251A 读/写操作功能表

C/$\overline{\text{D}}$	$\overline{\text{RD}}$	$\overline{\text{WR}}$	$\overline{\text{CS}}$	数据线功能特点
0	0	1	0	数据总线←8251A 数据
0	1	0	0	8251A 数据←数据总线
1	0	1	0	数据总线←8251A 状态
1	1	0	0	8251A 控制字←数据总线
×	1	1	0	高阻
×	×	×	1	高阻

5. 调制解调控制电路

调制解调控制电路用来简化 8251A 和调制解调器的连接。在进行远程通信时，要用调制器将串行接口送出的数字信号变为模拟信号，再发送出去；接收端则要用解调器将模拟信号变为数字信号。在全双工通信情况下，每个收发端都要连接调制解调器。有了调制解调控制电路，就提供了一组通用的控制信号，使 8251A 可以直接和调制解调器连接。

7.3.3　8251A 的引脚功能

8251A 的引脚信号可分为两组：一组为与 CPU 的接口信号；另一组为与外设（或调制解调器）的接口信号。

1）与 CPU 的接口信号

除了三态双向数据总线 $D_7 \sim D_0$、读信号 $\overline{\text{RD}}$、写信号 $\overline{\text{WR}}$、片选信号 $\overline{\text{CS}}$ 之外，还有以下信号。

RESET：复位。当这个引脚上出现一个 6 倍时钟宽的高电平信号时，8251A 被复位进入空闲状态。这个空闲状态将一直保持到由编程确定了新状态才结束。在系统中使用此芯片时，通常把复位端与系统的复位线相连，使它受到加电自动复位和人工复位的控制。

CLK：时钟。CLK 用来产生 8251A 的内部时序。在同步方式时，CLK 的频率要大于接收器输入时钟 RXC 和发送器输入时钟 TXC 频率的 30 倍。在异步方式时，此频率要大于接收器和发送器输入时钟频率的 4.5 倍。另外，CLK 的周期要在 $0.42 \sim 1.34 \mu s$ 范围内。

C/$\overline{\text{D}}$：控制/数据端，若 C/$\overline{\text{D}}$ 为高电平，则 CPU 对 8251A 写控制字或读状态字。若 C/$\overline{\text{D}}$ 为低电平，则 CPU 对 8251A 读/写数据。通常，将该端与地址线的最低位相接。于是，8251A 就占有两个端口地址，偶地址为数据口地址，而奇地址为控制口地址。

TXRDY：发送器准备好状态信号，高电平有效。当它有效时，表示发送器已准备好接收 CPU 送来的数据。当 CPU 向 8251A 写入一个数据后，TXRDY 自动复位。当 8251A 允许发送（此时 $\overline{\text{CTS}}$ 为低电平、TXEN 发送允许为高电平），且数据输出缓冲器为空时，此信号有效。在用查询方式时，此信号作为一个状态信号，CPU 可从状态寄存器的 D_0 位检测这个信号。在用中断方式时，此信号作为中断请求信号。

TXEMPTY：发送器空状态信号，高电平有效。当它有效时，表示发送器中的移位寄存器已经变空。8251A 从 CPU 接收待发的数据后，自动复位。正常工作时，当发送移位寄存器把一个字符移位输出后，数据输出缓冲器的内容立刻并行地送给发送移位寄存器，TXRDY 信号有效，但发送移位寄存器仍有数据在串行地移位输出，TXEMPTY 不会有效。这里需要指出的是，在同步方式下，不允许字符之间有空隙，但是 CPU 有时却来不及往8251A 输出字符，此时 TXEMPTY 变为高电平，发送器在输出线上插入同步字符，从而填补了传输间隙。

TXC：发送时钟，由它控制 8251A 发送数据的速度。在异步方式下，TXC 的频率可以是波特率的 1 倍、16 倍或 64 倍，可由程序设定。在同步方式下，TXC 的频率与发送数据波特率相同。如果发送和接收的波特率相同，RXC 和 TXC 可以连接起来，接到一个时钟发生器上。

RXC：接收时钟，其频率的规定和 TXC 相同。

RXRDY：接收准备好状态信号，高电平有效。在允许接收的条件下，若命令寄存器的 RXE 位置位，则当 8251A 已经从它的串行输入端接收了一个字符，并完成了格式变换，准备送到 CPU 时，此信号有效，通知 CPU 读取数据。当 CPU 从 8251A 读取一个字符后，RXRDY 信号自动复位。在查询方式下，此信号可作为联络信号，CPU 通过读状态寄存器的 D_1 位检测这个信号。在中断方式下可作为中断请求信号。

SYNDET：同步检测信号。此信号只用于同步方式，既可工作在输入状态，也可工作在输出状态，这取决于 8251A 工作在内同步情况还是工作在外同步情况，而这两种情况又决定于 8251A 的初始化编程。当 8251A 工作在内同步情况时，SYNDET 作为输出端，如果 8251A 检测到了所要求的同步字符，则 SYNDET 输出高电平，用来表明 8251A 当前已经达到同步。在双同步字符情况下，SYNDET 信号会在第二个同步字符的最后一位被检测到后，在这个信号位的中间变为高电平，从而表明已经达到同步。当 8251A 工作在外同步情况时，SYNDET 作为输入端，这个输入端上的一个正跳变，会使 8251A 在 RXC 的下一个下降沿时开始装配字符，这种情况下，SYNDET 的高电平状态最少要维持一个RXC 周期，以便遇上 RXC 的下一个下降沿。

2）与调制解调器的接口信号

8251A 提供了与调制解调器相连的控制信号、数据发送信号和数据接收信号，它们的含义与 RS-232-C 标准规定相同。

$\overline{DTR}$：数据终端准备好，输出信号，低电平有效。它由命令字的 D_1 位置 1 变为有效，用以表示 8251A 准备就绪。

$\overline{RTS}$：请求发送，输出信号，低电平有效。用于通知调制解调器，8251A 要求发送。它由命令字的 D_5 位置 1 来使其有效。

$\overline{DSR}$：数据装置准备好，输入信号，低电平有效。用以表示调制解调器已经准备好，CPU 通过读状态寄存器的 D_7 位检测这个信号。

$\overline{CTS}$：请求发送清除，也称为允许发送，输入信号，低电平有效，是调制解调器对

8251A 的 $\overline{\text{RTS}}$ 信号的响应，当其有效时 8251A 方可发送数据。

RXD：接收数据线。

TXD：发送数据线。

7.3.4　8251A 的控制字

8251A 是可编程的通用同步/异步接收/发送器，在使用前，必须由 CPU 写入一组控制字来设置它的工作方式、字符的格式和传送的速率等。

8251A 有两个控制字，一个是方式选择控制字，一个是操作命令控制字。方式选择控制字在 8251A 复位之后送入，操作命令控制字在方式选择控制字之后的任何时间均可送入。

1）方式选择控制字

功能：方式选择控制字用来选择工作方式，确定数据位长度、是否要奇偶校验、停止位的位数或同步字符的个数等。

方式选择控制字格式如图 7.3.13 所示。

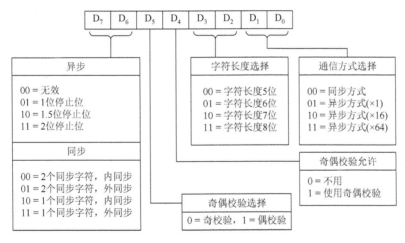

图 7.3.13　8251A 方式选择控制字格式

D_1、D_0：用以确定是工作在同步方式还是工作在异步方式。在异步方式时 D_1、D_0 有三种组合用以选择波特率因子。

D_3、D_2：确定每个字符的位数，字符长度可在 5～8 位选择。

D_4：确定是否要奇偶校验位。

D_5：当决定要校验位后，表示是奇校验还是偶校验的方式。

D_7、D_6：与 D_1、D_0 的设置有关。若 $D_1D_0 \neq 00$（异步方式），该两位表示选择停止位的个数。若 $D_1D_0 = 00$（同步方式），用以确定是内同步还是外同步，以及同步字符的个数。

2）操作命令控制字

功能：命令控制字控制 8251A 的发送、接收、内部复位等的实际操作。

命令控制字格式如图 7.3.14 所示。

D_7	D_6	D_5	D_4	D_3	D_2	D_1	D_0
EH	IR	RTS	ER	SBRK	RXE	DTR	TXEN
1=搜索同步字符	1=内部复位	1=发送请求有效	1=错误标志复位	1=发中止字符	1=接收允许	1=数据终端准备好	1=发送允许

图 7.3.14　8251A 命令控制字格式

D_0：发送允许位，$D_0 = 1$，允许发送器发送数据，否则禁止。

D_1：数据终端准备就绪位。$D_1 = 1$，将使 8251A 的引脚 $\overline{DTR}$ 输出为低电平，有效。$D_1 = 0$，置 $\overline{DTR}$ 无效。

D_2：接收允许位。当写入 1 时，允许接收器接收数据，否则禁止。可使 D_0、D_2 两位同时为 1 有效，既允许发送又允许接收。

D_3：终止字符控制位。当 $D_3 = 1$ 时，强迫 TXD 为低电平，输出连续的空白字符。当 $D_3 = 0$ 时，正常操作。

D_4：错误标志复位控制。该位置 1 将清除状态寄存器中所有的出错指示位。

D_5：请求发送位。$D_5 = 1$ 时，强迫 $\overline{RTS}$ 输出低电平，置发送请求 $\overline{RTS}$ 有效。$D_5 = 0$ 时，置 $\overline{RTS}$ 无效。

D_6：内部复位。当 $D_6 = 1$ 时，与 RESET 的作用一样，使 8251A 从接收/发送数据或命令控制操作转为等待设置方式选择控制字状态。

D_7：搜索同步字符方式控制。只用在同步模式下，当 $D_7 = 1$ 时，8251A 便会对同步字符进行检测。当 $D_7 = 0$ 时，不检测同步字符。

3）状态寄存器中的状态字格式

CPU 可在任意时刻，通过 IN 指令将 8251A 内部状态寄存器的内容（即状态字）读入 CPU，以判断 8251A 当前的工作状态。状态字格式如图 7.3.15 所示。

D_7	D_6	D_5	D_4	D_3	D_2	D_1	D_0
DSR	SYNDET/BD	FE	OE	PE	TXEMPTY	RXRDY	TXRDY
1=数据装置就绪	1=同步检出	1=格式错	1=溢出错	1=奇偶错	1=发送移位器空	1=接收准备好(输入缓冲器满，读复位)	1=发送准备好(输出缓冲器空，写复位)

图 7.3.15　8251A 状态字格式

D_0：当 $D_0 = 1$ 时，表示当前数据输出缓冲器为空。这里 TXRDY 的状态与引脚 TXRDY 有区别。状态位 TXRDY 只要数据输出缓冲器空就置位；而引脚 TXRDY 要满足三个条件时才置位（即满足 $\overline{CTS} = 0$、TXRDY 状态位为 1 和 TXEN = 1 时）。当 CPU 往 8251A 输出一个字符以后，状态位 TXRDY 会自动清零。

D_1：当 $D_1 = 1$ 时，表示当前数据输入缓冲器满。当 CPU 从 8251A 取入一个字符以后，状态位 RXRDY 会自动清零。

D_3、D_4、D_5：分别为奇偶错误标志位、溢出错标志位、帧错标志位。

PE = 1 表示当前产生了奇偶错。

OE = 1 表示当前产生了溢出错，CPU 还没来得及将上一个字符取走，下一个字符又来到了 RXD 端，8251A 继续接收下一个字符，结果使上一个字符丢失。

FE = 1 表示未检测到停止位，只对异步方式有效。

以上三种错误都不终止 8251A 的工作，但允许用命令控制字中的 ER 位复位。

D_2、D_6：这两位与同名引脚的状态完全相同，可供 CPU 查询。

D_7：数据装置准备好，当 $D_7 = 1$ 时，表示外设或调制解调器已经准备好发送数据，8251A 的 $\overline{\text{DSR}}$ 端输入为低电平。

4）8251A 初始化流程

当硬件复位或者通过软件编程对 8251A 复位后，总要根据规定的工作状态进行初始化编程，即向方式选择寄存器和命令寄存器写入控制字。由于 8251A 内部这两个寄存器的端口地址相同，而写入的方式字和命令字又没设置相应的标志信息位，为此，向 8251A 写入控制字的顺序就非常重要了。8251A 初始化流程如图 7.3.16 所示。

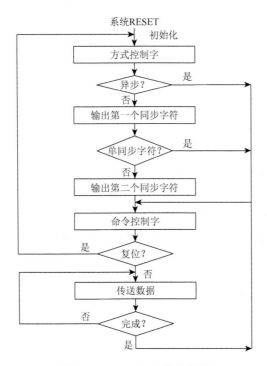

图 7.3.16　8251A 初始化流程

8251A 初始化编程总是先设置方式选择控制字，随后是命令控制字。方式选择控制字必须紧跟在复位之后设置。通过方式选择控制字的设置，可确定 8251A 的工作方式（异步/同步），如果是同步方式，则必须指出是单同步字符还是双同步字符，将同步字符送入 8251A 的同步字符寄存器中。

　　无论异步方式还是同步方式，在方式选择控制字之后，应该写入命令控制字。若命令控制字中 IR 位为 1，即 8251A 内部复位，则 8251A 将回到初始化状态，等待重新进行方式选择控制字和命令控制字的设置。若 IR 为 0，则进入数据传送阶段，当数据传送完毕后，8251A 回到写命令字状态，通过改变命令字的设置来改变 8251A 的操作。

7.3.5　8251A 的应用举例

　　例 7.3.1　8251A 异步方式初始化。

　　设 8251A 工作在异步方式，波特率因子为 16，每个字符 7 个数据位，采用偶校验，两个停止位，允许发送和接收，设 8251A 数据端口地址为 200H，8251A 控制端口地址为 201H。试编写 8251A 的初始化程序。

　　（1）方式选择控制字：根据题意，方式选择控制字为 11111010B（即 FAH），写入控制端口，端口地址为 201H。

　　（2）命令控制字：设置为 00110111B（即 37H），置引脚 $\overline{\text{RTS}}$、$\overline{\text{DTR}}$ 有效，允许发送和接收，写入控制端口，端口地址为 201H。

　　（3）初始化程序：

```
        MOV  AL,0FAH    ;方式选择控制字,异步方式,7 位/字符,偶校验,两个停止位
        MOV  DX,201H    ;控制端口地址
        OUT  DX,AL      ;传送
        MOV  AL,37H     ;命令控制字,RTS、DTR 有效,发送和接收允许,清出错标志
        OUT  DX,AL      ;传送
```

　　例 7.3.2　8251A 同步方式初始化。

　　设 8251A 工作在内同步方式，两个同步字符（设同步字符为 3AH），每个字符 7 个数据位，采用偶校验，允许发送和接收，设 8251A 数据端口地址为 90H，8251A 控制端口地址为 91H。试编写 8251A 的初始化程序。

　　（1）方式选择控制字：根据题意，方式选择控制字为 00111000B（即 38H），写入控制端口，端口地址为 91H。

　　（2）命令控制字：设置为 10010111B（即 97H），使 8251A 进入同步字符检测，出错标志复位，允许发送和接收，置引脚 $\overline{\text{DTR}}$ 有效，写入控制端口，端口地址为 91H。

　　（3）同步字符：两个同步字符，均为 3AH。

　　（4）初始化程序：

```
        MOV  AL,38H     ;方式选择控制字,内同步方式,两个同步字符
                        ;7 位数据,偶校验
        OUT  91H,AL
        MOV  AL,3AH
```

```
     OUT   91H,AL   ;送第一个同步字符 3AH
     OUT   91H,AL   ;送第二个同步字符 3AH
     MOV   AL,97H   ;命令控制字,启动发送器和接收器,清出错标志,DTR 有效
     OUT   91H,AL
```

例 7.3.3　8251A 状态字的使用。

设 8251A 工作在异步方式,波特率因子为 16,每个字符 7 个数据位,采用偶校验,两个停止位,允许接收,设 8251A 数据端口地址为 70H,8251A 控制端口地址为 71H。试编写 8251A 输入 100 个字符的程序段,字符存入 DATA 开始的存储区。

（1）方式选择控制字：根据题意,方式选择控制字为 11111010（即 FAH）,写入控制端口,端口地址为 71H。

（2）命令控制字：设置为 00110111B（即 37H）,置引脚 $\overline{RTS}$、$\overline{DTR}$ 有效,出错标志复位,允许发送和接收（虽然本例只是接收,但 8251A 作为串行通信接口,通常同时具有发送和接收功能,只是本例仅编写输入部分程序而已）,写入控制端口,端口地址为 71H。

（3）状态字：检测状态字 D_1 位的 RXRDY,若 RXRDY = 1,说明已接收一个完整字符,可以读取。读取一个字符后,还要确定接收的字符是否正确,方法是检测状态字的 D_5、D_4、D_3 位（帧错、溢出错、奇偶错）,相应位为 1 表明出现对应的错误,需要进行错误处理。

（4）初始化程序：

```
     MOV   AL,0FAH   ;方式选择控制字,异步方式,7 位/字符,偶校验,两个停止位
     OUT   71H,AL    ;送控制口
     MOV   AL,37H    ;命令控制字,RTS、DTR 有效,发送和接收允许,清出错标志
     OUT   71H,AL    ;送控制口
     MOV   DI,OFFSET DATA  ;设置输入字符存储偏移地址
     MOV   CX,100    ;计数器初值,输入 100 个字符
A1:IN  AL,71H        ;读状态字
     TEST  AL,02H    ;RXRDY=1?是,接收字符就绪,准备读取并存储
     JZ  A1          ;RXRDY 不为 1,输入字符未就绪,循环等待
     IN  AL,70H      ;读取字符
     MOV   [DI],AL   ;存储
     INC   DI        ;修改存储指针
     IN  AL,71H      ;读状态字
     TEST  AL,38H    ;测试有无帧错、溢出错、奇偶错 (状态字相应位为 1 表明出错)
     JNZ   A2        ;出错,转错误处理程序
     LOOP  A1        ;正确,接收下一个字符
     JMP   A3        ;全部接收完成,转结束
A2:......            ;错误处理程序
A3:......            ;结束处理
```

习　题

7.1　简要说明 8255A 工作于方式 0 和方式 1 的区别。

7.2　分别说明 8255A 在方式 1 输入、输出时的工作过程。

7.3　说明 8255A 的三个端口在使用时有什么差别。

7.4　说明 8253 的方式 2 与方式 3 的工作特点。

7.5　说明 8253 的方式 1 与方式 5 的工作特点。

7.6　说明 8253 的最大初始计数值为什么是 0000H。

7.7　简述 8253 的主要特点。

7.8　8253 有几个通道？各采用几种工作方式？简述这些工作方式的特点。

7.9　8253 有几种读操作方式？简述之。

7.10　某系统中有一片 8253，其计数器 0 至控制端口地址依次为 40H～43H，请按如下要求编程：

（1）通道 0：方式 3，$CLK_0 = 2MHz$，要求在 OUT_0 输出 1kHz 方波。

（2）通道 1：方式 2，$CLK_1 = 1MHz$，要求 OUT_1 输出 1kHz 脉冲波。

（3）通道 2：方式 4，$CLK_2 = OUT_1$，计数值为 1000，计数到 0 时输出一个控制脉冲。

7.11　某系统采用一片 8253 产生周期为 2ms、个数为 10 的脉冲序列，已知有一个时钟源，频率为 2MHz。要求：

（1）画出硬件接口电路图，并确定 8253 的端口地址。

（2）编写相应程序。

7.12　并行接口芯片 8255A 的 A 口～控制口的端口地址依次为 60H～63H。编一段程序使从 PC_5 输出一个负脉冲。另外，若脉冲宽度不够，应如何解决？

7.13　8255A 的工作方式控制字和 C 口的按位置位/复位控制字有何差别？若将 C 口的 PC_2 引脚输出高电平（置位），假设 8255A 控制口地址是 303H，应如何设计程序段？

7.14　用 8255A 芯片作为 8088 CPU 与字符打印机接口，使 8255A 端口 A 作为数据输出端口，工作在方式 0，用查询方式将从内存地址 DATA 开始的 10B 数据依次送打印机。要求：

（1）画出电路原理图，包括地址线、数据线以及必要的控制信号。

（2）指出 8255A 芯片的端口地址。

（3）用 8086 汇编语言编写实现题目要求的程序。

7.15　利用工作在方式 1 的 8255A 的 A 口作为输入接口，从输入设备上输入 4000B 数据送存储器的 BUFFER 缓冲区，编写相应的程序段，设 8255A 的端口地址为 60H～63H。

7.16　若 8253 的 CLK 计数频率为 2MHz。试问：

（1）一个计数器通道的最大定时时间是多少？

（2）若利用计数器 0 周期性地产生 5ms 的定时中断，试对其进行初始化编程（设计数器 0 至控制口的端口地址分别为 84H、85H、86H、87H）。

（3）要定时产生 1s 的中断，试写出实现方法（硬件连接、工作方式、计数值），不必编程。

7.17　用 8253 计数器 1 作为 DRAM 刷新定时器，DRAM 要求在 2ms 内对全部 128 行存储单元刷新一遍，假定计数用的时钟频率为 2MHz，问该计数器通道应工作在什么方式？写出控制字和计数值（用十六进制数表示）。

7.18　说明下列名称或概念的含义：基带传输、频带传输、单工通信、全双工通信、半双工通信、异步串行通信、同步串行通信。

7.19　什么是串行通信？串行通信的通信方式有哪几种？其数据传送方式有哪几种？

7.20　画出 RS-232-C 异步串行通信传送大写字母 'A'（41H）和 'B'（42H）的波形图。通信格式是 7 位数据、偶校验、两位停止位。

7.21　串行通信中为什么要用调制解调器？调制解调器在接收和发送中的作用是什么？

7.22　RS-232-C 电平是如何规定的？

7.23　什么叫比特率？什么叫波特？

7.24　采用异步通信方式，紧跟在起始位后面的是数据的最低位还是最高位？起始位和停止位分别是什么电平？

7.25　简述 FSK 的调制原理。

7.26　当串行通信的波特率是 2400Baud 时，数据位时间周期是多少？

7.27　简述异步通信和同步通信的主要区别。

7.28　简述在串行异步通信中如何实现接收数据同步及数据接收。

7.29　在串行异步通信中，为什么接收时时钟频率一般是波特率的 16 倍频？

7.30　某微机系统向外设发送串行数据，在以下两种情况下，以异步方式和以同步方式传送时，二者传送效率如何？由此可得出什么结论？

（1）传送一个 8 位数据。

（2）连续传送 1000 个 8 位数据。

7.31　设某异步通信的格式为：1 位起始位，7 位数据位，1 个奇偶校验位和 2 个停止位，如果波特率为 1200Baud，求每秒钟最多能传送多少个字符？

7.32　8251A 和 CPU 之间有哪些连接信号？各有什么作用？

7.33　8251A 在接收时可检测几种错误？每一种错误是如何产生的？

7.34　简述 8251A 初始化的一般步骤。

7.35　设计一个以 8088 CPU 为核心的数据采集系统，串行异步通信方式接收 1000 个采样数据依次存入 DATA 开始的存储单元，要求：

（1）串行接口采用 8251A，画出系统的硬件连接图。

（2）确定 8251A 端口地址。

（3）确定异步串行通信参数。

（4）初始化 8251A。

（5）编写应用程序。

7.36　8088 CPU 与 8251A 连接，进行串行异步通信，通信参数是 8 个数据位，1 个停止位，不采用奇偶校验，波特率因子为 16，要求：

（1）设计 8088 CPU 与 8251A 的接口电路。

（2）确定 8251A 的端口地址。

（3）编写 8251A 的初始化程序。

7.37　已知 8251A 发送的数据格式为：数据位 7 位、偶校验、1 个停止位、波特率因子为 64。设 8251A 控制寄存器的端口地址是 309H，发送/接收寄存器的端口地址是 308H。试编写用查询法和中断法收发数据的通信程序。

7.38　设 8251A 的收、发时钟的频率为 38.4kHz，它的 $\overline{\text{RTS}}$ 和 $\overline{\text{CTS}}$ 引脚相连，8251A 的数据端口地址为 2C0H，控制端口地址为 2C1H，试完成满足以下要求的初始化程序：

（1）半双工异步通信，每个字符的数据位是 7 位，停止位为 1 位，偶校验，波特率为 600Baud，发送允许。

（2）半双工同步通信，每个字符的数据位是 8 位，无奇偶校验，内同步方式，双同步字符，同步字符为 16H，接收允许。

7.39　8251A 的串-并转换和并-串转换是用什么方法实现的？当方式控制字为 FEH 时，发送英文字母 C 的帧信息是什么？若此时引脚 TXC 的输入频率为 307.2kHz，则串行信息的发送波特率是多少？

7.40　8251A 中有多少个可寻址的寄存器？有多少个端口地址？写出它们的对应关系。

7.41　画出两个采用 8251A 的 PC 直接用 RS-232-C 互连的接线图。

第8章 模 拟 接 口

8.1 概　　述

随着微型计算机软硬件技术的发展，其应用范围已涉及人类生产和生活的各个领域。微型计算机已由计算工具发展成更为复杂的实时控制和测量系统的核心部件。借助它，人类能对生产过程、科学实验及军事控制系统等实现更加有效的自动控制和测量。

在实时控制和测量系统中，被控制或被测量的对象，如温度、压力、时间、流量、速度、电压和电流等都是连续变化的物理量。所谓连续，包括两方面的含义：一方面从时间上来说，它是随时间连续变化的；另一方面从数值上来说，它的数值也是连续变化的。这种连续变化的物理量就是模拟量。这种模拟量的数值和极性可以由传感器等进行测量，通常以模拟电压或电流的形式输出。

当微型计算机参与控制时，微型计算机要求的输入信号为数字量。这里，"数字"也包含两方面的意义：一方面，从时间上来说，它是某一物理量在某一时刻的瞬时值；另一方面，从数值上来说，它的数值是按某一最小单位的倍数变化的。显然，不能把温度、压力、时间、电压等这样的模拟量直接送入微型计算机进行运算处理，必须先把它们变换成数字量，才能被微型计算机接受。

能够将模拟量转变为数字量的器件称为模数转换器（analog-to-digital converter，ADC，或 A/D 转换器）。微型计算机的计算结果是数字量，很多情况下不能用它直接控制执行部件，需要先把它转换为模拟量，才能用于控制。这种能将数字量转换为模拟量的器件称为数模转换器（digital-to-analogue converter，DAC，或 D/A 转换器）。

图 8.1.1 给出了一个完整的微型计算机闭环实时控制系统示意图，它由微机系统与前向通道（虚线以上，输入通道）、后向通道（虚线以下，输出通道）、人机对话通道（略）及微机相互通道（略）组成。

如果图中的闭环实时控制系统去掉执行部件和 D/A 转换及功放环节，那么就成了一个将现场模拟信号变为数字信号并送微型计算机进行处理的系统，这样一个系统实际上就是一个测量系统。

如果图中只有微机系统、D/A 转换器、功放级和执行部件，那么就成了一个程序控制系统。

8.1.1　传感器

A/D 转换器是将模拟的电信号转换成数字信号，所以将物理量转换成数字量之前，必须先将物理量转换成电模拟量。传感器是把非电量的模拟量（如温度、压力、流量等）转换成电压或电流信号。因此,传感器一般是指能够进行非电量和电量之间转换的敏感元件。传感器的精度直接影响整个系统的精度,如果传感器误差较大,则测量电路、放大电路以及 A/D 转换电路和微型计算机的处理都会受到影响。物理量的多样性使传感器的种类繁多,下面对几种常用的传感器进行简单的介绍。

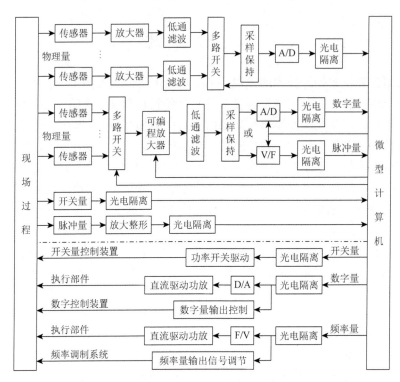

图 8.1.1　一个完整的微型计算机闭环实时控制系统示意图

1. 温度传感器

热电偶是一种大量使用的温度传感器,它是利用热电势效应来工作的,室温下的典型输出电压为毫伏数量级。温度测量范围与热电偶的材料有关,常用的有镍铝-镍硅热电偶和铂铑-铂热电偶。热电偶的热电势-温度曲线一般是非线性的,需要采取措施进行非线性校正。

另一种温度传感器为热敏电阻,它是一种半导体新型感温元件,具有负的电阻温度系数,当温度升高时,其电阻值减小,在使用热敏电阻作为温度传感器时,将温度的变化反映在电阻值的变化中,从而改变电压或电流值。

2. 湿度传感器

湿度传感器大多利用湿度变化引起其电阻值或电容量变化原理制成,即将湿度变化转换成电量变化。

热敏电阻湿度传感器利用潮湿空气和干燥空气的热传导之差来测定湿度,而氯化锂湿度传感器利用氯化锂在吸收水分之后，其电阻值发生变化的原理来测量湿度。高分子湿度传感器利用导电性高分子对水蒸气的物理吸附作用引起电导率变化的特性。

3. 气敏传感器

半导体气敏传感器是利用半导体与某种气体接触时电阻及功率函数变化这一效应来检测气体的成分或浓度的传感器。

它可用于家用液化气泄漏报警，城市煤气、煤气爆炸浓度以及一氧化碳中毒危险浓度报警等。有的敏感元件对酒精特别敏感，利用这种气敏元件可做酒后开车报警控制。

4. 压电式和压阻式传感器

某些电解质（如石英晶体、压电陶瓷），在沿一定方向受到外力的作用而变形时，内部会产生极化现象，同时在其表面上产生电荷。当外力去掉后，又重新回到不带电的状态。从而可以将机械能转变成电能，因此可以把压电式传感器看作一个静电荷发生器，也就是一个电容。利用这些介质可做成压电式传感器。

由于固体物理的发展，固体的各种效应已逐渐被人们所发现。固体受到作用力后，电阻率（或电阻）就要发生变化，这种效应称为压阻式效应，利用它可做成压阻式传感器。利用压电式或压阻式传感器可测量压力、加速度、载荷等。前者可测量频率从几赫至几十千赫的动态压力，如内燃机气缸、油管、进排气管、枪炮的膛压、航空发动机燃烧室等的压力。

5. 光纤传感器

光纤传感器是 20 世纪 70 年代迅速发展起来的一种新型传感器。它具有灵敏度高、电绝缘性能好、抗电磁干扰、耐腐蚀、耐高温、体积小、重量轻等优点，可广泛用于位移、速度、加速度、压力、温度、液位、流量、水声、电流、磁场、放射性射线等物理量的测量中。

功能型光纤传感器不仅起到传导光的作用，它还是敏感元件，它利用了光纤本身的一些特点，这些特点是光纤的传输特性受被测物理量的作用会发生变化，从而使光纤中波导光的属性（光强、相位、偏振态、波长等）被调制。因此，这一类光纤传感器又分为光强调制型、相位调制型、偏振态调制型和波长调制型。

相位调制型光纤传感器可用来测量压力、温度。这是利用光纤受力或温度变化时，光纤的长度、直径、折射率会发生变化的原理，从而引起传播光的相位角变化。如果利用一个光电探测器将光的相位变化转换成电信号大小的变化就可以将压力或温度等物理量转换成电的模拟量。

在流体流动的管道中横贯一根多模光纤，当液体流过光纤时，在液流的下游会产生有规则的涡流。这种涡流在光纤的两侧交替地离开，使光纤受到交变的作用力，光纤就会产生周期性振动。光纤的振动频率与流体的速度和光纤的直径有关，在光纤直径一定时，近似正比于流速。

6. 位移-数字转换器

前面介绍的几种传感器可以将物理量转换成连续变化的电量,这些电量往往要经过放大、滤波、整形后才能进行数字转换以便微型计算机处理。连续变化的电量较容易引进干扰,降低测量精度并使电路复杂化。某些传感器可将物理量直接转换成数字量或电脉冲,如码盘、光栅、磁尺等。

(1)脉冲盘式角度-数字转换器。脉冲盘式角度-数字转换器是在一个圆盘的边缘上开有相等角距的缝隙,在开缝圆盘两边分别安装光源和光敏元件。当圆盘随工作轴一起转动时,每转过一个缝隙就发生一次光线明暗变化,经过光敏元件,就产生一次电信号的变化。将这个电信号整形放大,可得到一定幅度和功率的电脉冲输出信号,脉冲数就等于转过的缝隙数。上述脉冲信号可由计数器计数,计数值就能反映圆盘转过的角度。

(2)码盘式角度-数字转换器。上述脉冲盘式输出的是与角度对应的脉冲个数,要经过计数器才能进行数值编码,码盘式则是按角度直接进行编码的转换器,通常把它安装在检测轴上。编码的方式有二进制和格雷码制,按结构有接触式和光电式等。

(3)光电码盘角度-数字转换器。光电码盘是目前用得较多的一种,码盘用透明及不透明区按一定编码构成。码盘上码道的条数就是数码的位数。对应每一条码道有一个光电元件,当码盘处于不同角度时,光电转换器的输出就呈现出不同的数码。它的优点是没有接触磨损因而允许转速高。

8.1.2　多路开关

由于微型计算机的工作速度很快,而被测参数的变化比较慢,所以在微型计算机测量及控制系统中,一台微型计算机可对多路或多种参数进行测量和控制。但是,微型计算机在某一时刻只能接收一个通道的信号,因此,必须通过多路模拟开关进行切换,使各路参数分时进入微型计算机。此外,在模拟量输出通道中,为了实现多回路控制,需要通过多路开关将控制量分配到各条支路。

多路开关的主要用途是把多个模拟量参数分时接通送入 A/D 转换器或 V/F 转换器(即把模拟输入电压转换成相应的频率信号),即完成多到一的转换,或者把经微型计算机处理且由 D/A 转换器或 F/V 转换器(即把频率信号转换成相应的模拟电压)转换成的模拟信号,按规定的次序输出到不同的控制回路(或外部设备),即完成一到多的转换。前者称为多路开关,后者称为多路分配器。这类器件种类很多,有的只有一种用途,称为单向多路开关,如 AD7501(8 路)、AD7506(16 路)。有的既能用作多路开关,又能用作多路分配器,称为双向多路开关,如 CD4051。从输入信号的连接方式来分,有的是单端输入,有的则允许双端输入(或差动输入),如 CD4051 是单端 8 通道多路开关,CD4052 是双 4 通道模拟多路开关,CD4053 则是典型的 3 重 2 通道多路开关。还有的能实现多路输入/多路输出的矩阵功能,如 8816 等。

在早期的测量及控制系统中,通常采用干簧继电器,由于这类开关结构简单,工作寿命长，闭合时接触电阻小，而断开接点时阻抗高，且不受外界环境温度的影响，所以应用比较广泛。随着大规模集成电路的发展，许多厂家已推出各式各样的半导体多路开关。半导体集成电路多路开关具有明显的优点，所以，在微机控制和数据采集系统中得到了广泛的应用。半导体多路开关有如下特点。

（1）采用标准的双列直插式结构，尺寸小，便于安排。

（2）直接与 TTL（或 CMOS）电平相兼容，可采用正或负双极性输入。

（3）内部带有通道选择译码器，使用方便。

（4）转换速度快，通常其导通或关断时间在 1μs 左右，有些产品已达到几十到几百纳秒。

（5）寿命长，无机械磨损。

（6）接通电阻低，一般小于 100Ω，有的可达几欧。断开电阻高，通常达 $10^9\Omega$ 以上。

典型的八选一双向多路开关为 CD4051，国产型号为 5G4051。CD4051 的结构如图 8.1.2 所示，它由逻辑电平转换电路、地址译码电路、开关通道三部分组成。

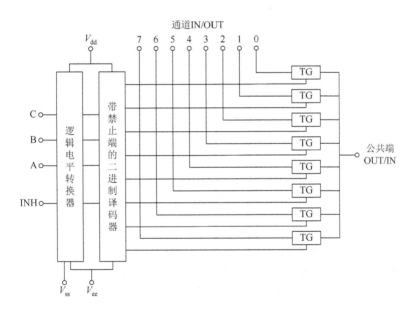

图 8.1.2 CD4051 原理图

CD4051 有三个通道选择输入端 A、B、C 和一个禁止输入端 INH。

A、B、C 信号用来选择 8 个通道之一被接通。

INH = 1，即 INH = V_{dd} 时，所有通道均断开，禁止模拟量输入。当 INH = 0，即 INH = V_{ss} 时，通道接通，允许模拟量输入，其译码器真值表如表 8.1.1 所示。

输入信号的范围是 $V_{dd}\sim V_{ss}$，用户可以根据自己的输入信号范围和数字控制信号的逻辑电平来选择 V_{dd}、V_{ss}、V_{ee} 的电压值。该类芯片允许 $V_{dd}\sim V_{ee}$、$V_{dd}\sim V_{ss}$ 的范围为 -0.5～15V。如果 $V_{dd} = 5V$，$V_{ss} = 0V$，$V_{ee} = -5V$，则能开关 -5～+5V 的信号。在微机测量及控制系统中，一般都设计成 TTL 电平，即 $V_{dd} = 5V$，$V_{ss} = 0V$，$V_{ee} = 0V$。

表 8.1.1　CD4051 译码器真值表

C	B	A	INH	选择通道
0	0	0	0	0
0	0	1	0	1
0	1	0	0	2
0	1	1	0	3
1	0	0	0	4
1	0	1	0	5
1	1	0	0	6
1	1	1	0	7
×	×	×	1	×

8.1.3　光电隔离器

在开关量控制中，最常用的器件是光电隔离器。光电隔离器的种类繁多，常用的有发光二极管/光敏三极管、发光二极管/光敏复合晶体管、发光二极管/光敏电阻以及发光二极管/光触发可控硅等。发光二极管/光敏三极管的原理电路如图 8.1.3 所示。

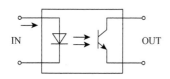

图 8.1.3　光电隔离器原理图

在图中，光电隔离器由红外发光二极管和光敏三极管组成。当发光二极管有正向电流通过时，即产生红外光，光敏三极管接收光以后便导通。而当该电流撤去时，发光二极管熄灭，三极管截止。利用这种特性即可达到开关控制的目的。由于该器件通过电-光-电的转换来实现对输出设备的控制，彼此之间没有电气连接，因而起到隔离作用，隔离电压范围与光电隔离器的结构形式有关。双列直插式塑料封装形式一般为 2500V 左右，陶瓷封装形式一般为 5000~10000V。不同型号的光电隔离器的输入电流也不同，一般为 10mA 左右。其输出电流的大小将决定控制外设的能力，一般负载电流比较小的外设可直接带动，若负载电流要求比较大时可在输出端加接驱动器。

在一般微机控制系统中，由于大都采用 TTL 电平，不能直接驱动发光二极管，所以通常加一个驱动器，如 74LS04、74LS06 等芯片。值得注意的是，输入、输出端两个电源必须单独供电。

8.1.4　固态继电器

在微机测量及控制系统中，被测参数经采样、量化、处理之后，为了达到自动控制的目的，还需要输出控制信息。由于输出设备通常需大电压（或电流）来控制，而微机系统输出的开关量都是通过微型计算机的 I/O 口输出的。这些 I/O 口的驱动能力有限。例如，标准的 TTL 门电路在 0 电平时吸收电流的能力约为 16mA，常常不足以驱动一些功率开关（如继电器、电磁开关等），因此，需要一些大功率开关接口电路。常用的功率开关接口器件有功率开关驱动电路及功率型光电耦合器、集成驱动芯片及固态继电器等。

在机械继电器控制中，由于采用电磁吸合方式，在开关瞬间，触点容易产生火花，从而引起干扰。对于交流高压等场合，触点还容易氧化，因而影响系统的可靠性。所以随着微机控制技术的发展，人们又研制出一种控制器件：固态继电器（solid-state relay，SSR）。

固态继电器用晶体管或可控硅代替机械继电器的触点开关，在前级把光电隔离器融为一体，因此，固态继电器实际上是一种带光电隔离器的无触点开关。根据固态继电器的结构形式，固态继电器有直流型固态继电器和交流型固态继电器之分。直流型固态继电器控制直流负载，交流型固态继电器控制交流负载。

由于固态继电器输入控制电流小，输出无触点，所以与机械式继电器相比，具有体积小、重量轻、无机械噪声、无抖动和回跳、开关速度快、工作可靠等优点。因此，在微机控制系统中得到了广泛的应用。

直流型固态继电器的电路原理如图 8.1.4 所示。由图可以看出，其输入端是一个光电隔离器，因此，可用 OC 门或晶体管直接驱动。它的输出端经整形放大后带动大功率晶体管输出，输出工作电压可达 30～180V。

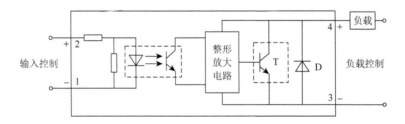

图 8.1.4　直流型固态继电器的电路原理

直流型固态继电器可用于直流电动机控制、直流步进电机控制、电磁阀控制等场合。

8.2　D/A 转换

8.2.1　D/A 转换原理

D/A 转换是把数字量信号转换成模拟量信号的过程，同时，D/A 转换器也是 A/D 转换器的基本组成部分。我们知道：一个二进制数字是由各位 "0" "1" 代码组合起来的，每位代码都有一定的权。为了将数字量转换成模拟量，应将每一位代码按权大小转换成相应的模拟输出分量，然后根据叠加原理将各位代码对应的模拟输出分量相加，其总和就是与数字量成正比的模拟量，由此完成 D/A 转换。

D/A 转换的方法较多，但常用的方法是加权电阻网和 T 型电阻网。

1. 加权电阻网 D/A 转换

加权电阻网 D/A 转换就是用一个二进制数字的每一位代码产生一个与其相应权成正比的电压（或电流），然后将这些电压（或电流）叠加起来，就可得到该二进制数所对应的模拟量电压（或电流）信号。例如，让二进制数的第 0 位产生一个 1V（2^0）的电压信号，第 1 位产生 2V（2^1）的电压信号，第 2 位产生 4V（2^2）的电压信号，第 3 位产生 8V（2^3）的电压信号，以此类推，第 n 位产生 2^nV 的电压信号。再将这些电压信号加起来，就可以得到与原二进制数成正比的电压信号。这种转换方法就称为加权电阻网法。

选用不同的加权电阻网，就可得到不同编码数的 D/A 转换器。加权电阻网对于位数不多的 D/A 转换器来说能较好地满足要求，但对于 8 位以上，如 10 位、12 位、16 位等的 D/A 转换器来说，就显得不适用了。这是因为加权电阻网的电阻值是按 2 的幂次增加的，随着 D/A 转换位数的增加，支路电流变得越来越大（指最低有效位，即 D_0），最后达到不能容忍的地步。由于电阻太大，支路电流越来越小，引起噪声干扰，为了弥补这点，可以将最高有效位的支路电阻（R）做得很小，但这又将引起相反的问题，即这个支路电流会非常大，这显然也是不妥当的，而且稳定性差。由于上述原因，加权电阻网实际上已较少使用，取代上述电路的是 T 型电阻网。

2. T 型电阻网 D/A 转换

T 型电阻网 D/A 转换由以下几部分组成。
（1）输入数据控制的开关组。
（2）R-$2R$ 电阻网络。
（3）由运算放大器构成的电流-电压转换电路。

这种转换方法与加权电阻网的主要区别在于电阻求和网络的形式不同，它采用分流原理来实现对相应数字位的转换。

电路中全部电阻是 R 和两倍的 R 两种，阻值通常为 $100 \sim 1000\Omega$，整个电路是由相同的电路环节组成的。每一节电路有两个电阻、一个开关，这一节电路就相当于二进制数的一个位，每一节电路的开关就由二进制数相应的代码来控制，因为电阻是按 T 结构来连接的，所以称为 T 型电阻网。

T 型电阻网 D/A 转换器的电路结构如图 8.2.1 所示。图中给出的是 4 位 D/A 转换器，它由 T 型电阻网和运算放大器构成。V_{ref} 是一个有足够精度的标准电源。从图中可以看到，一个支路中，如果开关倒向左边，那么支路中的电阻就接到真正的地，如果开关倒向右边，那么电阻就接到虚地。所以，不管开关倒向哪一边，都可以认为是接地。不过，只有开关倒向右边时，才能给运算放大器输入端提供电流。

从 R、$2R$ 电阻组成的 T 型电阻网节点 D、C、B、A 向左看，都是两个 $2R$ 电阻并联结构，它实现了按不同的"权"值产生不同的电流，再由运算放大器完成累加输出不同的电压。

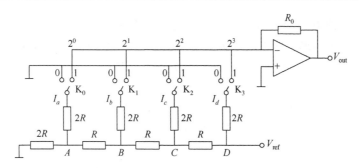

图 8.2.1 T 型电阻网 D/A 转换器

这样，就很容易算出 D 点、C 点、B 点、A 点的电位分别为 V_{ref}、$(1/2)V_{ref}$、$(1/4)V_{ref}$、$(1/8)V_{ref}$。各支路的电流 I_d、I_c、I_b、I_a 值分别为 $(1/2R)V_{ref}$、$(1/4R)V_{ref}$、$(1/8R)V_{ref}$、$(1/16R)V_{ref}$。

当开关 K_0、K_1、K_2、K_3 都倒向右边，对应二进制数 1111B 时，运算放大器得到的输入电流为

$$
\begin{aligned}
I &= \frac{V_{ref}}{2R} + \frac{V_{ref}}{4R} + \frac{V_{ref}}{8R} + \frac{V_{ref}}{16R} \\
&= \frac{V_{ref}}{2R}\left(1 + \frac{1}{2} + \frac{1}{4} + \frac{1}{8}\right) \\
&= \frac{V_{ref}}{2R}\left(\frac{1}{2^0} + \frac{1}{2^1} + \frac{1}{2^2} + \frac{1}{2^3}\right)
\end{aligned}
$$

括号内各项分别对应二进制数 2^0、2^1、2^2、2^3。

相应的输出电压为

$$
V_{out} = -I \times R_0 = -\frac{V_{ref}}{2R} \times R_0 \left(\frac{1}{2^0} + \frac{1}{2^1} + \frac{1}{2^2} + \frac{1}{2^3}\right)
$$

由上式可见，输出电压除了和输入的二进制数有关外，还和运算放大器的反馈电阻 R_0、标准电源 V_{ref} 有关。

8.2.2 D/A 转换器的主要技术指标

衡量一个 D/A 转换器性能的主要参数有分辨率、建立时间。

1）分辨率

D/A 转换器的分辨率定义为：当输入数字发生单位数码变化时，即 LSB 位产生一次变化时，所对应输出模拟量（电压或电流）的变化量。实际上，分辨率反映了输出模拟量的最小变化量。对于线性 D/A 转换器来说，其分辨率与数字量输出的位数 n 呈下列关系：

$$\text{分辨率} = \text{FS}/2^n$$

式中，FS 为模拟输出的满量程值。

例如，对于一个 12 位的 D/A 转换器来说，当输入二进制数码变化一个 LSB 时，输出模拟电压的变化量为满量程值电压的 0.024%，若满量程值为 10V，则输出值为 2.4mV。

在实际使用中，分辨率高低更常采用输入数字量的位数或最大输入码的个数表

示。例如，8 位二进制数 D/A 转换器，其分辨率即为 8 位，分辨率 = FS/256 = 0.39%FS。BCD 码输入的，用其最大输入码个数表示，例如，4 位 BCD 码 D/A 转换器，其分辨率 = FS/9999 = 0.01%FS。显然，位数越多，分辨率就越高。

2）建立时间

建立时间也可以称为转换时间，是描述 D/A 转换速率的一个重要参数，一般所指的建立时间是指输入数字量变化后，输出模拟量稳定到相应数值范围内（稳定值 $\pm\varepsilon$）所经历的时间。

D/A 转换器中的电阻网络、模拟开关以及驱动电路均非理想电阻性器件，各种寄生参量及开关电路的延迟响应特性均会造成有限的转换速率，从而使转换器产生过渡过程。实际建立时间的长短不仅与转换器本身的转换速率有关，还与数字量变化的大小有关。输入数字从全 0 变到全 1（或从全 1 变到全 0）时，建立时间最长，称为满量程变化的建立时间。一般手册上给出的都是满量程变化的建立时间。

根据建立时间的长短，D/A 转换器分成以下几挡。

（1）超高速 D/A 转换器：建立时间＜100ns。

（2）较高速 D/A 转换器：建立时间为 100ns～1μs。

（3）高速 D/A 转换器：建立时间为 1～10μs。

（4）中速 D/A 转换器：建立时间为 10～100μs。

（5）低速 D/A 转换器：建立时间≥100μs。

由于一般线性差分运算放大器的动态响应速率较低，而 D/A 转换器内部都有输出运算放大器或外接输出放大器的电路，所以其建立时间往往比较长。

8.2.3　8 位 D/A 转换器 DAC0832

DAC0832 是美国数据公司的 8 位 D/A 转换器，与微处理器完全兼容，是在 8 位 D/A 转换器中使用率最高的一种芯片。器件采用先进的 CMOS 工艺，因此功耗低，输出漏电电流误差较小。

1. DAC0832 主要特性

DAC0832 的主要特性包括：8 位分辨率，电流型输出，外接参考电压为–10～ + 10V，可采用双缓冲、单缓冲或直接输入三种工作方式，单电源为 + 5～ + 15V，电流建立时间为 1μs，R-2R T 型解码网络，数字输入与 TTL 兼容。

2. DAC0832 的内部构造

DAC0832 由四部分组成：一个 8 位输入寄存器、一个 8 位 DAC 寄存器、一个 8 位 D/A 转换器和一组控制逻辑，如图 8.2.2 所示。

在 D/A 转换器中采用的就是 T 型 R-2R 电阻网，DAC0832 是电流型输出，改变参考电压 V_{ref} 的极性，可以相应地改变输出电流的流向，从而控制输出电压的极性。

8 位输入寄存器受控于控制信号 ILE、$\overline{\text{CS}}$、$\overline{\text{WR}_1}$，当 ILE = 1、$\overline{\text{CS}}$ = 0、$\overline{\text{WR}_1}$ = 0 时，

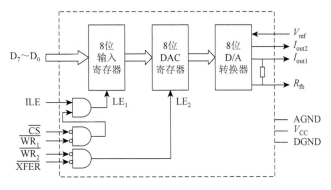

图 8.2.2 DAC0832 内部结构

该寄存器被选中，允许接收数据线上的信息。当上述控制信号无效时（只要有一个无效即满足条件），锁存该信息。

8 位输入寄存器接收到数据后，并不意味着就要进行 D/A 转换。能否真正地进行 D/A 转换，还要看数据能否通过 8 位 DAC 寄存器这一关。8 位 DAC 寄存器受控于 $\overline{WR_2}$ 和 $\overline{XFER}$ 信号，当 $\overline{WR_2} = 0$、$\overline{XFER} = 0$ 时，8 位 DAC 寄存器锁存 8 位输入寄存器的内容。只有 DAC 寄存器的内容才能直接进行 D/A 转换。显然，D/A 转换的输出是无法被禁止的，因为无论如何，DAC 寄存器会有一种数据组合，而这种数据组合将直接进行数字量到模拟量的转换，并直接输出。所以在控制系统的应用中，应在系统初始化时就将 DAC0832 设置一个安全状态，以避免执行机构的误操作。

DAC0832 在使用时可以采用双缓冲方式、单缓冲方式或接成直通方式，因此，该芯片使用起来非常方便。

3. DAC0832 引脚功能

DAC0832 的引脚配置如下。

$D_7 \sim D_0$：8 位数据输入端。

ILE：输入寄存器允许信号，输入，高电平有效。

$\overline{CS}$：片选信号，低电平有效。

$\overline{WR_1}$：输入寄存器写选通信号，输入，低电平有效。输入寄存器的锁存信号 LE_1 由 ILE、$\overline{CS}$ 和 $\overline{WR_1}$ 的逻辑组合产生，LE_1 为高电平时，输入寄存器状态随输入数据变化，LE_1 的负跳变将输入数据锁存。

$\overline{XFER}$：传送控制信号，低电平有效。

$\overline{WR_2}$：DAC 寄存器的写选通信号，DAC 寄存器的锁存信号 LE_2 由 $\overline{XFER}$ 和 $\overline{WR_2}$ 的逻辑组合而成。LE_2 为高电平时，DAC 寄存器的输出随寄存器的输入而变化，LE_2 的负跳变时，输入寄存器的内容打入 DAC 寄存器并开始 D/A 转换。

V_{ref}：参考电压，接至内部 T 型电阻网，电压范围为 $-10 \sim +10V$。

I_{out1}：电流输出端 1，其值随 DAC 内容线性变化。当 DAC 寄存器的内容为全 1 时，输出电流最大；而为全 0 时，输出电流为零。

I_{out2}：电流输出端 2，$I_{out1} + I_{out2} =$ 常数。

R_{fb}：反馈电阻。由于片内已具有反馈电阻，所以可以与外接运算放大器输出端短接。

V_{CC}：电源电压，可用 $+5\sim +15$V，最佳状态是 $+15$V。

AGND：模拟地。

DGND：数字地。

4. DAC0832 应用

DAC0832 单缓冲方式应用很广泛，可对生产现场某执行机构进行控制，也可产生各种智能信号。设定 DAC0832 的地址为 78H，DAC0832 将 CPU 送来的 00H～FFH 数据经过转换变为 0～ +5V 的模拟电压送至现场执行机构。其 V_{out} 输出模拟电压的控制程序段如下。

（1）V_{out} 输出模拟电压 0～ +5V 程序段。

```
      MOV  AL,N              ;N 为 00H~FFH 的任意数
      OUT  78H,AL
```

（2）方波发生器程序段。

```
A1:MOV  AL,00H
   OUT  78H,AL
   CALL  DELAY              ;DELAY 为延时子程序
   MOV  AL,0FFH
   OUT  78H,AL
   CALL  DELAY
   JMP  A1
```

（3）锯齿波发生器程序段。

```
      MOV  AL,00H
      OUT  78H,AL
A1:INC AL
   OUT  78H,AL
   MOV  CX,n                ;延时
A2:LOOP  A2
   JMP  A1
```

（4）三角波发生器。

```
      MOV  AL,00H
A1:OUT  78H,AL
   CALL   DELAY             ;调延时子程序
   INC  AL
   JNZ  A1
   DEC  AL                  ;使 AL=FFH
   DEC  AL                  ;使 AL=FEH,消除平顶
A2:OUT  78H,AL
```

```
    CALL  DELAY              ;调延时子程序
    DEC  AL
    JNZ  A2
    JMP  A1
```

DAC0832 还可产生矩形波、梯形波等，请读者自己编制相应程序。

5. DAC0832 的典型连接

DAC0832 的典型连接是单极性单缓冲连接，如图 8.2.3 所示。图中 DAC0832 的端口地址为 80H～83H，使用 OUT 80H，AL 命令将 AL 中的数据输出。

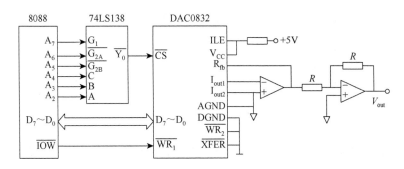

图 8.2.3　DAC0832 单缓冲接口

例 8.2.1　利用 DAC0832 输出单极性模拟量电压。

将从 2000H 开始的 50 字节单元数据依次送到 DAC0832 输出，每个数据输出间隔时间为 1ms，可调用 D1ms 延时 1ms 子程序。

实现上述功能的程序段如下：

```
    MOV  SI,2000H
    MOV  CX,50
A1:MOV  AL,[SI]
    INC  SI
    OUT  80H,AL
    CALL  D1ms
    LOOP  A1
```

8.2.4　12 位 D/A 转换器 DAC1210

1. DAC1210 主要特性

DAC1210 芯片属于 DAC1208 系列，是 12 位的 D/A 转换器，24 个引脚。

DAC1210 主要参数为：12 位分辨率，电流型输出，外接参考电压为 –10～＋10V，可采用双缓冲、单缓冲或直接输入三种工作方式，单电源为 ＋5～＋15V，电流建立时间为 1μs，R-$2R$ T 型解码网络，数字输入与 TTL 兼容。

2. DAC1210 的内部构造

DAC1210 内部结构如图 8.2.4 所示。

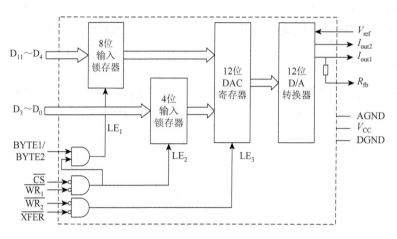

图 8.2.4　DAC1210 内部结构

DAC1210 内部有一个 8 位锁存器，用于锁存高 8 位，有一个 4 位锁存器，用于锁存低 4 位，还有一个 12 位锁存器，用于同时提供 12 位 D/A 转换所需的时间。这几个锁存器分别由 LE_1、LE_2、LE_3 控制，为 1 时跟随，为 0 时锁存。

可以看到，DAC1210 在原理、结构、引脚定义和使用上基本与 DAC0832 类似，可以参照，不同之处在于分辨率。

3. DAC1210 的典型连接

DAC1210 的典型连接是单极性连接，如图 8.2.5 所示。图中 DAC1210 高 8 位端口地址为 81H，低 4 位端口地址为 80H，12 位传送端口地址为 84H。

假设 BX 寄存器中低 12 位数据是待转换的 12 位数字量，则可编写如下程序，启动 DAC1210 完成一次 D/A 转换：

```
MOV  CL,4
SHL  BX,CL
MOV  AL,BH    ;高 8 位数据
OUT  81H,AL   ;送高 8 位
MOV  AL,BL    ;低 4 位数据
OUT  80H,AL   ;送低 4 位
OUT  84H,AL   ;送 12 位数据
```

例 8.2.2　利用 DAC1210 设计锯齿波发生器。

利用 DAC1210 设计一个正向锯齿波发生器，要求设计接口电路，并编制相应的接口程序。

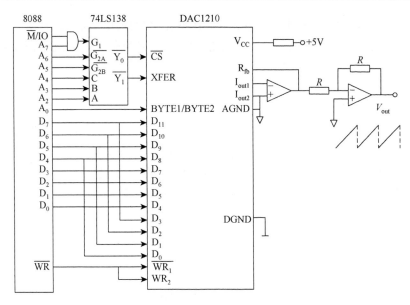

图 8.2.5   DAC1210 典型连接

接口电路设计如图 8.2.5 所示。锯齿波发生程序编制如下：

```
START:MOV  SI,00H
A1:MOV  BX,SI
    MOV  CL,4
    SHL  BX,CL
    MOV  AL,BH
    OUT  81H,AL
    MOV  AL,BL
    OUT  80H,AL
    OUT  84H,AL
    CALL  DELAY
    INC  SI
    JMP  A1
```

8.3   A/D 转换

8.3.1   A/D 转换原理

A/D 转换技术比较多，但只有少数几种技术能以单片集成的形式来实现。本节首先介绍 A/D 转换的基本过程，然后介绍常用的三种 A/D 转换的方法：计数式、逐次逼近式和双积分式 A/D 转换原理。

计数式最简单，但转换速度很低。逐次逼近式 A/D 转换器的速度较高，比较简单，而且价格适中,可以说,各种指标比较适中,因此是微机应用系统中最常用的外围接口电路。双积分式 A/D 转换器精度高,抗干扰能力强,但速度低,一般应用在要求精度高而速度不高的场合,如仪器仪表等。

1. A/D 转换的基本过程

模拟量是时间上和幅值上都连续的一种信号,模拟量经过采样后得到的信号是时间上离散、幅值上连续的信号,即离散信号,这一过程就是采样过程。计算机对这种离散信号还不能处理,只能处理数字量,所以必须把离散信号在幅值上也进一步离散化,这一过程就是量化过程。量化后的信号是时间上和幅值上都离散的数字量,可以直接送到计算机中进行处理。

采样是将模拟量变换为离散量,量化是将离散量变换成数字量,采样与量化是 A/D 转换的基本过程。

1) 采样

为了把一个连续变化的模拟信号转变成对应的数字信号,就必须首先将模拟信号在时间上离散化,也就是对模拟信号进行采样。采样的过程一般是:先使用一个采集电路,按等距离时间间隔对模拟信号进行采集,然后用保持电路将采集的信号电平保持一段时间,以便 A/D 转换器正确地将其转换成对应的数字量。

如图 8.3.1 所示,图中 $f(t)$ 为输入模拟信号,对该信号按等距离时间间隔 T 进行采样保持,即可得到一个新的阶梯函数 $f(tn)$,其中,$tn = nT$,$n = 0, 1, 2, \cdots$。tn 表示采样的时间变量,这是一个离散的量,但 $f(tn)$(阶梯函数)的值却是一个连续的量,所谓连续的量并不是说相邻两个阶梯函数的值中间没有断点,而是指任一个阶梯函数值本身都可以是输入模拟信号最大值和最小值之间的任何一个数值。显然这种数值是连续的。

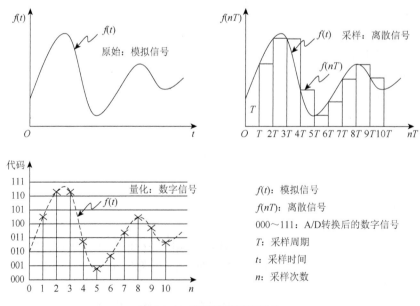

图 8.3.1　信号的采样和量化

我们把等距离时间间隔 T 称为采样周期，把 T 的倒数 $1/T$ 称为采样频率 f，即 $f = 1/T$。显然，采样频率越高，即 T 越小，则阶梯函数 $f(tn)$ 就越接近连续的模拟输入信号 $f(t)$。但是，由于实际电子电路的限制，不可能在很高的频率下对输入模拟信号进行采样，为此，就会提出一个问题：究竟选取什么样的最低采样频率，可以使得到的离散信号包含输入模拟信号的主要信息，并能通过合适的滤波器恢复原来的模拟信号？

这是 A/D 转换技术必须首先解决的一个理论问题。这个问题换个方式问就是：经过采样以后，我们不是取全部时间上的信号值，而是只取某些时间点上的值，这样处理后，会不会造成信息的丢失呢？

香农（Shannon）采样定理定量地回答了这个问题。

采样定理：对一个有限频谱（$\omega < +\omega_{max}$）的连续信号进行采样，当采样频率 $f \geqslant 2f_{max}$ 时（f_{max} 是输入模拟信号的最高频率），采样输出信号能无失真地恢复到原来的连续信号。

采样定理是实现无信息失真地重现采样数据的必要条件。要求对原始数据的采样以及数据重构都是理想状态，但在实际使用中，不可能具有这样的理想情况，为了保证数据采集精度，在模拟输入通道中通常采取如下方法。

（1）增加每个周期的采样数，通常根据数据带宽，在最高频率端每周期采样 7～10 次，即 $f = (7\sim10)f_{max}$。

（2）在 A/D 转换前设置低通滤波器，消除信号中无用的高频分量。

对于多通道数据采集系统，由于是分时控制采样，考虑到通道的分时、模拟信号的带宽等因素，多通道数据采集系统的最小采样频率 f 应为

$$f = (7\sim10)f_{max} \times N$$

式中，N 为通道数。

此时，最大采样周期为 $T = 1/f$。

2）量化

模拟量输入信号被采样以后，得到的是时间上离散、幅值上连续的信号，即离散信号，但是要想用计算机处理，就必须把这种信号转换为时间上和幅值上都离散的信号，即数字信号。这种把离散信号转变为数字信号的过程，就是量化过程。

如果把每个采样值都看作实数轴上的任一值，那么量化过程就是用一组有限实数来表示每个采样值。量化过程也很像对一个物体的称重过程，如果把每个采样值看作被称的重物，那么量化过程就可以看作用一组大小砝码来近似表示这个重物的重量数值。之所以说是"近似表示"，是因为我们在用数字量表示一个模拟量。日常买菜或购买食品，一般精确到以"两"为单位，而在煤矿中，精确单位最低也是"斤"，一般是"吨"，从不用"两"，但是在化学实验室中，一般的精确单位是"钱"或"克"。所以，一个测量值的精度取决于测量的最小单位。同样，在对采样值的量化过程中，也存在精度问题，取决于用几位二进制数（或 BCD 码）来表示采样值。

量化就是把输入模拟信号 $f(t)$ 的变化范围划分成若干层，每一层都由一个数字来代表，采样值落到哪一层，就由哪一层的数字来代表。这样，所有的采样值经过"量化"后，就化为对应的数字量，成为整数值。

在量化过程中，量化结果把"零头"按四舍五入法消去了。很明显，量化过程中化零

为整要产生误差，这种舍入误差是量化过程中的固有误差，最大偏差等于量化单位 R 的一半。这种误差不可能消除，只能降低，当量化单位取得越小时，即 R 越小，误差越小。

量化以后，量化部件将输出对应的二进制数（或 BCD 码）送给计算机，计算机对这种与模拟量相对应的数字量进行处理。

2. 计数式 A/D 转换原理

计数式 A/D 转换的工作原理是：被测电压和一个均匀增长的斜坡电压不断地进行比较，直到二者相等时，比较过程结束，并输出一个代表被测电压值的二进制数值。

图 8.3.2 为 8 位计数式 A/D 转换原理图。给出一个启动信号之后，计数器清零，产生的 8 位数字量经内部的 D/A 转换输出的模拟电压 V_o 为 0V 电压。然后，V_o 与模拟量输入电压 V_i 经比较器进行比较，当 $V_o < V_i$ 时，比较器输出端 V_c 为 1，使计数器在 CLK 信号控制下加 1 计数，使 D/A 转换后的电压不断上升。当 D/A 转换后的电压大于等于输入的模拟电压时，比较器输出端 V_c 为 0，使计数器停止计数，此时，数据线 $D_7 \sim D_0$ 上的数据就是 A/D 转换的结果。

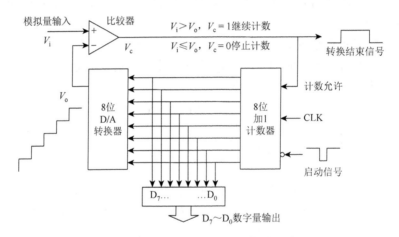

图 8.3.2　8 位计数式 A/D 转换原理图

计数式 A/D 转换的缺点是速度慢，特别是输入电压较高时转换速度更慢。如果最高输入电压为 5V，用 8 位计数器需要 255 个计数周期才能完成 A/D 转换。

3. 逐次逼近式 A/D 转换

逐次逼近式 A/D 转换的工作原理也是将被测电压和由 D/A 转换生成的电压进行比较，但这里 D/A 转换生成的电压不是线性增长去接近被测电压，而是用对分搜索的方法来逐次逼近被测电压。

图 8.3.3 为 8 位逐次逼近式 A/D 转换原理图，它的最大特点是用逐次逼近寄存器取代了计数式 A/D 转换中的加 1 计数器。

当转换器收到启动信号之后，首先逐次逼近寄存器清零，通过内部 D/A 转换器使输出电压 V_o 为 0，然后开始转换。

在第 1 个 CLK 周期，控制电路使逐次逼近寄存器最高位 D_7 为 1（即 10000000）。这一组数字量经内部的 D/A 转换输出模拟电压 V_o，V_o 与模拟量输入电压 V_i 经比较器进行比较，如果 $V_i > V_o$，比较器输出为 1，通过控制电路使该置 1 位保留下来。在第 2 个 CLK 周期，再使次高位 D_6 为 1（即 11000000）。如果 11000000 产生的 V_o 比 V_i 大，则比较器输出为 0，通过控制电路使该置 1 位（D_6 位）清零，接下来再使 D_5 位置 1……重复上述过程，直到 D_0 位试探完毕。

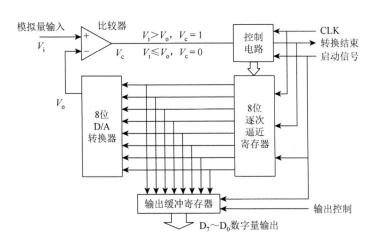

图 8.3.3　8 位逐次逼近式 A/D 转换原理图

逐次逼近式的 A/D 转换，从逐次逼近寄存器的最高位开始逐位设置试探值，其转换速度比计数式 A/D 转换快得多，就 8 位而言，前者比较 8 次，后者最多要比较 255 次，对 n 位 A/D 转换而言，逐次逼近式比较 n 次，计数式比较 2^n 次。转换完毕后，逐次逼近寄存器中的值经缓冲寄存器输出，集成电路的 A/D 转换芯片大多采用这种方法。

4. 双积分式 A/D 转换

双积分式 A/D 转换的基本原理是，将一段时间内的模拟电压通过两次积分，转换成与模拟电压成正比的时间间隔，然后利用时钟脉冲和计数器测出此段时间间隔，所得到的计数结果就是输入电压对应的数字值。

双积分式 A/D 转换原理如图 8.3.4 所示，它是由积分器、过零比较器、计数器和控制电路组成的。

双积分式 A/D 转换器的工作步骤如下。

（1）初始化阶段。将开关 K 打到 V_s（接地），使积分器处于原始状态 $V_c = 0$。

（2）采样阶段。将 K 打到模拟量输入端 V_x，在 T_1（规定的时间）时间内积分。此时，积分器从原始状态开始积分。当积分到时间 T_1 时，积分器的输出为

$$V_c = -\frac{T_1}{RC} \times \overline{V_x}$$

式中，$\overline{V_x}$ 是输入电压在 T_1 时间间隔内的平均值。

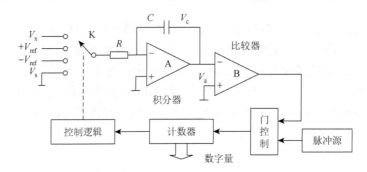

图 8.3.4　双积分式 A/D 转换原理图

　　可见，经过第一次定时积分后，积分器的输出 V_c 与输入电压的平均值 $\overline{V_x}$ 成正比，令此时的积分器输出为 V_a，即 $V_a = V_c$。

　　（3）比较阶段。将 K 打到与 V_x 极性相反的基准电源 $-V_{ref}$ 上，此时，积分器就要由 V_a 开始反向积分到 0，这段时间用 T_2 表示。通过运算、推导，可得出

$$T_2 = \frac{T_1}{V_{ref}} \times \overline{V_x}$$

式中，T_1 为规定的时间间隔；V_{ref} 为固定的基准电源，由此可得出结论：积分时间间隔 T_2 与输入电压在 T_1 时间内的平均值 $\overline{V_x}$ 成正比。

　　双积分式 A/D 转换器的工作过程简述如下：一开始，K 接地，$V_c = 0$，使积分器处于原始状态，紧接着 K 接 V_x，于是积分器对 V_x 进行积分，积分器的输出电压 V_c 从 0 开始下降。当积分器对 V_x 积分到 T_1 时间时，采样结束，K 转接 $-V_{ref}$，积分器开始对基准电源电压反向积分，积分器输出电压波形从一个负值以固定斜率往正方向回升。如果从开关 K 接向基准电源电压 $-V_{ref}$，积分器开始反向积分的时刻，打开计数控制门，计数器开始计数，而当积分器反向积分到零的时刻，检零比较器输出信号，使控制门关闭，停止计数，那么这个计数结果就是对反向积分时间 T_2 的计数，也就是输入电压在 T_1 时间内平均值 $\overline{V_x}$ 的数字量。

　　综合上述分析说明，计数器所记录的数值与输入电压在 T_1 时间内的平均值 $\overline{V_x}$ 成正比，即 $\overline{V_x}$ 越小，积分器反向积分电压值就越小，于是时间间隔 T_2 就越短，进而计数的脉冲个数也就越少。

　　由于双积分式 A/D 转换器是采用测量输入电压 T_1 时间内的平均值的原理所构成的，因此具有很强的抗干扰能力，尤其是对周期等于 T_1 或几分之一 T_1 的对称干扰（所谓对称干扰就是指在整个周期内平均值为零的干扰），从理论上来说，具有无穷大的抑制能力。所以这种电路的特点是电路简单、抗干扰能力强、精度高，而且便于实现十进制的数字输出。双积分式 A/D 转换器的实质是电压-时间变换，但是两次积分过程使它的转换时间长，所以它的主要缺点是转换速率低，经常用于数字仪表及各种低速控制系统中。

　　双积分式 A/D 转换器与逐次逼近式相比，在得到同样精度的情况下，对所采用的元件的精度和质量的要求大为降低，只要求在 T_1 和 T_2 时间内有相对稳定性就行了。

　　双积分式 A/D 转换器一般能达到 ±0.01% 的精度（相当于 15 位二进制数），但再提高

就有一定的困难。它的误差来源主要有基准电源电压与时钟频率短期的稳定性,衰减器放大器的温度系数与电压漂移,锯齿波的线性度与时钟脉冲的同步以及模拟开关在时间分割上带来的误差。

双积分式 A/D 转换器在工控环境中用于抑制信号中的 50Hz 工频干扰,一般转换周期为 100μs～20ms。

8.3.2　A/D 转换器的主要技术指标

衡量一个 A/D 转换器性能的主要参数有分辨率、转换时间、量程。

(1)分辨率。A/D 转换器的分辨率表明了能够分辨最小的量化信号的能力。它是输出数字量变化一个相邻数码所需输入模拟电压的变化量,即数字输出的最低有效位所对应的模拟输入电压值,若输入电压的满刻度值为 V_{fs},转换器的位数为 n,则分辨率就是 $(1/2^n) V_{fs}$,如当输入电压满刻度值为 $V_{fs} = 10V$ 时,10 位 A/D 转换器的分辨率为 10V/1024≈0.01V。由于分辨率与转换器的位数 n 直接有关,所以常用位数来表示分辨率。

(2)转换时间。转换时间是指 A/D 转换器完成一次转换所需的时间,即从启动信号开始到转换结束并得到稳定的数字输出量所需的时间,通常为微秒级。一般约定,转换时间大于 1ms 的为低速,1μs～1ms 的为中速,1ns～1μs 的为高速,小于 1ns 的为超高速。转换时间的倒数称为转换速率,例如,ADC0809 的转换时间为 100μs,则转换速率为每秒 1 万次。

(3)量程。量程是指 A/D 转换器所能转换的输入电压范围。

8.3.3　8 位 A/D 转换器 ADC0809

A/D 转换器种类繁多,美国 NS 公司、TI 公司、MAXIM 公司都有产品,仅美国 AD 公司的产品就有几十个系列,近百种型号,这些产品在字长、速率、隔离状态、多路分时采集方式方面各有不同。

ADC0809 是美国 NS 公司生产的 CMOS 组件,8 路输入单片 A/D 转换器,可直接与 CPU 总线连接,使用非常广泛。

1. ADC0809 主要特性

8 位分辨率,电压输入为 0～+5V,转换时间为 100μs(640kHz 条件),时钟频率为 100～1280kHz,标准时钟为 640kHz,无漏码,单一电源为 +5V,8 路单端模拟量输入通道,参考电压为 +5V,总的不可调误差为 ±1LSB,温度范围为 –40～+85℃,功耗为 15mW,不需要进行零点调整和满量程调整,可锁存的三态输出,输出与 TTL 电路兼容。

2. ADC0809 内部结构

ADC0809 是一种 CMOS 单片 A/D 转换器,其内部结构如图 8.3.5 所示,由三个部分组成,即 8 路模拟开关及地址锁存与译码,8 位 A/D 转换器,还有三态输出锁存缓冲器。

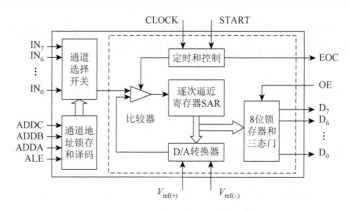

图 8.3.5　ADC0809 内部结构

ADC0809 包含 8 个标准的模拟开关,8 个输入模拟量可以通过引线 $IN_7 \sim IN_0$ 输入。多路开关的状态由三位地址信号译码控制,某一时刻只能有一路模拟信号进行 A/D 转换。地址信号与通道选择的对应关系如表 8.3.1 所示。

表 8.3.1　8 路模拟输入通道与地址选择

地址 ADDR			模拟量输入通道
ADDC	ADDB	ADDA	
0	0	0	IN_0
0	0	1	IN_1
0	1	0	IN_2
0	1	1	IN_3
1	0	0	IN_4
1	0	1	IN_5
1	1	0	IN_6
1	1	1	IN_7

ADC0809 采用逐次逼近式转换方法,该转换器包括比较器、逐次逼近寄存器 SAR、开关树、256R 网络和控制逻辑等部件。这些部件的作用和逐次逼近式的转换原理,前面已有叙述,这里就不重复了。其中开关树是一个接受逐次逼近寄存器控制的开关阵,开关树中各开关的状态通过接通或断开 256R 网络中的某些支路,从标准参考电压逐次得到对应的推测值,送往比较器的输入端与输入的模拟量进行比较。

当 8 位数据按位猜测比较后,得到一个确定的数字量。该数字量在三态输出锁存器中锁存,并经三态缓冲器与计算机数据总线连接,CPU 读取转换结果。

ADC0809 内部没有模拟输入信号采样保持器,处理快速信号时应外加。

3. ADC0809 引脚功能

$IN_7 \sim IN_0$:8 路模拟量输入线。

$D_7 \sim D_0$：8 位数字量输出线。

$ADDC \sim ADDA$：3 位地址线，用来选通 8 路模拟通道中的一路。

ALE：地址锁存允许，在 ALE 的上升沿，ADDC、ADDB、ADDA 三位地址信号被锁存到地址锁存器。

START：启动信号，正脉冲有效。地址锁存后，在该引脚加一个正脉冲，该脉冲的上升沿使所有内部寄存器清零，其中包括使逐次逼近寄存器复位，从下降沿开始进行 A/D 转换。如果正在进行转换时接到新的启动信号，则原来的转换进程被中止。

CLOCK：时钟信号，输入线。其时钟频率范围是 $100 \sim 1280kHz$，标准时钟为 640kHz，此时转换时间为 100μs。据测量，当时钟频率为 500kHz 时，转换时间为 128μs，当时钟频率为 1MHz 时，转换时间为 66μs。

EOC：转换结束信号，输出。当该信号为低电平时，表明 ADC0809 已准备开始转换或正在转换，不能提供一个有效的稳定的数据。在 START 的上升沿清零 ADC0809 的内部寄存器，准备开始转换，此时 EOC 变为低电平。在 START 的下降沿启动 A/D 转换器开始转换，此时 EOC 仍为低电平。当转换结束后，转换数据已锁存到输出锁存器时，EOC 变为高电平。当 EOC 变为高电平时，表示转换结束，A/D 转换器可提供有效数据。EOC 可作为被查询的状态信号，也可用于申请中断。ADC0809 转换一次共需 64 个时钟周期（CLOCK 周期）。ADC0809 的工作时序如图 8.3.6 所示。

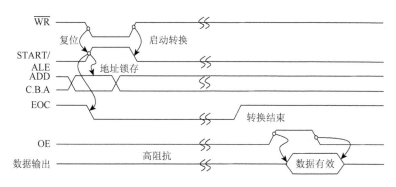

图 8.3.6　ADC0809 的工作时序

OE：输出允许，输入线。当 OE 为高电平时打开输出三态缓冲器，使转换后的数据进入数据总线。

$V_{ref(+)}$、$V_{ref(-)}$：基准电压输入。一般应用情况下，$V_{ref(+)}$ 接 +5V，而 $V_{ref(-)}$ 与 GND 相连。

V_{CC}：电源电压，接 +5V。

GND：地信号。

4. ADC0809 与 CPU 的接口方法

A/D 转换器与 CPU 的数据传送控制方式通常有三种：等待方式、查询方式、中断方式。

1）等待方式

等待方式又称定时采样方式或无条件传送方式，这种方式是在向 A/D 转换器发出启动指令（脉冲）后，进行软件延时（等待），此延时时间取决于 A/D 转换器完成 A/D 转换所需要的时间（如 ADC0809 在 640kHz 时为 100μs），经过延时后才可读入 A/D 转换数据。在这种方式中，有时为了确保转换完成，不得不把延时时间适当延长，因此，比查询方式转换速度慢，但对硬件接口要求较低，可视系统 CPU 紧张程度选用。

通常在 CPU 非常空闲（无事可干，只等采样）的情况下，还是采用等待方式为好，因为可节约系统成本、减少硬件设计量、提高系统可靠性。

例 8.3.1　ADC0809 等待方式接口设计。

等待方式下，ADC0809 与微处理器之间的连接如图 8.3.7 所示。图中译码器的输出作为 ADC0809 的转换启动地址 START（同时通道地址锁存信号 ALE 有效）和数字量数据输出地址 OE，转换结束信号 EOC 未用，若采集通道 IN_0 的数据，可设计如下程序：

```
MOV  AL,00H         ;设置通道号 0
OUT  84H,AL         ;启动 0 通道进行 A/D 转换
CALL DELAY100       ;延时 100μs,等待 A/D 转换结束
IN   AL,84H         ;转换结束,读入 A/D 转换结果
```

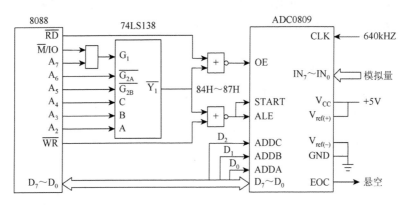

图 8.3.7　ADC0809 与 8088 微处理器之间的等待方式连接

2）查询方式

程序查询方式，就是先选通模拟量输入通道，发出启动 A/D 转换的信号，然后用程序查看 EOC 状态，若 EOC = 1，则表示 A/D 转换已结束，可以读入数据。若 EOC = 0，则说明 A/D 转换器正在转换过程中，应继续查询，直到 EOC = 1 为止。

例 8.3.2　ADC0809 查询方式接口设计。

ADC0809 与微处理器之间的查询方式连接如图 8.3.8 所示，利用该接口电路，采用查询方式，对现场 8 路模拟量输入信号循环采集一次，其数据存入数据缓冲区中，程序设计如下：

```
DATA  SEGMENT
COUNT  DB  00H         ;采样次数
NUMBER DB  00H         ;通道号
```

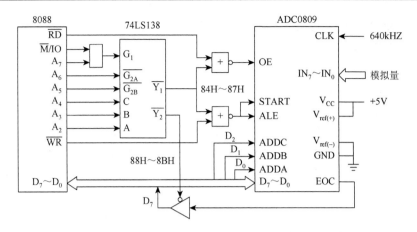

图 8.3.8 ADC0809 与 8088 微处理器之间的查询方式连接

```
ADCBUF  DB  8 DUP(?)       ;采样数据缓冲区
DATA    ENDS
ADCC    EQU  84H           ;A/D 控制口地址
ADCS    EQU  88H           ;A/D 状态口地址
CODE    SEGMENT
        ASSUME  CS:CODE,DS:DATA
START:MOV  AX,DATA
      MOV  DS,AX
      MOV  BX,OFFSET ADCBUF    ;设置 A/D 缓冲区
      MOV  CL,COUNT       ;设置采样次数
      MOV  DL,NUMBER      ;设置通道号
A1:   MOV  AL,DL
      OUT  ADDC,AL        ;启动 ADC0809 相应通道
A2:   IN  AL,ADCS         ;读取状态口
      TEST AL,80H         ;析取 EOC
      JNZ  A2             ;EOC≠0,ADC0809 未开始转换,等待
A3:   IN  AL,ADCS
      TEST AL,80H
      JZ   A3             ;EOC≠1,ADC0809 未转换完成,等待
      IN  AL,ADCC         ;读数据
      MOV  [BX],AL
      INC  BX             ;指向下一个数据缓冲单元
      INC  DL             ;指向下一个通道
      INC  CL             ;采样次数加 1
      CMP  CL,08H
      JNZ  A1
```

```
        MOV  AX,4C00H
        INT  21H
CODE    ENDS
        END  START
```

这种方法程序设计比较简单，且可靠性比较高，但实时性差，把 CPU 的大量时间都消耗在"查询"上了（当然，比等待方式速度快）。因此，这种方法只用在实时性要求不太高或者控制回路比较少的控制系统中。而大多数控制系统对于这点时间是允许的，因此，这种方法也是用得最多的一种方式。

3）中断方式

在前两种方式中，无论 CPU 暂停与否，实际上对控制过程来说都是处于等待状态，等待 A/D 转换结束后再读入数据，因此速度慢，为了提高计算机的效率，有时采用中断方式。在这种方式中，CPU 启动 A/D 转换后，即可转而处理其他事情，如继续执行主程序的其他任务。一旦 A/D 转换结束，则由 A/D 转换器发出转换结束信号，这一信号作为中断请求信号发给 CPU，CPU 响应中断后，便读入数据。这样，在整个系统中，CPU 与 A/D 转换器是并行工作的，提高了系统的工作效率。

中断方式不需要花费等待时间，但若中断后，保护现场、恢复现场等一系列操作过于烦琐，所占用的时间和 A/D 转换的时间相当，则中断方式就失去了它的优越性。

对于 ADC0809，除非它正处于 A/D 转换过程中，否则它的 EOC 就为高电平。而对于有些 CPU 来说，高电平意味着申请中断（如 8088 CPU 的 INTR），为了保证 ADC0809 的确是在转换完成后产生一次中断，而且仅仅是产生一次中断，应重新设计一个中断逻辑电路。当然，如果系统中没有其他的中断源，也可以只用软件的方法解决这个问题，其方法是：先启动 ADC0809，延迟一小段时间后开中断，然后执行其他程序，当 CPU 响应中断后，系统自动关中断，在下一次启动前不再开放，以保证每一次 A/D 转换后只响应一次。下一次 A/D 转换以此循环。

8.3.4　12 位 A/D 转换器 AD574

AD574 型快速 12 位逐次逼近式 A/D 转换器是美国 AD 公司的产品，是一种内部由双极型电路组成的 28 脚双列直插式标准封装的集成 A/D 转换器，该转换器集成度高，并因其功能完善和性能优异而被广泛采用。

1. AD574 主要特性

AD574 为 12 位分辨率，转换时间为 25μs（12 位）、16μs（8 位），单通道模拟电压输入，无漏码，采用逐次逼近式原理，单极性电压输入 0～10V、0～20V，双极性电压输入±5V、±10V，V_{logic} 电压 +4.5～+5.5V（+5V），V_{CC} 电压 +13.5～+16.5V（+12V，+15V），V_{ee} 电压−16.5～−13.5V（−12V，−15V），参考电压不需要外部提供，芯片内部具有稳定为 10.00V±0.1V（max）的参考电压，片内具有输出三态缓冲器，可与通用的 8 位或 16 位微处理器直接连接，低功耗 390mW，存放温度为−65～+150℃。

2. AD574 内部结构

AD574 的内部结构如图 8.3.9 所示。由图可知，AD574 由两部分组成，一部分是模拟芯片，另一部分是数字芯片。其中模拟芯片由高性能的 AD565 D/A（12 位）转换器和参考电压组成，AD565 的主要特点是快速转换、单片结构、电流输出，建立时间是 200ns。数字芯片由逻辑控制电路、逐次逼近寄存器和三态输出缓冲器组成，AD574 的转换原理与 ADC0809 基本是一样的，也是采用逐次逼近式原理工作的。

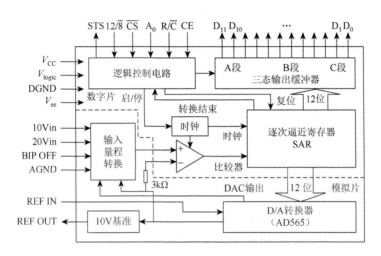

图 8.3.9　AD574 的内部结构

逻辑控制发出启动/停止时钟信号以及复位信号，并控制转换过程。逻辑控制信号受到外部 5 个信号以及内部转换结束信号的控制，整个转换过程结束后，输出一个标志状态 STS（低电平有效，当 STS = 0 时表示 A/D 转换结束）。

转换开始时，最高位 D_{11} 位开始置 1，而 $D_{10} \sim D_0$ 位全部为 0 状态。经过两个时钟周期，控制逻辑开始对最高位 D_{11} 进行判断，也就是决定该位为 1，还是为 0。并同时开始 D_{10} 位的试验，过一个周期后又对该位进行判断，如此进行下去，直到最低位 D_0 为止。

另外，开始转换时，标志状态 STS 在自动启动后为高电平，当转换结束时变为低电平。

3. AD574 引脚功能

1）工作电源及"地"

V_{CC}：正工作电源，+ 12V/ + 15V。

V_{ee}：负工作电源，−12V/−15V。

AGND：模拟地。

DGND：数字地。

2）逻辑电平端 V_{logic}

V_{logic} 为 + 5V 电源引脚。这个电源使 AD574 虽然使用的工作电源为 ±12V 或 ±15V，但数字量输出及一些控制信号的逻辑电平仍可直接与 TTL 兼容。需要注意的是，此 + 5V 电源的"地"要和数字量的"地"DGND 连在一起。

3）参考电压输出端 REF OUT 和参考电压输入端 REF IN

AD574 具有内部参考电压，内部参考电压为（10.00±1%）V。使用时，由参考电压输出端通过电阻接至参考电压输入端。此参考电压还可供外部电路使用，工作电压为 ±15V 时，最大可供电流为 1.5mA，如果工作电压为 ±12V，则需经过缓冲器。

4）模拟量输入端 10Vin、20Vin 和极性选择端 BIP OFF

当模拟量输入为单极性 0～10V 或双极性-5～ + 5V 时，使用 10Vin 端；当模拟量输入为单极性 0～20V 或双极性-10～ + 10V 时，使用 20Vin 端。

如果模拟量输入为单极性，则极性选择端 BIP OFF 接 AGND（模拟量的"地"）即可。若为双极性，则 BIP OFF 需接 + 5～ + 10V 电压。

5）数字量输出端 D_{11}～D_0

在 AD574 内部结构中，三态输出缓冲器分为三段：A 段为高 4 位（D_{11}～D_8），B 段为中 4 位（D_7～D_4），C 段为低 4 位（D_3～D_0）。

6）控制信号端 CE、$\overline{CS}$、R/$\overline{C}$

CE 为芯片使能端，高电平有效。$\overline{CS}$ 为片选端，低电平有效。只有当 CE = 1 且 $\overline{CS}$ = 0 时，AD574 才能工作。R/$\overline{C}$ 是读出/转换信号，当 CE 和 $\overline{CS}$ 同时有效时，R/$\overline{C}$ = 0 为 AD574 转换操作，即控制 AD574 开始转换，而 R/$\overline{C}$ = 1 为读出操作，控制 AD574 送出转送结果。

7）寄存器控制端 12/$\overline{8}$、A_0

12/$\overline{8}$ 为数据输出格式选择信号。当 12/$\overline{8}$ = 1 时，若 R/$\overline{C}$ = 1（即进行读出操作），则 AD574 一次送出 12 位数据转换结果；当 12/$\overline{8}$ = 0 时，若 R/$\overline{C}$ = 1，则 AD574 一次送出 8 位数据转换结果，需要指出，12/$\overline{8}$ 引脚信号与 TTL 不兼容，不能由 TTL 电平来控制，必须直接接至 + 5V 或数字地 DGND。另外，此引脚的状态只对读出操作起作用，对转换操作并不起作用。

A_0 引脚的状态有两个作用。

（1）在转换操作开始时，A_0 的状态用于控制转换字长。此时，若 A_0 = 1，则 AD574 进行 8 位转换，所需时间大约为 16μs，若 A_0 = 0，则 AD574 进行 12 位转换，所需时间大约为 25μs。这种对转换字长的控制与 12/$\overline{8}$ 的状态无关。在转换操作开始之前，应按需要设定好 A_0 的状态，并使 A_0 的状态保持到输出状态信号 STS 变成高电平为止。

（2）在转换数据读出操作中，A_0 的状态决定 8 位数据输出的格式。此时，若 A_0 = 0，则高 8 位数据输出，同时屏蔽低 4 位。若 A_0 = 1，则低 4 位数据输出，并且中 4 位输出全为 0，同时高 8 位的数据被屏蔽。需要注意的是，如果 12/$\overline{8}$ = 1（12 位数据输出格式），则 A_0 的状态不起作用。另外，在读出数据过程中，不应改变 A_0 的状态，否则可能损坏 AD574 的输出缓冲器。

12/$\overline{8}$、A_0、CE、$\overline{CS}$、R/$\overline{C}$ 各控制信号的作用如表 8.3.2 所示。

表 8.3.2 AD574 控制信号的作用

CE	$\overline{\text{CS}}$	R/$\overline{\text{C}}$	12/$\overline{8}$	A_0	操作
0	×	×	×	×	禁止
×	1	×	×	×	禁止
1	0	0	×	0	12 位转换
1	0	0	×	1	8 位转换
1	0	1	接 + 5V	×	输出数据格式为并行 12 位
1	0	1	接地	0	输出数据为高 8 位，屏蔽低 4 位
1	0	1	接地	1	输出数据为低 4 位，中 4 位输出全为 0，屏蔽高 8 位

8）状态输出端 STS

STS 用于表示 AD574 现行工作状态，STS = 1 表示 AD574 正在转换，STS = 0 表示转换完成。

在 R/$\overline{\text{C}}$ 由高电平变到低电平时，即有一个负跳变，启动 AD574 进行 A/D 转换。AD574 控制逻辑接到开始转换信号时，它将使时钟有效，一旦开始转换，延时 500ns，STS 变为高电平。此时不应从输出缓冲器输出数据，在转换过程中，AD574 不能再被停止或重新启动。当转换完毕后，给出一个信号，于是控制逻辑禁止时钟，使 STS 电平变低。此时输出缓冲器中的数据可由外部命令读出。

综上所述，AD574 的启动过程是：当 $\overline{\text{CS}}$ = 0、CE = 1、R/$\overline{\text{C}}$ = 0 时启动转换。A_0 = 0 时，启动 12 位转换；A_0 = 1 时启动 8 位转换。在转换期间 STS 为高电平，转换结束后 STS 为低电平。

读 AD574 数据的过程是：当 $\overline{\text{CS}}$ = 0、CE = 1、R/$\overline{\text{C}}$ = 1 时读取数据。当 12/$\overline{8}$ = 1 时，一次读出 12 位数据；当 12/$\overline{8}$ = 0 时，12 位数据分两次读出：A_0 = 0 时，读取高 8 位有效位；A_0 = 1 时，读取低 4 位有效位。

4. AD574 接口设计

例 8.3.3 利用 AD574 进行 12 位 A/D 数据采集。

图 8.3.10 是 AD574 与 8088 CPU 的单极性接口框图，模拟量信号范围可为 10V 或 20V。CPU 通过常规的总线驱动得到三总线信号，通过 74LS138 译码器进行端口地址的寻址，各端口的地址如表 8.3.3 所示。12/$\overline{8}$ 引脚接地，表示该芯片在数据输出时，每次输出 8 位数据。AD574 的 R/$\overline{\text{C}}$ 和 A_0 分别接到 CPU 的 A_1 和 A_0 上，从而用不同的端口地址来实现对 AD574 的启动转换和数据输出。AD574 的工作状态由 STS 引脚输出，可将 STS 经三态门电路（如 74LS244）连至数据总线，如连到 D_0 上，于是可以用查询的方法判断 AD574 是否转换完成，可否读入数据。

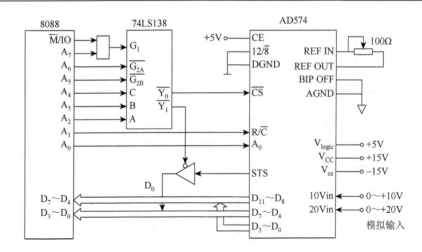

图 8.3.10　AD574 单极性接口设计

表 8.3.3　端口地址分析

A_7	A_6	A_5	A_4	A_3	A_2	$A_1(R/\overline{C})$	$A_0(A_0)$	功能说明	端口地址
1	0	0	0	0	0	0	0	启动 A/D 12 位转换	80H
1	0	0	0	0	0	0	1	启动 A/D 8 位转换	81H
1	0	0	0	0	0	1	0	读高 8 位转换结果	82H
1	0	0	0	0	0	1	1	读低 4 位转换结果	83H
1	0	0	0	0	1	×	×	读状态 STS	84H~87H

综上所述，若要求对 AD574 进行 12 位 A/D 转换，连续采样 100 次，转换结果依次存入 2000H: 1000H 开始的内存单元，可写出 AD574 在查询方式下的转换程序:

```
STA: MOV  AX,2000H
     MOV  DS,AX        ;段地址
     MOV  DI,1000H     ;偏移地址
     MOV  CX,100       ;采样次数
A1:  OUT  80H,AL       ;启动 12 位转换
     NOP               ;同步
A2:  IN  AL,84H        ;读状态 STS
     TEST  AL,01H      ;STS=0(AD574 转换完成)?
     JNZ  A2           ;不为 0,正在转换,继续查询
     IN  AL,82H        ;读高 8 位
     MOV  AH,AL
     IN  AL,83H        ;读低 4 位
     MOV  [DI],AX      ;存 12 位数据
```

```
    ADD  DI,2          ;下一个字地址
    LOOP A1
    ......
```

8.4 采样保持器

采样保持器在 A/D 转换接口中起着重要的模拟存储器的作用。在对模拟信号进行采集与处理时，尽管 A/D 转换电路的速度很快，但是进行一次转换总需要一定的时间，在这一段时间内，要求被测信号保持不变，这就需要对被测信号进行采样和保持工作，采样保持在一个特定的时间取出一个正在变化着的模拟信号的瞬时值，并把这个值保存下来，直到下次采样或数据处理结束为止。当转换快速变化的模拟信号时，采样保持器能够有效地减小孔径误差。

1. 采样保持原理

图 8.4.1 所示为采样保持原理图及波形。由控制信号来控制采样工作或保持工作。由图可见，控制信号为 1 时，处于采样状态，此时输出信号跟踪输入信号的变化而变化，当控制信号为 0 时，处于保持工作状态，输出保持在采样阶段的最后值上。

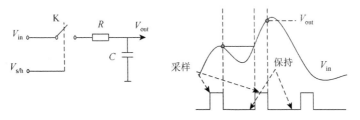

图 8.4.1 采样保持原理图及波形

施加控制信号后，开关 K 合上，模拟信号迅速向电容 C 充电到输入电压值 V_{in}，控制信号去掉后，模拟开关 K 断开，模拟信号的输入电压值保持在电容 C 上，电容上保持的值即 V_{out}。由于电路中充电电流全都要由信号源提供及电容泄漏将造成保持值下跌，所以电路并不实用。

目前，已有较多的集成采样/保持器可供选用。常用的采样/保持器有 AD582、AD583、LF198/298/398 等；高速度产品有 THS-0025、THS-0060 等；高分辨率产品有 SHA-1144 等；内含保持电容的产品有 AD389 等。

2. 采样保持器的主要性能指标

（1）采集时间。采样保持器不可能是理想器件，当它置于采样方式时，输出跟踪输入需要一定的时间。采集时间是指从采样开始到输出稳定所需要的时间，一般将采样保持器输出跟踪一个跳变 10V 的输入模拟电压时，从采样开始到输出电压与输入电压相差 0.01% 所需要的时间定义为采集时间。

（2）直流偏移。指采样保持器输入端接地时，输出端电压的大小。直流偏移值一般为毫伏级，可借助外部元件加以调整到零，直流偏移是时间和温度的函数。

（3）转换速率。指输出电压变化的最大速率，以伏/秒为单位。

（4）孔径时间。在采样保持电路中，逻辑控制开关有一定的动作时间。在保持命令发出后直到开关完全断开所需的时间称为孔径时间。即进入保持控制后，实际的保持点会滞后真正要求保持的点一段时间，这个时间由晶体管开关的动作时间决定。

（5）下跌率（衰减率）。进入保持阶段后，输出不会绝对不变而会有一个下跌。下跌率即指在保持阶段电容的放电速度，以伏/秒表示，这是开关的漏电流及保持电容的其他泄漏通路造成的。一般保持电容的选择应折中地考虑采集时间和下跌率。

3. LF398 采样保持器

LF398 是单片 8 引脚采样保持器，具有高精度、高速采样以及下跌率低等特点。当保持电容为 $1\mu F$ 时，其下降速度为 5mV/min。它的输入阻抗高达 $10^{10}\Omega$，这样将不影响对高阻抗信号源采样的精度。整个电路可在 $\pm5\sim\pm18V$ 工作。电路的逻辑输入是低输入电流，全差动方式，因而可直接与 TTL 和 CMOS 电路连接，差动阈值为 1.4V。

LF398 的内部结构如图 8.4.2 所示。图中采样控制信号控制场效应晶体管开关，开关合上时，保持电容充电。由于采用了运算放大器，输入阻抗高，使电容充电时信号源电流减少，而低输出阻抗使电容充电迅速。开关打开时，电容应保持已充电数值，输出端运算放大器的高输入阻抗使电容泄漏减小。

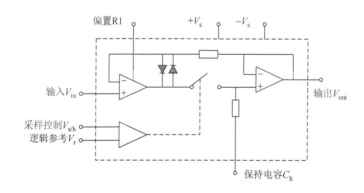

图 8.4.2　LF398 的内部结构

图 8.4.2 中各引脚的功能如下。

$+V_s$：正工作电源，通常为 $+5\sim+18V$。

R1：调零端，通常外接一个 $1k\Omega$ 的电位器用于直流调零。

V_{in}：模拟电压输入。

$-V_s$：负工作电源，通常为 $-18\sim-5V$。

V_{out}：采样/保持电压输出。

C_h：保持电容。

V_r：逻辑参考电压，通常接地。

$V_{s/h}$：逻辑控制输入（采样控制）。当 $V_{s/h} = 1$ 时，LF398 处于采样阶段，V_{out} 跟随 V_{in} 变化；当 $V_{s/h} = 0$ 时，V_{out} 保持 $V_{s/h}$ 变化时的 V_{out} 状态。

LF398 的 V_r、$V_{s/h}$ 两脚是驱动放大的两个差动输入端，可用于适应各种电平信号，对 TTL 和 CMOS 逻辑电平是 3～7V，高压 CMOS 逻辑电平是 7～15V。由于 C_h（保持电容）对采集时间（或称捕捉时间）、转换速率及衰减率等参数均有影响：C_h 越大，采集时间就越长，转换速率越慢，但衰减率越小，故 C_h 值的选取要折中考虑对各参数的影响。在电容种类选择上应选择漏电阻大、温度系数小、介质吸附效应低的优质电路，如聚四氟乙烯电容、聚苯电容等。

4. 采样保持器的级联

保持电容 C_h 的取值要影响两个相互矛盾的参数：采集时间和电压衰减率，而在实际应用中，常需要高的捕捉速度和长的保持时间。在这种情况下，可将两个采样保持器级联使用。第一级采样保持器电容较小，因此可以迅速在采样点获得模拟信号，第一级的输出作为第二级的输入，而第二级的保持电容较大，且输入信号是来自前级的稳定信号，所以输出电压衰减率很低，从而既取得高捕捉速度，又增加了保持时间，这种级联采样保持电路的总的取样率由两个采样保持器取样率的"和"来决定。

习　题

8.1　A/D 和 D/A 转换器在微机控制系统中有什么作用？

8.2　多路模拟开关与采样保持器在系统中的安排有几种形式？

8.3　用 CD4051 设计一个 32 路模拟开关，画出电路连接图。

8.4　经常采用的多路模拟开关有哪些？

8.5　将 5V 基准电压加到 DAC0832 上，当输入数据为 A5H 时，求转换输出电压值。

8.6　为什么 DAC0832 特别适用于多个模拟量同时输出的场合？其工作过程如何？

8.7　利用 DAC0832 设计一个梯形波发生器，要求设计接口电路并编制程序。

8.8　DAC1210 能否直接与 8088 CPU 连接？为什么？

8.9　在 PC/XT 系统中，从 4000H 开始的内存单元，存放 100 个 12 位数据（低 12 位），将这些数据通过 DAC1210 输出变成模拟电压，要求：画出接口电路，写出控制程序。

8.10　简述 A/D 转换的基本过程。

8.11　简述采样定理。

8.12　在 A/D 转换过程中，常用的转换技术是什么？比较其特点。

8.13　A/D 转换器常用的有双积分式和逐次逼近式，请扼要比较它们的优缺点。

8.14　试根据 A/D 转换器的工作原理，用 8 位 DAC 来实现 8 位 A/D 转换。

8.15　设某 A/D 转换器的输入电压范围为 0～ + 5V，输出 8 位二进制数字量，求输入模拟量为下列值时输出的数字量。

（1）1.25V（2）1.5V（3）2.5V（4）3.75V（5）4.5V（6）5V

8.16　设被测温度变化范围为 30～1000℃，若要求测量误差为±1℃，应选多少位的 A/D 转换器？

8.17　被测温度变化范围为 0～100℃，若要求测量误差不超过 0.1℃，应选用分辨率为多少位的 A/D 转换器？

8.18　PC/XT 控制 ADC0809 构成一个压力参数采集系统，要求以查询方式采集 400 个压力值，存入 ADBUF 开始的存储单元，试设计硬件接口电路，并编写采集程序。

8.19　采用 8255A、ADC0809、DAC0832、8253 和 8088 CPU 构成一个数据采集控制系统，要求画出接口电路图，确定各芯片端口地址，说明系统工作原理。

8.20　简要说明 AD574 的特点及转换原理。

8.21　AD574 有哪些主要的控制信号，意义如何？

8.22　一个模拟信号的变化范围为 0～+10V，画出 AD574 与 PC/XT 的接口图，写出采集程序。

8.23　设计 AD574 通过 8255 与 8088 CPU 的接口电路，采用中断方式。要求画出接口电路及驱动程序流程。

8.24　设计一个包括 CD4051、LF398、AD574、8255A、8088 CPU 的应用系统，画出电路连接图。

8.25　采样保持器有什么作用？

8.26　何时应采用采样保持器，为什么？

8.27　采样保持器的主要性能指标是什么？

8.28　采样频率高时，保持电容应取大些还是取小些？

8.29　LF398 如何与 AD574 连接？

第9章　人机交互接口

人机交互接口就是用户与计算机进行交流的接口，即用户如何将信息输入计算机，计算机如何将处理后的信息告诉用户。使用人机交互接口的设备主要有键盘、鼠标、扫描仪等常见的输入设备，CRT 显示器、液晶显示器、LED 七段显示器、打印机、绘图机等常见的输出设备。

9.1　键　盘　接　口

键盘是微机系统中最基本的标准输入设备。用户通过键盘向计算机输入操作命令、程序或数据。尽管目前已有语音输入、手写板输入、图像扫描识别等多媒体输入方式，然而键盘的重要地位还不会被其他输入方式所取代。

键盘由一组排列整齐的按键（开关）组成，这些按键有数字键（0～9）、字母键（A～Z）、运算键以及若干控制键、功能键。按照按键的连接方式，键盘可以分为线性键盘和矩阵键盘；按照按键的编码方式，键盘可以分为编码键盘和非编码键盘。

编码键盘能够由硬件逻辑自动提供与被按键对应的 ASCII 码或其他编码。编码键盘中的某一键按下后，能够提供与该键相对应的编码信息。如果是 ASCII 码键盘，就能提供与该键相对应的 ASCII 码。编码键盘的缺点是硬件设备随着键数的增加而增加。

非编码键盘仅仅简单地提供被按键行和列的矩阵，其他工作都靠程序实现，这样，非编码键盘就为系统软件在定义键盘的某些操作上提供了更大的灵活性。目前已有一些专用芯片可以完成其中的一些工作。非编码键盘具有价格便宜、配置灵活的特点。

本节着重介绍非编码键盘的工作原理及接口的结构。

在非编码键盘中，为了检测哪个键被按下，必须解决如下问题。

（1）清除键接触时产生的抖动干扰。

（2）防止键盘操作的重键错误。

（3）键盘的结构及被按键的识别。

（4）产生被按键相应的编码。

9.1.1　消除抖动及重键处理

键盘的按键有机械式、电容式、薄膜式等多种，但就它们的作用而言，都是一个使电路"通"或"断"的开关。在对机械式按键进行键盘输入时，一般存在两个问题，即触点弹跳与同时按下一个以上键的问题，也就是所谓的抖动与重键的问题。

1. 抖动

抖动是开关本身的一个最普遍的问题，它的产生是当机械开关的触点闭合时，在达到稳定之前需要短暂抖动或弹跳几下，即反复闭合、断开几次之后，才能可靠地闭合在一起。抖动也存在于开关断开时，其情形与开关闭合时相同。抖动产生的尖脉冲情况如图 9.1.1 所示。

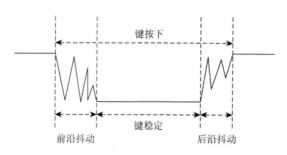

图 9.1.1　按键抖动波形

根据所用键的不同质量，键的抖动时间可为 10～20ms。键的抖动会引起一次按键被读入多次。解决键的抖动可以使用硬件滤波方法或软件延迟方法。硬件滤波是对每一个键加上 RC 滤波电路，或加上 RS 去抖电路。这种方法通常在键数少的情况下使用。而键数较多时，则经常采用软件去抖动技术，这种方法的实质就是采用一个产生 20ms 左右延迟的子程序，以等待键的输出达到完全稳定后才去读取代码。

2. 重键

重键是指两个或两个以上的键同时按下，或者一个键按下后还未弹开，另一个键又按下的情况。由于操作上的原因，在键盘上同时按下一个以上的键是可能的（组合键除外）。检测出这种现象并防止产生错误编码是很重要的。解决这个问题的三种主要技术是两键同时按下保护技术、n 键同时按下保护技术和 n 键连锁技术。

第一种保护技术为同时按下两键的场合提供保护。最简单的处理方法是当只有一个键按下时才读取键盘的输出，并且认为最后仍被按下的键是有效的正确按键。这种方法常用于软件扫描键盘场合。当采用硬件技术时，往往采用锁定的方法。锁定保护方法的原理是，当第一个键未松开时，按第二个键不起作用，不产生选通脉冲。这可以通过锁定内部延迟机构来实现，锁定的时间和第一个键闭合时间相同。

n 键同时按下保护技术有两种处理方法，一种是不理会所有被按下的键，直至只剩下一个键按下时为止；另一种是将所有按键的信息存入内部键盘输入缓冲器，逐个处理。这种方法成本较高，在较便宜的系统中很少采用。

对于 n 键连锁（锁定）技术，当一个键被按下时，在此键未完全释放之前，其他的键虽然可被按下或松开，但并不产生任何代码，这种方法实现起来比较简单，因而比较常用。

9.1.2　线性键盘

线性键盘采用独立式按键，是最简单的键盘结构，它是指直接用 I/O 口线构成的单个按键电路。每个按键互相独立地各自接通一条输入 I/O 口线，每根 I/O 口线上的按键的工作状态不会影响其他 I/O 口线的工作状态。图 9.1.2 所示为线性键盘的按键电路。通常按键输入都采用低电平有效，上拉电阻保证了按键断开时，I/O 口线有确定的高电平。当 I/O 口内部有上拉电阻时，外电路可以不配置上拉电阻。

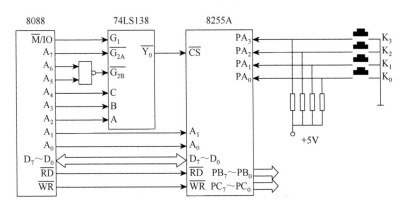

图 9.1.2　线性键盘的按键电路

线性键盘电路配置灵活，软件结构简单。但每个按键必须占用一根 I/O 口线，在按键数量较多时，I/O 口线浪费较大。故在按键数量不多时，常采用这种按键电路。

以图 9.1.2 中的电路连接为例，假设 8255A 的 A 口、B 口、C 口、控制口的端口地址分别是 60H、61H、62H、63H，采用软件消抖技术（只考虑前沿消抖），编程实现对按键 $K_3 \sim K_0$ 的识别，假设按键 $K_3 \sim K_0$ 的对应编码为 $3 \sim 0$，识别按键后将对应的编码存到 AH 寄存器中。有延时 20ms 子程序（D20ms）可以调用。

程序如下：

```
CODE  SEGMENT
      ASSUME  CS:CODE
KEY   PROC  FAR
START:PUSH  DS
      MOV  AX,0
      PUSH  AX
      MOV  AL,90H
      OUT  63H,AL        ;设置 8255 的 A 口为方式 0,输入
A1:   IN  AL,60H         ;输入 A 口键盘状态
      AND  AL,0FH        ;析取 K3~K0 信号线
      CMP  AL,0FH
```

```
        JZ   A1                ;没有键按下,继续查询
        CALL D20ms             ;有键按下,延时消抖
        IN   AL,60H            ;输入 A 口键盘状态
        AND  AL,0FH            ;析取 K3~K0 信号线
        CMP  AL,0FH
        JZ   A1                ;此时说明延时消抖前的按键判断是源于干扰
                               ;或者,延时消抖时间不足,重新查询
        CMP  AL,00001110B
        JNZ  A2                ;不是单键 K0 按下,转
        MOV  AH,0              ;设置 K0 的编码
        JMP  A6
A2:     CMP  AL,00001101B
        JNZ  A3                ;不是单键 K1 按下,转
        MOV  AH,1
        JMP  A6
A3:     CMP  AL, 00001011B
        JNZ  A4                ;不是单键 K2 按下,转
        MOV  AH,2
        JMP  A6
A4:     CMP  AL,00000111B
        JNZ  A5                ;不是单键 K3 按下,转
        MOV  AH,3
        JMP  A6
A5:     MOV  AH,0FFH           ;此时说明有多个按键同时按下,用 FFH 表示这种状态
A6:     NOP                    ;在此处可加入其他需要处理的程序
        RET
KEY     ENDP
CODE    ENDS
        END  START
```

9.1.3　矩阵键盘

为了减少键盘接口所占用 I/O 口线的数目,在按键数较多时,通常都将按键排列成矩阵形式。矩阵键盘又称为行列式键盘,用 I/O 口线组成行、列结构,按键设置在行与列的交点上。例如,2×2 的行列结构可构成 4 个键的键盘,4×4 的行列结构可构成 16 个键的键盘。利用这种矩阵结构只需 $N + M$ 条 I/O 口线,即可连接 $N \times M$ 个按键。

在这种矩阵键盘结构中,对按键的识别是对键盘扫描后,通过软件来完成的。键盘扫描方式一般有两种,一种是传统的行扫描法,另一种是速度较快的线反转法。

1. 行扫描法

行扫描法是步进扫描方式，每次向键盘的某一行发出扫描信号，同时通过检查列线的输出来确定闭合键的位置。

图 9.1.3 给出了一个 4×4 的键盘矩阵，共有 16 个键。假设其中第 2 行第 2 列的 A 键（2，2）闭合，其余断开，行扫描的过程是这样的：微处理器先输出 0000 到键盘的 4 根行线。由于 A 键闭合，因而由键盘列线输入微处理器的代码是 1011，此时微处理器得知有键闭合，且闭合键在第 2 列上，但不知道在第 2 列的哪一行。为此需进行逐行扫描寻找，微处理器先发出 1110 以扫描 0 行，此时列输入为 1111，表示被按键不在第 0 行；第二次输出 1101，扫描第 1 行，列输入仍为 1111，表示被按键不在第 1 行；第三次输出 1011，列输入为 1011，表示被按键在第 2 行第 2 列上。这样微处理器得到一组输出/输入代码 1011（出）-1011（入），它可以确定按键所在的位置，因而称为键的位置码（键值）。通常位置码不同于键的读数（即键号，如图中的 0～F），因而必须用软件进行转换，这可借助于查表或其他方法完成。

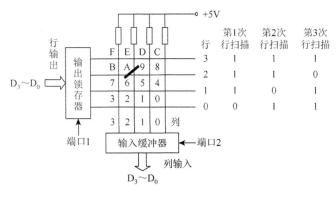

图 9.1.3　行扫描法

以图中电路连接为例，假设行输出端口 1 的地址为 200H，列输入端口 2 的地址为 201H，采用软件消抖技术（只考虑前沿消抖），编程实现对 0 键～F 键的识别，识别按键后，将按键的键号（即 0～F）存到 AH 寄存器中，若为重键，则将 0FFH 存到 AH 寄存器中。有延时 20ms 子程序（D20ms）可以调用。

本例中，键的位置码是由行号和列号组合而成的一个字节数据，4 位行号占据键位置码的高 4 位，4 位列号占据键位置码的低 4 位，例如，B 键的行号为 1011，列号为 0111，则 B 键的位置码为 10110111。

程序如下：

```
DATA    SEGMENT
TABLE   DB  11101110B          ;第 0 行第 0 列,0 键的位置码
        DB  11101101B          ;第 0 行第 1 列,1 键的位置码
        DB  11101011B          ;第 0 行第 2 列,2 键的位置码
```

```
            DB  11100111B          ;第 0 行第 3 列,3 键的位置码
            DB  11011110B          ;第 1 行第 0 列,4 键的位置码
            DB  11011101B          ;第 1 行第 1 列,5 键的位置码
            DB  11011011B          ;第 1 行第 2 列,6 键的位置码
            DB  11010111B          ;第 1 行第 3 列,7 键的位置码
            DB  10111110B          ;第 2 行第 0 列,8 键的位置码
            DB  10111101B          ;第 2 行第 1 列,9 键的位置码
            DB  10111011B          ;第 2 行第 2 列,A 键的位置码
            DB  10110111B          ;第 2 行第 3 列,B 键的位置码
            DB  01111110B          ;第 3 行第 0 列,C 键的位置码
            DB  01111101B          ;第 3 行第 1 列,D 键的位置码
            DB  01111011B          ;第 3 行第 2 列,E 键的位置码
            DB  01110111B          ;第 3 行第 3 列,F 键的位置码
    DATA    ENDS
    CODE    SEGMENT
            ASSUME  CS:CODE,DS:DATA
    KEY     PROC FAR
    START:  PUSH DS
            MOV  AX,0
            PUSH AX
            MOV  AX,DATA
            MOV  DS,AX
    A1:     MOV  DX,200H           ;设置行输出端口地址
            MOV  AL,00H
            OUT  DX,AL             ;行输出 0000,准备检查是否有任何键按下
            INC  DX                ;设置列输入端口地址 201H
            IN   AL,DX             ;输入列线状态
            AND  AL,0FH            ;析取 D3～D0 列信号线
            CMP  AL,0FH
            JZ   A1                ;没有任何键按下,继续查询
            CALL D20ms             ;有键按下,延时消抖
            MOV  DX,200H           ;设置行输出端口地址
            MOV  AL,00H
            OUT  DX,AL             ;行输出 0000,消抖后确定是否有任何键按下
            INC  DX                ;设置列输入端口地址 201H
            IN   AL,DX             ;输入列线状态
            AND  AL,0FH            ;析取 D3～D0 列信号线
            CMP  AL,0FH
```

```
          JZ   A1             ;此时,说明延时消抖前的按键判断是源于干扰
                             ;或者,延时消抖时间不足,重新查询
          MOV  AH,11111110B   ;设置行扫描初值,首先扫描第 0 行
          MOV  CX,4           ;设置扫描行数计数值,共 4 行
A2:       MOV  DX,200H        ;设置行输出端口地址
          MOV  AL,AH          ;传递行扫描值
          OUT  DX,AL          ;行扫描值输出,准备检查键按在哪一列
          INC  DX             ;设置列输入端口地址 201H
          IN   AL,DX          ;输入列线状态
          AND  AL,0FH         ;析取 D3～D0 列信号线
          CMP  AL,0FH
          JNZ  A3             ;找到按键所在列号,转,列号保存在 AL 中
          ROL  AH,1           ;AH 循环左移一位,准备扫描下一行
          LOOP A2             ;4 行未全部扫描完,转
          MOV  AH,80H         ;4 行全部扫描完,却未发现有键按下(可能出现
                             ;了干扰),以 80H 作为这种情况的标志
                             ;该指令的设置,主要考虑到程序的完备性,
                             ;即可以使程序在任何情况下都能正确执行
          JMP  A6
A3:       MOV  CL,4
          SHL  AH,CL          ;AH 逻辑左移 4 位,将低 4 位的行号移到高 4 位
          OR   AL,AH          ;行号与列号相"或",形成键的位置码
          LEA  BX,TABLE       ;设置 TABLE 位置码表的指针
          MOV  CL,0           ;设置键号初值为 0
A4:       CMP  AL,[BX]        ;在 TABLE 表中查找本次形成的键位置码
          JZ   A5             ;找到,转,对应的键号就在 CL 中
          INC  CL             ;未找到,键号加 1
          INC  BX             ;指向下一个存储单元保存的键位置码
          CMP  CL,10H         ;键号等于 10H 吗?
          JNZ  A4             ;不等,继续查找
          MOV  AH,0FFH        ;CL 等于 10H,说明在 TABLE 表中没有找到
                             ;对应的键位置码,其原因可能是出现了重键
                             ;的情况,以 FFH 作为这种情况的标志
          JMP  A6
A5:       MOV  AH,CL          ;将 CL 中保存的键号传到 AH 中
A6:       NOP                 ;在此处可加入其他需要处理的程序
          RET
KEY       ENDP
```

```
CODE    ENDS
        END  START
```

计算机系统工作时，并不经常需要键输入，因此，在查询方式的行扫描法中，CPU 经常处于空扫描状态。为了进一步提高 CPU 效率，可以采用图 9.1.4 所示的中断行扫描法工作方式。

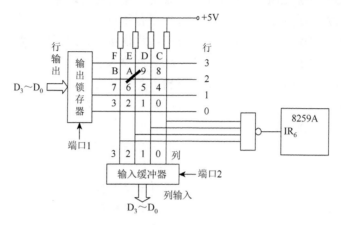

图 9.1.4　中断行扫描法工作方式

该电路的工作原理是：列线通过上拉电阻接 + 5V 时，被钳位在高电平状态。行输出锁存器将所有行线置成低电平。列线电平状态经与非门送入 8259A 的中断申请端 IR_6。如果没有任何键按下，所有列线电平均为高电平，则与非门输出为低电平。如果有键按下，总会有一根列线为低电平，与非门输出由低电平变为高电平，即发出中断请求。若 CPU 开放外部中断，则响应中断请求，进入中断服务程序。在中断服务程序中除完成键识别、键功能处理外，还需有消除键抖动影响、重键处理等措施。

2. 线反转法

行扫描法要逐行扫描查询，若所按下的键在最后行，则要经过多次扫描才能获得键值。而采用线反转法，只要经过两个步骤即可获得键值。这种方法需要利用一个可编程的 I/O 接口，如 Intel 8255A 芯片等。线反转法的基本原理如图 9.1.5 所示。

整个键识别过程分两步进行。

（1）输出行信号。首先将 I/O 端口编程，指定 $D_3 \sim D_0$ 为列输入线，$D_7 \sim D_4$ 为行输出线，并使行输出信号 $D_7 \sim D_4$ 为 0000。若键 N 被按下，这时，与门的一个输入端变为低电平，结果使 INT = 0，向 CPU 请求中断，表示键盘中已有键被按下。与此同时，$D_3 \sim D_0$ 的锁存器锁存了列的代码 1011。显然，其中的 "0" 对应着被按键 N 的列位置。但光有列位置还不能识别被按键的确切位置，还必须进一步找出它的行位置。

（2）线反转。为确定按键的行位置，可以将列代码进行反转传送，通过编程使 I/O 端口的输入和输出线完全反转过来，即 $D_3 \sim D_0$ 为输出线，而 $D_7 \sim D_4$ 为输入线。由图 9.1.5 可以看到，此时列代码的锁存器将通过 $D_3 \sim D_0$ 输出列代码 1011。反转传送的结果使 $D_7 \sim D_4$ 得到的输入为 1011，并锁存入相应的寄存器中。D_6 的 "0" 就指明了被按键 N 的行位置。

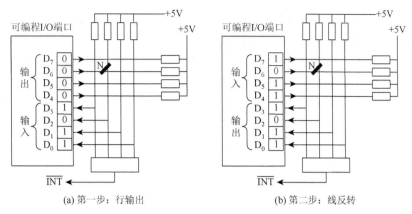

(a) 第一步：行输出　　　　　　　　　　　　(b) 第二步：线反转

图 9.1.5　线反转法原理图

至此，I/O 端口 8 位数据寄存器的内容 $D_7 \sim D_0 = 10111011$，既包含了被按键的"行"位置，也包含了被按键的"列"位置，形成了 N 键的位置码，被按键 N 就被完全识别出来了。

线反转法的优点是只需一个非常简单的程序，并且不需要逐行扫描，因而速度比较快；缺点是需要一个专用的可编程 I/O 端口作为键盘管理。

9.1.4　键盘工作方式

在微机应用系统中，键盘扫描只是 CPU 工作的内容之一。那么 CPU 在忙于各项工作任务时，如何兼顾键盘扫描，以保证既能及时响应键盘操作，又不过多占用 CPU 时间，这就要根据应用系统中 CPU 的忙、闲情况选择好键盘的工作方式，键盘的工作方式有三种，即程序控制扫描方式、定时扫描方式和中断扫描方式。

（1）程序控制扫描方式。这种方式是利用 CPU 工作的空余时间，调用键盘扫描子程序，响应键盘的输入请求。

（2）定时扫描方式。这种方式是利用定时器产生定时中断（如 10ms），CPU 响应中断后对键盘进行扫描，并在有键按下时转入键功能处理程序。定时扫描方式在本质上是中断方式，但不是实时响应，而是定时响应。

（3）中断扫描方式。当应用系统工作时，并不经常需要键的输入，因此，无论键盘是工作于程控方式还是定时方式，CPU 都经常处于空扫描状态。为了进一步提高 CPU 效率，可以采用中断扫描方式，当键盘上有键闭合时便产生中断请求，CPU 响应中断，执行中断服务程序，对闭合键进行识别，并进行相应的处理。

9.1.5　PC 键盘与接口

PC 系列机都采用非编码键盘，其按键排列为矩阵式。不同时期的 PC 系列机配有物理上各不相同的键盘。早期的 PC 和 PC/XT 使用的是具有 83 个按键的键盘，这种键盘一般称作标准键盘。对 80286 以上的机型，一般使用具有 101 个按键的增强型扩展键盘。键盘与微型计算机的接口一般采用电缆插头。早期的 PC、PC/XT 和一些增强型扩展键盘使用的是 5 针电缆插头，后期使用 6 针微型电缆插头，也有些键盘使用 USB 接口。

在标准键盘中用 Intel 8048 单片机作为键盘控制器，用来控制对键盘的扫描和向微型计算机发送扫描码（键盘输出的数据信号称为扫描码）。扫描码反映键的位置和键的接通或断开状态。按键在接通时产生接通扫描码，按键在断开时产生断开扫描码。主机的键盘接口电路收到一对接通和断开扫描码并判断无误时，才认为是 1 次正确的键盘输入。否则，就要重新输入。

标准键盘的扫描码用 1 字节表示。接通扫描码是键号的二进制数，断开扫描码由接通扫描码的最高位置 1 形成。例如，F 键的接通扫描码为 21H，而断开扫描码为 21H + 80H = A1H。扫描码与键盘按键的对应关系如表 9.1.1 所示，表中"扫描码"一项，后两位是按键对应的系统扫描码，前两位是按键对应的 ASCII 码。

表 9.1.1　PC 键盘扫描码与按键的对应关系

按键	扫描码	按键	扫描码	按键	扫描码	按键	扫描码
Esc	1B01	u	7516	\	7C2B	F6	0040
1	3102	i	6917	z	7A2C	F7	0041
2	3203	o	6F18	x	782D	F8	0042
3	3304	p	7019	c	632E	F9	0043
4	3405	[	5D1A	v	762F	F10	0044
5	3506	]	5B1B	b	6230	NumLock	0045
6	3607	Enter	0D1C	n	6E31	ScrollLock	0046
7	3708	Ctrl	1D	m	6D32	7/Home	3747
8	3809	a	611E	,	2C33	8/↑	3848
9	390A	s	731F	.	2E34	9/PgUp	3949
0	300B	d	6420	/	2F35	小键盘-	2D4A
-	2D0C	f	6621	Shift（R）	36	4/←	344B
=	3D0D	g	6722	小键盘*	2A37	小键盘 5	354C
Backspace	080E	h	6823	Alt（L）	38	6/→	364D
Tab	090F	j	6A24	Space	2039	小键盘 +	2B4E
q	7110	k	6B25	CapsLock	3A	1/End	314F
w	7711	l	6C26	F1	003B	2/↓	3250
e	6512	;	3B27	F2	003C	3/PgDn	3351
r	7213	'	2728	F3	003D	0/Ins	3052
t	7414	`	6029	F4	003E	Del	2E53
y	7915	Shift（L）	2A	F5	003F		

早期的 PC、PC/XT 与键盘的接口采用移位寄存器（74LS322）来接收键盘发送的串行扫描码，通过并行接口 8255A（I/O 端口地址 60H）将装配好的数据送给 CPU，同时向 8259A（IRQ$_1$）发中断请求。

在增强型扩展键盘中用 Intel 8048 或 8049 单片机作为键盘控制器，用来控制对键盘的扫描和向微型计算机发送扫描码等工作。它的键接通扫描码和键断开扫描码均与标准键盘有很大差距,例如,F 键的接通扫描码表示为 21H,而断开扫描码用 2 字节,在接通扫描码之前加 1 个高位字节 F0H,即为 F021H。

为了保持键盘中断程序处理按键状态输入的一致性,增强型扩展键盘的接口除应具备标准键盘接口的所有功能外,还应将键盘扫描码转换成兼容的系统扫描码,并能发送和接收一些键盘命令。为了完成这些工作,增强型扩展键盘的微机接口采用了单片机(如 8042)作为键盘接口控制器,负责键盘接口的全部工作,实现键盘与主机之间的双向数据传输。

图 9.1.6 给出了增强型扩展键盘接口逻辑示意图。

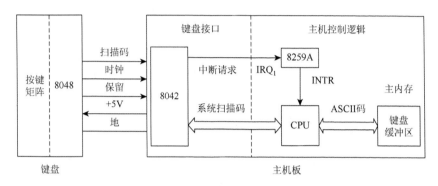

图 9.1.6 增强型扩展键盘接口逻辑示意图

1. 增强型扩展键盘的工作原理

增强型扩展键盘的内部结构如图 9.1.7 所示。由图可以看出,键盘的核心是 1 个 Intel 8048 单片机,作为键盘控制器。8048 是 1 个 8 位的 CPU,主频为 2MHz,内部设有 1KB 的 EPROM、64B 的 RAM、8 级堆栈、1 个可编程的 8 位计数/定时器。外部引脚有 8 条数据线、两个 8 位 I/O 接口 $P_{10} \sim P_{17}$ 和 $P_{20} \sim P_{27}$。

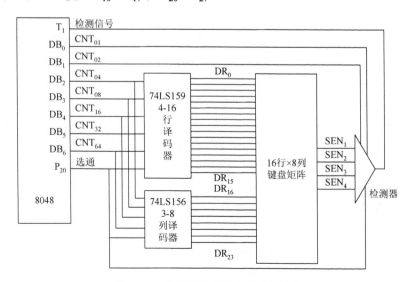

图 9.1.7 增强型扩展键盘的内部结构

增强型扩展键盘矩阵按 16 行、8 列来排列，用单片机 Intel 8048 来控制对键盘的扫描。工作时，Intel 8048 发出 4 位行计数信号 CNT_{04}、CNT_{08}、CNT_{16}、CNT_{32} 和 3 位列计数信号 CNT_{04}、CNT_{08} 和 CNT_{16}。行计数信号通过 4-16 译码器 74LS159 得到 16 个行扫描信号 $DR_0 \sim DR_{15}$，列计数信号通过 3-8 译码器 74LS156 得到 8 个列扫描信号 $DR_{16} \sim DR_{23}$。CNT_{64} 作为行/列控制信号，低电平时作为行计数信号，高电平时则作为列计数信号。扫描的输出回送给 8048。8048 对扫描的输出进行判断，无误时，由内部软件查表得到输出扫描码。

键盘与微机键盘接口以串行方式进行通信。传输的数据流由 11 位二进制位串组成。格式符合异步串行规则，包含 1 位低电平的起始位、8 位数据位、1 位奇校验位、1 位停止位。

键盘与微机键盘接口通过时钟线和数据线进行双向通信。时钟线的主要作用是传送同步脉冲，传送的数据位串在正脉冲期间有效。数据线用于传送二进制位串数据。在任一时刻，只能有一方发送数据，这一点类似于半双工通信方式。

当有键按下或键盘需要向微机键盘接口回送命令时，键盘进入发送状态。键盘发送数据要处理以下两种情况。

（1）发送前，首先检查时钟线和数据线状态。只有时钟线和数据线都是高电平时，可以正常发送。若时钟线为高电平，数据线为低电平，表明微机键盘接口请求发送，键盘准备接收。

（2）在发送过程中，键盘同时不断测试时钟线状态。当时钟线长时间出现低电平状态时，键盘立即停止发送。

2. 键盘接口逻辑功能

键盘接口逻辑电路的核心是 1 个 8042 单片机。Intel 8042 是一个通用的外围接口处理器，内部包含 8 位 CPU、2KB ROM、128B 的 RAM、8 位可编程计时器、两个可编程 8 位 I/O 端口（$P_{10} \sim P_{17}$ 和 $P_{20} \sim P_{27}$）和两个 1 位的输入测试口 $TEST_0$、$TEST_1$。此外，还有一个 8 位的状态寄存器和两个数据寄存器。8042 可以支持两个中断源和 DMA 操作，计时器可用于产生时序信号或对外部信号进行计数。8042 使用的时钟信号是系统时钟经过分频后产生的，频率为 6MHz。

8042 通过内部的状态寄存器、输出缓冲器、输入缓冲器与系统通信。作为系统的一个 I/O 设备，8042 的片选信号 $\overline{CS}$ 接至 I/O 端口地址译码电路，选用地址范围为 60H～7FH。在实际应用中，系统使用两个端口地址访问 8042。当 I/O 端口地址为 64H 时，系统可向 8042 输入缓冲器写入命令或从状态寄存器读取状态。当 I/O 端口地址为 60H 时，系统从输出缓冲器读取来自键盘的扫描码或命令。

8042 单片机作为微机键盘接口电路的控制器，它的作用是接收键盘送出的串行接通、断开扫描码，经检验无误后，将其转换为并行输出的系统扫描码，并将系统扫描码存入它的输出缓冲器，然后发出中断请求，让主机进行进一步处理。

8042 的主要功能包括以下几方面。

（1）接收键盘送来的扫描码。该扫描码由键盘的双向数据线和双向时钟线送入 8042。

输入的扫描码为串行数据，经奇偶校验确认无误后，存入 8042 的 RAM 区。

（2）将扫描码转换成系统扫描码。按键的接通和断开对应 1 次按键的全过程，8042 检查连续两个扫描码，确认为同一按键的接通和断开扫描码后，调用芯片内 ROM 中的程序将这组扫描码转换成系统扫描码。虽然标准键盘和增强型扩展键盘的扫描码的编码和传送格式不同，但键盘控制器却将其转换成同一种编码，这种供系统使用的编码，称为系统扫描码。系统扫描码为 1 字节，其编码与标准键盘的接通扫描码相同。

（3）将系统扫描码送输出缓冲寄存器并发出中断请求。系统扫描码形成之后，将其装入 8042 的输出缓冲寄存器，该寄存器与系统的数据总线相连。至此，原先串行输入的数据被转换成并行数据送入输出缓冲寄存器，发出中断请求，让主机取出扫描码并进行进一步处理。

（4）请求重发键盘扫描码。若串行输入的键盘扫描码检验有误，8042 通过双向数据线、双向时钟线以串行方式向键盘发出重发扫描码的命令。在限定的时间（如 20ms）内若键盘不重发扫描码的应答信号，该次输入便作废。

（5）接收并执行系统命令。可从状态寄存器读出键盘的工作状态，也可从输入缓冲寄存器输入命令或数据，改变键盘的使用方式。

系统通过键盘接口向键盘发送数据时，同样要首先检查时钟信号线。所不同的是如果检测到键盘正在发送数据，接着判断是否已接收到第 10 个二进制位。如果接收到第 10 位，就等待接收完毕。如果接收的位少于 10 个，系统将强制时钟线为低电平，放弃本次接收的数据，准备发送。系统强制时钟线低电平的时间至少要持续 60μs。

9.1.6　BIOS 键盘中断及 DOS 键盘功能调用

基本输入输出系统（basic input output system，BIOS）键盘中断及 DOS 键盘功能调用有中断类型码 09H、16H、21H 三种方式。

1. 中断 09H 的处理过程

微机键盘接口电路把来自键盘的串行扫描码变成并行的系统扫描码，送入 8042 的输出缓冲寄存器，并向主 CPU 发出中断请求。当 CPU 响应中断请求后，执行类型码为 09H 的中断服务程序，其功能如下。

（1）从键盘接口的输出缓冲寄存器（60H）读取系统扫描码。

（2）判断该键是单独按下还是与组合键（Shift、Ctrl 或 Alt）一起使用。若字符键是单独按下，将扫描码转换为相应的 ASCII 码或扩展码（命令键、组合功能键等的编码，称为扩展码）写入键盘缓冲区。例如，系统扫描码为 1EH，若无 Shift 键一起使用，将其转换为 a 的 ASCII 码 61H；若有 Shift 键配合使用，则将其转换为 A 的 ASCII 码 41H。

（3）如果是换挡键（如 CapsLock、Ins 等），将其状态存入 BIOS 数据区中的键盘标志单元。

（4）如果是组合键（如 Ctrl + Alt + Del），则直接执行，完成其相应的功能。

（5）对于中止组合键（如 Ctrl + C 或 Ctrl + Break），强行中止应用程序的执行，返回 DOS。

（6）将转换的 ASCII 码作为低字节，以原来的系统扫描码作为高字节存入键盘缓冲区，供系统调用。键盘缓冲区建立在系统主存的 BIOS 数据区中，占用 32B，可存放 16 次击键产生的 ASCII 码和扫描码。它以先进先出的方式工作，输入的键盘代码在其中形成循环队列。中断 09H 输入的地址指针总指向队尾，从那里写入数据。

（7）在完成上述任务之后，结束中断调用，中断返回。至此，1 次按键输入的信息才真正送入微型计算机之中。

2. 中断 16H 的功能

应用程序需要使用存入键盘缓冲区的字符，例如，需要根据输入的字符作为程序的转移条件时，可使用 INT 16H 的软件中断，它以先进先出的方式工作，INT 16H 的输出指针总指向队首，从那里取出字符。

INT 16H 有三种子功能，由 AH =（0、1、2）识别。

（1）从键盘缓冲区读取 ASCII 码（包括扫描码）。

（2）判断缓冲区是否为空。若缓冲区循环队列的首指针与尾指针相同，意味着缓冲区的键码已经取完，等待输入新的键码。否则，还有未被取走的键码。

（3）判断当前键盘的特殊键（如 Ctrl、CapsLock）的状态。用户可以使用中断指令 INT 16H 获取相应的键盘状态信息。键盘状态信息用 1 字节表示，如图 9.1.8 所示。

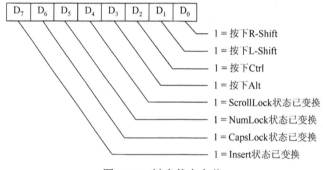

图 9.1.8　键盘状态字节

1）AH = 0

功能：从键盘读入字符送 AL 寄存器，当无键按下时，处于等待状态。

入口参数：AH = 0。

出口参数：AL 中为键盘输入的字符的 ASCII 码值，AH 中为扫描码。

2）AH = 1

功能：从键盘缓冲区中读入字符送给 AL，并设置 ZF 标志，若按过任一键（即键盘缓冲区不空），则 ZF = 0，否则 ZF = 1。

入口参数：AH = 1。

出口参数：若 ZF = 0，则 AL 中为输入的字符的 ASCII 码。

由于该功能是从键盘缓冲区读数，当无键按下时，不等待，常通过检测 ZF 标志来控制某一程序的执行。

3）AH = 2

功能：读取特殊功能键的状态。

入口参数：AH = 2。

出口参数：AL 为各特殊功能键的状态，位 7 为 1 是插入键（Ins），位 6 为 1 是大小写字母键（CapsLock），…，位 1 为 1 是左边的 Shift 键，位 0 为 1 是右边的 Shift 键。

3. 中断 21H 的功能

在 DOS 功能调用中，也有多个功能调用号用于获得所需要的键盘信息。常用的键盘操作功能如下。

1）AH = 1

功能：从键盘输入一个字符并回显在屏幕上。

入口参数：AH = 1。

出口参数：AL = 字符。

2）AH = 6

功能：读键盘字符（直接控制台 I/O）。

入口参数：AH = 6，DL = FFH（表示输入）。

出口参数：若有字符可取，AL = 字符，ZF = 0；若无字符可取，AL = 0，ZF = 1。

3）AH = 7

功能：从键盘输入一个字符，不回显。

入口参数：AH = 7。

出口参数：AL = 字符。

4）AH = 8

功能：从键盘输入一个字符，不回显，检测 Ctrl_Break。

入口参数：AH = 8。

出口参数：AL = 字符。

5）AH = 0AH

功能：输入字符到缓冲区。

入口参数：AH = 0AH，DS: DX = 缓冲区首址。

出口参数：无。

6）AH = 0BH

功能：读键盘状态。

入口参数：AH = 0BH。

出口参数：AL = FFH，有键输入；AL = 0，无键输入。

7）AH = 0CH

功能：清除键盘缓冲区，并调用一种键盘功能。

入口参数：AH = 0CH，AL = 键盘功能号（1、6、7、8、A）。

出口参数：与调用的功能有关。

9.2　发光二极管显示器接口

9.2.1　发光二极管七段显示器结构

发光二极管七段显示器是用发光二极管显示字形的显示器件。在应用系统中通常使用的是七段显示器。七段显示器由七段组成，每一段是一个发光二极管，排成一个"日"字形。通过控制某几个发光二极管的导通发光而显示出某一字形，如数字 0～9，字符 A、B、C、D、E、F、P 等。

通常的七段发光二极管显示器有八个发光二极管，故又称为八段显示器，如图 9.2.1 所示。其中七个发光二极管构成字形"8"，一个发光二极管构成小数点。

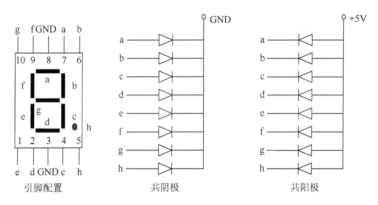

图 9.2.1　发光二极管七段显示器内部结构与引脚配置

表 9.2.1 列出了共阴极接法七段显示器的字形和段选码的关系。所谓段选码即控制各段发光二极管的 8 位数据代码，也可称为字形代码。当然，如果要显示其他的符号，也可以排出相应的段选码，另外，如果用共阳极接法，则段选码是该表数据的取反。

表 9.2.1　共阴极发光二极管七段显示器的段选码

字形	h	g	f	e	d	c	b	a	段码（H）
	D_7	D_6	D_5	D_4	D_3	D_2	D_1	D_0	
0	0	0	1	1	1	1	1	1	3F
1	0	0	0	0	0	1	1	0	06
2	0	1	0	1	1	0	1	1	5B
3	0	1	0	0	1	1	1	1	4F
4	0	1	1	0	0	1	1	0	66
5	0	1	1	0	1	1	0	1	6D
6	0	1	1	1	1	1	0	1	7D
7	0	0	0	0	0	1	1	1	07

字形	h	g	f	e	d	c	b	a	段码（H）
	D_7	D_6	D_5	D_4	D_3	D_2	D_1	D_0	
8	0	1	1	1	1	1	1	1	7F
9	0	1	1	0	1	1	1	1	6F
A	0	1	1	1	0	1	1	1	77
B	0	1	1	1	1	1	0	0	7C
C	0	0	1	1	1	0	0	1	39
D	0	1	0	1	1	1	1	0	5E
E	0	1	1	1	1	0	0	1	79
F	0	1	1	1	0	0	0	1	71
P	0	1	1	1	0	0	1	1	73
不显示	0	0	0	0	0	0	0	0	00

9.2.2　发光二极管显示器组成与显示方式

发光二极管显示器通常由若干个发光二极管七段显示器组成,有静态显示与动态显示两种方式。

1. 发光二极管显示器静态显示方式

所谓静态显示,就是当显示器显示某一个字符时,相应的发光二极管恒定地导通或截止。发光二极管显示器在静态显示方式下,各显示位的位选线即共阴极点（或共阳极点）连接在一起接地（或接 + 5V）；各显示位的段选线（a~h）与一个 8 位并行口相连。

静态显示方式下电路每个显示位可独立显示,只要在该位的段选线上保持段选码电平,该位就能保持相应的显示字符。由于每个显示位都由一个相应的 8 位输出口锁存段选码,故在同一时刻不同的显示位可以显示不同的字符。

图 9.2.2 是 CPU 通过 8255A 扩展 I/O 口控制的三位静态发光二极管显示接口。图中发光二极管七段显示器为共阴极接法。若为共阳极,则公共极接 + 5V。如果显示位数较多,可再增加 8255A 或其他并行输出口。

2. 发光二极管显示器动态显示方式

在多位发光二极管显示时,为了简化电路、降低成本,可采用动态显示方式。所谓动态显示,就是一位一位地轮流点亮各位显示器（扫描）。对于某一位显示器来说,每隔一段时间点亮一次。显示器的亮度既与导通电流有关,也与点亮时间和间隔时间的比例有关。调整电流和时间参数,可实现亮度较高、较稳定的显示。动态显示电路中将所有显示位的段选码线并联在一起,由一个 8 位 I/O 口控制,而位选线（共阴极点或共阳极点）分别由相应的 I/O 口线控制。

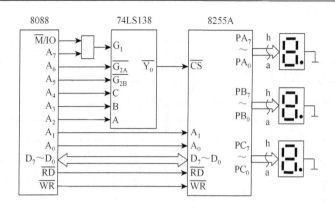

图 9.2.2　通过 8255A 控制的三位静态发光二极管显示器接口原理图

八位发光二极管动态显示电路只需要两个 8 位 I/O 端口，其中一个锁存段选码，另一个控制位选。由于所有显示位的段选码皆由一个 I/O 端口控制，因此，在每个瞬间，八位发光二极管显示器只可能显示相同的字符。

图 9.2.3 是 CPU 通过 8255A 扩展 I/O 端口控制的三位动态发光二极管显示器接口。

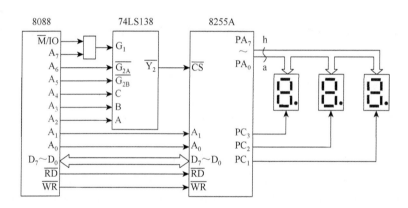

图 9.2.3　通过 8255A 控制的三位动态发光二极管显示器接口原理

9.2.3　发光二极管显示器接口及应用举例

从发光二极管显示器的显示原理可知，为了显示字母与数字，必须最终转换成相应的段选码。这种转换可以通过硬件译码器来进行，也可以用软件进行译码。

硬件译码显示器接口是指通过硬件完成显示数据到段码的变换，一般使用一个集成的七段显示器译码驱动芯片来进行接口设计。例如，MC14495 是 Motorola 公司生产的 CMOS BCD-七段十六进制锁存、译码、驱动芯片，该器件的特点是可以直接驱动七段显示器显示十六进制字符。

软件译码显示器接口是指通过软件完成显示数据到段码的变换，一般使用通用接口芯片进行硬件接口设计。

由于微机系统本身具有较强的逻辑控制能力，所以采用软件译码并不复杂。而且软件译码的译码逻辑可随意编程设定，不受硬件译码逻辑限制。采用软件译码还能简化硬件电路结构，因此，在微机系统和单片机应用系统中，使用最广泛的还是软件译码的显示接口。

例 9.2.1 软件译码静态显示接口。

某 8088 CPU 系统通过 8255A 与按键开关、发光二极管七段显示器等外部设备相连接，电路原理如图 9.2.4 所示。

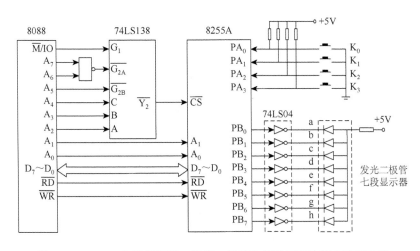

图 9.2.4 8255A 与按键开关、发光二极管七段显示器连接电路原理图

由图可知，8255A 的端口 A、端口 B、端口 C、控制端口的地址分别为 C4H、C5H、C6H、C7H。8255A 工作在方式 0，端口 A 输入，端口 B 输出，能够正常工作的控制字为 10010000B（90H）。电路中的发光二极管七段显示器采用共阳极显示器、静态工作方式。在发光二极管七段显示器段码驱动时，采用了反向驱动，所以要注意正确配置段码表。电路连接了 4 个按键开关 $K_3 \sim K_0$。4 个按键开关 $K_3 \sim K_0$ 组成了 4 位二进制数值（K_3 对应高位，K_0 对应低位），并对应 1 位十六进制数。

下面的程序段，实现将 $K_3 \sim K_0$ 组成的 1 位十六进制数实时地在发光二极管七段显示器上显示。

```
START: MOV  AL,90H           ;设置方式控制字,A 口输入,B 口输出
       OUT  0C7H,AL
A1:    IN   AL,0C4H          ;输入按键状态
       AND  AL,0FH           ;屏蔽掉不用的高 4 位
       MOV  BX,OFFSET LEDTAB ;设置段码表指针
       XLAT                  ;读取段码
       OUT  0C5H,AL          ;输出段码到端口 B
       MOV  AX,200H          ;延时
```

```
        A2:     DEC  AX
                JNZ  A2
                JMP  A1
                RET
        LEDTAB  DB   3FH                     ;0 的段码,设置段码表
                DB   06H                     ;1 的段码
                DB   5BH                     ;2 的段码
                DB   4FH                     ;3 的段码
                DB   66H                     ;4 的段码
                DB   6DH                     ;5 的段码
                DB   7DH                     ;6 的段码
                DB   07H                     ;7 的段码
                DB   7FH                     ;8 的段码
                DB   6FH                     ;9 的段码
                DB   77H                     ;A 的段码
                DB   7CH                     ;B 的段码
                DB   39H                     ;C 的段码
                DB   5EH                     ;D 的段码
                DB   79H                     ;E 的段码
                DB   71H                     ;F 的段码
```

例 9.2.2　软件译码动态显示接口。

动态显示程序设计中显示程序的要点如下。

（1）解决显示译码问题，因为要显示的数字与其对应的段选码并没有有机的联系和转换规律，所以要用查表的方法完成这种译码功能。

（2）在进入显示程序之前，为保持显示的数据，专门开辟几个单元作为显示缓冲区，用于存放要显示的数字（十六进制数）。

采用软件译码方法一般有两种表格设置方案。

（1）顺序表格排列法，即按一定的顺序排列显示段码。通常显示的字形数据就是该段码在段码表中相对表头的偏移量。

（2）数据结构法，即按字形和段码的关系，自行设计一组数据结构。该方法设计灵活，但程序运行速度较慢。

图 9.2.5 为 8 位发光二极管七段显示器接口电路。该电路采用共阳极发光二极管显示器，为了减少所用器件的数量，这个电路采用动态扫描显示方式。现选用 8255A 作为 8 位七段显示器和微处理器的接口芯片，端口 A 和 B 都用作方式 0 的输出端口，端口 A 的输出提供显示位反相驱动器的选择信号，端口 B 的输出提供段驱动器的七段代码（段码）信息。电路连接设定 8255A 端口 A、端口 B、端口 C、控制端口的地址分别为 60H、61H、62H 和 63H。

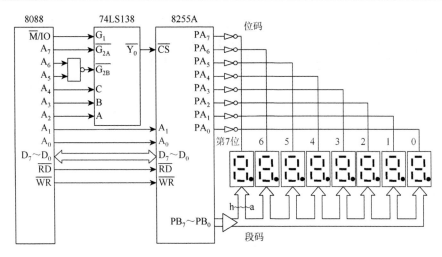

图 9.2.5　8 位七段发光二极管显示器接口电路

下面是 8 个显示器重复显示（50 次）8 位十六进制数 13579BDF 的源程序。

```
DATA    SEGMENT
TABLE   DB   0C0H                ;0 的段码,开始设置段码表
        DB   0F9H                ;1 的段码
        DB   0A4H                ;2 的段码
        DB   0B0H                ;3 的段码
        DB   99H                 ;4 的段码
        DB   92H                 ;5 的段码
        DB   82H                 ;6 的段码
        DB   0F8H                ;7 的段码
        DB   80H                 ;8 的段码
        DB   98H                 ;9 的段码
        DB   88H                 ;A 的段码
        DB   83H                 ;B 的段码
        DB   0C6H                ;C 的段码
        DB   0A1H                ;D 的段码
        DB   86H                 ;E 的段码
        DB   8EH                 ;F 的段码
DATA    ENDS
CODE    SEGMENT
        ASSUME  CS:CODE,DS:DATA
START:  MOV  AX,DATA
        MOV  DS,AX
        MOV  AL,80H
```

```
              MOV   63H,AL        ;送各数据端口方式 0 的输出控制字
              MOV   DL,50         ;设置重复次数,显示 50 次
              LEA   SI,TABLE      ;取段码表首址
              MOV   BX,1          ;欲显示的字形设置为数字"1",是最左位显示的数
              MOV   AH,7FH        ;显示位 7 的位选码,指向最左位(第 7 显示位)
    A1:       MOV   AL,[BX+SI]    ;取数的段码,首次取 1
              OUT   61H,AL        ;送段选码,B 端口
              MOV   AL,AH
              OUT   60H,AL        ;送位选码,A 端口
              ROR   AH,1          ;形成下一个位选码
              ADD   BX,2          ;形成下一个要显示的数(奇数)
              AND   BX,0FH
              MOV   CX,30H        ;延迟一定的时间,在实际中应调整该参数
    A2:       LOOP  A2
              CMP   AH,7FH
              JNZ   A1            ;判第 7~0 显示位是否结束
              DEC   DL
              JNZ   A1            ;判重复显示 50 次是否结束
              MOV   AH,4CH
              INT   21H
    CODE   ENDS
           END   START
```

习　　题

9.1　机械触点开关的主要缺点是什么? 如何解决?

9.2　常用的非编码键盘结构形式有哪些? 它们如何判别被按下的键?

9.3　什么是行扫描法和线反转法? 其实现过程有哪些区别?

9.4　以行扫描方式为例,简述非编码键盘的工作过程。

9.5　简述键盘扫描的主要任务。

9.6　设有 14 个按键组成键盘阵列,识别这 14 个按键至少需要有(　　)根端口线。

　　A. 6　　　　　　　　B. 7　　　　　　　　C. 8　　　　　　　　D. 14

9.7　INT 09H 的作用是(　　)。

　　A. 将扫描码解释成为系统信号和缓冲区数据

　　B. 将扫描码送到 CRT 显示器显示

　　C. 将 AL 中的数据送打印机打印

　　D. 将显示缓冲区中的字符按当前光标的位置在 CRT 屏幕上显示

9.8　发光二极管显示器的工作原理是什么？何谓共阳极？何谓共阴极？

9.9　发光二极管显示器接口有哪几种方式？

9.10　简述发光二极管硬件译码显示的工作原理。

9.11　简述发光二极管软件译码动态显示接口设计中的要点。

9.12　设计一个通过 8255A 芯片控制的两位发光二极管的动态显示接口电路。

9.13　某医院的一个病房有 8 个床位，床位号为 0～7，每个床位的床头上有一个琴键开关 K_i（i 为床位号，$i = 0, 1, \cdots, 7$)，并对应医生值班办公室"病员呼叫板"上的一个 LED_i 发光二极管。任一开关按下，则相应的 LED_i 点亮，开关抬起，则相应的 LED_i 熄灭。试完成以下工作：

（1）采用 8255A 接口芯片，设计基于 8088 系统的接口电路，画出连线电路图。

（2）确定所设计的接口电路中各个端口的地址。

（3）编写题目要求功能的程序段，并简明注释。

主要参考文献

艾德才. 2001. Pentium 系列微型计算机原理与接口技术[M]. 北京：高等教育出版社.

艾德才. 2005. 微机原理与接口技术[M]. 北京：清华大学出版社.

白中英，戴志涛，周锋，等. 2000. 计算机组成原理[M]. 北京：科学出版社.

程煜，余燕雄，闵联营. 2006. 计算机维护技术[M]. 北京：清华大学出版社.

戴梅萼，史嘉权. 2003. 微型计算机技术及应用[M]. 3 版. 北京：清华大学出版社.

董渭清，王换招. 1996. 高档微机接口技术及应用[M]. 西安：西安交通大学出版社.

冯博琴. 2002. 微型计算机原理与接口技术[M]. 北京：清华大学出版社.

傅在益，王玉宝，何积功. 1988. 微型计算机系统原理分析与维修（中册）[M]. 北京：科学出版社.

顾元刚. 2002. 汇编语言与微机原理教程[M]. 北京：电子工业出版社.

何立民. 1995. MCS-51 系列单片机应用系统设计"系统配置与接口技术"[M]. 北京：北京航空航天大学
    出版社.

何桥. 2004. 计算机硬件技术基础[M]. 北京：电子工业出版社.

洪志全，洪学海. 2004. 现代计算机接口技术[M]. 2 版. 北京：电子工业出版社.

李继灿. 2003. 微型计算机技术及应用[M]. 北京：清华大学出版社.

历荣卫，陈鉴富，高建荣. 2004. 微型计算机组装与系统维护[M]. 北京：清华大学出版社.

马群生，温冬婵，仇玉章. 2006. 微计算机技术[M]. 北京：清华大学出版社.

潘新民，丁玄功，王燕芳，等. 2002. 微型计算机原理·汇编·接口技术[M]. 北京：北京希望电子出
    版社.

潘新民，王燕芳. 2001. 微型计算机控制技术[M]. 北京：高等教育出版社.

仇玉章. 2000. 32 位微型计算机原理与接口技术[M]. 北京：清华大学出版社.

沈美明，温冬婵. 2002. 80X86 汇编语言程序设计[M]. 北京：清华大学出版社.

史新福，金翊，冯萍，等. 2000. 32 位微型计算机原理接口技术及其应用[M]. 西安：西北工业大学出
    版社.

孙德文. 2002. 微型计算机技术[M]. 北京：高等教育出版社.

孙力娟，李爱群，陈燕俐，等. 2007. 微型计算机原理与接口技术[M]. 北京：清华大学出版社.

唐朔飞. 2001. 计算机组成原理[M]. 北京：高等教育出版社.

田艾平，王力生，卜艳萍. 2005. 微型计算机技术[M]. 北京：清华大学出版社.

王克义，宋新波，罗建英. 2002. 微型计算机基本原理与应用[M]. 北京：北京大学出版社.

王路敬. 1999. 高档微机硬件实用技术基础[M]. 北京：中国水利水电出版社.

谢瑞和. 2002. 奔腾系列微型计算机原理及接口技术[M]. 北京：清华大学出版社.

杨厚俊，张公敬. 2006. 奔腾计算机体系结构[M]. 北京：清华大学出版社.

张昆藏. 1993. IBM PC/XT 微型计算机接口技术[M]. 北京：清华大学出版社.

张昆藏. 1999. 计算机系统结构——奔腾 PC[M]. 北京：科学出版社.

赵宏伟，臧雪柏. 2007. 微机原理及接口技术[M]. 长春：吉林大学出版社.

赵宏伟，朱洪文，臧雪柏. 1998. 微型计算机接口技术[M]. 长春：吉林大学出版社.

赵雁南，温冬婵，杨泽红. 2005. 微型计算机系统与接口[M]. 北京：清华大学出版社.

郑学坚，周斌. 微型计算机原理及应用[M]. 北京：清华大学出版社.

周明德. 2000. 微型计算机系统原理及应用[M]. 北京：清华大学出版社.

朱传乃，郑筑鸣，杨福平. 1988. 微型计算机系统原理分析与维修（上册）[M]. 北京：科学出版社.

邹逢兴. 2001. 计算机硬件技术及应用基础[M]. 长沙：国防科技大学出版社.

Brey B B. 2001. Intel 微处理器全系列：接口、编程与接口[M]. 金惠华，艾明晶，尚利宏，等，译. 5 版. 北京：电子工业出版社.

Mueller S. 2001. PC 升级与维修[M]. 秦钢，高雅林，万柯，等，译. 北京：人民邮电出版社.

Triebel W A. 1998. 80X86/Pentium 处理器硬件、软件及接口技术教程[M]. 王克义，王钧，方晖，等，译. 北京：清华大学出版社.